U0176799

VOL. 3

A BOOK SERIES OF MARINE AFFAIRS STUDIES

韬海论丛

第三辑

主　编 / 王曙光　执行主编 / 高　艳

中国海洋大学出版社
·青岛·

图书在版编目(CIP)数据

韬海论丛. 第三辑 / 王曙光主编. —青岛:中国海洋大学出版社, 2022.9

ISBN 978-7-5670-3324-5

Ⅰ.①韬… Ⅱ.①王… Ⅲ.①海洋学—文集 Ⅳ.①P7-53

中国版本图书馆 CIP 数据核字(2022)第 211250 号

韬海论丛 / TAOHAI LUNCONG

出版发行	中国海洋大学出版社	**网　　址**	http://pub.ouc.edu.cn
社　　址	青岛市香港东路 23 号	**订购电话**	0532-82032573(传真)
出 版 人	刘文菁	**邮政编码**	266071
责任编辑	张　华　于德荣	**特约编辑**	陈嘉楠
印　　制	青岛国彩印刷股份有限公司	**成品尺寸**	170 mm×240 mm
版　　次	2022 年 9 月第 1 版	**印　　次**	2022 年 9 月第 1 次印刷
印　　张	30.5	**字　　数**	452 千
印　　数	1～1200	**定　　价**	98.00 元

发现印装质量问题,请致电 0532-58700166,由印刷厂负责调换。

序

/

Preface

海洋是人类生存和发展的重要基础，是支撑世界和平稳定、开放共享、可持续发展的重要领域。海洋的连通性、开放性、共享性，将人类社会连接成为一个环境共享、利益共融、命运相连的整体，同时也带来了需要各国共担的安全风险和共同责任。

习近平主席指出，我们要像对待生命一样关爱海洋，海洋的和平安宁关乎世界各国安危和利益，需要共同维护，倍加珍惜。当前，世纪疫情与百年变局交织，经济和安全面临复杂严峻挑战，各国的前途命运前所未有地联系在一起。

在海洋成为高质量发展战略要地的新时代背景下，中国在全球发展中的作用日益提高，从同周边邻国积极探讨开展海上渔业合作、资源共同开发，到"21世纪海上丝绸之路"建设不断走深走实、积极促进沿线国家互联互通和经济融合发展；从支持配合国际社会打击各种非法渔业活动，到与多个国家在应对气候变化、蓝碳、海洋酸化、海洋垃圾治理等方面开展交流与合作；从培育扶持海洋新兴产业快速发展、推进产业和能源结构调整、加快新旧动能转换，到统筹推进高质量发展和高水平保护，确保实现碳达峰、碳中和目标，中国始终是海洋可持续发展的推动者、全球海洋治理的建设者、国际海洋秩序的维护者，致力于同各国一道打造和平海洋、合作海洋、美丽海洋。我们比以往任何时候都更有能力与世界各国协力应对全球性挑战，促进共同发展进步。

中国海洋发展研究中心是国家海洋局和教育部共建的海洋发展研究机构(智库)。在国家海洋局和教育部的共同领导下,中国海洋发展研究中心以服务国家海洋事业发展的需要为宗旨,以打造成“高端、综合、开放、实体”的国家海洋智库为目标,围绕海洋战略、海洋权益、海洋资源环境、海洋文化、海洋生态文明等方面的重大问题开展研究;以我国海洋方面带有全局性、前瞻性、关键性问题的解决为主攻方向,以为中央和重要部门提供咨询服务为主要任务,以为国家培养海洋科研人才特别是优秀青年学者的成长提供研究平台为特殊使命,已取得了一批重要的研究成果,为我国海洋事业发展提供有力的智力支撑。

为了更加及时地反映中心专家学者的学术观点和更大程度地发挥研究成果的作用,中国海洋发展研究中心微信公众平台从 2020 年 4 月起推出“韬海论丛”半月刊栏目,以期通过专题形式聚焦中心研究人员的学术观点,共同探讨热点问题,让关心海洋的读者快速了解海洋发展研究领域的热点问题和最新研究成果。在此基础上,中国海洋发展研究中心秘书处密切关注国家在海洋领域的主要工作部署和各项政策实施,对相关领域的最新专家视点和学术成果进行归类整理、择选摘编,形成《韬海论丛》文集,以期反映学界对某一具体海洋问题的多方观点,进一步提升专家学者的学术影响力。

2022 年推出《韬海论丛》第三辑,包括“海洋命运共同体”“全球海洋治理”“‘一带一路’”“海洋战略性新兴产业”“海洋碳汇”“海洋塑料污染”6 个专题,希望能为从事海洋研究的同仁提供最新资讯,同时也便于每一位关心海洋、热爱海洋的读者朋友了解有关情况。

编撰工作难免有疏漏和不当之处,敬请广大读者提出宝贵意见和建议。

中国海洋发展发展研究中心主任　王曙光

2022 年 5 月

目　录

Contents

全球海洋治理

"一带一路"

海洋战略性新兴产业

海洋碳汇

海洋塑料污染

海洋命运共同体

论海洋命运共同体理念的时代意蕴与中国使命

■ 吴士存

论点撷萃

人类命运共同体是中国外交理论的重大创新成果，超越了西方主流国际关系理论，蕴含着重大理论意义和实践价值，正逐步为国际社会所认同，其影响力也在逐步增强。一方面，人类命运共同体理论在不断丰富和发展，新发展观、新安全观、全球治理观、新型国际关系等主张使这一理论系统更加完备、内容更加丰富；另一方面，“一带一路”、全球伙伴关系网络和双边、区域、领域层面的命运共同体都在中国的引领下积极酝酿和建设之中。

海洋命运共同体作为特定层面的命运共同体，既要将其置于构建人类命运共同体的大思路、大框架下谋划和推进，也要体现“海洋特色”和“海洋使命”，以建设一个持久和平、普遍安全、共同繁荣、开放包容、和谐美丽的海洋世界为目标，以《联合国海洋法公约》为主体的国际法为基础，维护以联合国为中心的国际海洋治理机制，共同开展海洋生态保护和海洋科学探索，加强海洋资源开发合作，维护海洋交通运输安全，和平从事海上军事活动，妥善处理各类海洋纠纷，推动国际海洋秩序朝着更加公正合理的方向发展。

中国的大国身份决定了在构建海洋命运共同体进程中的使命和作用，使得中国与海洋形成密切的共生关系。构建海洋命运共同体，既是中国维护自身权益的需要，也是中国建设海洋强国的需要，还是中国履行应尽义

作者：吴士存，中国南海研究院院长，中国—东南亚南海研究中心理事会主席，中国海洋发展研究中心研究员

务、承担应尽责任的需要。中国要发挥自身的影响力、感召力、塑造力，在构建海洋命运共同体过程中发挥负责任大国的作用。

2019年4月23日，习近平主席在集体会见出席中国人民解放军海军成立70周年多国海军活动的外方代表团团长时，提出构建海洋命运共同体的理念，引起国际社会的关注和响应。海洋命运共同体是人类命运共同体思想在海洋领域的创新运用，是对人类命运共同体思想的丰富和发展。海洋命运共同体是中国顺应时代潮流、把握世界发展脉搏，为共保海洋生态、共护海洋和平、共筑海洋秩序、共促海洋繁荣提出的中国方案，有利于人类应对共同挑战、开创美好未来。

一、构建海洋命运共同体的时代背景

当今世界正在经历百年未有之大变局。面对百年变局，人类既要应对自身面临的历史性挑战，也要应对大自然面临的历史性挑战。海洋既是大自然的重要组成部分，也是人类赖以生存和发展的重要基础，海洋生态正在遭到严重破坏，海上安全面临严重威胁。在人类面临双重挑战，国际环境日趋严峻复杂，不稳定性、不确定性明显增加的背景下，中国提出了海洋命运共同体的主张。

（一）气候变化严重影响海洋生态

海洋总面积为3.6亿平方千米，约占地表总面积的71%。人类进入工业文明以来，二氧化碳累积排放导致气候变化，对包括海洋在内的地球生态系统平衡造成严重冲击。气候变化带来的冰川融化、海平面上升、海洋表层温度升高、紫外线辐射增强、降雨量变化加大，对海洋和海岸生态系统造成持久性破坏。气候变化还会使海洋的气候模式和洋流发生改变，从而加大海洋灾害发生的频率和程度。海平面上升造成的危害尤其严重，不仅会导致海水倒灌，对入海口等生态系统造成不利影响，还会淹没沿海低地，削弱沿海城市防洪排涝能力，造成港口功能减弱，甚至使一些小岛屿国家陆地面积减少直至面临被淹没的危险。

（二）人类生产和生活给海洋生态带来巨大压力

海洋是生命的摇篮、资源的宝库、交通的命脉，海洋哺育了人类文明，是人类生产和生活的重要保障和发展源泉。联合国《变革我们的世界——2030年可持续发展议程》确定的第14个可持续发展目标指出："世界上的海洋，其温度、化学成分、洋流和生物，驱动着全人类居住的地球系统。我们的雨水、饮用水、天气、气候、海岸线、许多食物，甚至我们呼吸的空气中的氧气，最终都是由海洋提供和调控的。"海洋的经济价值和开发潜力巨大。据海洋学家测算，海洋中经济生物有600多种，蕴藏总量达4亿～6亿吨，目前每年仅开发利用了8000多万吨。现在，世界海洋和沿海资源及产业的市场估值已达3万亿美元，占全球GDP的5%左右。世界上超过12%的人口的生计与发展依赖海洋捕捞、水产养殖等海洋产业。海洋是人类重要的食物来源。据联合国粮食及农业组织2017年的统计，鱼类占全球动物蛋白消耗量的近16%，为大约30亿人提供20%的动物蛋白。海洋还是地球能源的宝库。据估测，海洋石油和天然气储量约占世界总储量的34%，目前全球石油和天然气产量的近1/4来自海洋。海洋可再生能源，如风能、海浪能、潮汐能、盐差能、温差能，已经或者将会成为人类获得可再生能源的重要途径。海洋矿产资源品种丰富、储量巨大，随着勘探技术水平不断提高，商业开发前景看好。

但是，人类的生产生活和对海洋的开发利用，给海洋生态带来了巨大压力和严重破坏。过度捕捞带来渔业资源衰退，部分鱼类濒临灭绝。对海洋的污水排放和垃圾倾倒仍在以惊人的速度增加，仅太平洋上的海洋垃圾就达350万平方千米，导致海水污染和生物多样性退化，至少影响了267个物种。自第一次工业革命以来，海水酸度水平已经增加26%，导致广泛的珊瑚白化等问题。随着开发范围和力度的加大，海洋油气开发给海洋带来的污染和破坏还在加剧。联合国《变革我们的世界——2030年可持续发展议程》对"掠夺性、不可持续的开发海洋行为"提出了警告。

（三）海洋争端导致海上安全问题日益突出

国家间围绕海洋划界、渔业资源开发、海上领土主权、海上航道使用等问题产生的矛盾和纠纷错综复杂，可以说，从印度洋、太平洋到大西洋、北冰洋，从黑海、波罗的海、地中海、波斯湾到日本海、东海、南海，安全之争、利益之争无处不在，明争暗斗、文攻武备无时不有。据不完全统计，目前仍有200多个因岛礁领土主权、海域管辖权主张及海洋资源开发等因素引起的海洋

争端，并有 60 多个国家卷入其中。随着北冰洋海冰消融和航海航空技术的不断进步，北冰洋的军事战略价值、经济价值和航道价值明显上升，北冰洋的权益之争不仅让美、俄这样的传统对手怒目相对，甚至让丹麦和加拿大这样的西方盟友也六亲不认。

一些大国从维护霸权或私利出发，不同程度地插手域外海洋争端，不仅使争端严重化、复杂化，也引起了大国之间的紧张和对抗。美国、俄罗斯、英国、法国以及日本、印度等国，都因为自身海域或自认为有重要利益的海域的分歧而与其他国家发生争执甚至紧张对立，大国间海权竞争愈演愈烈。海洋争端多与历史根源、民族情感、重大经济和安全利益诉求等深度纠缠，回旋余地较小，当事国政府都不敢轻言妥协和放弃。

此外，海盗、海上抢劫、非法偷渡等事件仍在发生。索马里海盗问题虽然有所缓解，但仍未从根本上得到解决。亚洲的海盗和海上抢劫事件每年仍有百起。地中海人贩团伙活动猖獗，非法偷渡问题困扰欧洲多国。海上交通事故引起的航道堵塞和环境污染问题时有发生，“长赐”号搁浅造成全球性影响，再次向世人敲响了警钟。

（四）治理失序导致海洋领域的冲突与隐患接踵而至

第二次世界大战结束以来，以联合国为中心，由《联合国海洋法公约》《生物多样性公约》以及联合国教科文组织政府间委员会、联合国海洋大会、国际海底管理局等公约和机构构成的规则和制度体系，确立了领海、毗邻区、专属经济区、大陆架以及海底区域及其资源管理等海洋制度，也对国家海洋行为订立了诸如“和平利用海洋”过境通行等规范和规则，成立了一些处理争端的机构，为世界各国有序开发利用管理海洋奠定了较为坚实的基础。但由于缺乏超国家机构监督执行，国际机制在海洋争端解决中的局限性相当明显。无法可依、一法多解、法不适时、有法不依、执法不力、违法难究等问题仍很突出，治理失序使海洋的未来充满不稳定性和不确定性。即使是《联合国海洋法公约》，在历史性权利、岛屿与岩礁制度、专属经济区的军事活动、群岛制度、海岸相向或相邻国家间海域的划界以及海盗问题等方面的规定仍存在诸多缺陷，且在许多国家之间引起纠纷。又比如，海洋生态正在遭到多方面的、严重的破坏，但缺乏约束相关行为的海洋法律。有预测显示，到 2050 年，全球治理海洋的花费可能高达 4280 亿美元。

二、海洋命运共同体理念的时代意蕴

作为人类命运共同体的重要组成部分，海洋命运共同体具有与人类命运共同体相同的价值理念，同时它在目标设计、任务导向、价值观等方面又有自身的特点。构建人类命运共同体，旨在回答“建设一个什么样的世界”“怎样建设我们共处的世界”的问题，而具体到海洋命运共同体，则要重点回答“人类如何与海洋和谐共生”“人类在海洋领域如何合作”的问题。

构建海洋命运共同体，需要借鉴和吸收人类文明的优秀成果，凝聚人类的共同智慧。中国作为文明古国、文明大国，理应为海洋命运共同体提出能够为人类社会共同接受的价值理念。同时，中华民族历来具有海纳百川的胸襟，完全可以在倡导构建海洋命运共同体的过程中吸纳世界各国的先进理念。在中华文明和人类其他文明的交融与互动中，在人类命运共同体的旗帜下，海洋命运共同体的基本价值理念应该成为全人类的共同坚守。

（一）“天人合一”观

人类与海洋如何相处？中华文明历来崇尚天人合一、道法自然。“天人合一”思想中所蕴含的自然生态观，把人与万物看作一个有机整体，二者相融相通；自然界和其他生命都有存在的价值和规律，反对干预自然，追求人与自然和谐共生。习近平主席反复强调，要深怀对自然的敬畏之心，尊重自然、顺应自然、保护自然，构建人与自然和谐共生的地球家园。要摒弃损害甚至破坏生态环境的发展模式，摒弃以牺牲环境换取一时发展的短视做法。与“天人合一”观一脉相承的可持续发展观已为世界各国所认同。发展是人类的不懈追求，对自然的开发利用是发展的必由之路，但背离自然规律的发展是不可持续的。1987 年，联合国世界环境与发展委员会正式提出可持续发展概念，将可持续发展定义为“既能满足当代人的需要，又不对后代人满足其需要的能力构成危害的发展”。此后，可持续发展成为国际社会的广泛共识，并形成一系列理论主张。可持续发展的核心是发展，但要求在资源永续利用的前提下实现经济和社会的发展。“天人合一”观把对自然的保护和对自然的利用放在同等位置，对防止和纠正人类对自然的过度开发、破坏性利用具有更强的针对性和前瞻性。

“天人合一”观体现在海洋命运共同体上，就是要求人类在与海洋的相

处中，敬畏海洋的自然属性，尊重和顺应海洋生态系统的运转规律，保护海洋的生物多样性，坚持对海洋的有序开发利用，防止人类的生产和生活对它造成严重破坏，从而实现人类与自然的共同发展。目前出现的生物多样性退化、渔业资源减少、海水酸化、珊瑚白化等海洋生态问题，既是人类对海洋的破坏，也是海洋对人类的惩罚，是海洋对人类敲响的警钟。

在陆域各种约束日益强化的今天，海域可以为经济发展提供坚实基础和广阔空间，向海洋发展是大势所趋。在对海洋的开发利用中，坚守“天人合一”观，坚持保护和开发并重，可以提高海洋的内在生命力和自我修复能力，并为人类发展提供不竭的源泉。同时，海洋只是地球生态系统的一个子系统，对海洋生态的保护不能仅仅局限于海洋本身，还要关注和保护地球的其他子系统，如陆地系统、大气系统，坚持陆海统筹、陆海联动、综合保护。

（二）义利观

“协和万邦”是古代中国对外交往的价值追求。孔子强调“君子义以为上”；墨子认为“义，利也”；孟子在谈到生与利的关系时指出：“二者不可得兼，舍生而取义者也。”这些都表明了义利相兼、义利平衡、以义为先的理念。习近平指出：“在国际合作中，我们要注重利，更要注重义。”“国不以利为利，以义为利也。”“要坚持正确义利观，做到义利兼顾，要讲信义、重情义、扬正义、树道义。”正确义利观既是中华文明的价值体现，也是马克思、恩格斯国际关系思想的价值体现，包括国家利益观、国际主义思想、自由人联合体思想、道德和正义原则等。

正确义利观是中国外交的一面旗帜，也是在国际关系中需要倡导的价值追求。中国始终坚持维护世界和平和国际正义，坚持国际主义与爱国主义相结合，坚持与人为善、助人为乐，坚持互谅互让、互利互惠，坚持在谋求本国发展中促进各国共同发展。中国提出的真实亲诚的对非政策理念、亲诚惠容和睦邻、安邻、富邻的周边政策理念，都是正确义利观的具体体现。

在意识形态斗争日趋激烈的背景下，资本主义的私有制和资本逐利的“利益最大化”逻辑对人类构成重大挑战。与“个人利益至上”“本国利益优先”“利益最大化”相比，义利相兼、义利平衡、以义为先，更加显示出中华文明的先进性、中国特色社会主义制度的优越性和构建人类命运共同体的必要性。

在国际海洋事务中，国家之间的义利问题更显突出。海洋与陆地不同，一是海洋的“边界”概念很多，内涵和外延不同，而且可能交叉重叠或者模糊不清，领海、毗邻区、专属经济区、大陆架等有不同的“边界”，拥有的权益也是不同的；二是海洋的流动性带来了许多不确定性，比如海洋鱼类的洄游、海洋污染的“漂移”，不能拦，也拦不住；三是海洋的公共区域很多，在海洋资源开发上争夺权利、在海洋生态保护上逃避责任的冲动更大，“公地悲剧”更有可能发生。总之，海洋事务中的是非判断、公私权衡、权责分配问题更多，倡导正确义利观就显得更加重要。强调义利相兼、义利平衡、以义为先，可以引导国际社会和相关国家承担应有责任，保护海洋生态，共享海洋资源，妥善处理人类共同利益与个别国家利益之间的关系，妥善处理相邻或相近国家之间的海洋权益关系，坚持公正合理，反对双重标准、自私自利、见利忘义或将自己的利益凌驾于他国之上，提倡互谅互让，鼓励共同开发。

（三）“共同、综合、合作、可持续”的新安全观

中国提出的“共同、综合、合作、可持续”的新安全观内涵丰富：“共同”就是要尊重和保障每个国家的安全，“综合”就是要统筹维护传统领域和非传统领域的安全，“合作”是要通过对话促进各国、本地区乃至全球的安全，“可持续”就是要坚持发展和安全并重、治标与治本相结合，以实现持久安全。20 世纪初出现的集体安全理论、50 年代一些国家提出的共同安全主张、80 年代一些国家提出的合作安全概念以及联合国集体安全机制等，都为中国的新安全观提供了理论和实践上的借鉴。

美国等国家大搞霸权主义，谋求自身的绝对安全，强化军事同盟，建立势力范围，维护所谓的盟友安全，使其他国家特别是非美国盟友的安全利益受到严重损害。一个或一些国家的绝对安全只能建立在其他国家的绝对不安全上，这种不平等和自私性必然会激起后者的抗争，所以这种安全是不公平的，也是不会持久的。与美国的自私性安全观相比，中国提出的新安全观是一种平等、互利的安全观，更能维护全球的普遍安全，符合所有国家的安全利益。

中国提出的新安全观对海洋安全同样适用。在国际海洋事务中，目前最突出的是共同安全问题。海洋秩序之争、领土主权之争、海洋权益之争等传统安全威胁，以及海洋灾害、海水污染、海上走私、非法偷渡等非传统安全

威胁，往往是许多国家和地区面临的共同威胁。中国在国际海洋事务中强调共同安全，认为海上安全应该是普遍的，是所有国家的安全，而不是一个国家安全而其他国家不安全、一部分国家安全而另一部分国家不安全，更不能牺牲别国安全谋求自身所谓的绝对安全。在海洋生态安全问题上，相关国家都有义务，都需要承担相应的责任。在国际海洋事务中，中国积极倡导新安全观，并把共同安全放在突出位置，可以占据道德制高点，对美国形成道义和舆论上的压力，对非美国盟友的国家是一种鼓励和支持，而对美国的盟友国家则是一种告诫和敲打。以共同安全为前提，反映了海洋安全威胁的联动性、跨国性和多样性，是各国在国际海洋事务中应对风险挑战的制胜"法宝"。

（四）"共商共建共享"的全球治理观

全球治理的完整概念起源于20世纪90年代"冷战"结束之际，主张在全球化、多极化背景下对全球性事务进行共同管理。但是，在没有"世界政府"也不可能有"世界政府"的情况下，全球治理面临多重挑战。国际社会就谁治理、治理什么、如何治理等基本问题展开积极探索，取得不少进展，比如形成包容性发展等理念、搭建联合国气候变化大会等平台、建立二十国集团等机制，但也存在许多问题，比如西方国家不愿放弃全球治理主导权，不愿放弃意识形态的优越感和集团政治的旧思维。当今世界，全球化与"去全球化"争执不下、发展中国家与发达国家差距扩大、多边主义与单边主义针锋相对、发展模式之争此起彼伏、文明冲突甚嚣尘上，全球治理体系改革是形势所需、人心所向，亟待注入新的理念和动力。

21世纪，中国已经参与发展、安全、文化、气候、生态等全球治理的各个领域，且地位不断上升，作用越来越大。针对全球治理领域存在的种种问题，中国在总结历史经验教训、借鉴各种理念主张的基础上提出，世界命运应该由各国共同掌握，国际规则应该由各国共同制定，全球事务应该由各国共同管理，发展成果应该由各国共同分享。中国提出的共商共建共享的全球治理观是一个有机整体：共商是基础，共建是路径，共享是目标。国家不管大小、贫富、强弱，都是国际社会中平等的一员，都有平等发展的权利、追求美好生活的权利、参与国际事务的权利。要推动各国坚持权利平等、机会平均、规则平等，推进全球治理民主化、法治化。

共商共建共享的全球治理观，是中国积极参与全球治理体系改革和建设的基本理念。目前国际海洋法和国际海洋秩序中存在的不公正、不合理问题，与当初少数国家商量、少数国家决定是密不可分的。修改不符合《联合国宪章》宗旨和原则的制度安排，提出应对国际海洋事务中出现的新情况新问题的解决方案，都需要坚持共商共建共享。坚持“国际上的事要由大家商量着办”，不能沉迷于本国优先，也不能唯我独尊，而要在平等的基础上共同协商、凝聚共识。在解决国际海洋纠纷和争端时，要坚持由域内国家（地区组织）平等协商、共谋对策，域外国家应当尊重域内国家（地区组织）的共同愿望，并在此前提下发挥建设性而不是破坏性作用，劝和促谈、成人之美，而不是搬弄是非、挑拨离间，更不应越俎代庖，把自己的意志强加于人。

三、推进海洋命运共同体建设面临的挑战

海洋命运共同体理念提出以来，渐渐引起了国际社会的关注和讨论。韩国、印度尼西亚、俄罗斯等周边国家和“一带一路”沿线国家舆论认为，倘若各人自扫门前雪，海洋环境污染治理的责任就无法落实。海洋命运共同体系全新理念，为多国提供合作平台，将指引全球各国共享海洋资源，共同发展海洋经济，实现利用海洋造福人类的目标，这有利于破解当前全球在开发海洋资源上各自为政的困境。而英美学界、媒体和政界目前对这一理念的议论相对消极。其中，美国在2020年《中国军力报告》称，中国试图通过海军国际合作来构建海洋命运共同体。

与人类命运共同体理念相类似，国际社会对构建海洋命运共同体理念的认识和深入了解将经历一个较长的过程，在这一过程中，世界各国对该理念的解读、认识和立场的差异将逐步显现，不可避免地会出现一些质疑声、搅局者。这些负面舆论和消极因素，无疑将会对这一理念的推进和实施造成一定的困难。

（一）现有海洋秩序主导国的掣肘

2020年2月，时任美国国防部负责中国事务的副助理部长查德·斯布拉吉亚、曾任美国国家情报局局长和太平洋司令部司令的丹尼斯·布莱尔和来自美国海军战争学院、美国国际与战略研究中心的研究人员在国会听证会上一致称，中国提出构建人类命运共同体，试图构建一个有别于西方模

式、反映中国安全与治理规范和模式的世界秩序，将对由美国主导的国际体系构成挑战。这一论述反映了美国战略界对中国挑战其国际秩序主导地位的深深忧虑。控制全球主要战略通道、海军在全球各海域来去自如、无人匹敌的海上实力、国际海洋机制（包括规则、规范）体系的绝对掌控等，是美国主导全球海洋秩序的主要体现，也是美国在“冷战”后独霸国际秩序的重要支撑。因此，美国对中国挑战其国际海洋秩序的担忧随着中国海军技术的突飞猛进和海上力量延伸从而突破第一岛链封锁而日益加剧。目前美国政府虽未言明中国构建海洋命运共同体将挑战其国际海洋秩序主导地位，但其担忧早已路人皆知。构建海洋命运共同体，将给现有国际海洋规则体系、全球海洋事务议事日程设定话语权分配产生深远影响，美国虽仍可保持海军实力压倒性优势地位，但其国际秩序主导权将大大削弱。作为现有国际海洋秩序主导者的美国，将想方设法阻止构建海洋命运共同体理念付诸实践。

（二）现有海洋秩序利益既得者的排斥

日本、英国、法国、澳大利亚等美国的盟友和伙伴国都有机会“搭便车”，仰仗同美国的军事同盟关系而从现有国际海洋秩序中获利。美国无人匹敌的海军实力和对国际主要战略通道的控制，既帮这些国家抵御了来自海上的威胁，同时也提供了安全、畅通的货物和能源运输航线。越南、菲律宾等周边国家除了可依靠美国平衡中国外，还可利用美国主导的现有国际规则体系服务其海上单方面主张和行动。这些现有利益既得者对中国构建新的国际秩序可能损及其利益存在担忧，这一点从各国在南海问题上的政策立场就可窥知。例如，日本、澳大利亚都声称南海是攸关其国家经济（能源）安全的运输通道，而中国在南海岛礁的建设等行为将威胁其南海航运通道安全，因此有必要配合美国采取措施加以制止。这些现有秩序的利益既得者因惧怕变革后的新秩序会危及其利益诉求，从而采取固守的策略，协助美国阻止中国构建海洋命运共同体的理念付诸实践。

（三）某些国家对这一新理念的疑虑和误解

构建海洋命运共同体理念与西方世界主义的哲学思想以及追求共同价值和规范的共同体理论不谋而合，但作为一个全新且具有一定前瞻性的概念，在短期内要为国际社会所普遍理解并非易事。特别是在去全球化、保护主义、单边主义、民族主义等保守主义思潮的逆流在国际上泛滥的背景下，一些国家难以理解和接受构建海洋命运共同体的理念。如印度等国曾质疑中国提出共建“一带一路”和构建人类命运共同体等倡议和理念的意图，某些国家对海洋命运共同体也陷入“怀疑”“误解”的思维定式中。从“一带一路”和人类命运共同体推进实施的经验看，国际社会有可能会产生中国为什么提出这一理念、这一理念有何深刻意涵、这一新理念与现有其他合作机制有何区别以及参与其中将带来哪些收益等一系列困惑。其中，鉴于目前构建海洋命运共同体理念尚缺乏清晰的概念界定及详细的实施路径，部分国家容易因对中国举动想当然质疑的思维惯性，以及某些国家的抹黑和误导而产生错误的认知。这些错误的认知将极大影响其参与的意愿和动力。

（四）全球化“逆流”和反多边主义思潮的影响

全球海洋治理与合作是全球化的产物，而构建海洋命运共同体同样以全球化为前提和以多边主义为基础。“二战”后建立的以联合国为中心的全球治理体系，为解决全球性和区域性海洋问题探索形成一套行之有效的规则、规范和制度。但近年来，美国等部分国家的单边主义政策正在向海洋治理领域扩散，海洋领域的逆全球化趋势抑制了全球海洋合作的意愿和动力。如何在逆全球化浪潮中逆势前行、有效维护基于多边主义的全球海洋治理体系，已成为当前开展全球海洋治理与合作、构建海洋命运共同体首先需要跨越的障碍。

四、中国在推进海洋命运共同体建设中的使命与担当

中国兼具全球大国、海洋大国、崛起大国和发展中国家四重身份，这就决定了中国在维护利益与承担责任之间、维护自身利益与全球利益之间、承担自身责任与全球责任之间必须展示负责任的大国形象，发挥负责任的大国作用。

（一）全球大国

中国拥有世界第三的国土面积，拥有全球 1/5 左右的人口，是世界第一大贸易国、第二大经济体，是世界上最大的制造业国家，中国也是世界上温室气体最大排放国，中国还是联合国安理会常任理事国。上述因素决定中国必须同时考量：①开发利用海洋资源对中国的经济发展和人民生活至关

重要，维护海上通道安全对中国至关重要；②保护海洋生态对中国提出的要求特别高，中国需要承担的义务也特别多；③中国有义务、有能力、有必要在国际海洋事务中发挥更大的作用。

（二）海洋大国

中国是海洋大国，海域辽阔、岸线漫长、岛屿众多、资源丰富、生态多样。中国拥有1.8万千米大陆岸线和1.4万千米岛屿岸线，拥有300万平方千米的主张管辖海域。2020年中国海洋生产总值因新冠肺炎疫情影响略低于2019年，但仍达到8万亿元，占当年国内GDP的8%左右。中国是世界上远洋渔船最多的国家，是世界海事第一大国，且海洋科技水平和现代海洋产业发展位列世界前茅。同时，因为海洋，中国与朝鲜、越南陆海相连，与韩国、日本、菲律宾、马来西亚、文莱、印度尼西亚等国隔海相望；因为海洋，中国也与其中一些国家产生了领土主权、主权权利以及海洋利益纠纷，有的纠纷还比较严重，钓鱼岛问题、南海问题甚至成为地区或国际热点。中国与域内国家的海洋纠纷还引发美国等域外大国的介入，使中国与这些国家的关系更加复杂。

（三）崛起大国

在现代国际法最初形成过程中，中国处于闭关锁国和国力孱弱状态，没有发言权，或者发言权很小，直到新中国成立后，才逐步发挥作用，但由于历史和国力等方面的原因，与自身的大国地位仍不匹配。现有的国际海洋法仍存在一些对中国不公正、不合理的条款。当今国际海洋秩序也带有一定程度的强权政治色彩，传统海洋强国在全球海洋发展议程设置和行业标准制定中拥有明显的话语权优势，中国的代表性和影响力不够，利益也没有得到充分体现。

改革开放以来，中国迅速崛起，综合国力大幅提升。中国的崛起，意味着中国既有需要也有能力获得与自身地位相称的权益，在全球海洋规则调整、环境保护、科学研究、航道安全、产业发展等方面需要拥有更大的话语权。这也意味着对全球“海洋蛋糕”的划分需要进行调整，以反映中国日益增强的国力和不断增长的需求。这就会触动以西方国家为主的海洋大国和海洋强国的“奶酪”。虽然中国不会谋求优势和特权，也不会以强凌弱、以大欺小，但以美国为代表的“守成大国”不愿放弃已有的优势和特权，必定会千方百计遏制、排挤中国，迫使中国不得不通过必要的斗争来争取和维护自己的正当权益。

(四)社会主义发展中国家

以中国共产党领导和社会主义制度为核心的“中国模式”对广大发展中国家的影响力在扩大、吸引力在增强，这是美国将中国视为最大战略对手的重要原因。虽然人类命运共同体思想超越意识形态藩篱、超越社会制度对立，但美国固守“冷战”思维，在国际关系中肆意挥舞意识形态大棒，大打“自由民主牌”“普世价值牌”，把社会主义国家看作眼中钉、肉中刺，必欲先除之而后快，而中国是其中最大的对手。

在国际海洋事务中，特别是海上安全问题上，美国竭力污名化、妖魔化社会主义中国，推销海上“民主同盟”概念，打着“民主国家”的旗号拉帮结派，搞排他性小圈子。美国、日本、澳大利亚等国推进的“印太战略”，具有明显的意识形态色彩，它们以美日、美澳等双边机制和美日澳印四国机制为抓手，加大力度介入南海事务。

总之，中国的大国身份使得中国与海洋形成密切的共生关系，与域内海洋国家形成复杂的权益关系，与域外大国形成激烈的竞争关系。构建海洋命运共同体，既是中国维护自身权益的需要，也是中国建设海洋强国的需要，还是中国履行应尽义务、承担应尽责任的需要。中国要发挥自身的影响力、感召力、塑造力，在构建海洋命运共同体过程中发挥负责任大国的作用。

五、结语

人类命运共同体是中国外交理论的重大创新成果，超越了西方主流国际关系理论，蕴含着重大理论意义和实践价值，正逐步为国际社会所认同，其影响力也在逐步增强。一方面，人类命运共同体理论在不断丰富和发展，新发展观、新安全观、全球治理观、新型国际关系等主张使这一理论系统更加完备、内容更加丰富；另一方面，“一带一路”、全球伙伴关系网络和双边、区域、领域层面的命运共同体都在中国的引领下处于积极酝酿和建设之中。

海洋命运共同体作为特定层面的命运共同体，既要将其置于构建人类命运共同体的大思路、大框架下谋划和推进，也要体现“海洋特色”和“海洋使命”，以建设一个持久和平、普遍安全、共同繁荣、开放包容、和谐美丽的海

洋世界为目标，以《联合国海洋法公约》为主体的国际法为基础，维护以联合国为中心的国际海洋治理机制，共同开展海洋生态保护和海洋科学探索，加强海洋资源开发合作，维护海洋交通运输安全，和平从事海上军事活动，妥善处理各类海洋纠纷，推动国际海洋秩序朝着更加公正合理的方向发展。

在具体实施上，海洋命运共同体建设的推进和落实可以从以下几个方面着手：①在推进"一带一路"建设中，重视海洋"联通特征"；②在发展全球伙伴关系中，以整体关系引领、带动海洋合作；③在推动建立公正合理国际新秩序中，着力在海洋领域填补空白、补齐短板；④在构建新型国际关系中，强调在海洋事务中合作共赢；⑤共同构建人类与自然生命共同体，突出对海洋生态保护的"共同但有区别的责任"。

文章来源：原刊于《亚太安全与海洋研究》2021 年第 4 期。

海洋观和海洋秩序的演变

■ 张蕴岭

论点撷萃

我们正在经历前所未有的百年大变局，大家关注的重点是国际关系、国际秩序。其实，在世界诸多大变局中，自然环境之变是重中之重，而在自然环境变化中，海洋之变具有重大影响。构建海洋命运共同体，其中最为重要的是各国开展合作，共同维护海洋的可持续生态循环，阻止海洋生态恶化，改变西方崛起后所推行的海洋霸权主义，改变重开发轻保护，任意向海洋排放污染物的行为，确立把海洋作为人类共同家园的新海洋观。

中国海洋观的形成较晚，是不同海洋观的续接与综合，既有利用海洋，也有维护海洋的认知，同时，作为一个后起"海洋觉醒"国家，重视利用和开发，把经略海洋作为发展经济和赶超海洋强国的战略是有道理的。

然而，中国也同时有着很强的"海洋观 3.0"意识和推动"海洋秩序 3.0"的担当，愿意承担起维护、治理海洋的重任。中国的综合海洋观不是在不同的海洋观之间进行取舍，而是要创新，更多融入时代的新内涵。海洋维护和治理涉及人类生存的根本利益，作为世界上人口最多的国度，中国义不容辞。在海洋维护和治理方面，中国面临诸多挑战，无论是在海洋污染治理，还是在构建新海洋规则和秩序方面，不仅需要学习和参与，还要发挥引领作用，肩负起新型大国的责任。

推动海洋命运共同体构建，就是基于地球生态平衡和人类生存发展的共同利益考虑的。从这个意义上说，海洋命运共同体的构建是新时代新海

作者：张蕴岭，中国社会科学院学部委员，山东大学讲席教授、国际问题研究院院长、东北亚学院学术委员会主任

洋观和秩序构建的中国方案。认知的引领要有行动支撑，从自身做起，把维护海洋作为新文明，在海洋治理上见大成效，同时，要不遗余力地增进国际共识，推进新规则制定。

"海洋命运共同体"是国家主席、中央军委主席习近平同志于2019年4月23日在青岛集体会见应邀出席中国人民解放军海军成立70周年多国海军活动的外方代表团团长时提出的重要理念。为什么要推动构建海洋命运共同体？何为海洋命运共同体？如何构建海洋命运共同体？这些核心问题，需要各国政府、社会取得共识，并且采取积极有为的行动。

地球表面的71%是海洋，海洋是地球生态最重要的有机组成部分，在维护地球生态平衡，为人类乃至所有生物提供生存物质和环境方面起着至关重要的作用。

我们正在经历前所未有的百年大变局，大家关注的重点是国际关系、国际秩序。其实，在世界诸多大变局中，自然环境之变是重中之重，而在自然环境变化中，海洋之变具有重大影响。构建海洋命运共同体，其中最为重要的是各国开展合作，共同维护海洋的可持续生态循环，阻止海洋生态恶化，改变西方崛起后所推行的海洋霸权主义，改变重开发轻保护，任意向海洋排放污染物的行为，确立把海洋作为人类共同家园的新海洋观。

一、海洋认知的演进

在长期历史进程中，人类对海洋的认识是不断深化的，经历了从"无知"到"有知"、从"浅知"到"深知"的过程。海洋观是人们对海洋的总体认识，代表着主流思想，具有主导性影响力。人类对海洋的认识是不断丰富的，因此，海洋观构建也是逐步演进的。虽然不同阶段的海洋观有着不同的基本构成和特征，但它们之间不是完全割裂开来的，相互间是有联系的，每一次演进，都是人类对海洋认识的进步。

地球由海洋与陆地构成，虽然海洋面积远大于陆地，但人类生活在陆地上，因此，人类对海洋的客观认识与利用要比对陆地晚。在"地理大发现"之前，人对海洋的认识是简单的、局部的，很难说有鲜明的和作为主导性影响的海洋观。

工业革命为造船与航海提供了新的物资和技术支持，为远航的大船开辟了利用海洋的新天地，让海洋由通行的阻隔变成了方便的通途。与陆地的隔山隔水不同，一旦拥有海上航行的工具，海洋就成为四通八达的坦途。鉴于此，那些最先接受了工业革命洗礼的欧洲沿海国家，利用海洋优势，很快成为商业中心和进行殖民扩张的强国。对海洋的发现和利用逐步丰富了人类对海洋的认知，逐步形成了海洋观的定位。更为重要的是，海洋是便捷的大通道，利用海洋能够发展海上运输，扩大对外贸易。海洋国家对于利用海洋给予大力的支持，大力发展造船业和开发海洋，通过远航以发现财富、拓展殖民，同时，也大力发展海洋军事，建设海洋舰队。

在此情况下所形成的海洋认识，可以称为"海洋观 1.0"。在这样的海洋观指导下，一些海洋国家，主要是欧洲国家快速崛起，海洋为这些崛起强国进行海外扩张和殖民提供了基础支持。事实上，没有海洋大通道，"地理大发现"不可能进行。同时，"地理大发现"也激发了海上竞争，引起海上争夺与战争。基于"海洋观 1.0"，海洋战略思想得到发展，最具代表性的是 19 世纪末美国军事理论家马汉提出的海权论。海权论的主导思想是一个国家要强大，就要利用海洋优势。这个思想推动了美国海洋军事的发展，国家把利用海洋优势、对外扩张和争夺作为重要的战略。海权论具有排他性的思维，把利用海洋、打造海上军事优势作为取胜的根本。

随着世界的发展，特别是技术的发展，人类对海洋的认识不断拓展和深化，逐步形成了新的海洋观。新海洋观是在"海洋观 1.0"的基础上发展起来的，具有新的内涵，因此可称为"海洋观 2.0"。其主要的认识是，海洋不仅是大通道，还是拥有丰富资源的储藏地，其中最为重要的是油气资源和稀有矿产资源。海上油气资源的发现和开发助推了能源结构由煤炭向油气的转变，让一些拥有沿海油气资源的国家、公司的财富快速增长。海洋矿产资源的发现与开发推动了经济的发展，改善了人类的生活水平。"海洋观 2.0"推动了人类对海洋开发利用的新认识，人类开始规划并实施海洋战略，如推动海洋权益的立法、管理，经略海洋，发展海洋经济。国家对海洋的专属权不断扩大，比如设立专属海岸线、海洋专属经济区。联合国三次海洋法会议通过了《联合国海洋法公约》(以下简称《公约》)，于 1994 年生效。《公约》确立了新的海洋制度，包括确立 200 海里专属经济区制度，扩大沿海国对海洋的主权权利和管辖权，对包括海洋科学研究、海洋环境的保护和保全，以及公海、国际海底的开发利用等事项做出制度和法律安排，对于各国开发利用海

洋的基本权利和义务也提出了规约。

但是，对海洋占有和权益的竞争、争夺也引发了矛盾、冲突，甚至是战争，对于海洋资源的过度开发利用也导致了海洋生态的严重恶化，平静与清洁的海洋成为过去。海洋过度开发，污染物排放，破坏了海洋生态的平衡和良性循环，使得海洋生态发生逆转，这不仅危及海洋生物的生存，而且影响到人类的生存环境。特别是，气候变化使南、北极冰盖融化，导致海平面上升，海水温度升高，这对整个地球的生态环境造成了灾难性影响。

面对海洋的过度开发、环境恶化对海洋的影响，人们的认识发生转变，开始重新认识海洋。现实表明，海洋是人类生存环境的重要依托，海洋需要护理，恢复海洋生态平衡是当务之急。在此情况下，新的海洋观萌生，人们意识到必须维护海洋、治理海洋。以海洋维护和海洋治理为中心的新海洋观，亦可称为"海洋观 3.0"。海洋维护、海洋治理不仅是沿海国家的责任，也是各个国家的职责、全人类的使命。

新海洋观还在发育期，还要逐步形成国际共识，让所有国家都承担相应责任，开展有效的合作。海洋是人类最宝贵的公共财产，也是人类的生命线。形势很严峻，需要采取决断和有效的维护与治理措施。人类已经有了应对气候的《巴黎协定》，但还没有一部具有法律效力的海洋保护协定。研究发现，地球已经开始负能量运行，即地球整体环境在恶化，无法自我修复，海洋也是如此。因此，人类没有别的选择，只能坚决采取行动，开展合作，让地球包括海洋回到正能量运行状态。

二、海洋秩序的构建

海洋观引领人们的海洋行动，而在行动的基础上形成了一定的海洋秩序。与海洋观和实际的发展相联系，不同时期的海洋秩序也各不相同。

与海洋观相联系，海洋秩序也经历了演进。在"海洋观 1.0"的引领下，受利益的驱使，列强海上争夺激烈，一旦强者获得优势，必定按照自己的意愿和利益制定规则和维护秩序，由此，自由航行的海洋受制于霸权力量的主导，这样的海洋秩序具有很强的海洋霸权主导特征。

强国优势和霸权秩序是排他性的，维护优势与霸权是为了获取最大的利益。因此，在霸权秩序下，海洋冲突、战争迭起。维护霸权要比争得霸权更难，在长期的海上争夺中，海上霸权不断交替更迭，曾先后出现不少地区性和全球性占主导地位的强国。不过，只有美国维持了最长时间的海上优势地位。

在“海洋观 2.0”的引领下，尽管海洋开发导致了混乱，对海洋造成了巨大的危害，但也产生了人类第一个海洋法规，对海洋的占有权、管理权立规，诞生了《联合国海洋法公约》(以下简称《公约》)，构建了基于《公约》的海洋秩序。《公约》下的海洋秩序基本原则是，在维护海上航行开放的前提下，明确了沿海国的海洋权益和责任。在联合国层面和其他诸多领域，先后建立了海洋管理的机构和机制。

不过，由于《公约》的缺陷和海洋问题的复杂性，在实施过程中，也出现了不少问题与矛盾，比如，专属经济区管辖范围的重叠以及所产生的矛盾，资源开发与保护的不平衡，还有像美国这样拥有海上霸权的国家拒绝签署《公约》，却又基于自己的利益自行解释《公约》等。

“海洋秩序 2.0”是在工业化大发展的背景下形成的，由于注重利用、轻视保护，注重权益、轻视责任，致使海洋资源过度开发和利用，大量污染物任意向海洋倾倒和排放，导致海洋环境受到严重威胁，从而使海洋生态危机成为人类生存环境危机的最重要因素之一。

在“海洋观 3.0”的引领下，新的海洋秩序正在酝酿，新海洋秩序基于人类对海洋的新认知，要旨是海洋维护和治理，恢复海洋生态平衡，治理海洋污染，以推动地球生态维护和治理，恢复人类的可持续生存环境，通过综合措施治理，其中包括防止气温升高和治理海洋污染，阻止海洋温度和海平面上升。

海洋维护和治理是一项综合工程，既需要新认知，又需要新行动，特别需要人类的新觉醒。以海洋维护和治理为导向的海洋新秩序具有新时代的特征，涉及人类的生存大计，肯定需要巨大的努力和不懈的坚持。形势严峻，人类需要有紧迫感和责任担当。鉴于海洋的人类共同资产的特征突出，同时也存在诸多的争端，人类在合力承担责任上和采取行动上有着很大的难度。

中国是一个陆海国家，海洋是中国立足和生存发展的重要支撑。历史上，中国曾经有过占据优势地位的海洋力量，郑和下西洋传为佳话。但是，中国没有形成与时俱进的海洋观。近代西方崛起以后，中国在海洋建设上落后，而列强正是利用海上便捷通道和掌控的海洋军事优势，进犯中国，这让中国对海洋产生了畏惧感，因此，也就难以拥有应时的海洋观并在海洋观

引领下参与构建海洋秩序，由此，在海洋秩序构建上被边缘化。

近代，面对列强利用海洋进犯，清朝后期曾大力引进西方技术和舰船，试图建立强大的海军，但中日甲午一战，拥有清朝最强海军装备的北洋舰队全军覆没。从此，在很长的历史时期，中国人对海洋的恐惧感久久不能消失和减少。

1978年，中国开始实施改革开放，把沿海地区作为改革开放的前沿，中国人对海洋的认知发生了重大变化，把海洋看作与外部世界连接的大通道，借助海洋“引进来、走出去”。当时，中国曾经有过选择“黄色文明”(基于陆地)还是选择“蓝色文明”(基于海洋)的讨论，前者被认为代表保守，后者被认为代表开放。该讨论实际上是对海洋重新认识的转变。通过设立沿海经济特区，实行“两头在外”“借船出海”，大力发展加工制造业，沿海地区成为热土，使得海洋成为对外交往的大通道，海洋由威胁变成机会。随着经济发展和综合实力增强，中国进一步提升了自身的海洋地位，不仅加强了对海洋权益的护卫、对海洋资源的开发，还提出了建设海洋强国的战略目标。

总的来看，中国海洋观的形成较晚，是不同海洋观的续接与综合，既有利用海洋，也有维护海洋的认知；同时，作为一个后起“海洋觉醒”国家，中国重视利用和开发，把经略海洋作为发展经济和赶超海洋强国的战略是有道理的。

然而，中国也同时有着很强的“海洋观3.0”意识和推动“海洋秩序3.0”的担当，愿意承担起维护、治理海洋的重任。中国的综合海洋观不是在不同的海洋观之间进行取舍，而是要创新，更多融入新时代的新内涵。海洋维护和治理涉及人类生存的根本利益，作为世界人口最多的国度，中国义不容辞。在海洋维护和治理方面，中国面临诸多挑战，无论是在海洋污染治理方面，还是在构建新海洋规则和秩序方面，不仅需要学习和参与，还要发挥引领作用，肩负起新型大国的责任。

推动海洋命运共同体构建，就是基于地球生态平衡和人类生存发展的共同利益考虑的。从这个意义上说，海洋命运共同体的构建是新时代新海洋观和秩序构建的中国方案。认知的引领要有行动支撑，从自身做起，把维护海洋作为新文明，在海洋治理上见大成效，同时，要不遗余力地增进国际共识，推进新规则制定。

文章来源：原刊于《海洋经济》2021年第5期。

国家管辖外区域海洋生物多样性谈判的挑战与中国方案

——以海洋命运共同体为研究视角

■ 施余兵

论点撷萃

BBNJ 谈判僵局的出现,对国际社会寻找新的智慧、创造新的解决方案提出了更高的要求。目前,各方在 BBNJ 国际协定谈判中尚面临一些难以解决的重大挑战,在谈判中能否解决这些挑战,将直接决定 BBNJ 国际协定能否达成。

那么,人类命运共同体理念,或者是作为人类命运共同体在海洋领域具体体现的海洋命运共同体理念,能够或应当在 BBNJ 谈判或者 BBNJ 国际协定中发挥怎样的作用,并能否为相关谈判提供具有中国智慧的解决方案,这是一个具有时代价值和现实意义的问题。

作为人类命运共同体在海洋领域具体体现的海洋命运共同体理念,可以引导 BBNJ 谈判,就克服 BBNJ 国际协定谈判目前所面临的主要挑战提供具有中国智慧的中国方案。这里需要特别强调的是,海洋命运共同体理念的内涵及其海洋法法理基础可以从被认为是"海洋宪章"的《联合国海洋法公约》中找到依据,这意味着该理念在现实应用层面将不会遭遇合理性或合法性障碍。

具体来说,海洋命运共同体理念在《联合国海洋法公约》中的内涵至少包括五个方面:海洋的和平利用;尊重他国领土主权、管辖权和海洋权益,各国之间国际合作的义务;一体化的海洋治理模式,保护海洋环境;对全人类

作者:施余兵,厦门大学法学院教授、南海研究院副院长

利益的维护和相关国家利益的特别考量;坚持国家同意、优先通过谈判协商解决海洋争端的争端解决模式。运用海洋命运共同体理念引导 BBNJ 国际协定谈判具有重要的时代意义,且是必要的和可行的。基于海洋命运共同体理念构建 BBNJ 国际协定谈判的中国方案,将可能为未来全球海洋治理规则的发展指明新的方向。

自 2019 年 4 月习近平主席首次向世界提出构建"海洋命运共同体"倡议以来,国内学术界就海洋命运共同体的内涵、法理基础和构建路径等议题进行了充分的讨论。然而,海洋命运共同体理念在国际学术界却鲜有讨论,这一理念亦尚未被纳入涉海国际条约。目前,海洋法领域最重要的国际立法进程之一,是由联合国牵头在《联合国海洋法公约》(以下简称《公约》)的框架下,缔结一份有法律约束力的关于国家管辖范围以外区域海洋生物多样性(以下简称 BBNJ)的养护和可持续利用的国际协定。BBNJ 国际协定的谈判面临诸多挑战,而如何应对这些挑战是近年来国际海洋法学界的研究焦点之一。

本文从国际条约的视角,考察海洋命运共同体理念的内涵和实现路径,讨论该理念作为应对 BBNJ 谈判中存在的现有挑战的中国方案的合理性与可行性,进而发掘海洋命运共同体理念在 BBNJ 议题上的重要意义。

一、BBNJ 国际协定谈判的背景与现状

BBNJ 国际协定被一些学者认为将催生"新一轮蓝色圈地运动",因而备受国际社会关注。随着海洋科技的发展,人类利用海洋的能力显著增强。《公约》第 87 条规定了航行自由、飞越自由、铺设海底电缆和管道的自由、建造人工岛屿和其他设施的自由、捕鱼自由、科学研究的自由等六项公海自由,这直接导致了公海内的过度捕捞、海运业带来的污染和温室气体的过度排放等问题,以及国家管辖范围以外区域(即公海和国际海底区域,以下简称 ABNJ)生物多样性的大量丧失。

然而,现有的国际海洋治理框架并不能有效地解决在 ABNJ 生物多样性丧失的问题。例如,《公约》第十二部分"海洋环境的保护和保全"仅包括一些原则性规定,并不能有针对性地应对 BBNJ 丧失的问题;1992 年《生物多样性公约》主要解决的是国家管辖范围内的生物多样性保护问题;现有的

主管国际组织，如国际海事组织、联合国粮农组织、国际海底管理局，在各自的领域内出台了一些划区管理工具，但这些举措相互之间缺乏协调，面临着碎片化的问题，而且在 ABNJ 的推行困难重重。尽管目前在欧洲和南极存在公海保护区的实践，但这些实践面临着适用范围有限、各自制定的选划标准不一致和不平衡等问题。

在此背景下，在欧洲国家和一些非政府组织的推动下，国际社会开始探讨如何对 BBNJ 进行规制的问题。早期，国际社会存在"通过对《生物多样性公约》进行修订"和"通过制定《公约》执行协定"这两种方案的路线之争，但经过对两种路线利弊的权衡，国际社会最终决定以在《公约》的框架下制定 BBNJ 国际协定的方式来解决这一问题。

自 2003 年联合国海洋和海洋法问题不限成员名额非正式协商进程在其工作报告中，强调了通过有效执行现有制度或构建新制度等方式来保护国家管辖范围以外区域脆弱的海洋生态系统的紧迫性起，国际社会围绕 BBNJ 国际立法的谈判经历了三个阶段：不限成员名额特设工作组阶段（2004—2015 年）、筹备委员会阶段（2016—2017 年）和政府间谈判阶段（2018 年至今）。

在第一阶段，联合国大会于 2004 年通过第 59/24 号决议，成立了"研究关于国家管辖范围以外区域海洋生物多样性养护和可持续利用问题的不限成员名额特设工作组"（以下简称特设工作组）。经过 11 年的研究和商讨，特设工作组建议国际社会通过在《公约》框架下缔结一份 BBNJ 国际多边协定的方式来解决这一问题，并且提出，该国际协定应该处理海洋遗传资源及其惠益分享、包括海洋保护区在内的划区管理工具、环境影响评估、能力建设和海洋技术转让等四大议题的"一揽子交易"（a package deal）。2015 年，联合国大会根据特设工作组达成的共识和提出的建议，通过第 69/292 号决议决定成立一个筹备委员会（PrepCom），供各方就 BBNJ 国际协定的草案要素开展商讨并向联大提出实质性建议，以此宣告 BBNJ 协定谈判进入实质性的第二阶段。

在第二阶段中，根据联合国大会第 69/292 号决议成立的筹备委员会自 2016 年至 2017 年一共召开了四届会议，并于 2017 年 7 月提交了报告（以下简称筹委会报告）。该报告建议联大审议其 A 节和 B 节中所载要点的建议，并根据《公约》的规定拟定具有法律拘束力的 BBNJ 国际协定案文。此外，与特设工作组的工作相比，该报告首次增加了跨领域议题（cross cutting

issues)，包括机构安排、信息交换机制、财政资源和财务事项、遵约、争端解决、职责和责任、审查和最后条款等。2017 年 12 月，联大通过第 72/249 号决议决定自 2018 年至 2020 年上半年召开四次政府间会议（IGC），各方就筹委会报告中建议的要素进行谈判，同步解决 2011 年通过的“一揽子交易”事项，并在《公约》框架下拟定一份 BBNJ 国际协定的案文。该决议重申联大第 69/292 号决议首次提出的“不损害”原则，即 BBNJ 国际协定不得损害现有的相关法律文件和框架，以及相关的全球、区域和行业性机构。BBNJ 协定谈判自此进入第三阶段，即目前正在进行的政府间谈判阶段。

目前，就第三阶段谈判，联合国已经召开了三次 BBNJ 政府间谈判会议。联合国大会首先于 2018 年 9 月在纽约联合国总部召开了 BBNJ 政府间谈判第一次会议，此次会议根据大会主席李瑞娜（Rena Li）发布的《主席对讨论的协助》（*President's Aid to Discussions*）进行了谈判，该文本主要是根据议题列出诸多问题供各国回答。2019 年 3 月—4 月，BBNJ 政府间谈判第二次会议召开，本次会议根据大会主席发布的《主席协助谈判文件》（*President's Aid to Negotiations*）进行谈判。该文本主要是对谈判涉及的主要问题列出了具体选项，由各国做出选择并说明考量或理据。2019 年 8 月，BBNJ 政府间谈判第三次会议依据大会主席发布的《零案文草案》（Zero Draft，全称为 *Draft Text of an Agreement under UNCLOS on the Conservation and Sustainable Use of BBNJ*）进行谈判。本次谈判改变了工作方式，会议主席为了推进进程，在会议期间临时变更谈判方式，安排了多次平行会议和非正式（Informal）谈判。谈判在划区管理工具和环境影响评估问题上取得了一定共识，然而，在海洋遗传资源和能力建设与海洋技术转让等议题上仍然分歧严重。2019 年 11 月 27 日，BBNJ 政府间谈判大会主席李瑞娜发布了修订后的 BBNJ 国际协定草案文本（以下简称《BBNJ 国际协定案文草案二稿》），拟以此为基础进行 BBNJ 第四次政府间大会的谈判。不过，由于新冠肺炎疫情的原因，原定于 2020 年上半年召开的第四次会议被推迟，具体日期待定。2020 年 9 月开始，面临新冠疫情，为了能够促进谈判取得进展，各国开始通过网络平台进行线上谈判，以及进行 1.5 轨会间系列非正式对话。

BBNJ 国际协定对于维护我国海洋权益具有重大意义，是我国利用国际规则的制定来维护国家利益的重要切入点。2014 年中共十八届四中全会通过的《中共中央关于全面推进依法治国若干重大问题的决定》，首次将“运用法律手段维护我国主权、安全、发展利益”作为我国整体法治战略的重要组成部分。2016 年制定的《中华人民共和国国民经济和社会发展第十三个五年规划纲要》(以下简称“十三五”规划)指出,中国要“积极参与网络、深海、极地、空天等新领域国际规则制定”。这表明,我国已将运用法律手段——特别是通过积极参与制定“新疆域”国际规则——来维护我国国家利益作为我国法治建设的一项重要工作,BBNJ 谈判便是其中的重要内容。

当前,BBNJ 谈判已经进入关键阶段,各国即将就所涉议题进行实质谈判和妥协,BBNJ 国际协定的最终案文将直接关系我国的海洋权益和国家利益。然而,各国在一些重要议题上仍然存在重大分歧,例如,BBNJ 国际协定应该贯彻“人类共同继承财产原则”抑或“公海自由原则”? 环境影响评估是否应该“国际化”? 要解决这些问题就必须解决谈判的指导思想到底是“圈地”“保护环境”,还是“各国利益最大化”的问题。换言之,BBNJ 国际协定的谈判应该秉承何种理念? 本文将就这一问题进行探讨,并尝试用“海洋命运共同体”的理念来给目前的争论提供一种具有中国智慧的解决方案。

二、BBNJ 国际协定谈判面临的主要挑战

BBNJ 国际协定谈判吸引了国际社会的广泛关注和各国、国际组织和非政府组织的积极参与。由于各方的努力,近年来谈判取得了一些进展。不过,虽然自 2018 年 9 月 BBNJ 政府间谈判开启后,各方就“一揽子交易”中的一系列问题进行了广泛的谈判和磋商,但到目前为止各国在诸多议题上仍然存在巨大的分歧,谈判面临极大的挑战。这些巨大分歧和挑战,对于谈判各方能否按期达成协定造成很大的不确定性。在谈判面临的众多挑战中,以下四个方面的挑战将直接决定 BBNJ 国际协定能否达成。

(一)“人类共同继承财产原则”与“公海自由原则”之争

法律原则在国际法中占有重要地位。一方面,一般法律原则是国际法的渊源之一;另一方面,法律原则包括了法律标准,它指向在某些特定情形下国际法主体所必须承担的法律义务,因此必须予以认真考量。此外,法律原则为各国提供了一个框架,基于这一框架,各国得以合作并建立一定的行为规范,从而解决他们之间的争议。BBNJ 国际协定是一项具有一定前瞻性的立法,而法律原则与生俱来地就带有这种前瞻性,它不仅可以指导现在的

立法工作以规范现有问题，还可以在新的问题出现后指导适用于该问题的法律规则的建立，对整个 BBNJ 国际文书的国际立法具有指引作用。国际社会充分认识到法律原则在 BBNJ 谈判中的重要性。然而，各国对于究竟是“人类共同继承财产原则”还是“公海自由原则”应该适用于 BBNJ 国际协定这一问题存在巨大分歧。

2017 年 7 月，BBNJ 国际文书第四次筹委会发布了有关第三次筹委会谈判成果的“简化版的主席非正式文件”(*Chair's Streamlined Non-paper*，亦被译为“非文件”)。该文件就包括惠益分享在内的海洋遗传资源问题的指导原则，列出了四种选项：一是适用人类共同继承财产原则，二是适用公海自由原则，三是适用人类共同关切事项，四是不明确指出应该适用哪种法律原则。在其后的谈判中，总体上，美国、日本、澳大利亚等发达国家反对人类共同继承财产原则，强调公海自由原则，而以七十七国集团为代表的发展中国家坚持 BBNJ 国际协定应该适用人类共同继承财产原则。同时，以欧盟为代表的谈判方提出了“第三条道路”，即在《公约》海洋科学研究制度的框架下解决海洋遗传资源的获取和惠益分享问题。在政府间谈判前三次会议中，大会主席发布的谈判文件或案文草案中均没有明确提及人类共同继承财产原则，遭到了发展中国家的强烈反对。为了平衡发展中国家的诉求，大会主席在 2019 年 11 月出台的《BBNJ 国际协定案文草案二稿》第 5 条 c 项中将人类共同继承财产原则作为 BBNJ 国际协定的基本原则。不难预见，在第四次谈判中，发达国家必将对该项提出反对意见。是否能够很好地解决这一挑战，将决定 BBNJ 国际协定能否顺利达成。

(二)环境影响评估是否应该“国际化”之争

环境影响评估是 BBNJ 谈判的四大议题之一，参加 BBNJ 谈判的多数国家将 BBNJ 所涉环境影响评估义务与《公约》中的相关规定相联系，认为 BBNJ 国际协定中的环境影响评估应该是对《公约》相关规定的具体化，不应超出《公约》的范围。BBNJ 国际协定中的环境影响评估义务来源于《公约》第十二部分第四节“监测和环境评价”，包括《公约》第 204 条“对污染危险或影响的监测”、第 205 条“报告的发表”和第 206 条“对各种活动可能的影响进行评价”。然而，《公约》的上述规定比较原则化和模糊，而且通常应该解读为由各国来控制和主导对该国所从事活动的环评工作。在 BBNJ 谈判中，包括澳大利亚、新西兰在内的一些发达国家强调环评过程应该更多的“国际化”。换言之，应该允许科学和技术机构、国际组织或非政府组织、毗邻沿海国等主体参与到环评过程中来，并对各国的环评进行监督、审议和审查。中、日、韩等国则强调“国家主导、国家决策”，反对由第三方或毗邻沿海国参与环评的决策。《BBNJ 国际协定案文草案二稿》第 30～41 条关于环评流程的规定就体现了各国之间的上述博弈。

表 1　在 BBNJ 筹备委员会和政府间谈判期间讨论过的关于争端解决程序的主要提案（截至 2021 年 12 月）

<table>
<tr><th colspan="2">提案</th><th>提议方/支持方</th><th>主要内容</th><th>讨论/谈判阶段</th></tr>
<tr><td colspan="2">“零案文草案”第 55 条</td><td>欧盟、新西兰、澳大利亚、冰岛、瑞士、摩洛哥、加勒比共同体、南非、斐济、公海联盟、美国、英国</td><td>将 1982 年《公约》第十五部分和 1995 年《鱼类种群协定》第八部分的争端解决程序比照适用于 BBNJ 国际协定；该方案的支持者们也欢迎基于现有实践进行的程序创新</td><td>PrepCom 1；PrepCom 3；PrepCom 4；IGC-2；IGC-3；Intersessional Work after IGC-3</td></tr>
<tr><td rowspan="2">通过加强 ITLOS 的作用对第 55 条进行修订</td><td>方案 1：将 ITLOS 作为默认机制/平台</td><td>非洲集团、斯里兰卡、尼日利亚、南非、太平洋小岛屿发展中国家</td><td>将《公约》第 287 条下在各方没有明确选择争端解决方式时默认的仲裁解决修订为 ITLOS 解决方式。部分国家（如尼日利亚、斯里兰卡）认为仲裁对于发展中国家来说经济成本过高</td><td>IGC-2；IGC-3</td></tr>
<tr><td>方案 2：建立一个 ITLOS 的特别分庭</td><td>加勒比共同体、太平洋小岛屿发展中国家、公海联盟</td><td>在 ITLOS 下设一个特别法庭，专门解决与 BBNJ 国际协定的解释或适用有关的争端</td><td>PrepCom 2；PrepCom 3；PrepCom 4；IGC-2；IGC-3</td></tr>
</table>

（续表）

提案		提议方/支持方	主要内容	讨论/谈判阶段
通过加强ITLOS的作用对第55条进行修订	方案3：利用ITLOS海底争端分庭	不详	扩展ITLOS海底争端分庭的权限，使之涵盖与BBNJ国际协定的解释或适用有关的争端	PrepCom 1
	方案4：授予ITLOS全庭咨询管辖权	加勒比共同体、太平洋小岛屿发展中国家、公海联盟、南非、新西兰、牙买加	授权ITLOS在由BBNJ国际协定的缔约国大会、非政府组织或其他实体提起申请时，有就特定事项提供咨询意见的权限	PrepCom 1；PrepCom 2；PrepCom 3；PrepCom 4；IGC-2；IGC-3
	方案5：以ITLOS为样本设立一个新的机构，或者扩展ITLOS的权限	密克罗尼西亚	《公约》第287条项下ITLOS并没有发挥充分的作用，其权限有待扩展	PrepCom 4
自愿适用第55条		土耳其、中国、哥伦比亚、萨尔瓦多	《零案文草案》第55条应该被删除或者由各缔约国或非缔约国在自愿的基础上选择适用	IGC-3
规定技术性争端		新西兰、拉丁美洲志同道合国家、公海联盟、世界自然保护联盟(IUCN)	参照《鱼类种群协定》第29条，设立特别法庭或者特设专家组来处理涉及技术性事项的争端；强调共识的重要性	PrepCom 1；PrepCom 3；IGC-2 IGC-3 Intersessional Work after IGC-3

（续表）

提案	提议方/支持方	主要内容	讨论/谈判阶段
规定预防争端机制	太平洋小岛屿发展中国家、公海联盟	参照《鱼类种群协定》第28条来预防争端的产生；预防争端的决定可以通过特别委员会或者选定的专家做出	PrepCom 3；PrepCom 4
规定临时措施	加勒比共同体、新西兰	参照《鱼类种群协定》第31条规定此类临时措施	IGC-2 Intersessional Work after IGC-3

（三）BBNJ 争端解决机制是否应该"比照适用"《公约》第十五部分或《鱼类种群协定》第八部分的争端解决机制之争

与各国针对 BBNJ 国际协定中的四大议题进行了漫长而充分的讨论相比，争端解决议题作为跨领域事项仅仅在筹委会阶段才开始吸引各国的关注。《BBNJ 国际协定案文草案二稿》第九部分"争端的解决"包括第 54 条"以和平方式解决争端的义务"和第 55 条"解决争端的程序"这两条。第 55 条被用方括号涵盖，表明到目前为止，多数代表团对于在未来的 BBNJ 国际协定中是否需要"解决争端的程序"以及其具体条款尚无共识。然而，从谈判中各国的表态看，目前多数国家认为，BBNJ 争端解决机制应该"比照适用"《公约》第十五部分或《鱼类种群协定》第八部分的争端解决机制或者在此基础上进行微调（参见表 1）。与多数国家立场不同的是，中国以及土耳其、哥伦比亚、萨尔瓦多等国则倾向于通过谈判和协商来解决与 BBNJ 国际协定的解释和适用有关的争端。如何协调这一分歧，也是参加谈判的各国必须正视和解决的问题。

（四）"一揽子交易"中的相关要素在谈判中面临不均衡发展和难以同步推进的挑战

BBNJ 政府间谈判第三次会议之后，各方在划区管理工具和环境影响评估议题上取得了一定共识，缩小了就建立公海保护区的具体流程，以及环评

的门槛和标准、累积影响、跨界影响等议题的分歧。然而,各方在海洋遗传资源和能力建设与海洋技术转让等议题上仍然分歧严重。发达国家在海洋遗传资源的惠益分享,以及能力建设和海洋技术转让的模式与类型等议题上不愿让步和妥协。一些发达国家的谈判代表流露出希望提前锁定谈判成果,以仅包含较少条款的"框架条约"来通过协议的倾向。在这种情况下,发展中国家面临巨大压力,如何在平衡各方利益的基础上坚守"一揽子交易"中的所有要素均衡发展,已经成为一项各国特别是发展中国家所面临的重要挑战。

三、BBNJ国际协定谈判与基于海洋命运共同体理念构建的中国方案

BBNJ谈判僵局的出现,对国际社会寻找新的智慧、创造新的解决方案提出了更高的要求。对此,中国代表团在参加BBNJ政府间谈判第三次会议期间以及2021年会间线上谈判期间,曾经在讨论BBNJ国际协定的序言时做出发言,建议在序言部分增加如下表述:"决定加强国际合作以共同应对海洋领域的挑战,顾及国际社会的整体利益和需要,从而建设人类命运共同体。"

那么,人类命运共同体理念,或者是作为人类命运共同体在海洋领域具体体现的海洋命运共同体理念,能够或应当在BBNJ谈判或者BBNJ国际协定中发挥怎样的作用,并能否为相关谈判提供具有中国智慧的解决方案,这是一个具有时代价值和现实意义的问题。

(一)海洋命运共同体理念的内涵

2019年4月23日,习近平主席在青岛集体会见出席中国人民解放军海军成立70周年多国海军活动外方代表团团长时,首次提出构建"海洋命运共同体"。目前,学术界对于海洋命运共同体理念的研究非常丰富。现有的研究认为,海洋命运共同体理念体现了人类与海洋和谐共生的关系,突出和平、发展、共享、互利、绿色的海洋治理观念;强调通过"共商、共建、共享"的原则来指引和构建新型海洋关系;强调兼顾发达国家和发展中国家的不同利益与诉求,追求规则中权利义务分配的公正与平衡。

笔者认为,作为人类命运共同体理念在海洋领域的具体体现,海洋命运共同体理念的内涵及其海洋法法理基础均可以从被认为是"海洋宪章"的

《公约》中找到依据。具体来说，海洋命运共同体理念在《公约》中的内涵可以包括以下五个方面。

第一，海洋的和平利用。

这一点与人类命运共同体理念有关“持久和平”的国际法基本内涵相对应，在《公约》中至少体现在三个方面：①《公约》序言第七段和第301条有关对海洋和平利用的一般规定；②《公约》第88、138、141、179、180、279、280条有关对海域的利用只能用于和平目的的相关规定；③《公约》规定了对海洋和平利用的各项活动应遵循的具体要求，例如，《公约》规定无害通过制度(第19条第2款)，船舶和飞机在过境通行时的义务(第39条第1款)，“区域”内的海洋科学研究(第143条)，进行“区域”内活动所使用的设施应专用于和平目的(第147条)，以及海洋科学研究应专为和平目的而进行(第240、242、246条)。

第二，尊重他国领土主权、管辖权和海洋权益，各国之间国际合作的义务。

这一点对应了人类命运共同体理念有关“普遍安全”的国际法基本内涵，在《公约》中至少体现在以下四个方面：①闭海或半闭海沿岸国在协调海洋生物资源的管理、养护、勘探和开发，以及保护和保全海洋环境方面存在合作义务，这一点在《公约》第123条得到了明确规定。②各国为了保护和保全海洋环境而在全球性或区域性立法(第197条)，损害通知(第198条)，污染的应急计划(第199条)，研究、研究方案及情报和资料的交换(第200条)，以及在订立适当的科学标准(第201条)等方面的合作义务。③各国在海洋科学研究问题上的合作义务。例如，《公约》第242～244条规定了各国和各主管国际组织有为了促进和平目的，而进行海洋科学研究的合作的义务；第235和263条规定了各国对其自己从事或为其从事海洋科学研究而产生海洋环境污染所造成的损害，有合作进行损害赔偿的义务；第270～274条规定了各国就海洋技术的发展和转让，有国际合作的义务。④各国就其管辖下的自然人或法人，就从事的海洋活动(例如海洋科学研究)造成海洋环境污染损害时，有在损害补偿问题上进行合作的义务(第235、263条)。

第三，一体化的海洋治理模式，保护海洋环境。

这一点对应了人类命运共同体理念有关“清洁美丽”的国际法基本内涵，在《公约》及其现行的发展中体现在从“海洋管理”到“海洋治理”概念的提出，以及从海域治理、国家管辖范围内的治理向以生态系统为基础的治

理、国家管辖范围外治理(如目前正在进行的 BBNJ 国际协定谈判)转变。《公约》序言第三段“意识到各海洋区域的种种问题都是彼此密切相关的,有必要作为一个整体来加以考虑”,以及第 194 条第 5 款也体现了这一理念。

第四,对全人类利益的维护和相关国家利益的特别考量。

这一点对应了人类命运共同体理念有关“共同繁荣”的国际法基本内涵,在《公约》中主要体现在对“内陆国”“地理不利国”的利益考量与“按照其能力原则”履约的规定(如第 194 条第 1 款),以及“区域”及其资源是人类的共同继承财产(第 136、143 条)。

第五,坚持国家同意、优先通过谈判协商解决海洋争端的争端解决模式。

这一点对应了人类命运共同体理念有关“开放包容”的国际法基本内涵,在《公约》中主要体现第十五部分第一节中有关优先用争端各方选择的任何和平方法解决争端的规定(如第 280、281 条)。

(二)海洋命运共同体理念引导应对 BBNJ 国际协定谈判挑战的中国方案的时代意义

运用海洋命运共同体理念引导构建具有中国智慧的 BBNJ 国际协定谈判方案,对于国际海洋法的未来发展具有重要的时代意义。

第一,BBNJ 国际协定谈判缺少一个各方均认可的理念或原则的指导,导致目前在解决前文所述的四项挑战时明显缺乏推动力。而海洋命运共同体理念以共同体原理作为其法理基础,以《公约》作为法律基础,其内涵可以在《公约》的各项制度中找到依据和体现,在实践中更容易为谈判各方所接受。

第二,海洋命运共同体的广泛内涵,决定了其可以涵盖 BBNJ 国际协定谈判的四大议题,并可能对谈判起到有效的引导作用。BBNJ 国际协定谈判不同于 1994 年通过的《联合国大会决议第 48/263 号关于执行 1982 年 12 月 10 日〈联合国海洋法公约〉第十一部分的协定》(以下简称《1994 年执行协定》),以及 1995 年通过的《1982 年 12 月 10 日〈联合国海洋法公约〉有关养护和管理跨界鱼类种群和高度洄游鱼类种群的规定执行协定》(以下简称《鱼类种群协定》)。《1994 年执行协定》和《鱼类种群协定》仅就某项具体问题进行规制,而 BBNJ 国际协定同时涵盖了海洋遗传资源、划区管理工具、环境影响评估,以及能力建设与海洋技术转让等四大具有不同性质和特点的议题,需要更具包容性的原则或理念予以引导,而海洋命运共同体理念就是符合这一要求的理念。

第三，运用海洋命运共同体理念引导 BBNJ 国际协定谈判，将意味着中国在海洋条约谈判中从“跟随者”到“引导者”角色的转变，具有重要的时代意义。“十三五”规划要求我国要“积极参与网络、深海、极地、空天等新领域国际规则制定”，积极提升我国国际涉海事务中的话语权。然而，真正实现这一目标实属不易，而 BBNJ 国际谈判则为我国首倡的海洋命运共同体理念的条约应用提供了一个难得的机遇。

（三）海洋命运共同体理念引导应对 BBNJ 国际协定谈判挑战的中国方案的实施路径

笔者认为，海洋命运共同体理念可以在 BBNJ 国际协定谈判和 BBNJ 国际协定的文本（即目前阶段的案文草案）这两个层面，对于现阶段谈判进程中遇到的僵局和难题，构建具有创造性的、富有中国智慧的中国方案。

1. 海洋命运共同体理念引导的中国方案在 BBNJ 谈判层面的实施路径

在 BBNJ 谈判层面，运用海洋命运共同体理念构建的解决方案，更有可能促进各方更好地解决前文中所面临的四大挑战。

第一，就“人类共同继承财产原则”与“公海自由原则”之争而言，海洋命运共同体理念可以成为一项新的选择。如前所述，人类命运共同体理念不仅是对《公约》体系相关制度的提炼和补充，而且已经在以人类共同继承财产原则为基础的国际海底区域制度内得到固化和发展，并对全人类利益的维护和相关国家的利益有特别考量。换言之，人类共同继承财产原则是海洋命运共同体理念的题中应有之义，只要中国代表团可以更清晰地阐明海洋命运共同体理念的内涵，就有可能争取到更多发展中国家的理解和支持。另一方面，坚持海洋命运共同体理念，并不等于在 BBNJ 国际协定的所有要素均适用人类共同继承财产原则。这是因为海洋命运共同体理念是对现有的《公约》框架内法律制度的提炼，对于 BBNJ 国际协定所涉及的四大议题是否以及如何适用人类共同继承财产原则，还需要在 BBNJ 国际协定的实体案文中予以规定和体现。这样的一种制度安排，有可能更好地协调发达国家和发展中国家的不同关切。

事实上，学术界对人类共同继承财产原则的具体法律内涵仍存在分歧和争议，对其内涵的讨论有“三要素说”“四要素说”“五要素说”“六要素说”。

持“三要素说”的代表学者法国的亚历山大·基斯(Alexandre Kiss)认为,人类共同继承财产原则的要件,应当包括完全为和平目的使用、本着保护精神合理利用、良好管理并传给后代三点,回避了原则中的所有权问题。荷兰学者戈德休斯(Goedhuis)认为人类共同继承财产原则应当包含所属地域不得占有、所有国家共同参加管理、积极分享开发中获取的利益、专用于和平目的四个要素。亚历山大·普勒尔斯(Alexander Proelss)亦认为,“四要素”应包括禁止任何占有或行使主权的行为、各国共同管理和开发、利益共享、为和平目的使用。持“五要素说”观点的主要代表人物,是最早系统地从法律角度阐述人类共同继承财产原则的帕尔多(Pardo)。他认为这一原则所包括的五大要素,包括不得占有/据为己有、共同管理、利益共享、和平利用,以及环境保护。持“六要素说”的学者凯末尔·巴斯拉尔(Kemal Baslar)认为,该原则包括非排他性使用、国际共同管理、利益共享与成本共担、可持续管理、和平利用,以及人类共同关切。

第二,就环境影响评估是否应该“国际化”之争而言,海洋命运共同体理念要求尊重他国领土主权、管辖权和海洋权益、各国之间有国际合作的义务,这就意味着环境影响评估也应该坚持“国家主导、国家决策”这一基本原则。与《公约》第206条的精神相一致,BBNJ国际协定下环境影响评估的流程可以适度允许利益攸关者参与,以体现公众参与的精神。然而,在评估决策、报告和审查机制等环节上,“国际化”应该是有限度的,并且应该体现国家主导。

第三,针对BBNJ争端解决机制是否应该“比照适用”《公约》第十五部分或《鱼类种群协定》第八部分的争端解决机制之争,海洋命运共同体理念提倡“坚持国家同意、优先通过谈判协商解决海洋争端的争端解决模式”。事实上,这也是《公约》第十五部分或《鱼类种群协定》第八部分的争端解决机制所体现的精神。然而,《公约》中体现国家同意原则的条款由于规定较为模糊,在国际司法或仲裁实践中并没有得到一致的解释或适用,2013年菲律宾单方面提起的南海仲裁案所谓裁决就是一例。该裁决实际上损害了国际司法或仲裁必须遵循的国家同意原则,这也在一定程度上使得不少国家对《公约》第十五部分第二节“导致有拘束力裁判的强制程序”望而却步。斯科特认为,《公约》的强制争端解决程序也是美国一直没有加入《公约》的重要原因之一。因此,在BBNJ国际协定下,即便争端解决机制可以“比照适用”

《公约》第十五部分或《鱼类种群协定》第八部分的争端解决机制，这种适用应该是有条件的，即应该在对《公约》第十五部分或《鱼类种群协定》第八部分的争端解决机制进行修订的基础之上，使“国家同意”原则切实得到体现。如果各方运用海洋命运共同体理念来引导 BBNJ 谈判，对现有的《公约》相关条款在纳入 BBNJ 国际协定之前进行必要的修订使之完全体现“国家同意”原则就是必要的。

第四，就“一揽子交易”中的相关要素在谈判中面临不均衡发展和难以同步推进的挑战而言，海洋命运共同体理念提倡“一体化的海洋治理模式，保护海洋环境”，同时提倡“对全人类利益的维护和相关国家利益的特别考量”。运用海洋命运共同体理念引导 BBNJ 谈判，意味着不能忽视“海洋遗传资源与惠益分享”以及“能力建设和海洋技术转让”这两大重要议题，各方可以通过“渐进式”的国际造法方式逐渐使各方在这四大议题上的利益和立场取得协调与平衡。目前，部分国家展现出来的急于求成的心态，既不符合条约谈判的规律，也不符合海洋命运共同体理念。作为全球最重要的规制公海和国际海底区域生物多样性养护与可持续利用的条约，BBNJ 国际协定应该实现各国利益的平衡和具备一定的前瞻性。只有这样，其未来方可得到世界各国的支持和履约，才能实现国家管辖范围以外区域海洋生物多样性养护和可持续利用之间的平衡。

2. 海洋命运共同体理念引导的中国方案在 BBNJ 案文形成层面的实施路径

在 BBNJ 国际协定的案文层面，海洋命运共同体理念可以通过以下两个方式，将代表中国方案特质的内容纳入案文草案。

第一，正如中国代表团在 BBNJ 政府间谈判第三次会议上的发言所指出的，建议将有关海洋命运共同体的表述纳入未来 BBNJ 国际协定的序言部分。一方面，这种处理方法可以体现海洋命运共同体理念对整个 BBNJ 国际协定的引导作用；另一方面，将该理念纳入 BBNJ 国际协定的序言也有利于未来对协定正文中具体条款的解释。

第二，将海洋命运共同体理念纳入《BBNJ 国际协定案文草案二稿》第一部分“一般规定”的第五条“一般[原则][和][办法]”第 a 项，以取代目前的“不倒退原则”(The principle of non-regression)。

通过梳理“不倒退原则”的国际法演变我们不难发现，不倒退原则最早

出现在国际人道法领域,具体体现在保护人权制度和劳工法方面,其最初并非使用“non-regression”这一词,而是使用“impairing”“derogation”之类的表达。1976 年《经济、社会、文化权利国际盟约》第 24 条规定“不得有损(impairing)其他国际条约和联合国其他机构所设事项”,第 25 条“本盟约中任何部分不得解释为有损(impairing)所有人民充分地和自由地享受和利用他们的天然财富与资源的固有权利”。自 20 世纪 90 年代起,不倒退原则逐渐发展到经济法领域,被规定在 1994 年《北美自由贸易协定》,以及欧盟—韩国、欧盟—日本双边自由贸易协定等区域性条约中。不倒退原则在国际环境法的适用一般被认为可以追溯至 2012 年“里约+20”会议文本《我们想要的未来》中。该文本第 20 段提及:“自 1992 年以来,我们在整合可持续发展的三大要素方面进展不足,金融、经济、粮食和能源多重危机更是迟滞了这一进程……但在这方面,我们不能却步(not backtrack),需要继续履行我们对联合国环境与发展会议的成果的承诺。”不倒退原则由于缺乏统一的表述和明确的理论内涵,放在具有总论性质的 BBNJ 国际协定第一部分“一般规定”的第五条难以涵盖该协定所包含的四大议题,而海洋命运共同体理念则能很好地解决不倒退原则在这一语境中的不足。同时,由于第五条属于 BBNJ 国际协定的总论部分,海洋命运共同体理念放在该条将有助于对整个条约文本的解释和适用。

四、结语

目前,第 72/249 号联大决议授权的 BBNJ 政府间谈判即将进入第四次政府间大会,这也是各国预计将达成协定的关键阶段。然而,各方在 BBNJ 国际协定谈判中尚面临一些难以解决的重大挑战。例如,“人类共同继承财产原则”与“公海自由原则”之争,环境影响评估是否应该“国际化”之争,BBNJ 争端解决机制是否应该“比照适用”《公约》第十五部分或《鱼类种群协定》第八部分的争端解决机制之争,以及“一揽子交易”中的相关要素在谈判中面临不均衡发展和难以同步推进的挑战。各方在谈判中能否解决这些挑战,将直接决定 BBNJ 国际协定能否达成。

本文认为,作为人类命运共同体在海洋领域具体体现的海洋命运共同体理念,可以引导 BBNJ 谈判,就克服 BBNJ 国际协定谈判目前所面临的主要挑战制定具有中国智慧的中国方案。这里特别需要强调的是,海洋命运共同体理念的内涵及其海洋法法理基础可以从被认为是“海洋宪章”的《公约》中找到依据，这意味着该理念在现实应用层面将不会遭遇合理性或合法性障碍。

具体来说，海洋命运共同体理念在《公约》中的内涵包括至少五个方面：海洋的和平利用；尊重他国领土主权、管辖权和海洋权益，各国之间国际合作的义务；一体化的海洋治理模式，保护海洋环境；对全人类利益的维护和相关国家利益的特别考量；坚持国家同意、优先通过谈判协商解决海洋争端的争端解决模式。运用海洋命运共同体理念引导 BBNJ 国际协定谈判具有重要的时代意义，且是必要的和可行的。

在 BBNJ 谈判层面，运用海洋命运共同体理念可以促进各方更好地解决前文中所面临的四大挑战。在 BBNJ 国际协定的案文层面，海洋命运共同体理念可以被纳入《BBNJ 国际协定案文草案二稿》的序言和第一部分“一般规定”的第五条。这意味着，基于海洋命运共同体理念构建 BBNJ 国际协定谈判的中国方案，将可能为未来全球海洋治理规则的发展指明新的方向。

文章来源：原刊于《亚太安全与海洋研究》2022 年第 1 期。

全球海洋环境治理

——"对世义务"的困境与"海洋命运共同体"的功能展现

■ 何志鹏，耿斯文

论点撷萃

对世义务与海洋命运共同体都对"共同利益"予以关注，都是国际法朝着人本主义方面继续前进的有益尝试。对世义务自诞生起便受到争议。在关于对世义务的争论中，可以明显听到理想主义的声音，似乎对世义务的概念标志着一种朝着更好的国际法前进的范式转变、一种以价值为导向的秩序转变。根据这种理想的观点，人们自然希望对世义务在环境领域能够发挥效力。然而，现实情况是，对世义务面临着外延不清的困境，尽管各国在海洋环境保护方面可能有一些共同的理念，但对于更微观层面的具体事项的理解可能有所不同。在短时间内，国家共识的累积可能并不充分，因此"对世义务"这一概念发展得十分缓慢。海洋环境保护是否发展成为一项对世义务还有待于实践的检验。

人类命运共同体被认为是对对世义务等体现全人类共同利益价值的国际法规则的传承，既是当代中国外交探索的结果，又是新的历史条件下指引人类社会发展的新理论。中国的海洋命运共同体理念是人类命运共同体思想在海洋领域的具体展开，是具有全局性、战略性、前瞻性的思想体系，能够为保障各国在海洋环境方面的共同利益、共同价值提供新的思路，为推进全球海洋环境治理贡献中国方案。作为海洋命运共同体理念的首倡者，中国应树立起负责任的大国形象，带着使命感和责任感与其他国家一道寻求在

作者：何志鹏，吉林大学法学院教授；
耿斯文，吉林大学法学院硕士

海洋环境问题上的最大公约数，彼此增强互信、凝聚共识，加强沟通交流，深化海洋领域的国际合作，共同承担海洋治理责任，携手营造绿色清洁的海洋环境，实现海洋的可持续发展，完善全球海洋治理。

一、问题的提出

随着人类文明的演进，近两个世纪在海洋领域各国以军事力量相互对抗的情形大为减少，而海洋环境污染、海洋生物多样性减少、海上恐怖主义等非传统海上安全威胁持续扩散，给国际社会带来了前所未有的挑战。被公认为“世界海洋宪章”的《联合国海洋法公约》面临形形色色的现实问题，其在全球海洋环境治理中能够发挥多大的效力有待考量。2021 年 4 月 13 日，日本政府单方面决定将福岛核废水排放入海，引起了国际社会的强烈反对。韩国对此表示关切，欲将日方核排放事件提交至国际法庭解决。若韩国欲以“受害国以外的其他国家”的身份借助对世义务（obligations erga omnes）的概念主张日本应当承担国家责任，则需首先证明海洋环境保护已经发展成为对世义务。

传统上，国际法对国际交往的规制形成了双边的法律关系网，然而，在牵涉全人类生存的共同利益领域，互惠原则带来的利益感知，或者说权利与义务的对称性，不足以驱动对国际法的遵从。这一情况呼唤着一些特殊规则的出现，以使国际社会整体参与共同利益的保护。国际社会早已意识到需依靠国际法为全球环境提供整体保护。斯德哥尔摩会议贡献了“环境是一种全球性的存在，应作为整体而被保护”“环境保护是促进和平、人权和发展的必要条件”等重要理念。《1972 年防止倾倒废物和其他物质造成海洋污染公约》呼吁树立关于倾倒废物和其他物质的全球性规则和标准。《21 世纪议程》指出，“各国政府认识到，现在需要有一种新的全球性努力，要将国际经济系统的要素与人类对安全稳定的自然环境的需求联系起来”。

在国际法领域，对世义务又称“对一切的义务”“普遍义务”“对国际社会整体的义务”，就是一种实现对国际社会共同利益的保护方式。对世义务的概念起源于“巴塞罗那电车案”。这一概念的出现标志着国际法从关注双边、多边共同利益到考量对所有国家的整体利益的价值导向的转变。

“巴塞罗那电车案”之后，随着新问题的出现，实务界与理论界都试图用

对世义务去保护一些重要价值，于是对对世义务的内涵进行了探索。Ragazzi 对对世义务之概念进行了系统研究，探索了人权、发展权、环境权领域的对世义务选项。Christian J. Tams 研究了对世义务的实施，在分析对世义务的识别问题时，他提及国际法院(International Court of Justice，ICJ)已经认定自决权及体现了“基本人道考虑”的国际人道法规则具有对世性，以及个别法官认为禁止使用武力、保护地球福利(protect the planet welfare)的义务具有对世性质。Kadelbach 认为对世义务的范围不仅包括(部分或全部)强行法规范，而且包括管理国家、城市、岛屿和国际化领土的地位和边界的规则。Erika de Wet 从人权领域出发，研究了对世义务与强行法的关系。国内学者也对对世义务进行了研究。李毅教授认为，除 ICJ 在“巴塞罗那电车案”中确认的几项对世义务外，为保护臭氧层而确立的国际体制的核心规则、海洋法公约所规定的有关跨界鱼种及高度洄游鱼种的养护和管理的规则也属于对世义务的范畴。黄解放教授通过将航空安全与基本人道考量建立联系，论证了保障航空安全是一项对世义务。孙旭教授在探究“补充性保护义务”何时能够被触发的问题时研究了对世义务在人权领域的具体列表。

学界对于对世义务的范围扩展到了何种程度存在着不同观点。遵循着 ICJ 在“巴塞罗那电车案”中的列举，一些学者对国际环境法领域是否存在对世义务进行了讨论，也有一些学者对海洋环境保护是否已经发展成为对世义务展开了研究。对世义务的概念存在外延模糊的困境。尽管对世义务是一个正在发展着的概念，但是并无足够的司法实践支撑保护海洋环境已经是一项确定的对世义务的结论，且对世义务的列表不宜拓展得过快。因此，是否能够用“对世义务”这一概念为海洋环境提供整体性保护是一个有待商榷的问题。

全球海洋环境的治理存在着“囚徒困境”，亟须新理念的引领。习近平主席在会见出席中国人民解放军海军成立 70 周年多国海军活动外方代表团团长时提出了构建“海洋命运共同体”的倡议。海洋命运共同体理念强调各国在保护海洋环境方面具有共同利益，呼吁各国共同应对海洋环境问题，携手共建海洋环境。海洋命运共同体理念可以为全球海洋法治做出有益贡献。本文将首先介绍对世义务之发展情况，引出对世义务的外延困境，在此基础上分析对世义务是否拓展到了海洋环境保护领域，接下来剖析海洋命运共同体理念在全球海洋环境治理方面的功能展现。

二、对世义务:发展中的清单

传统国际法奉行双边主义,为世界各国创设互惠义务。相比之下,对世义务并非基于权利和义务的交换而是基于对某种规范体系的遵守。对世义务的出现意味着国际法超越了双边主义,开始追求全人类共同的伦理道德。由于实践在不断发展,国际社会的新问题层出不穷,国家之间的共同利益追求也在不断演进。以 ICJ 为主的国际司法机构等结合国际社会的新状况,对对世义务概念的发展、阐释做出了贡献,使对世义务的列表处于持续发展的状态。

(一)对世义务之发展

"对世义务"这一概念首次被明确、完整地提出是在"巴塞罗那电车案"中。ICJ 提出对一国对于整个国际社会所负的义务与该国对其他国家在外交保护领域的义务进行区分。因为从性质上来看,前者是所有国家都关注的义务。鉴于此等义务所涉权利的重要性,可以认为所有国家在保护这些权利方面都具有法律利益,这就是对世义务。在"巴塞罗那电车案"中,ICJ 进一步指出"在当代国际法中,这种义务来自对侵略行为和种族灭绝行为的非法宣告,也来自有关人的基本权利的原则和规则,包括免受奴役和种族歧视的保护。一些相应的保护权利已进入一般国际法体系,其他权利是由具有普遍性或准普遍性的国际文书赋予的"。

ICJ 虽无立法权能,但却在开展工作过程中形成了"事实上的判例法"。这体现在之后其对于"对世义务"这个概念的完善与发展。1970 年的"纳米比亚案"中,ICJ 指出"终止南非的委任统治并宣布其在纳米比亚的存在是非法的,是针对所有国家的"。1974 年"核试验案"中,ICJ 强调,法国在公开场合发表的关于停止在太平洋大气层进行核试验的单方声明是公开地、对世地做出的。1995 年的"东帝汶案"中,ICJ 指出"葡萄牙主张是人民自决权,这是自《联合国宪章》和联合国实践演变而来的,具有对世性,这是无可辩驳的……但法院认为,规则的对世性和同意管辖权的规则是两件不同的事情"。1996 年的"核武器咨询意见"中,ICJ 提及"适用于武装冲突的人道法规则对于人的尊严和'基本人道考虑'具有如此根本性质,以至于所有国家不论是否批准公约也要遵守,因为这些规则构成习惯国际法上不可违反的原则"。2007 年的"《防止及惩治灭绝种族罪公约》适用案"中,ICJ 称"……它没有权力对

指称的违反国际法规定的其他义务，特别是违反武装冲突中保护人权的义务的行为做出裁决，这些义务不构成种族灭绝。即使指称的违反行为违反了强制性规范所规定的义务，或违反了保护基本人道主义价值的义务，而且可能是对所有国家承担的义务”。2012年的“比利时诉塞内加尔案”中，ICJ指出《禁止酷刑和其他残忍、不人道或有辱人格的待遇或处罚公约》下的义务可被定义为“对当事国承担的对世义务”(obligations erga omnes partes)，因为每一缔约国对于公约义务之遵守均有利益。2019年的“查戈斯群岛咨询意见”中，ICJ重申“尊重自决权是一项对世义务，所有国家都对保护自决权享有法律利益”。2020年，ICJ就“冈比亚诉缅甸案”指示临时措施命令，重申《防止及惩治灭绝种族罪公约》下的义务属于“对国际社会的整体义务”，任一缔约国即使没有受到特别影响，也可援引另一缔约国的责任。

对世义务不仅在国际司法实践中不断发展，也在国际立法努力中得到确认。“巴塞罗那电车案”中的“整个国际社会”(international community as a whole)的概念被国际文件反复援引。国际法委员会(International Law Commission，ILC)2001年的《国家的国际不法行为条款草案》(Draft Articles on Responsibility of States for Internationally Wrongful Acts)第48条第1款b项承认了对世义务的存在。该条规定，当被违背的义务是对整个国际社会承担的义务时，受害国以外的任何国家有权对另一国援引国家责任。也就是说，违反对世义务会产生引起国家责任的后果。

(二)对世义务之外延困境及其成因

Brownlie教授指出，对世义务的概念具有很大的神秘性。Reisman也持有类似观点，“并不能够确定，有多少规则进入了‘对世义务’的魔法圈”。两位学者都关注到对世义务的外延困境。对世义务处于动态发展状态之中，这既给予实务界与理论界对其内容进行推理论证的机会，也为其留下讨论的空间。在国际社会对于对世义务的范围划定尚未明显形成共识的情况下，强硬推动对世义务范围的扩展、纳入新的样本恐怕收效甚微。

1. 对世义务外延困境之体现

尽管国际社会对于对世义务的存在没有争议，但对于“哪些义务属于对世义务的范围”的更细节的问题没有定论。目前，对世义务被认为与人权和环境领域尤为相关。在人权领域，学界普遍认为在人权条约中可以找到对世义务的例子。在 ICJ 的司法实践中，民族自决权、免于种族灭绝的权利、禁止奴隶制、禁止种族歧视已经被确认为对世义务。但在环境领域，ICJ 尚未明确提及环境保护的义务是否已经发展成为对世义务。此外，如同强行法，对世义务反映了人类所追求的一些基本价值伦理，取得对世义务的身份需要一个认定的程序。然而，哪一机构能够对对世义务的范围做出权威性的认定也并无定论。

2. 对世义务外延困境之成因

第一，对世义务的外延问题缺乏司法实践的指导。

一方面，ICJ 所做出的认定并非是穷尽性的；另一方面，其他法院也没有对对世义务的范围做过多的说明。从法律效果来看，对世义务的范围延展会引起更广泛的主体对于国家责任的援引，增加国家提起公益诉讼的可能性。因此 ICJ 在提出对世义务的概念之后，对其外延的拓展采取了相对审慎的态度。在“巴塞罗那电车案”之后的司法实践中 ICJ 更多提及了“对世”效果，而非对对世义务进行识别，并未触及国家比较关心的“何种条件下某一义务会取得对世地位”的问题。前南刑庭在“Furundžija 案”中指出，违反对世义务同时构成对国际社会所有成员的相关权利的侵犯，每个成员都有权提起诉讼，请求其遵守义务，每个成员都有权要求其履行义务，或要求其停止违反义务的行为。该案阐释了对世义务所招致的国家责任，然而，追究国家责任需由各国自己落实。这种逻辑进路在一定程度上构成对世界霸权主义的机会纵容。

第二，对于对世义务的来源没有一致的观点。

有一种主张是对“对世义务”与“对当事国承担的对世义务”进行区分。持此类观点的学者认为对世义务来源于一般国际法，这区别于以条约为基础产生的义务，即“对当事国承担的对世义务”。这与 ICJ 在“巴塞罗那电车案”中的观点并不一致。ICJ 认为，从一般国际法和具有普遍性或准普遍性的国际文书中均可以找到对世义务的例子。因此，在考虑哪些事项属于对世义务的范畴时，还需解决对世义务的范围是否包括产生自条约的义务的问题。

第三，对于对世义务的认定没有明晰的标准。

根据 ICJ 的观点，对世义务需满足两个条件，即全球性与利益一致性。全球性是指，这种义务毫无例外地及于全球所有国家；利益一致性是指，这种义务的履行必须关系到全球所有国家的利益。另外，也存在依据“重要性”判断一些义务是否取得了“对世”地位的实践。ILC 也采纳了类似的观

点，认为“存在一些国际义务，尽管数量有限，但由于其对于整个国际社会的重要性，与其他义务不同，所有国家对其都享有法益”。然而，无论是“全球性与利益一致性”还是“重要性”都并非清晰的概念。这使得各国理所当然地以国家利益而非共同利益为衡量标尺，对于对世义务可能有各自的阐释。

三、海洋环境保护：一项备选对世义务

对世义务作为一个法律概念，它的全部内涵的展现有待在实践中实现。在国际环境法领域，ICJ 已有两次向对世义务靠近的司法实践，但还是没有将其实实在在地列入对世义务的清单。具体到“海洋环境保护”这一事项上，一方面，从司法实践来看，没有足够的证据证明海洋环境保护义务已经发展成为一项对世义务；另一方面，对世义务处于持续发展的过程之中，过快地拓展其范围容易招致不良后果，采取保守谨慎的态度相对可取。在这种情况下，海洋环境保护是否已经发展成为对世义务尚不可知，以对世义务为海洋环境保护提供规制面临着困境。

（一）对世义务之于国际环境法领域

“核试验案”是 ICJ 与对世义务在国际环境法领域的应用最近却又擦肩而过的一次实践。1973 年，澳大利亚和新西兰起诉法国，要求其停止在南太平洋地区进行核试验。该案中，尽管 ICJ 以“法国总统和政府官员对停止大气核试验做了单方的声明，就没有必要再对新西兰和澳大利亚的诉请做出判决”这一理由技巧性地回避了“禁止大气核试验是否具有对世属性”这一问题，但新西兰与澳大利亚的诉请表明该两国试图将对世性与规则禁止的内容及其保护环境的价值相联系。此两国认为，禁止大气核试验反映了国际社会的“共同利益”，其保护的是“人类的安全、生命与健康”这样的基础价值。这一义务具有禁止性内容，此义务课以“国际社会”而非“特定国家”，与之相关的权利保护是“共同享有的”。这些特征与 ICJ 在“巴塞罗那电车案”之中对于对世义务概念之界定具有类似之处，但问题在于，禁止大气核试验的义务仅针对“拥核国家”，而非所有国家。

ICJ 另一在国际环境法领域向对世义务靠近的实践是“多瑙河水坝案”。该案 Weeramantry 法官在其个别意见中指出“我们已经进入了一个国际法不仅服从于个别国家的利益，而且超越它们及其狭隘的关切，着眼于人类的

更大利益和全球福利的时代……国际环境法将需要超越在个别国家自我利益的封闭格局中权衡各方的权利和义务”。

（二）保护海洋环境的对世义务？

尽管对世义务的概念具有很强的发展潜力，但也需要实践的检验、认证。然而，将对世义务适用于海洋环境保护的司法实践并不充分。明确使用“对世义务”这一措辞而非借用这一概念背后的价值观的例子是国际海洋法法庭海底争端分庭在 2011 年“关于‘区域’责任的咨询意见”。分庭引用了 ILC 的《国家的国际不法行为条款草案》第 48 条指出，《联合国海洋法公约》的任一缔约国都可以对另一国不保护海洋环境的行为主张责任。分庭认为，“鉴于保护公海和‘区域’内环境有关的义务具有对世性，每个缔约国都有权要求赔偿”。国际海洋法法庭海底争端分庭肯定了海洋环境保护的义务是对世义务，但问题在于，仅仅这一例国际司法实践似乎不足以支持结论的得出。既然无进一步的司法实践，迅速扩大对世义务的魔圈并不合适。

“对世义务的概念属于一个‘应然’的世界，而非‘实然’的世界。”对世义务存在的目的或理由是保护一些被认为具有更高价值的利益和理想。对世义务为国际社会树立了一些道德准则，体现出自然法的属性。诚然，通过对世义务应对国际环境领域的问题，符合人们对这一概念的期待，尤其是随着国际法转向人本主义，国际环境法对人的需求、人的价值予以高度关注。“理想主义的高调总是容易引起人们的欢心，然而在现实的残酷面前却经常显得用处很少。”将海洋环境保护简单扣上“对世义务”的帽子可能会招致一些国家的警惕，具有“打着‘对世义务’的名号，以维护人类基本道德价值和国际社会共同利益的名义而行强权政治和霸权主义的企图”的嫌疑。此外，对世义务在某种意义上超越了国家之同意，若对世义务凌驾于国家利益与关切，则国家会选择对其漠视。与其说海洋环境保护已经获得了对世义务的地位，不如说海洋环境保护有发展成为对世义务的趋势更为稳妥。

首先，“对世义务”的概念处于缓慢发展的过程。对世义务这一概念并非静止，而是随着国际事务的发展逐渐推进。“对世义务同其他国际法概念一样，其发展过程如水晶的生成，逐渐产生分子，前进一个层级，这一过程十分缓慢。”Ragazzi 指出了对世义务的两个特点。其一，对世义务的概念处于发展之中。如前文所述，“巴塞罗那电车案”之后，其他一些义务也被纳入了对世义务的清单。并且，对世义务的清单并非是封闭的，而是伴随着国际社会对于共同利益、共同价值的认知与确认逐渐扩充。其二，对世义务清单的拓展过程缓慢。对世义务所覆盖的是国际社会所普遍认可的价值与利益，考虑对世义务的清单需要关注国家的具体意愿。然而，国家对于利益往往有自己的计算与选择，共识的凝聚需要时间的沉淀，过早宣布某项义务具有对世属性，可能会遭到抵制，反而无法实现对世义务的预期效果。

其次，频繁援用对世义务，会使之发展成为一种“修辞”。对世义务可能会以其创新元素来充实法律秩序，使国际法的一些领域发生改变，从而产生深远的影响。因此，对待对世义务的列表时更应采取审慎的态度，不可冒进。虽然对世义务的概念有助于将国际社会共同利益纳入国际法，并在援引国家责任时有所助益，但是要警惕这种与更高理想的联系导致“对世”成为修辞玩味，成为一个用于强调某些规则或利益的重要性的“方便的用语”。如希金斯法官在“隔离墙案”的单独意见中所指出的，“巴塞罗那电车案”的判词被过分援引了。司法实践和一些学术著作似乎都把对世义务当成了“法律万能药”(legal panacea)。

最后，对世义务的范围拓展过宽可能会招致公益诉讼(actio popularis)的盛行。在区分对世义务与强行法(jus cogens)这对概念时，无论是ILC还是一些学者都提及了伴随对世义务而来的程序后果，也就是国家责任的援引，这也是对世义务的功能之所在。从对世义务的实施角度来看，针对违反对世义务的行为，受害国以外的其他国家也可以针对不法行为援引国家责任。这在某种意义上降低了诉讼门槛，会加剧国家间的紧张关系，同时也会造成司法资源的浪费。这样一来，对世义务可能很难真正发生作用。

综合上述分析，对世义务的发展既需要司法实践的反复也需要逐步积累起国际社会的共识，而这一过程本身应当是十分缓慢的。海洋环境保护的义务距离发展成为对世义务还有一段路要走。

四、海洋命运共同体理念于全球海洋环境治理之功能展现

海洋环境凝结着人类的共同利益，各国在海洋环境保护方面休戚与共。如Brownlie指出的，海洋污染的降解过程呈现出渐进性与分散性的特征。海洋水体本就具有开放、流动不可分割的特性，海洋环境污染易潜移默化地波及众多国家。因此，各国普遍接受在海洋环境领域进行全球治理。尽管

国际法体系内部已存在“对世义务”这一为“国际社会共同利益”提供整体性保护的概念，但如前文所述，其外延并不清晰，海洋环境保护义务的对世性质尚处于酝酿发展之中，其对于海洋环境治理的助益有限。

2013年，习近平主席在莫斯科国际关系学院发表演讲时首次提出“人类命运共同体”这一概念。2015年，习近平出席第70届联合国大会，正式提出构建以合作共赢为核心的新型国际关系，打造人类命运共同体。2018年，人类命运共同体思想正式载入宪法序言，其重要性提高到宪法层面。2019年，习近平主席提出的海洋命运共同体理念是对人类命运共同体理念的丰富发展，是在海洋领域的具体实践，是中国在全球治理特别是全球海洋治理领域贡献的中国智慧与中国方案。海洋命运共同体理论对于解决海洋环境问题、维护海洋环境的和平与稳定发展、促进海洋法治具有重要的现实意义。

（一）更新理念，指引全局

以国家主权为导向的传统思维方式与以共同体为导向的现代思维方式之间的紧张与冲突在构建国际海洋法律制度方面格外明显。国际海洋法的发展完善需要理念的创新，需要从共同利益的维度寻找对策。海洋命运共同体理念协调了主权国家对于海洋环境问题的关注与人类社会对于海洋环境保护的利益，并以全局观、整体观指引海洋环境治理，强调人与海洋和谐共生。如《联合国海洋法公约》序言所指出的，“各海洋区域的种种问题都是彼此密切相关的，有必要作为一个整体来加以考虑”。尤其是随着科技的发展，人类开发和利用海洋的整体性日渐突出。由于海洋的整体性，任何一个国家都无法独立地保护生态环境，更无法在面临海洋风险时独善其身，国家间应当建立合作关系，共同抗击风险。

中国的人类命运共同体理念特别提出要建设一个清洁美丽的世界。作为人类命运共同体理念的下位概念，海洋命运共同体理念也具有“清洁美丽”的内涵。“清洁美丽”是各国在全球海洋环境治理中的共同利益之所在。在“清洁”的基础之上实现对于“美丽”的追求，是各国的共同愿望。为促进海洋的可持续发展，各国应当持续合作，共同发展、共同繁荣。

海洋命运共同体理念的核心理念是，各国在海洋治理方面“目标一致、利益共生、权利共享、责任共担”。海洋命运共同体具有“共商共建共享”的特色，超越了国家边界，本着“同呼吸共命运”的原则处理域内海洋环境保护

等问题。海洋命运共同体提供了寻求人类共同利益与价值的新视角，强调各国命运互通、利益共存。

（二）凝聚共识，深化合作

国家在面对危机的时候，容易背离合作价值。国家可能会看到不履行义务所带来的短暂利益，选择违背环境义务、以邻为壑。构建海洋命运共同体的重要意义在于，了解各国对海洋利益的诉求，妥善处理分歧，扩大合作基础。海洋环境问题是所有国家面临的共同难题。“和平、发展、合作、双赢、平等和公正”是各国共同的价值目标。面对复杂的海洋局势，国际社会有必要增强风险意识，共同构筑风险防护系统。各国已经认识到深化合作来应对海洋环境污染这一海上非传统安全挑战的必要性。1972 年《人类环境宣言》第 22 项原则指出“各国应进行合作以进一步发展关于一国管辖或控制范围以内的活动对其管辖范围以外的环境所造成的污染及其他环境损害的受害人承担责任与赔偿问题的国际法”。

海洋问题“牵一发而动全身”，处理海洋环境问题需要各国守望相助。海洋命运共同体包含各国共同承担海洋治理的责任，共同享有良好国际海洋秩序所带来的共同利益的深刻内涵。海洋命运共同体理念为各国提供寻求基本共识的底线思维。海洋命运共同体理念强调促进海上互联互通和各领域的务实合作，在海洋开发方面实现“互利共赢”，呼吁各国在海洋环境保护方面携手合作，共同促进海洋繁荣发展。为促进海上互联互通，进一步深化海洋领域的务实合作，中国提出推动构建“蓝色伙伴关系”，高度重视海洋生态文明建设，加强环境污染防治，实现各国在海洋事务方面责任共担、利益共享，推动全球海洋环境治理体系朝着更加公正、合理的方向发展。

（三）维护秩序，保障安全

中国所倡导的海洋命运共同体主张建立持久和平、普遍安全的海洋秩序，传承了《联合国宪章》追求和平与安全的目标。构建“海上安全共同体”是海洋命运共同体理念的应有之义。中国提出的“共同、综合、合作、可持续”的新安全观可以适用于海洋领域。国际海洋事务中，目前最突出的是共同安全问题。海上环境安全是国际社会共同的价值追求，各国对于海洋环境安全都负有责任。尽管海上传统安全风险已逐渐减少，环境恶化等海上非传统安全风险逐渐暴露，海上安全形势仍不容乐观。“海洋的和平安宁关乎世界各国安危和利益，需要共同维护，倍加珍惜。”海洋命运共同体理念呼吁各国在面对海上不稳定因素威胁时，抛弃零和安全思维，坚持通过对话协商、沟通交流，携手寻求共同的海上安全利益，合力维护海洋和平安宁，共同建设互利共赢的海上安全之路，共同推动新型海洋安全秩序的形成，构建新型海上关系，这是推动海洋环境治理走向善治的良好途径。

五、结语

对世义务与海洋命运共同体都对“共同利益”予以关注，都是国际法朝着人本主义方面继续前进的有益尝试。对世义务自诞生起便受到争议。在关于对世义务的争论中，可以明显听到理想主义的声音，似乎对世义务的概念标志着一种朝着更好的国际法前进的范式转变、一种以价值为导向的秩序转变。根据这种理想的观点，人们自然希望对世义务在环境领域能够发挥效力。然而，现实情况是，对世义务面临着外延不清的困境，尽管各国在海洋环境保护方面可能有一些共同的理念，但对于更微观层面的具体事项的理解可能有所不同。在短时间内，国家共识的累积可能并不充分，因此“对世义务”这一概念发展得十分缓慢。海洋环境保护是否发展成为一项对世义务还有待于实践的检验。

人类命运共同体被认为是对对世义务等体现全人类共同利益价值的国际法规则的传承，既是当代中国外交探索的结果，又是新的历史条件下指引人类社会发展的新理论。中国的海洋命运共同体理念是人类命运共同体思想在海洋领域的具体展开，是具有全局性、战略性、前瞻性的思想体系，能够为保障各国在海洋环境方面的共同利益、共同价值提供新的思路，为推进全球海洋环境治理贡献中国方案。正如习近平主席所指出的：“海洋对于人类社会生存和发展具有重要意义。海洋孕育了生命、联通了世界、促进了发展。我们人类居住的这个蓝色星球，不是被海洋分割成了各个孤岛，而是被海洋连结成了命运共同体，各国人民安危与共。”作为海洋命运共同体理念的首倡者，中国应树立起负责任的大国形象，带着使命感与责任感与其他国家一道寻求在海洋环境问题上的最大公约数，彼此增强互信、凝聚共识，加强沟通交流，深化海洋领域的国际合作，共同承担海洋治理责任，携手营造绿色清洁的海洋环境，实现海洋的可持续发展，完善全球海洋治理。

文章来源：原刊于《大连海事大学学报(社会科学版)》2022 年第 1 期。

“海洋命运共同体”：国际关系的新基点与构建新国际关系理论的尝试

■ 陈秀武

论点撷萃

国际社会普遍重视海洋的价值，从而引发了加快开发海洋的热潮，不仅改变了海洋生态、海洋资源和海洋环境，还深刻地改变了海洋边界、海洋秩序以及国际合作方式。海洋边界的变化，不断重构国家与海洋、人与海洋、海洋生物群落与海洋非生命群落的关系。同时，海洋边界诉求的高涨，加之以狭隘民族主义为代表的逆全球化问题所引发的国际乱象，使得原本就复杂的国际海洋秩序更为混乱与无序，这就对海洋的相通性提出了挑战。因此，尊重“大道海洋”的本质特征，开拓海洋国际合作新范式，正是时代所必需。

构建“海洋命运共同体”的倡议，与信息化时代的发展相适应，成为新时代国际关系理论的典型代表，更是重构国际关系的新基点。“海洋命运共同体”是全球海洋治理的手段与范式，不仅蕴含着丰富的哲学思想，还与国际关系理论中针对“社会现实”范畴的最高阶段相连接，具有鲜明的时代特质。

“海洋命运共同体”直面的是国家关系、交往行为以及相关范式问题，并外化为对“区域一体化”“共同体”以及“价值观”的认同。它弱化了单个国家或国家集团的“海权”争霸意识，强化了共同参与划分海洋利益的现实需求，在批判与重构层面发挥了积极作用。

“海洋命运共同体”是一个具有规范性结构的存在。国家行为体在相关问题上以双边条约或多边条约的形式来保障共同体；分区治理既顺应了海

作者：陈秀武，东北师范大学日本研究所教授

洋所具有的相通性特征,又关照到分区海域的自然地理差异。与此同时,根据《联合国海洋法公约》精神,在分区海域治理上更重视分区海洋法律的制定与执行。换言之,"海洋命运共同体"是"经济一体化、政治一体化和法律一体化"的承载者。

习近平主席在会见出席中国人民解放军海军成立70周年多国海军活动的外方代表团团长时,首次提出了构建"海洋命运共同体"的倡议,并强调指出:"我们要像对待生命一样关爱海洋。中国全面参与联合国框架内海洋治理机制和相关规则制定与实施,落实海洋可持续发展目标。中国高度重视海洋生态文明建设,持续加强海洋环境污染防治,保护海洋生物多样性,实现海洋资源有序开发利用,为子孙后代留下一片碧海蓝天。"国际社会普遍重视海洋的价值,从而引发了加快开发海洋的热潮,不仅改变了海洋生态、海洋资源和海洋环境,还深刻地改变了海洋边界、海洋秩序以及国际合作方式。海洋边界的变化,不断重构国家与海洋、人与海洋、海洋生物群落与海洋非生命群落的关系。同时,海洋边界诉求的高涨,加之以狭隘民族主义为代表的逆全球化问题所引发的国际乱象,使得原本就复杂的国际海洋秩序更为混乱与无序,这就对海洋的相通性提出了挑战。同时,海洋与陆地的不同之处也在于,海洋本质上就具有相通性。正如马克思所强调的:"陆战的性质使战争威胁不到在中立国领土上的即处于中立国主权之下的敌方财产。海战的性质则排除了这种界限,因为作为各国共有的大道的海洋是不能处于任何中立国主权之下的。"因此,尊重"大道海洋"的本质特征,开拓海洋国际合作新范式,正是时代所必需。

一、"海洋命运共同体"时代的来临及其原因

传统地缘政治理论和国际关系理论告诉我们,虽然国际结构会对行为体起到制约与均势作用,但作为行为体的各国在互动时,反而会对原有的国际结构产生影响。这种互动关系被国际关系理论家以不同概念加以界定,诸如建构主义、结构理论。

安东尼·吉登斯的结构理论强调"以社会行动的生产和再生产为根基的规则和资源同时也是系统再生产的媒介(即结构二重性)"。可见,该理论有两个主要因素:一是手段与行为准则,二是资源。吉登斯认为,"规则是在

社会实践的实施及再生产活动中运用的技术或可加以一般化的程序”。换言之，在争夺自然资源的过程中，行为体对国际环境产生影响，以施展种种手段以及在手段下达成的共识为基础，逐渐形成了共同遵守的秩序或结构。正是这种共识，使国际结构得以形成且相对稳定。当技术手段不断进步，争夺资源的国际环境发生变化时，原有结构受到冲击，新的国际结构便代之而起。被称为“第三次工业革命”的信息化浪潮发展至今，已经深度渗透到海、陆、空等不同维度的空间。信息的发展，使当今国际社会与麦金德所提倡的“心脏地带说”、斯皮克曼的“边缘地带说”以及菲尔格里夫的“地理控制说”的时代完全不同，已经发展到谁“控制了信息技术”，谁就控制了世界的“信息高速公路时代”。在各国争相利用高科技进行竞争的趋势下，国际秩序的巨大变化为重新思考海洋国际秩序提供了广阔的时代背景。

一个以“合作共赢”为价值前提、以共同享用和保护海洋公共产品、保护海洋生态及加强海上安全合作的“海洋命运共同体”时代已经来临。后“冷战”时期国际结构（或国际秩序）发生的剧烈变化使得以高科技为支点的海洋国际争端加剧，国际互动增强，国家间的海上安全受到威胁，成为构建“海洋命运共同体”的直接原因。

同时，在西太平洋海域，东南亚海域与东亚海域的国际争端以及开拓北极航线事业的繁盛为“海洋命运共同体”时代的来临提供了国际土壤。国际关系一体化理论已难以应对欧洲困局，而共同体理论的相关思想在西太平洋海域争端激化的情况下，其说服力也受到了严重挑战。它们在解决相关问题时总是显示出一定的疲软甚至无力感，这在某种意义上也成为催生新理论、新价值的助推剂。

近年来东南亚国家围绕南海边界划分所产生的矛盾冲突，已成为一体化理论在欧洲面临的困局、共同体理论弱化的重要具体表现。围绕南海的国际冲突、南海周边国家的海洋边界划分、东南亚海域的海盗防御、东南亚海洋公共产品的维护等，都成为亟待解决的问题。2018 年中国国际法学会撰写的《南海仲裁案裁决之批判》一书，针对 2013 年 1 月 22 日菲律宾单方面提起的有关南海问题的强制仲裁，进行了观点、理论等方面的驳斥与批判。由此，南海仲裁暂告一段落。从沸沸扬扬的南海制裁与反制裁的现实来看，这是围绕南海争端问题在理论上有所缺失的一种表现。然而，在美、日的挑唆以及觊觎心理的支撑下，南海周边国家“鼓足勇气”频频向中国发难，将原本相对平静的海域搅得“巨浪滔天”。

中日围绕东海问题的矛盾、日韩围绕竹岛的争端、朝核问题引发的国际联动等，已成为东亚海域的安全隐患。虽说中日关系进入了“消极和平状态下的复合型竞争与合作态势”的新阶段，但“斗而不破”的拉锯战格局似乎还会持续很久。尤其是自中国成为世界第二大经济体后，以日本为首的相关国家所鼓吹的“中国威胁论”被流水线式地操作，不断扩大言说空间。另外，从经济通商的角度，日本鼓吹的“通商 4.0 时代”的《全面与进步跨太平洋伙伴关系协定》(CPTPP)，继续以排挤、封堵中国为目标，加剧了东亚海域国家间的紧张气氛。而这一切，本质上都与争夺西太平洋海域的制海权有关。如何规划与重构这一海域的国际秩序已提上日程。

与东南亚海域、东亚海域的情况稍有不同，东北亚海域能够牵动世界多国积极参与和争抢的利益线是北极航道。为此，各国积极制定相应的北极战略。中国学者注意到，作为近北极国家，中、日、韩三国积极参与北极航线事务，三国具有北极理事会观察员国身份、相似的文化传统与产业基础等共性，但在参与北极事务的抢位过程中的竞争会十分激烈，诸如造船业之争、话语权之争、转运港口利益之争以及能源矿产资源之争将会愈演愈烈。针对此种情况，有学者提出了“求同存异，通过科研项目、国际与区域合作、商业往来构建紧密的合作伙伴关系”的相关建议。

“海洋命运共同体”作为能够规避上述海域争端并进行意识形态统一化管理的哲学概念，其出台是时代发展的需要。在信息共享、相互依存的时代，“海洋命运共同体”体现出超越观念差异，进而走向观念融合的重要性。“海洋命运共同体”是马克思共同体思想即“自由人联合体”思想的新发展。“自由人联合体”强调“分配的方式会随着社会生产有机体本身的特殊方式和随着生产者的相应的历史发展程度而改变”。推而广之，当代世界体系的变迁与重构就遵循了这样的道理，而对于理论家来说，构建“共同体”最难逾越的障碍是“世界主导权”问题。

根据乔治·莫德尔斯基提出的“世界领导权的长周期”理论，“当代世界体系的形成是各国争夺海洋权的结果。由于海洋航行的机动能力增强，复杂的国际体系逐渐形成，逐步取代了 1500 年以前持续了千年之久的前现代体系”。他以马汉的《海权论》为学理依据，并在论证世界体系构成的互动性上，强调了跨国主义对构建世界体系的重要性：“跨国主义在民族国家之间

制造了有益的压力，促进了现代世界的形成，并在后现代世界体系中产生了补充或超越它自身的力量。”。海权对各国的重要性已无须多言，跨国主义的盛行也是早为人类所承认的共识。然而，面对乱象丛生的国际现状，这些理论陷入困境的事实在一定程度上证明理论本身到了需要进一步发展的时段。如果按照这一逻辑进行演绎推理，在各国过度争抢海权，破坏海洋国际秩序乃至世界秩序时，也积蓄了构建新的国际关系理论的能量。

二、“海洋命运共同体”的概念与结构

在逆全球化潮流涌动的国际形势下，为推动在国际社会安全合作前提下的高度相互依存与高频次互动，应该重新思考如何从现有的国际关系理论中衍生与构建出新的理论。构建“海洋命运共同体”的倡议，与信息化时代的发展相适应，成为新时代国际关系理论的典型代表，更是重构国际关系的新基点。我们可以从“海洋命运共同体”概念的内涵中，找出评判其时代重任的基准。

“海洋命运共同体”是全球海洋治理的手段与范式。其中，“海洋”是介质，“命运”是历史走向，“共同体”则要求拥有共同利益与共同诉求。学界虽有对“海洋命运共同体”的相关阐释，但缺少哲学化思考，也少见从地缘政治视角为其寻找理论支撑；虽有以“平等协商加深海洋事务的合作”“共同维护海洋安全”以及“发展海洋科学技术”等来构建“海洋命运共同体”的主张，但相关内容早在构筑“海上丝绸之路”时就已被提出，缺少新的思考。“共同体”以“区域社会”为前提的本质特征，决定了“海洋共同体”只有以“分区海域”为基础，才能将构建“海洋命运共同体”落到实处。

从定义上看，“‘海洋命运共同体’，包括政治、军事、经济、文化乃至海洋生态文明的意涵。具体来说是指海域（海＋岛）范围内的相关各国在彼此尊重各自的文化传统、意识形态、军事部署、经济发展以及政治交往等因素的前提下，形成的具有‘共商共建共享’特色的超越国家边界的，本着‘同呼吸共命运’的原则处理域内海上交通、海洋资源开发与海洋环境保护以及连带的海域争端等问题，能够为‘人类命运共同体’提供建设性推进功能的‘共同体’”。

在探讨“海洋命运共同体”的概念时，会发现有两个难以破解的问题：一是结构问题；二是在结构支撑下应该关注的微观现实择取问题。

西方国际关系理论家、社会理论家所提出的相关理论为我们解释问题提供了某些有益的思考。按照亨利·基辛格的提法，有一点可以确定无疑："海洋命运共同体"本身就是尝试构建新的海洋国际秩序的一种新思维。如前所述，安东尼·吉登斯的社会结构理论可以被简化为"资源＋规则＝结构"。在社会实践中，规则和资源不断发挥创造与被创造作用的过程，就是结构化本身。"海洋命运共同体"作为一种价值认定、一种结果性的概念符号或表意符号，其结构也是诸多资源与规则再生后的产物。因此，"海洋命运共同体"也就具备了吉登斯为我们描述的社会系统在结构方面的三个维度，即"表意、支配与合法化"。

从"表意"层面看，"海洋命运共同体"是一种文化符号。从国际关系理论有关国际安全的角度考量，构建"海洋命运共同体"是十分必要的。在探讨国际安全问题方面，曾盛行新现实主义、新自由制度主义和建构主义三大主流国际关系理论。其中，只有建构主义学派的国际安全观强调"友谊"与"朋友关系"，体现的是"康德文化"。在现实状态下，随着国际频繁互动，对已有的国际关系理论产生了冲击。中国适时提出的"海洋命运共同体"，是扬弃"康德文化"并在"康德文化"之上的一种存在，强调友谊与合作，既是建构主义流派的延伸，又是国际安全理论的新发展。应该说，"海洋命运共同体"对应的是"话语形态与符号秩序"。

从"支配"层面看，"海洋命运共同体"的结构直面海域内的资源管理与分配，即与所谓的资源权威化理论与资源配置理论对接。"海洋命运共同体"必须考虑对于共同体来说至关重要的集体认同。根据建构主义大师亚历山大·温特的理论，"如果互动对一方产生的结果取决于其他各方的选择，行为体就处于相互依存状态……要成为集体身份形成的原因，相互依存必须是客观的，而不是主观的，因为一旦集体身份存在，行为体就会把对方的得失作为自己的得失，就像'相互依存'定义所表示的那样"。"集体身份"的形成取决于"相互依存、共同命运、同质性、自我约束"等主变量的变迁情况。可以说，这种"集体身份"正是"海洋命运共同体"所强调的集体认同。习近平提出的这一表意概念所提倡的共同守卫蓝色家园，恰好体现了国家行为体之间相互依存的客观性。在处理海域内事务时，它强调根据维护共同体的贡献度开展互惠互利。

在涉及"共同命运"话题时，温特将个人的幸福感延伸至国际政治领域，

强调“行为体具有共同命运是指他们的每个人的生存、健康、幸福取决于整个群体的状况。像相互依存一样，只有当共同命运是客观条件的时候，才能够成为集体身份形成的原因，因为‘同舟共济’的主观意识是集体身份的建构因素，不是其原因因素”。我们有理由认为，“同舟共济”成为东、西方理论的对接点。“海洋命运共同体”强调的也是在海域内的“同舟共济”与“同呼吸共命运”。尤其是在世界趋同、全球化浪潮不断加快的国际形势下，世界局部一体化的加快，已经使人们日益真实地感受到彼此的关联性，也就是“同质性”的增强。

在温特看来，“同质性”或称“相似性”是“集体身份形成的最后一个有效原因”。他强调，组织行为体在团体身份和类别身份两方面具有相似性，“团体身份是指行为体在基本组织形态、功能、因果权力等方面的相同性。以团体形态出现在现代世界政治生活中的原行为体是‘形似的单位’，这就是国家”。与之相应，“第二个同质性因素涉及在一个给定团体身份中的不同类别。对于国家来说，这种不同是指国家内部的政治权威组织形式的不同，亦即政权类型的不同”。由此观之，“海洋命运共同体”的构建，必须严禁国家这一同质性团体将在本国内部发挥的暴力蔓延至国家关系领域中来，同时还应该找到克服不同类别（不同政体模式）相处时的瓶颈与弊端，即减少冲突的次数和强度。

对于构建“集体身份”而言，除上述“有效原因”外，一个不可忽视的因素是“自我约束”。温特认为，“自我约束推动建立安全共同体，减少国家在把照顾自己的部分责任交托给他者时产生的担心，使其他主变量提供的积极刺激因素发生作用”。可见，“自我约束”也是构建“海洋命运共同体”需要直面的问题。

从“合法化”层面看，“海洋命运共同体”的结构同样包含“规范调控”，对接的是“法律制度”。在海域范围内，如何建立和完善相关的海洋法是构建“海洋命运共同体”的法律保障。历史上，有些国家先制定国内法，进而利用国内法进行海外扩张及宣示对所占岛屿的主权，美国就是这方面的典型代表。在美国的海外扩张史上，为了抢占大宗经济商品——鸟粪，国会于1856年通过了《鸟粪岛法案》。此后，依据该国内法，美国抢占了太平洋和加勒比海的100多个岛礁。

在东南亚海域，域内国家间自1969年至2014年签署了30多份海洋划界协议。这些协议在遵守国际法的前提下，对管理和解决重叠的海洋空间起到了维护地区稳定与和平的作用。在东亚海域，中日之间针对东海油气田和钓鱼岛争端虽然发布了类似国内法的文件等，但并没有解决实质性问题。中国提倡的对东海北部的大陆架争议区和钓鱼岛周边海域进行共同开发的合理建议，被日方无端拒绝。目前，在开拓北极航线的国际任务面前，各国的北极战略和签署的相关法律条约等成为和平引导海洋资源开发、推动构建“海洋命运共同体”的法律基础。那么，如何将争议的海域纳入《联合国海洋法公约》的法律范围内？如何将国内法与国际海洋法有效对接？如何根据不同海域的特色制定相应的具有“区块”适用性的分区海域国际法？这些都是构建“海洋命运共同体”过程中需要思考的法律制度建设问题。

在国际关系理论面对现实困境时，“海洋命运共同体”的结构设想不仅超越了安东尼·吉登斯的社会结构理论和亚历山大·温特的建构主义国际安全理论，也是对它们的进一步发展。当我们以国家为行为体，考虑“海洋命运共同体”的结构时，在分区海域内应该关注的现实问题有以下4点。

第一，海上航线。

在海域世界，只有开辟了海上航线，国家行为体之间的互动才成为可能。秦汉时代的中国承担起开辟古代东亚海上航线的任务，向东与朝鲜半岛、日本发生连接，向南与东南亚相连，在东亚形成了以中国为中心的“西太平洋贸易网”。中国学者研究指出，“古代西太平洋贸易网北起日本经朝鲜半岛、中国与东南亚，与印度洋贸易网、地中海贸易网遥相呼应，内部有联系的纽带和持久的动力机制”，这是古代东亚经济圈形成的基础。在国际联动机制尚未发达的古代，这种纽带很容易被理解为同质性。可以说，东亚海域世界中心与边缘的关系是在带有同质性文化背景下和平构建起来的，而港口成为实体“纽带”。

第二，海上贸易。

在古代海域世界，追求海上贸易获益，是国家行为体之间进行互动的主要目的。但随着人类历史的发展，当国家行为体将在国内具有垄断权的暴力机关应用至与他国的贸易往来时，单纯追求经济利益的海上贸易就发生了质变，即向追求海上霸权的方向转变。如西方世界以荷兰、英国、美国为代表，东亚地区以近代日本海洋国家的变迁及“海上帝国”的建设为典型，都曾构建起异化的“海洋共同体”。

海上贸易是加快国家行为体之间相互了解、强化彼此依赖的手段，是促成国际经济体之间你中有我、我中有你的嵌入式关系形成的有效途径。时至今日，地区性贸易组织主要有“跨大西洋贸易与投资伙伴协议”（TTIP）和“全面与进步跨太平洋伙伴关系协定”（CPTPP）等。它们都以西方国家或日本为主导，具有排他性。与之不同的是，“海洋命运共同体”是以吸取国际贸易组织的经验与教训为前提，本着开放、包容的心态，追求海域内行为体之间的相互依赖与维稳状态。

第三，海洋政治与军事互动。

如果说前文所提及的文化互动与经济互动是“共同体”成立的前提，那么国家行为体之间的政治互动与军事互动是“共同体”最高层级的互动，也是“共同体”形成的标志。安东尼·吉登斯曾将国家行为体视为“局部”，而将区域化体系视为“整体”。在谈及“整体”与“局部”的关系时，将“全球信息时代”对应为“象征秩序/话语模式”，将“民族—国家关系”对应为“政治制度”，将“世界资本主义经济”对应为“经济制度”，将“世界军事秩序”对应为“法律/制裁模式”。按照吉登斯的理论，中国主张构建的“海洋命运共同体”当属区域化体系的外化表现，海洋政治与军事互动存在与否，决定着“海洋命运共同体”能否真正建成。

海上航线、海上贸易、海洋政治与军事三者之间属于层级递进式关系。自古以来，它们作为“共同体”必备条件的依存关系是怎样发生的？依存度高低是怎样形成的？又会发生怎样的历史变迁？这些都是“海洋命运共同体”这一课题试图解决的核心问题。

第四，海域内国家安全。

“海洋命运共同体”的明显特征在于经济、政治、军事互动频繁以及不断强化相互间的依存度。然而，这种互动与依存就像一把双刃剑，常常使海域内的国家行为体陷入安全困境。温特认为，“如果互动对一方产生的结果取决于其他各方的选择，行为体就处于相互依存状态。虽然相互依存常常用来解释合作，但是它不仅仅局限于合作关系。敌人之间可以是相互依存的，朋友之间也可以是相互依存的”。为解决安全问题，传统的“均势理论”认为“理论家自然地把平衡作为核心概念，解释民族国家间的权力关系，并认为民族国家几乎都被其（均势理论）本性的规律所驱使，于是通过某种形式的权力平衡来谋求它们的安全”。只不过在高度网络信息化时代，“均势”已经不能带来区域的安全与和平了，“海洋命运共同体”则更加重视解决“均势理论”难以应付的国际安全问题。

综上，“海洋命运共同体”不仅蕴含着丰富的哲学思想，还与国际关系理论中针对“社会现实”范畴的最高阶段相连接，具有鲜明的时代特质。

三、“海洋命运共同体”的交往行为与范式

国际社会进入新的发展阶段后，在反思时下的国际秩序特征时，需要一种新的思维来应对原有国际关系理论所面临的困境。换言之，新的思维需要在批判与重构的层面发挥作用，取代原有的国际关系理论，以解决现实问题。“海洋命运共同体”直面的是国家关系、交往行为以及相关范式问题，并外化为对“区域一体化”“共同体”以及“价值观”的认同。它弱化了单个国家或国家集团的“海权”争霸意识，强化了共同参与划分海洋利益的现实需求，在批判与重构层面发挥了积极作用。在对待区域一体化问题上，“海洋命运共同体”是对以往国际关系理论的批判性继承。换言之，它更加注重“彼此认同”，在批判、继承一体化理论的延长线上展示其存在价值。它具有强烈的吸收能力，不拒绝一体化成员之外的任何政府、国际组织或非政府行为体，而且具有将反对力转化为支持力的能力，将认同感与域外力量转化为整合共同体的基础力量。这也反映出“交往与沟通”对“海洋命运共同体”的重要意义。

任何共同体在发展过程中都不能忽视“沟通模式与交往量”对自身的影响。美国政治理论家卡尔·多伊奇认为，虽然北大西洋地区远未实现一体化，但已朝着这个目标走了很长的路；要实现更高层次的一体化，各国之间的交往和沟通活动尤为重要。他认为，对一体化乃至共同体产生影响的活动是“以经济增长为表现形式、与获利预期和实际收益相关的活动”。他虽然不承认北大西洋地区（包括大部分北约成员）实现了高度一体化，但将其视为“多元型安全共同体”，并强调其成立条件是“决策者的价值观相互包容”“决策者们能够预知彼此的行为”和“相互响应，即具备密切合作和处理紧急问题的能力”等。这些条件既是构建拥有共同价值观的交往行为模式与规范的前提，也是“海洋命运共同体”成立的必备条件。

“海洋命运共同体”所追求的终极目标是人类在海洋世界的和平与共生，其最大的难题是如何克服激烈的海域冲突以及潜在的海域战争。国际

政治理论家从不同角度对战争根源进行了阐释。肯尼斯·华尔兹指出"人性的邪恶,抑或人类错误的行为,导致了战争的爆发,而个人的美德,如果能够得到广泛的普及,则意味着和平"。他还认为,"每个国家都根据自认为最佳的方式追求自身的利益,无论该利益是如何被加以界定的。武力是实现国家对外目的的一种手段,因为在无政府状态下,类似的行为单元之间必然会产生利益冲突,但却并不存在持久的、可靠的协调上述冲突的方法。以国际关系这一意象为基础的外交政策既非道德,亦非不道德,只不过是体现了对我们周围世界的一种理智审慎的反应"。

可见,战争的发生与个人、国家以及国际体系都密切相关。在这一系列链条中,人作为能动活跃的因素,是否有能力将战争控制在萌芽状态呢?尤其在国际秩序出现松动的时期,人类如何化险为夷消除可能出现的战争?肯尼斯·华尔兹给出了自己的答案:"在国家关系中,如果竞争得不到制约,便会不时爆发战争。尽管从某一方面来看,战争也是对国际系统加以调整的一种手段,但战争的爆发常常被误认为是系统本身已然解体的标志。"其义暗指,国际秩序乃至海洋国际秩序的重构未必意味着一定要通过战争来完成。如果国家行为体彼此克制,将竞争规制在可控范围内,就具有实现国际秩序平稳过渡的可能性。笔者认为,构建"海洋命运共同体"就应该在这一层面探讨其进路,即以思考战争根源为基础,制订和平计划,抵制武力征服,崇尚和平主义外交,辅以道德训诫与心理—文化的调整。

"海洋命运共同体"本身就是一体化进程的产物,其主要构成也包括一体化所涉及的"领域、范畴、范围和力量"。"冷战"结束至今,安全共同体理论家更重视"多元安全共同体",将其定义为"一个由主权国家组成的跨国区域,这些主权国家的人民对和平有着可靠的预期"。根据各国家行为体相互间的"信任程度""治理体系的制度化本质和程度"以及国家行为体在国际社会中的存在形态等,"多元安全共同体"又被细分为两个层级,即"松散耦合"与"紧密耦合"。这对理解构建"海洋命运共同体"合理安排与对待交往行为和范式,大有益处。

合理开展"海洋命运共同体"建设,主要涉及以下内容。

首先是"海洋命运共同体"所涉海域范围的"合理性"。国家行为体的海域范围边界决定了国家行为体是否具有参与海域内事务的资格。目前,国际社会十分关注北极航线的开拓以及北极战略的制定,各国家行为体都在围绕自身与北极的关系进行积极思考。其中，一个不可规避的问题就是其在地理位置上是否具有合理性。据此，国际社会使用“北极国家”“近北极国家”等概念对各国家行为体的特点进行客观表述。相应地，地缘位置决定了各国家行为体在处理北极事务上的身份和地位。比如，中国以观察员国的身份参与北极事务的管理，从地缘上是合理的。但即便如此，中国也正在以客观、合理的方式积极参与北极圈论坛。2019 年 5 月 10 日至 11 日由上海承办的北极圈分论坛，提出了“务实推动北极合作，携手共建‘冰上丝绸之路’”的倡议，为中国找到了与北极国家的接点。这对海域内外的国家行为体参与构建“海洋命运共同体”具有示范意义。

其次是国家行为体提供的海洋公共产品的“合理性”。从交往行为看，构建“海洋命运共同体”应该合理地对待“海洋公共产品”。“海洋公共产品主要是指由政府提供，用于海洋资源开发、海洋环境保护和海洋权益维护，与海洋开发状况密切相关的各种政策制度、服务项目和基本设施等，包括海洋纯公共产品和海洋准公共产品两部分。”

20 世纪 50 年代，经济学家萨缪尔森在著作《经济学》中曾提出了“Public goods”这个概念，目前最新的中译本（第 19 版）将其翻译为“公共品”。他认为，“公共品是指这样一种商品，其收益在整个社会不可分割，而不管个人是否愿意消费”。此后，随着相关理论的发展与创新，“海洋公共产品”概念得以诞生并不断被阐释、引用以及扩大化宣传，使其在解决海域争端问题上能够发挥作用。

构建“海洋命运共同体”，要处理好“海洋纯公共产品和海洋准公共产品”两部分的“合理性”问题。在全人类的基点上思考问题，最大程度体现“海洋纯公共产品”的“非竞争性和非排他性”，完成国际融通与相互理解，是“海洋命运共同体”追求的目标之一。此外，“海洋命运共同体”对待“海洋准公共产品”还应该具有灵活的包容性。如果国家行为体在提供“海洋公共产品”时，考虑本国利益的比重偏大，难免会使得“产品”失去相对公允性，反而会成为区域一体化或海域一体化的障碍。此外，域外国家以“航海自由权”来干涉域内国家事务，也是阻碍“海洋命运共同体”构建的一大消极因素。例如，在南海海域的国际争端上，域外国家的干涉激化了原本就相对复杂的海域矛盾，这可以被视为某些国家行为体提供了不合理的“海洋公共产品”。再如，东南亚国家间或与周边国家签署的海洋划界协定作为“海洋公共产

品”，具有融通与协调国家间关系的特征。

我们可以从“人类命运共同体”的开放、发展、包容的精神中，挖掘出使“海洋公共产品”具有合理性的指导性理念。换言之，国家行为体“在追求自身海洋利益时，不管是单方还是共同的海洋资源分配与海域界定、海洋资源开发利用、海洋污染防治、海洋纠纷解决等事宜，都需要建立在一个确定的制度和规则基础上的、可以为各国所享有的正义感和安全感的价值秩序”。这种价值秩序的输出品是“海洋法权”，而其终极目标则体现为“海洋命运共同体”。针对南海所面临的生态环境与资源压力，有学者提出以“南海命运共同体”为场域，以“两分法”建立“南海海洋保护区”的构想，应该说体现了“海洋公共产品”的合理性。

最后是追求“海洋命运共同体”类型认知的“合理性”。不可否认的是，“海洋命运共同体”分为“利益格局”型和“规范共识”型。前者表现为由低层次的“现实中的习惯行为（‘习俗’）”向高层次的“策略行为（‘利益行为’）”的转移，而后者则表现为由“传统的共识行为（‘共同体行为’）”向“后传统的共识行为（‘社会行为’）”的转移。与“海洋公共产品”的合理性相对应，国家行为体对海洋采取的相关行为，需要根据“利益格局”“规范共识”等不断进行调整，即或以“利益格局”为重，形成经济中现实利益的交织，或以“规范共识”为立足点，形成承认“规范有效性”的秩序。然而，从国家行为体之间的互动看，二者是前后继起的关系，“一种最初只是由利益互补加以保障的行为协调过程，随着‘共识价值’的出现，也就是说，随着‘对一定行为的法律意义或规范意义的信仰’，可能会出现规范性的转型”。

“利益格局”是前提条件，“规范共识”是最高境界。换言之，海域的文化交流构成“文化共同体”，之后经济交流与互动构成“经济共同体”，而以二者为前提条件，国家行为体在海域内进行“军事互动”与“政治互动”，才使“海洋命运共同体”的构成要素得以完备。并且，只有在各层级“互动”时有效规避了国家安全风险，才可以说“海洋命运共同体”具备了合理性。

四、“海洋命运共同体”对国际关系理论的新发展

学术研究的目标之一是构建新的学科体系和创造新的理论。“人类命运共同体”和“海洋命运共同体”既涉及以中国为核心的周边学，也形成了以全球视角探讨国际问题的新型国际关系理论。“海洋命运共同体”不仅是

“人类命运共同体”的重要组成部分，还是对国际关系理论的新发展。它既与“合作理论”和“一体化理论”有相似之处，又是对上述理论的扬弃。

在西方学界，“合作理论”主要有三个流派，即霸权合作论、新自由主义制度理论和“建构主义理论”。霸权合作论以追求“国家权力最大化”“国际无政府状态下奉行自助原则”“国家是利己的国际行为体”为立论前提，强调霸权国家在国际社会的“领导”作用。其中的“合作”是霸权国利用“威望”构建霸权体系，而这一体系又是由在霸权国主导下制定的“基本原则、规则、规范和决策程序等机制”所构成。该理论还强调霸权国容忍体系内的其他国家利用“公共产品”。然而，现实世界的国际关系则表现为，霸权国的盟国处于劣势，要不断为霸权国提供一切方便，这样才被允许利用“公共产品”。例如，美国霸权在相关国家建立起军事基地，就很好地诠释了这种国家关系特征。相反，“海洋命运共同体”否定“霸权”，更加强调国家间互动的重要性。这种互动以相互包容为前提，重在把握国家间关系总的走势即“命运”。在计算国家间利益时，奉行的是经济学领域的“可计算一般均衡理论”。

新自由主义制度理论兴起于20世纪80年代。这一时期，美、苏两个超级大国的争霸趋缓，并在苏联解体后宣告结束。国际秩序的变动为新自由主义制度理论的出台，提供了国际环境。该理论强调“国际关系的良性发展”，重视降低“利己主义”，注重签订国家间合作性协议，重视国家间的信任基础，着眼于扩大参与国的数量。为达到上述目的，该理论强调国际制度的重要性，并认为国际制度可以取代无政府状态下的霸权合作。比较而言，新自由主义制度理论在开放程度上显示出优越性。但面临的困境是，虽然该理论试图以国际制度方式剪除霸权国的存在，但主宰国际制度的国家是否仍然具有霸权国的特质，这为我们的判别带来不可想象的难度。在继承新自由主义制度理论合理性的同时，“海洋命运共同体”更重视“合作”与“协商”，摒弃狭隘的利己主义，以追求国际秩序的公平与公正。

20世纪90年代，为更好地阐释国际关系的新变化，强调“集体身份”和“文化合作论”的建构主义理论诞生了。虽然它没有明确否认国际社会的无政府状态，但强调在这一状态下可以有两种不同的体系，即“个人主义和竞争的体系”与“合作的安全体系”。两种体系的博弈取决于对“合作规范”的忠实程度和认同感。其认同感可以与“集体共有观念”发生对接，这样就形成了“集体身份”，从而更加注重集体利益，并在这一基点上展开合作。与建

构主义理论的内容相似，“海洋命运共同体”更为直接地表达了“相互依存、共同命运”的本质，即共同利用海洋公共产品、共同维护海洋环境等，容易成为确认集体身份时所应该达到的规范认同。

“一体化理论”初创于20世纪中期的经济领域，后来发展为多维度的理论，即约瑟夫·奈所强调的“经济一体化、政治一体化和法律一体化”等，但至今尚未形成一个具有共识性内涵的概念。这一理论又派生出基于“合作理论”的持久共同体，为“合作战略和解决共同问题奠定基础”。很明显，“海洋命运共同体”对一体化理论进行了新的拓展。

在现阶段全球化与逆全球化矛盾交织的状态下，已有的国际关系理论走入困境，无力回应复杂的现实问题。应该说，“海洋命运共同体”就是以解决这些现实问题为目的的一种符号与理论，它对原有国际关系理论进行了创新：第一，回避了原有理论中的“国际社会无政府状态”的阐释，以海洋的相通性呼唤人类共建共同体，否定了割裂式的构建主张。第二，继承了一体化理论，并将多维度的一体化理论引入海域治理与管控。并强调通商是常态，终极目标是完成政治、军事等层面的高级互动。第三，“海洋命运共同体”是一个符号，也是可以进行哲学化阐释的新的国际关系理论。它蕴含丰富的哲学思想，推进了建构主义理论中的“文化合作论”，并赋予其东方文化的色彩。“海洋命运共同体”摒弃动辄以“价值观理念”有意排斥他国的说教，而提出以“诚亲惠容”的意涵倡导国际合作。

综上所述，“海洋命运共同体”是一个具有规范性结构的存在。国家行为体在相关问题上以双边条约或多边条约的形式来保障共同体；分区治理既顺应了海洋所具有的相通性特征，又关照到分区海域的自然地理差异。与此同时，根据《联合国海洋法公约》精神，在分区海域治理上更重视分区海洋法律的制定与执行。换言之，“海洋命运共同体”是“经济一体化、政治一体化和法律一体化”的承载者。

文章来源：原刊于《社会科学战线》2021年第11期。

“海洋命运共同体”视域下的海洋合作和海上公共产品

■ 杨震,蔡亮

论点撷萃

当前,全球治理的困境很大一部分来自国际公共产品供应的缺失。国际社会需要海上公共产品的提供者。中国提出的“海洋命运共同体”,为海上公共产品的增加提供了新的途径。

人类社会正步入第四次产业革命的大门,由于各种因素的交织影响,国际矛盾呈现出有增无减的态势,国际社会存在失序的危险。而这种失序从长期来看,不仅阻碍生产力的进步,而且恶化了人类的政治生态,进而动摇人类文明的根基。如果能在人类第二生存空间——海洋中构建以“海洋命运共同体”精神为主旨的国际海洋新秩序,那么对于缓解当前国际社会矛盾无疑具有积极意义。从这一点来说,增加海上公共安全产品提供并进而促进国际合作,具有非常重要的战略意义。

“海洋命运共同体”与“21 世纪海上丝绸之路”形成了相辅相成的密切关系。前者为后者提供了目标指南和实现途径,后者为前者提供了纽带和载体。借此,中国希望与各国促进海上互联互通,在各领域开展务实合作,促进共同发展,实现共同繁荣,深化中国与其他国家进行多领域、多方位的交流合作,使参与国及其民众共享合作交流的成果。海洋问题涉足领域广泛,安全、经济、环保等不一而足,在海洋治理和海洋合作的过程中,既面临体制

作者: 杨震,上海政法学院上海全球安全治理研究院欧亚研究所副所长、复旦大学南亚研究中心特聘研究员,中国海洋发展研究中心研究员;
蔡亮,上海国际问题研究院外交政策研究所中国外交室主任、研究员

问题，也应注重路径问题。最后，需要特别指出的是，构建“海洋命运共同体”是一个美好的愿景与期许，更是一个长期、复杂和曲折的过程，需要一代又一代有志之士薪火相传才能实现的目标。中国应在对此有清醒认识的基础上，统筹国内国际两个大局，并同国际社会、国际组织和机构一道，以和平、发展、合作、共赢方式，扎实推进构建“海洋命运共同体”的伟大进程。

进入21世纪以来，海洋这个覆盖地球表面70.8%面积的人类第二生存空间的战略地位不断提高：海洋资源因陆地资源的逐渐枯竭而显得尤为重要；随着科技的不断进步与发展，海洋正日益成为人类的“粮仓”与“菜田”；海上物流系统伴随快速增长的全球化，在各个国家的国民经济中占有越来越突出的地位。然而，现今的国际体系，依然是一个各民族国家不断围绕各自国家利益进行博弈甚至是不断争斗的不完美的体系，这种博弈和争斗在海洋权益维护方面显得尤为突出。

那么，作为世界上最大的陆海复合型国家、联合国安理会常任理事国、第一人口大国、第一工业大国的中国，该如何面对上述局面？本文认为，“海洋命运共同体”理念的提出，为解决这个困境提供了重要的路径。而在“海洋命运共同体”框架下提供海上公共产品，是解决上述困境的主要途径。

关于海上公共安全产品问题研究，有学者围绕区域公共产品供给视域下的东北亚海上安全合作困境，对中国在东北亚地区提供海上公共安全产品进行了详细而深入的研究。但当时“海洋命运共同体”概念尚未提出，因此未能对其与海上公共安全产品之间的关系进行阐述。本文从“海洋命运共同体”角度出发，对此问题进行研究。

一、“海洋命运共同体”的提出及其特征

“海洋命运共同体”这个概念诞生于2019年4月23日。习近平主席在青岛集体会见应邀出席中国人民解放军海军成立70周年多国海军活动的外方代表团团长时指出：“海洋对于人类社会生存和发展具有重要意义。海洋孕育了生命、联通了世界、促进了发展。我们人类居住的这个蓝色星球，不是被海洋分割成了各个孤岛，而是被海洋连结成了命运共同体，各国人民安危与共。海洋的和平安宁关乎世界各国安危和利益，需要共同维护，倍加珍惜”，因此各国“应该相互尊重、平等相待、增进互信，加强海上对话交流，深

化海军务实合作，走互利共赢的海上安全之路，携手应对各类海上共同威胁和挑战，合力维护海洋和平安宁”。

“海洋命运共同体”倡议的提出，绝非一蹴而就的哲学奇想，更不是凌空而降的政治空谈，而有着清晰可辨的时空拓展轨迹和思想发展脉络。就其思想根源来说，“海洋命运共同体”带有中国古代哲学“天人合一”的精髓，符合可持续发展的精神。一方面，它是中国“建设海洋强国战略”到推进“21世纪海上丝绸之路”建设的顶层目标设计，另一方面又作为“人类命运共同体”思想的重要组成部分，在对全球海洋治理领域贡献中国智慧和中国特色的理论的同时，也在很大程度上丰富了“人类命运共同体”思想的具体内涵。

从时空的拓展轨迹来看，纵览大航海时代以来的世界历史，真正成功的崛起大国无一例外是能够在全球市场和财富竞争中具有影响力甚至支配力的大国，是知识和技术能够引领潮流并且产品畅销世界的大国。而这些国家或是海洋强国或是海权大国，即能够充分利用、开发、征服和在关键的海洋战略通道上具有控制力的大国。这是近代以来人类历史进程中引领科技、产业、体制等发展的最重要力量。而上述领域的持续进步与发展，反过来也为海洋强国的崛起奠定了物质、制度和精神等各方面的基础。中国虽然具备陆海兼备的地缘特征，但传统的地缘政治理念受惯性思维、经济结构、安全威胁和周边形势影响，一直在地缘政治理念方面有重陆轻海的倾向。

随着改革开放40多年来中国经济持续稳定的发展，中国经济与全球的联系程度日甚一日，且随着中国企业大规模地“走出去”，中国的海外利益不断增加，在国家利益中的地位也呈现不断上升趋势。与此同时，中国的海外利益也面临各种各样的安全威胁。相较于陆地，海洋无疑充当了中国本土与海外利益连结的更为重要的地理媒介，扮演了更为重要的角色。这进一步导致海权在维护海外利益方面具有独特的优势。海权优先已经逐渐成为中国决策层和学术界在地缘政治理念方面取得的共识。

中国的陆地领土周围海域面积辽阔，具有较为有利的沟通世界各大洋的交通条件。尤其是东海和南海，前者是东亚大陆东进西太平洋的战略通道，而后者可以南下至南太平洋，西出马六甲海峡，进入世界海权体系的核心海域——印度洋。辽阔的边缘海本身，为中国发展海洋经济、开辟海上航线提供了较为完善的地理条件。总体而言，日益复杂的海洋安全形势、日趋重要的海洋经济以及逐年递增的海上贸易等安全和经济方面的考虑，使中

国的地缘政治重心不可避免地向海洋倾斜。

以此为背景，党的十八大明确提出了建设海洋强国战略，这意味着中国越来越从战略层面关注运用海权来维护日益增长的海外利益。这意味着中国将自己的市场、企业、技术和影响通过海洋向更加广阔的海外扩展，它指的不是中国单纯地将本国商品、劳务和工程输出至海外，还强调在海洋科研、海洋经济和海洋开发中能够将中国的国家利益稳步扩展到海外，以更好地向国际社会展示中国的市场开发力、社会影响力和政治感召力。“21世纪海上丝绸之路”倡议的提出，一方面是践行建设海洋强国战略，一方面也拓展了中国海外利益的范围与种类，并因此对中国参与全球海洋治理提出了新的要求，同时也为全球海洋治理本身增添了新的力量与资源。

从思想的发展脉络而言，“海洋命运共同体”不仅是“人类命运共同体”思想的重要组成部分，是对“人类命运共同体”思想的丰富和发展。它体现出的智慧和方案不仅包含共同维护海洋和平，更包括共同促进海洋繁荣，同时还包含了共同构筑新型海洋秩序的内容。这种方案和智慧显示了中国的大国担当与国际责任感，因其在提倡海洋交流与合作和资源共享的同时，还主张世界各国在海洋问题上互信互惠。就学理角度而言，“海洋命运共同体”思想在很大程度上丰富了中国流派的海权理论研究，这是中国国际关系学界对世界地缘政治理论做贡献的有益尝试。这种有益尝试体现在，中国要在“海洋命运共同体”的建设中，与海上邻国共同担负维护海洋安全的责任，并因此更多地提供海上公共安全产品。

可以说，“海洋命运共同体”思想既是一个哲学命题，也是一个方法论。它顺应时代潮流，契合各国利益，在促进海上互联互通、推动海洋经济发展、加强海洋文化交流和海洋生态文明建设的基础上，最终要找寻一条各方能够共同发展、共同繁荣的合作共赢之路。基于此，它在战略构想、政治义理和政策方针上呈现出如下特征。

（一）在战略构想上体现了“大”与“新”的有机结合

“海洋命运共同体”所追求的“天人合一”的哲学境界，主张人与自然和谐共生，和谐相处，和谐发展，其格局不可谓不大。而这种哲学境界在海洋事务领域起纲领和主干作用尚属首次，不可谓不新。如同“人类命运共同体”一样，“海洋命运共同体”体现了两大创新：一个是其整体思维在哲学高度上超越了西方政治中以选举为核心的政党政治所固有的短视和局部利益观;另一个是其在应对人类社会面临的全球性挑战中所倡导的合力思维。此外,“海洋命运共同体”也展现出了中国向人类文明提出的一个永久性道德价值和终极关怀。

(二)在政治义理上展现了“一”与“多”的辩证统一

当代世界一方面鉴于海洋互联互通的发展已经使得海洋被纳入了相互依存的共生性全球体系中,但另一方面面对的问题也越来越具有共同性,如海洋环境污染、海盗、海洋环境治理等跨越国境的问题不仅数量惊人,而且性质非常严重,甚至严重到挑战现存国际秩序以及人类生存,换言之,这些问题事关人类未来的生死存亡。上述成就和问题均使得人类社会是一个“大家庭”已成为共识。而“海洋命运共同体”理念强调的是一种整体利益优先的意识和相互关照的利益协调机制,彰显了人类社会对“一”的诉求与愿景。而海洋领域的问题需要各种力量,包括各个国家以及国际组织,甚至是非政府组织等多方行为体共同努力来解决。这反映了在海洋治理领域对“多”的需求和肯定。“海洋命运共同体”的提出,正是“大家庭”的“一”和国际社会各行为体的“多”的辩证统一。

(三)政策方针上实现了“义”与“利”的统筹兼顾

中华民族的伟大复兴,追求的不是中国在大国俱乐部中争得怎样的一席之地,念兹在兹的是中国对国际社会的现实关怀,不断追求的是中国作为一个负责任的文明古国致力破解各种全球治理难题的一剂“良方”。换言之,无论是构建“人类命运共同体”,还是构建“海洋命运共同体”,中国所思所想、所作所为均为一个目的服务,就是要致力成为一个新型大国,为建设一个更美好的世界而努力。这就要求践行正确义利观,讲信义、重情义、扬正义、树道义,义利相兼,义重于利,摈弃零和博弈思维,避免沿用传统的单边霸权方式追求本国利益,在追求本国利益时兼顾他国合理关切,在谋求本国发展中促进各国共同发展、增进人类共同利益,在处理国际关系时倡导同舟共济和权责共担的精神,寻求与其他国家构建利益共同体、责任共同体和命运共同体的目标,促进国际关系的优化。

与此同时,海洋虽然广阔无垠,是连接五大洲的重要地理媒介,但却并非一片通途。除却各国在公海上错综复杂的利益纠葛(如海洋资源开发等)

不论，各方围绕有关大陆架、专属经济区、领海，甚至内水的种种矛盾可谓层出不穷，其说到底是不同国家现实利益矛盾所致。如何协调各国利益是一个大问题。而“海洋命运共同体”的和谐统一理念兼顾“义”“利”两个方面，使各国在海洋问题上围绕共同利益这个目标达成一致，从而使因各自利益而产生摩擦，甚至是矛盾的可能性降到最低。

由此可见，“海洋命运共同体”不仅顺应了当代和平与发展的时代潮流，也丰富了新时代的中国海权思想，是中国对全球治理所作的重大理论和实践贡献。而这些重大理论和实践贡献所产生的影响将会是深远的。

二、“海洋命运共同体”视域下的海洋治理与合作

美国学者布鲁斯·琼斯(Bruce Jones)等人认为：“全球化创造了前所未有的机遇，使世界人民的生活能够更加美好。私营部门进入资本、技术和劳工的全球市场，获得了大量的财富，这在50年前是不可想象的事情。全球化使得中国、印度、巴西等新兴经济体中数以百万计的人增加了收入。的确，对于中国来说，融入全球经济谱写了人类历史上最重大的国家成就的篇章：在短短30年里脱贫人口达到5亿。然而，全球化力量一方面将整个世界连为一体，另一方面也将世界撕成碎片。2008年秋发生的金融危机表明，一个国家的经济动荡能够影响半个地球之外的经济增长。核技术、核知识的扩散意味着，对恐怖分子来说，致命武器已经是唾手可得的东西。技术使得信息和资本可以在全世界迅速传播，但同样的技术也可以被国际犯罪分子用来获得非法利益。一些特定的能源政策会引发食品价格飙升，进而导致许多国家出现饥荒和社会动乱。国际航空事业提供的便利和航班的增加也加快了新的致命性传染病的传播。全球化的直接结果是深化了相互依存。”

“全球安全遭受威胁的警钟已经长鸣。跨国犯罪分子将尖端核武器非法运送到世界上冲突四起的地区一些不稳定政权的手里；在企图制造大规模平民伤亡的恐怖主义集团那里发现了如何使用生物武器的培训手册。海平面上升；旱灾持续的时间越来越长；暴风雨更加频繁。能源价格飙升，导致粮食价格飞涨，在一些贫穷国家引发了骚乱，预示着饥荒的爆发。经济动荡和不安全状态使得世界上许多地方储蓄告罄，就业艰难。致命性病毒跨越国界，在各大洲和不同物种之间传播。”在这样的背景下，加强全球治理已经成为各国的共识，共同体的概念应运而生。

共同体的理念意味着人类已处于一个复合系统中，生活在各处的人们今后再也不可能出现孤立绝缘地在一个有限空间区域中发展，而不与全球范围内运行的各种力量相互作用的现象。以此为背景，海洋治理的问题并不好解决，这与其自身规模、非线性变化特征，以及易于产生突发和意外过程的倾向相关。对于这类问题，人类不可能零敲碎打地去加以解决。换言之，一个国家或者一个由多国组成的地区单独的努力都于事无补，需要的是系统中各个主要行为体能协调一致并持久不懈地发挥作用。显而易见，全球治理机制的构建和完善，就是为了很好地解决这类集体行动的困境。众所周知，全球治理理念与全球化进程加快及其带来的问题密不可分。诚如奥兰·扬(Oran Young)所指出的那样，治理作为一种社会功能，其核心是引导社会走向众望所归的结果，远离众所不欲的后果。

但睽诸既有的治理机制，西方国家通常将一种规制的方式引为路径依赖，即强调制定关于规范、要求和禁止的规定，主张遵约机制以及落实法律文件的关键作用，并坚持将法治作为国际治理的黄金法则。具体来说，是西方国家在推行全球治理过程中总是将其与意识形态绑定，特别是与所谓的“稳定的自由与民主制度”绑定，全然不顾其倡导的所谓“自由”恰恰侵害了广大发展中国家的生存发展权，进而侵害了其“免于匮乏的自由”。而这种单方面的自由与古希腊城邦时代的自由有异曲同工之妙——都是建立在剥削的基础之上，只是程度与名目不同，这不得不说是当代国际政治的阴暗面。这种单方面的自由在海洋治理领域带来了严重的后果，具体而言，就是西方国家所倡导的所谓“自由”对国家间关系的恶化与紧张及对立直接导致一些具体事务的协商与实施陷入停滞。究其本质而言，是将建立在西方这一“地方性”的政治经验和价值判断等推广至全球，构筑由单一霸主国家主导国际公共产品供给。因此，全球治理越来越沦为西方国家“治理全球”的工具也就不足为奇了。由此带来的严重问题就是现有全球治理系统深陷困境，无力发挥应有的作用，各国不仅不能团结协作，反而深陷矛盾。此外，全球化进程遭到一定程度的抵制、作为全球治理重要力量的非国家行为体组织在全球治理过程中作用削弱以及国际机制的固有缺陷，都是全球治理系统陷入困局，进而无力发挥作用的重要原因。

需要特别指出的是，2020 年席卷全球的新冠肺炎疫情不仅说明全球治理已成为当今国际政治的核心议题，更说明现今的全球治理体系存在较为

明显的缺陷，已经无力对全球性问题进行有效应对。在中国举国上下抗击疫情之际，美国这个国际体系中的世界大国却派遣军舰闯入中国领海进行所谓的“航行自由行动”来侵害中国主权并进行“压力测试”就是全球治理深陷困境的一个例子。实际上，现今的海洋治理已经陷入目标不清、手段缺乏、协调不力的混乱状态，而西方发达国家借海洋治理之名、行海洋霸权之实，甚至将其作为侵害他国海洋利益的工具，这进一步加剧了海洋治理的困境。这种困境所产生的严重后果，将会对人类社会未来的生存与发展带来一系列严重后果。

海洋不仅是人类的第二生存空间，更是人类从事生产活动的重要平台。随着海洋科技和海洋经济的发展，海洋与陆地的互补性不断增强。这种互补性的增强不仅体现在生产领域，还体现在军事、政治及文化等领域，并最终涉及资源分配这个大问题。从这一角度而言，“海洋命运共同体”建设的知识体系构建至少应关注如下三个领域：①安全方面，包括与国家主权相关联的岛屿主权争端，以及由此衍生的领海基线划定、领海和专属经济区的相关权益争端等，还应包括航行自由、打击海盗、救援减灾等与区域秩序构筑息息相关的方面；②经济方面，如海洋渔业、海底资源钻探等；③海洋生态文明建设，如环境污染防治、海洋生物多样性、海洋资源有序开发利用等。

可见，“海洋命运共同体”建设是一项兼具复杂性、国际性的社会工程。对海洋综合治理的一个重要挑战，是如何把关于治理的持久性见解与为应对复合系统发展社会资本的新思维结合起来。这要求根据其不同属性构成需要不同的知识体系去认知，然后构建不同的制度体系，提出有所针对但又有统一方针纲领的治理方案，唯有如此才能形成说服其他行为体参与集体行动的软实力，最后与国际社会中理念和利益方面的志同道合者付诸行动。

对于海洋治理而言，海洋合作显得必不可少。其合作的客观必然性是由所谓“配适性难题”(problemoffit)决定的。它意指用以解决环境保护等可持续性问题的治理体系的有效性，取决于相关机制的特征在多大程度上与人类企图治理的生物物理系统和社会经济系统属性之间相匹配。而在合作的主观推进性上，不应忽视如下两大原则：一个是“共同但有区别的责任”原则，它将普遍的伦理标准与务实地接受国际社会个体成员的物质环境的显著差异结合在一起，即承认国际社会的一些成员在解决各种重大问题上采取不同措施的能力和做出贡献的能力，比其他国家处于更优势地位。另一个是“非功利主义”原则。通常而言，作为决策方法的功利主义一个吸引人之处在于，提供了一种看上去直截了当的关于具体选择的推理模式。一旦确定了问题和选项，就可以相对简单地，至少在概念上，探讨与个别选择相关的收益和成本，并着眼于选择产生最大净收益的替代方案。然而，其局限性在于，在涉及多个参与者、复杂的相互依赖性和高水平不确定性的情况下计算收益和成本所涉及的复杂性的问题。因为功利主义的计算并没有提供一种简单的方法来融入许多因素，这些因素在很多人心目中都很重要，但在传统的利益和成本思维方面却很难表现出来。如习俗或传统的作用，以及合法性和适当性的考虑。这种因素可以影响行为，而不会被有意识地引入政策制定过程。

综上所述，一方面面对日益严重的海洋环境污染、海洋物种危机、海上航行安全、海上救援减灾等全球性海洋治理问题，任何一个国家或者国际组织已经无法单独有效应对，这就需要各国摒弃前嫌，合作应对；另一方面，在全球化进程日益加速的今天，各国经济相互依存程度加深，早就进入“一荣俱荣，一损俱损”的阶段。而构建“海洋命运共同体”的使命就是实现全人类的和平与繁荣，因此需要各国加强海洋事务的合作，以完成上述光荣的使命。需要特别指出的是，“海洋命运共同体”体现了中国传统哲学的精髓。德国哲学家汉斯·约阿希姆·施杜里希认为，在中国古典哲学思想体系里，人向来是作为中心要素存在的。中国古代哲学家有高超的化解矛盾的技巧，他们在不排斥对立面的前提下寻求一种综合之路，使矛盾得到化解。中国人宽容的处世态度是这种倾向的力量根源。显然，在这样一种吸纳了中国古典哲学精髓的合作中，海上公共产品的提供必不可少。

三、“海洋命运共同体”与中国海上公共产品提供

习近平指出，构建“海洋命运共同体”，一方面各国应坚持平等协商，大家集思广益、增进共识，完善危机沟通机制，另一方面中国要积极履行国际责任义务，努力提供更多海上公共产品。全球治理中，人类共同体的整体性利益要求国家实力同国际公共物品的供给保持一致。需要特别指出的是，当前全球治理的困境很大一部分来自国际公共产品供应的缺失。时代主题的转换以及人类社会的发展，使得全球治理陷入了诸多困境，比如治理体系的失衡、治理机构困境的加剧和参与主体矛盾的尖锐，等等。叙利亚危机、

阿富汗问题和伊朗问题的持续发酵、新冠疫情对于全人类的致命威胁、美国债务危机和美俄军事对抗加剧等等，无不显示出全球治理的困境。而特朗普执政后美国采取的单边主义行径在加剧了这种困境的同时，也减少了对公共产品的提供。

查尔斯·金德尔伯格(Charles P. Kindleberger)认为，国际公共产品意指维护和平与开放的国际贸易体系，包括公海航行自由、清晰界定产权、国际货币和固定汇率等公共产品需求，以及由此形成的超国家层面的国际宏观管理机制，包括国际上具有充分共识的原则、准则和决策程序等。就其类型而言，海上公共产品包括与海洋开发密切相关的基础设施、服务项目以及各种政策法规等等。

(一)海上公共产品的类型

海上公共产品种类繁多，主要分为以下几类。

1. 海洋航道测量

海洋航道测量的目的，是使舰船在遍布全球海洋的海上航道能够安全航行。从技术上来讲，海洋航道测量有三大要素：海图规格高低、水下地形特征和测量作业与海岸线距离。根据这三个要素，海洋航道测量也因此可以分为远洋、近海、沿岸和港湾等类型。海上执法、海上防御、航运管控、海洋环境保护、海上划界等海上维权活动，对于海洋航道测量所获得的数据以及信息的依赖程度与日俱增。这些信息和数据包括海岸地形、海底地貌、水深、盐度、潮汐和洋流、海洋地质等。

2. 海上导航服务

船舶在缺乏参照物的海上航行，如何辨别方向并最终抵达目的地是个大问题。古时候中国人用星辰作为导航，是为"牵星过洋"。而司南和罗盘等指南器具在船舶上的应用，使得古代中国在远洋贸易上得到发展。现代导航系统有多个种类，如卫星导航系统、惯性导航系统、天文导航系统、多普勒导航系统、无线电导航系统、地磁导航系统、地形场导航系统、视觉导航系统等。在海上应用最为广泛的是卫星导航系统。这些导航服务对海上航道的开辟和使用不可或缺，日益成为重要的海上公共产品。

3. 海洋气象预报

不利气象会威胁到人类经略海洋所赖以维生的舰船安全，就算是在近海活动，天气变化亦将带来诸多风险，不但可能危及人命安全，对于各项资产亦有可能造成损伤。海洋运输必须考量天候气象固不待言，渔业捞捕及采集，加上海岸地区天然晒盐作业，更是受到气候所左右。海洋气象预报是公共服务项目，属于典型的海上公共产品。

4. 海洋卫星通信

人类进入信息化时代之后，通信的重要性大为上升。作为一种新型通信手段，卫星通信具有其独特优势。不仅覆盖面广，而且受天气影响小。它的主要用途是为舰船、勘探平台以及科考站和气象站提供通信服务，同时可以为海上灾难救援提供信息保障与服务。有了卫星通信这种先进的手段之后，人类在海上活动的时间可以大幅度延长，并且弹性也因此大大增加。

5. 海上安全保障

海洋空间是全球化的重要载体，也是传统安全与非传统安全威胁的重要策源地。具体而言，当代海洋问题具有国际性和跨国性，既有传统的国与国之间关于海洋空间、海洋通道和海洋资源的控制、利用和管辖等方面的矛盾，也有非传统性质的海上威胁，如海上恐怖主义、生态环境、疾病蔓延、跨国犯罪、走私贩毒、非法移民、海盗等。随着全球化趋势的发展，尤其是“9·11”事件之后，非传统安全领域的问题在海洋领域越来越突出，并呈现出多元化、复杂化的特征。而这些安全威胁的产生，无疑对国际海洋秩序构成严重威胁。因此，海上安全保障成为一种重要的海上公共产品，其地位随着海洋地位的提高以及各国争夺海洋资源步伐的加快而不断上升。

6. 海上医疗保障

海上工作者必须适应不同海域、气候、港湾与滩岸环境；再加上长途航行，在舱间空间狭小、船员居住密度极高、饮水与食品保鲜不易、工作执勤负荷繁重以及船上各类设备噪音、震动、温度、湿度、化学物料与空气质量不尽理想的环境中，海员容易受到疫病威胁，海员健康状况每况愈下，死亡率居高不下，从而产生航海医学的实际需求。航海医学是针对航海工作者常见生理与心理反应，以及其所罹患疫病之感染规律与病理常态，提出预防、诊断、治疗与复健方案，以确保海员能够保持身心健康、维持工作效率以及防范意外事故的医学门类。由于海洋活动经常自海外带回疫病，因此其与整个社会防疫体系必须相互结合。航海医学不仅针对海员，甚至还会延伸至海运所输送活体动植物，以及船上可能传输疫病之动物与害虫。所以，其所

涉及医学范畴，除预防医学、流行病学外，还有可能与其他医学体系产生互动关系。

特别需要指出的是，当前席卷全球的新冠疫情很大程度上是通过海洋进行传播的。日本因"钻石公主"号邮轮导致境内感染人数急剧攀升，而美国则因疫情导致西太平洋地区出现"航母真空"，其海上霸权的标志几乎"休克"。现代船舶载客量大，增加了交叉感染的机会。而军用船舶为达到"三防"标准（防核生化武器的袭击）大多采用封闭式设计，并安装中央空调系统。这就为新冠肺炎病毒的迅速传播提供了便利条件。并且，以历史的角度看，全球性疫情大多是通过海洋从一个大洲传播到另一个大洲，比如天花就是通过大西洋从欧洲传播到美洲。从这一点看，海上医疗保障正成为海上公共产品的重要组成部分。

国际社会需要海上公共产品的提供者。19世纪的海上公共产品主要提供者是当时的海洋霸权国家英国，接过英国海洋霸权权杖的美国则在20世纪提供了海上公共产品的大部分。进入21世纪之后，美国的综合国力相对衰落，对于提供海上公共产品的意愿也随之削弱。在特朗普入主白宫之后，单边主义在外交政策中越来越占据上风，"退群"力度也在上升。由此带来的后果，就是美国提供海上公共产品的意愿进一步减少。然而，海洋空间的治理问题对海上公共产品的需求与日俱增，这种增长与美国提供海上公共产品削减之间的矛盾日益尖锐。国际海洋治理需要有新的公共产品提供者。在此背景下，中国提出的"海洋命运共同体"，为海上公共产品的增加提供新的途径。

（二）提高供应海上公共产品能力的途径

对于中国来说，可以通过以下途径来提高供应海上公共产品的能力。

1. 进一步落实"21世纪海上丝绸之路"的项目

"丝绸之路经济带"和"21世纪海上丝绸之路"的倡议，是2013年秋习近平主席在出访哈萨克斯坦和印度尼西亚期间首次提出。2013年10月，李克强总理出访文莱时提出中国—东盟未来十年合作框架的七点建议，其中之一就是共建"21世纪海上丝绸之路"。在"21世纪海上丝绸之路"的构想中，海外港口布局则与沿海产业带、港口城市网络建设相互促进。这种促进对于相关国家的涉海基础设施建设将大有裨益，中国在相关海域提供海上公共产品的能力将随之提高。

2. 建立海上安全合作机制

海盗与海上恐怖活动是对中国海外利益构成严重威胁的重要因素，不仅给世界和相关国家造成严重的经济和治安危害，更为危险的是海盗与恐怖势力联手构成了对世界安全的重大威胁。首先，传统海盗的目的是抢劫货物，而现代海上恐怖分子却是为了对抗政府、制造混乱。其次，袭击目标也从传统的油轮和商船扩展到了军舰、港口乃至居民区。如2012年，全球有一大部分的海盗袭击（44％）被报道确认发生或试图发生在港口地区。再次，装备和手段上也更加现代化和科技化，有的甚至还走上了组织化、集团化和国际化的道路。中国有必要和相关国家一起联合运用海上力量分区域打击海盗和海上恐怖组织，从而使遍布海洋的各大海上航线得到充分的保护。实际上，中国海军在亚丁湾的护航行动已经充分说明这种海上安全合作机制的有效性和必要性。与中国隔海相望的菲律宾饱受海盗之苦，曾呼吁中国帮助其打击海盗。可见，在中国周边海域建立海洋安全合作机制是有其存在基础的。

3. 充分发挥海军的多功能优势，为公共产品的提供夯实基础

海军的国际性、战略性和综合性等特有属性，决定了这样一个军种在提供海上公共产品方面具有天然优势。海军的航迹遍及世界绝大部分海域，海军的行动涵盖海上侦察、海上调查、海上维权、海上军事合作、海上反恐、反海盗、救援救灾、处置海上突发事件等非战争运用的主要领域。具体而言，海军可以发挥以下功能：从直接投入地区冲突，到参加维和行动、护侨撤侨、缉毒、抢险救灾和提供人道主义援助，海军可以遂行多种战争与非战争任务。近年来，中国海军在执行上述任务的大型水面舰艇研发方面进展迅速，001A型常规动力重型航空母舰、075型两栖攻击舰以及055型防空驱逐舰等型号都达到了世界先进水平，为海军多功能优势的发挥提供了物质基础。需要特别指出的是，中国海军的“岱山岛”号（920型）医院船（“和平方舟”号）在提供海上医疗救护方面表现突出，被视为提供海上医疗保障类公共产品的典范。海军应本着开放精神，适应海军护航任务常态化、兵力行动远洋化等新特点和新要求，重点围绕国际维和、救灾救援、海上反恐、反海盗等海洋公共安全领域，深化与友好国家海军关系，加强与相关国家海军的联系，加大人员和军舰互访、军事磋商的力度，尤其要充分利用远海护航、联合

救援行动提供的国际平台，不断扩大和深化海上安全合作，逐步提高我国在国际海洋安全事务中的话语权和影响力。此类公共产品的提供，不仅有利于驳斥“中国威胁论”“中国海军民族主义”等谬论，更有利于地区和平与稳定，从而增进相关国家的互信和友谊，符合中国推进“海洋命运共同体”的精神。

当前的人类社会正步入第四次产业革命的大门，由于各种因素的交织影响，国际矛盾呈现出有增无减的态势，国际社会存在失序的危险。而这种失序从长期来看，不仅阻碍生产力的进步，而且会恶化人类的政治生态，进而动摇人类文明的根基。如果能在人类第二生存空间海洋构建以“海洋命运共同体”精神为主旨的国际海洋新秩序，那么对于缓解当前国际社会矛盾无疑具有积极意义。从这一点来说，增加海上公共安全产品提供并进而促进国际合作，具有非常重要的战略意义。

四、结语

“海洋命运共同体”与“21 世纪海上丝绸之路”形成了相辅相成的密切关系。前者为后者提供了目标指南和实现途径，后者为前者提供了纽带和载体。这种密切联系在面对遏制中国的“印太战略”时显得意义重大。借此，中国希望与各国促进海上互联互通，在各领域开展务实合作，促进共同发展，实现共同繁荣，深化中国与其他国家进行多领域、多方位的交流合作，使参与国及其民众共享合作交流的成果。海洋问题涉足领域广泛，安全、经济、环保等不一而足，在海洋治理和海洋合作的过程中，既面临体制问题，也应注重路径问题。最后，需要特别指出的是，构建“海洋命运共同体”是一个美好的愿景与期许，更是一个长期、复杂和曲折的过程，需要一代又一代有志之士薪火相传才能实现的目标。中国应在对此有清醒认识的基础上，统筹国内国际两个大局，并同国际社会的广大成员国、国际组织和机构一道，以和平、发展、合作、共赢方式，扎实推进构建“海洋命运共同体”的伟大进程。

文章来源：原刊于《亚太安全与海洋研究》2020 年第 4 期。

全球海洋治理

新时代中国海洋观及其对国际海洋治理的影响

■ 胡德坤，晋玉

论点撷萃

海洋观是人们对海洋在人类生活和社会发展中的地位、作用和价值的理性认识，是人们对海洋与国家、民族发展之间相互关系的总体看法。海洋观对一个国家的海洋战略发展及海权建设有重大影响。进入新时代，以习近平同志为核心的党中央统筹国内国际两个大局，借鉴中外海洋历史发展经验，形成了新时代中国海洋观。梳理新时代中国海洋观的内涵，剖析其形成的理论与实践渊源，探讨其对国际海洋治理的指导意义，有助于深入理解习近平新时代中国特色社会主义思想和习近平外交思想，更好地推进海洋强国战略和海洋命运共同体建设。

新海洋观是新时代中国领导人以马克思主义为指导，全面总结历史规律，深刻把握国际海洋政治发展潮流，继承与发展新中国海洋建设思想，将历史与现实相结合进行理论与实践创新的产物。新海洋观是中国处理海洋事务的指导思想，其与中国外交坚持走和平发展道路，努力构建人类命运共同体和新型国际关系是一脉相承的，体现了和平、合作、互利、共赢等进步理念。

在新海洋观指导下，中国积极参与全球海洋治理，推动“21 世纪海上丝绸之路”建设，支持发展中国家海洋能力建设，发挥了负责任的海洋大国作用，为推动国际海洋秩序向更加公正、和平、普惠、共赢的方向发展做出了重

作者：胡德坤，武汉大学人文社会科学资深教授，武汉大学中国边界与海洋研究院理事长、首席专家；
晋玉，武汉大学中国边界与海洋研究院博士

要贡献。

新海洋观所呈现的价值追求代表了全人类的共同价值,因此,其虽然有中国特色,但更属于全人类。在世界处于百年未有之大变局的关键时刻,新海洋观不仅是指导我国实现海洋强国战略的强大思想武器,更是完善全球海洋治理,推动全球海洋秩序向更加公正、合理方向发展的“中国方案”和现实路径。中国在新海洋观指导下的实践已然为构建海洋命运共同体做出表率,将在国际海洋治理进程中留下鲜明的足迹。

海洋观是人们对海洋在人类生活和社会发展中的地位、作用和价值的理性认识,是人们对海洋与国家、民族发展之间相互关系的总体看法。海洋观对一个国家的海洋战略发展及海权建设有重大影响。进入新时代,以习近平同志为核心的党中央统筹国内国际两个大局,借鉴中外海洋历史发展经验,形成了新时代中国海洋观。梳理新时代中国海洋观的内涵,剖析其形成的理论与实践渊源,探讨其对国际海洋治理的指导意义,有助于深入理解习近平新时代中国特色社会主义思想和习近平外交思想,更好地推进海洋强国战略和海洋命运共同体建设。

一、新海洋观的内涵

新海洋观是中国处理海洋事务的指导思想,其与中国外交坚持走和平发展道路,努力构建人类命运共同体和新型国际关系是一脉相承的,体现了和平、合作、互利、共赢等进步理念。

(一)高度重视海洋在国家发展全局中的作用

海洋孕育了生命、联通了世界、促进了发展。党的十八大以来,习近平总书记着眼实现中华民族伟大复兴中国梦的奋斗目标,围绕新形势下我国海洋事业发展发表一系列重要讲话、做出一系列重要部署。2013 年 7 月 30 日,习近平总书记在主持十八届中央政治局第八次集体学习时全面指出海洋对国家发展的重要性,“21 世纪,人类进入了大规模开发利用海洋的时期。海洋在国家经济发展格局和对外开放中的作用更加重要,在维护国家主权、安全、发展利益中的地位更加突出,在国家生态文明建设中的角色更加显著,在国际政治、经济、军事、科技竞争中的战略地位也明显上升”。同年 8

月，习近平总书记在考察大连船舶重工集团海洋工程有限公司时再次强调海洋的重要性，“海洋事业关系民族生存发展状态，关系国家兴衰安危”。2015年发表的《中国的军事战略》白皮书也强调，海洋关系国家长治久安和可持续发展。党的十八大报告提出了建设海洋强国的战略目标，习近平总书记就此指出，建设海洋强国是中国特色社会主义事业的重要组成部分。这一重大部署对推动经济持续健康发展，对维护国家主权、安全、发展利益，对实现全面建成小康社会目标、进而实现中华民族伟大复兴都具有重大而深远的意义。因此，他提出，要进一步关心海洋、认识海洋、经略海洋，推动我国海洋强国建设不断取得新成就。

（二）强调陆海统筹

中国是陆海复合型大国，但传统海洋观重陆轻海。近代以来，国家安全威胁多来自海上，海权受到一定重视。但近代中国积贫积弱，面临内忧外患，维护海洋主权力不从心，一度出现“陆防”与“海防”之争。习近平总书记指出，“我国既是陆地大国，也是海洋大国，拥有广泛的海洋战略利益”“我们要着眼于中国特色社会主义事业发展全局，统筹国内国际两个大局，坚持陆海统筹”。坚持陆海统筹这一重要思想在党的十九大报告和《中华人民共和国国民经济和社会发展第十四个五年规划和2035年远景目标纲要》中都一再被重申。陆海统筹观念从根本上转变以陆看海、以陆定海的传统观念，强化多层次、大空间、海陆资源综合利用的现代海洋经济发展意识，既提升海洋经济、军事、科技等硬实力，又增强海洋意识、海洋文明等软实力。

（三）平衡海上维权与维稳

保持维权与维稳的平衡、统筹维权与维稳两个大局是新海洋观的重要内容。在处理周边海洋争端问题上，习近平总书记指出，要坚持用和平方式、谈判方式解决争端，努力维护和平稳定；要坚持“主权属我、搁置争议、共同开发”的方针，推进互利友好合作，寻求和扩大共同利益的汇合点。但与此同时，面对一些国家的海上侵权行为及域外国家利用涉海问题挑衅我主权、安全和发展利益，习近平强调，我们爱好和平，坚持走和平发展道路，但决不能放弃正当权益，更不能牺牲国家核心利益。要统筹维稳和维权两个大局，坚持维护国家主权、安全、发展利益相统一，维护海洋权益和提升综合国力相匹配。要做好应对各种复杂局面的准备，提高海洋维权能力，坚决维

护我国海洋权益。海军力量是维护国家海洋权益的坚强后盾。习近平高度重视海军在维护海洋和平安宁和良好秩序方面的作用，并指出，中国坚定奉行防御性国防政策，倡导树立共同、综合、合作、可持续的新安全观。中国军队始终高举合作共赢旗帜，致力于营造平等互信、公平正义、共建共享的安全格局。主张各国海军应该加强海上对话交流，深化海军务实合作，走互利共赢的海上安全之路，携手应对各类海上共同威胁和挑战，合力维护海洋和平安宁。《中国的军事战略》白皮书提出，建设与国家安全与发展利益相适应的现代海上军事力量体系，维护国家主权和海洋权益。中国海军按照近海防御、远海护卫的战略要求，逐步实现近海防御型向近海防御与远海护卫型结合转变。

（四）倡导人海和谐，重视海洋生态保护

习近平总书记指出，要保护海洋生态环境，着力推动海洋开发方式向循环利用型转变，做到"人海和谐"。要下决心采取措施，全力遏制海洋生态环境不断恶化趋势，让我国海洋生态环境有一个明显改观，让人民群众吃上绿色、安全、放心的海产品，享受到碧海蓝天、洁净沙滩；要把海洋生态文明建设纳入海洋开发总布局之中，坚持开发和保护并重、污染防治和生态修复并举，科学合理开发利用海洋资源，维护海洋自然再生产能力。习近平主席郑重向各国宣布，中国高度重视海洋生态文明建设，持续加强海洋环境污染防治，保护海洋生物多样性，实现海洋资源有序开发利用，为子孙后代留下一片碧海蓝天。李克强总理在中希海洋合作论坛的讲话中倡议建设和谐之海，"各国都应坚持在开发海洋的同时，善待海洋生态，保护海洋环境，让海洋永远成为人类可以依赖、可以栖息、可以耕耘的美好家园。"2021 年 3 月颁布的《中华人民共和国国民经济和社会发展第十四个五年规划和 2035 年远景目标纲要》强调，坚持陆海统筹、人海和谐、合作共赢，协同推进海洋生态保护、海洋经济发展和海洋权益维护。人海和谐观念是对传统海洋观的超越，使长期被忽视的海洋生态保护问题上升到国家发展的优先议程。

（五）积极参与国际海洋合作

新海洋观强调海洋合作的必要性和中国开展国际海洋合作的意愿。习近平指出，要"通过和平、发展、合作、共赢方式，扎实推进海洋强国建设"。李克强总理曾表示，中国"愿同世界各国一道"，"努力建设和平、合作、和谐的海洋”。所谓建设和平之海，就是同相关国家加强沟通与合作，完善双边和多边机制，共同维护海上航行自由与通道安全，共同打击海盗、海上恐怖主义，应对海洋灾害，构建和平安宁的海洋秩序；所谓建设合作之海，就是同海洋国家一道，积极构建海洋合作伙伴关系，共同建设海上通道、发展海洋经济、利用海洋资源、探索海洋奥秘；所谓建设和谐之海，就是各国都应坚持在开发海洋的同时，善待海洋生态，保护海洋环境，让海洋永远成为人类可以依赖、可以栖息、可以耕耘的美好家园。《中华人民共和国国民经济和社会发展第十四个五年规划和2035年远景目标纲要》多次提到涉海国际合作，“以沿海经济带为支撑，深化与周边国家涉海合作”；积极发展蓝色伙伴关系；深化与沿海国家在海洋环境监测和保护、科学研究和海上搜救等领域务实合作；参与北极务实合作，建设“冰上丝绸之路”。

二、新海洋观的形成渊源

新海洋观是中国领导人充分吸取古今中外海洋事业发展经验教训，准确把握国际海洋事务发展大势，继承和发展新中国海洋建设思想的产物。

（一）充分借鉴中外历史经验教训

“纵观世界经济发展的历史，一个明显的轨迹，就是由内陆走向海洋，由海洋走向世界，走向强盛。”这一论断是对世界海洋发展历史经验的高度概括和总结。

从世界历史来看，自公元前8世纪到公元6世纪的1000余年间，环地中海区域相继出现了多个利用海洋发展而称霸的国家，如古希腊、古罗马，初步显现了海洋对国家兴盛的积极作用。近代以来，世界强国基本都走上靠海洋致富的道路，即控制海洋——繁荣商业——工业优势——经济强国。从15世纪末至17世纪中期，葡萄牙、西班牙、荷兰先后依靠占有和控制海洋，成为世界商业帝国。此后，英国、法国、美国、日本基本都是从走向大洋、建立海权，逐渐成为称霸全球或地区的强国，并走在现代化的前列。

需要指出的是，近代西方列强通过海路向美洲、非洲、亚洲、大洋洲等落后地区的扩张，虽然一方面打破了人类孤立封闭的状态，联通了世界，促进了世界各地的交流和发展；但另一方面，西方列强面海发展，首先重视的是发展海军，普遍采用武力手段征服落后地区，血腥屠杀原住民，强掳非洲黑

人到美洲为奴隶，用廉价商品交换当地珍贵的资源，用征服剥夺异国、异民族来发展本国。就此而论，资本主义海洋强国的发展史都充满了血腥与罪恶。西方列强为争夺殖民地和海上霸权而发动的战争也给世界和平稳定造成巨大破坏。

中国的社会主义制度属性决定我们在借鉴西方海洋发展经验的同时要摒弃霸权主义和强权政治的做法。习近平曾指出，我们绝不会走历史上一些大国殖民掠夺的老路。那条路既与世界和平发展大势背道而驰，更不符合中华民族根本利益。我们坚持走依海富国、以海强国、人海和谐、合作共赢的发展道路，通过和平、发展、合作、共赢方式，实现建设海洋强国的目标。

中华民族很早就知道利用海洋，“兴鱼盐之利，通舟楫之便”。春秋时期，齐国重视推进航海技术和商贸活动发展，“官山海”而齐国富。汉代不但打通西域，开辟陆上丝绸之路，还投入大量人力、物力打通海上丝绸之路，曾多次派遣贸易船队经过东南亚到达印度洋东海岸。唐朝开辟的航路远达波斯湾、红海，更达东非沿岸，途经 30 多个国家和地区。宋代隔舱防水技术和指南针在海舶的使用，远洋航运贸易能力迅速攀升。特别是宋高宗南渡时期，财政十分拮据，把开放海洋作为国策，市舶收入成为南宋王朝一项重要的财政来源。元朝建立以后更把发展海洋作为国策，海洋经济发展达到鼎盛时期。明代前期，朝廷实施了较为积极的海洋政策，促成了郑和七次下西洋的远航，在中国和世界航海史上留下了辉煌的一页。

虽然海洋经济曾在唐宋元时期有很大的发展，但强势的农耕文明阻碍了海洋经济地位的根本提升，朝贡贸易也限制了统治阶级对其重要性的认知。中国历代统治阶层“重农轻商”“重陆轻海”的观念弱化与延缓了中国人面向海洋、走向海洋的能力与势头。海洋经济在中国封建时代主要集中在民间和地方，并没有上升为当时社会经济发展的主导力量。明代中叶以后，世界大航海时代来临，西方殖民者大力向海洋发展。明、清政府却逐渐从海上退缩。由于改朝换代和外部形势的变化，明、清政府均曾实行“海禁”政策，规定“寸板不许下海”。相关政策的直接后果是，“既禁以后，百货不通，民生日蹙。居者苦艺能之罔用，行者叹至远之无方，故有以数千金所造之洋船，系维朽蠹于断港荒岸之间”。

近代中国从海上退缩更为严重的后果是，国家错失了发展机遇，并因海防空虚、武备废弛而成为西方列强鱼肉的对象。1840—1919 年，日、英、法、美、俄、德等国从海上入侵中国达470余次，其中规模较大的达84次。西方列强运用炮舰外交，迫使清政府签订了一系列不平等条约，将中国变成了列强共同支配的半殖民地国家。习近平总书记指出："只有在整个人类发展的历史长河中，才能透视出历史运动的本质和时代发展的方向。"新时代海洋观正是深刻总结中外历史经验教训的产物。

（二）准确把握国际海洋政治发展的潮流

进入21世纪以来，国际海洋政治发展呈现出新的趋势，这些新趋势对中国海洋观的形成具有直接的影响。

第一，国际海洋博弈总体是非战争方式。进入21世纪，尽管大国依然重视海权建设，海上军备竞赛依然激烈，但大国间的有效核威慑抑制了热战的发生，军事手段改变现状的难度与日俱增。伴随国际机制与经济全球化的发展，海上军事力量的主要作用在于威慑而非实战，威慑、海洋控制、力量投送和海上安保将是未来海上力量的主要职能。"围绕国家海洋权益的斗争，日益呈现出一些新的特点。即对海洋的争夺和控制由过去的以军事目的为主转变成了以经济利益为主；由争夺有战略意义的海区和通道为主转变成了以争夺岛屿主权、海域管辖权和海洋资源为主；由超级大国、海洋强国对海洋的争夺转变成了沿海国家，特别是发展中国家对国家海洋权益斗争的广泛参与。"上述海洋权益斗争，虽然依然可能引发冲突甚至战争，但更多却可以通过谈判协商等渠道和平解决。从近年国际海洋政治实践看，尽管一些国家曾因海洋权益或领土争端走向对峙，但几乎没有出现开火或伤亡事件，这说明和平解决或管控海上矛盾和冲突是现实可行的。

第二，合作开发利用海洋资源成为国际潮流。海洋对于国家和全球经济健康发展至关重要。全球海洋经济活动估计达3万亿至6万亿美元，为世界经济做出重要贡献。90％的全球贸易是通过海洋运输进行的；95％的全球电信传输是通过海底电缆实现的；全球43亿人超过15％的动物蛋白摄入来自渔业和水产养殖业；超过30％的全球石油和天然气是在海上开采的；沿海旅游业占全球国内生产总值的5％和全球就业的6％至7％。在开发利用海洋过程中，各国之间存在发展水平差距大、能力不平衡等问题，需要在资金、技术、市场、人才等方面展开合作，实现优势互补。与海洋资源开发利用密切相关的是海上非传统安全挑战带来的威胁。在全球化时代，海洋自然

灾害、海盗和海上有组织犯罪等威胁复杂多元，没有一个国家能够独自应对，国际合作应对是大势所趋。

第三，保护海洋生态环境成为国际社会普遍共识。海洋是人类生态环境的重要组成部分，是人类赖以生存的家园。海洋作为地球的呼吸系统，存储和吸收世界30%的二氧化碳，而海洋浮游植物生产地球生存所需氧气的50%。海洋调节气候和温度，使地球适合不同形式的生命体生存。海洋对社会福祉至关重要。在大约150个沿海国家和岛国中，超过40%的世界人口，或31亿人，居住在距离海洋不到100千米的区域。无论一个国家是内陆国家还是沿海国家，它都通过河流、湖泊和溪流与海洋直接联系。气候变化（包括海水酸化）、过度捕捞和海洋污染造成的不利影响日益严重，正在危及世界部分海域。而海洋是流动的整体，部分海域的生态环境恶化将不断向其他海域扩展。国际社会已充分认识到海洋环境的恶化，并积极采取措施予以防治。在“里约＋20”的成果文件《我们希望的未来》中，海洋占据了中心位置。在联合国可持续发展峰会通过的《2030年可持续发展议程》中，提出了2030发展目标，其中的“目标14”聚焦“保护和可持续利用海洋和海洋资源促进可持续发展”，包含防止和减少海洋污染、防止海水酸化、管制过度捕捞、保护沿海和海洋区域等七个具体目标和三个执行手段。这些具体目标和执行手段强化并重申了现有国际海洋议程的重要性和紧迫性，包括1992年联合国环境与发展会议、2002年可持续发展世界首脑会议、2012年联合国可持续发展大会（“里约＋20”峰会）和1994年生效的《联合国海洋法公约》。2017年6月，联合国首次海洋大会在纽约举行，联合国秘书长古特雷斯在致辞中强调，联合国第14项可持续发展目标必须成为全球海洋治理的路线图。他在开幕致辞中就养护和可持续利用海洋资源提出了五点具体建议。

习近平曾指出，我们要顺应国际海洋事务发展潮流。新海洋观准确捕捉了国际海洋政治的上述发展特点，并将其与中国特色社会主义事业发展全局结合起来，因而具有强烈的时代感。

（三）新中国海洋建设思想的继承与发展

新中国成立以来，党和国家高度重视海洋工作和海洋事业发展。从毛泽东时期“重海洋防务”，到邓小平时期“重视发展海洋经济”，到江泽民时期

"全面制定海洋事业发展规划",再到胡锦涛时期"大力实施海洋开发战略",新中国海洋事业经历了从"生存"到"发展",从"站起来"到"富起来"的演进。

新中国成立初期,海洋事业百废待兴,海洋安全难以保障,为维护国家安全与发展利益,新中国采取了三大措施发展海洋事业:第一,建立一支海上力量。中共中央军委于1949年12月发布命令正式组建海军。20世纪50年代,中国海军发展为三大舰队,即北海舰队、东海舰队和南海舰队。毛泽东同志十分重视新中国海军建设,他在为《人民海军报》创刊号题词时写道:"我们一定要建立一支海军,这支海军要能保卫我们的海防,有效地防御帝国主义的可能的侵略。"1953年2月,毛泽东在海军"长江"号军舰上发表讲话时指出:"过去帝国主义侵略中国大都是从海上来的,现在太平洋还不太平……我们的海岸线这么长,必须要建立强大的海军。"第二,设立涉海管理机构。新中国成立之初,设立多个涉海管理机构,分别管理海洋渔业、海港、海关。1964年2月,国家海洋局成立,为国务院下设机构,由海军代管,后又作为国务院直属机构,强化了中国的海洋管理。第三,构建发展海洋产业。中央政府将海洋渔业、海洋盐业和海洋交通运输业作为海洋产业的三大支柱,大力扶植和支持。同时,还采取了一系列措施,促进港口管理、造船、海洋油气等行业发展。

改革开放后,海洋事业进一步得到重视。1979年8月,邓小平指出,"当前世界各国争相把科技重点、经济发展的重点、威慑战略的重点转向海洋,我们不可掉以轻心。中国要富强,必须面向世界,必须走向海洋。"在经济上,邓小平提出了"开放沿海地区、开发近海资源、开拓远海公土",借助海洋发展国家经济的海洋经济战略。为实现上述目标,他批准"查清中国海、进军三大洋、登上南极洲"重要部署。在海上安全方面,邓小平提出"近海防御"战略思想。他指出,海防力量一定"要搞大一点,要加强,要有一点力量才行";"这个力量要顶用。我们不需要太多,但要精,要真正是现代化的东西"。在海洋领土争端方面,邓小平创造性地提出"主权在我,搁置争议,共同开发"的新思路。

1991年1月,全国首次海洋工作会议在北京召开,制定了《九十年代我国海洋政策和工作纲要》,提出了"中国的希望在海洋"的观念,明确了这一时期我国海洋事业发展的方向和目标。1992年,党的十四大报告明确提出要"维护国家海洋权益"。1996年3月,八届全国人大四次会议通过的《国民经济和社会发展"九五"计划和2010年远景目标纲要》，明确提出了"加强海洋资源调查，开发海洋产业，保护海洋环境"的要求。同年，国家海洋局发布了《中国海洋21世纪议程》，对21世纪我国海洋可持续发展做出了战略部署和具体安排，成为我国进军海洋的政策指南。2002年，党的十六大报告提出"实施海洋开发"战略。2003年5月，国务院正式发布了《全国海洋经济发展规划纲要》，进一步明确了建设海洋强国的战略目标。2006年，十届全国人大四次会议通过了《国民经济和社会发展第十一个五年规划纲要》，纲要的第二十六章第一节提出要强化海洋意识，维护海洋权益，保护海洋生态，开发海洋资源，实施海洋综合管理，促进海洋经济发展。

进入21世纪后，胡锦涛同志以构建和谐海洋为发展理念，提出了大力发展海洋经济的目标；他强调以和平方式解决与周边邻国的海洋争端，指出："推动建设和谐海洋，是建设持久和平、共同繁荣的和谐世界的重要组成部分。"在海军建设上，胡锦涛同志提出"努力锻造一支与履行新世纪新阶段我军历史使命要求相适应的强大的人民海军"。党的十七大报告强调要大力"发展海洋产业"。2008年2月，国务院批复通过《国家海洋事业发展规划纲要》，对我国未来5～15年的海洋事业发展做了明确规划，具体涉及海洋经济发展、海洋综合管理以及海洋公共服务事业等若干方面，力求实现建设海洋强国这一目标。胡锦涛同志还提出建设和谐海洋的理念。党的十八大报告提出："提高海洋资源开发能力，发展海洋经济，保护海洋生态环境，坚决维护国家海洋权益，建设海洋强国。"

新海洋观是对新中国多年来海洋发展思想与实践的总结，并结合国内国际形势变化而进一步升华。

三、新海洋观推动国际海洋治理

在新海洋观指导下，中国积极参与全球海洋治理，推动"21世纪海上丝绸之路"建设，支持发展中国家海洋能力建设，发挥了负责任的海洋大国作用，为推动国际海洋秩序向更加公正、和平、普惠、共赢的方向发展做出了重要贡献。

（一）新海洋观为国际海洋治理指明了方向

新海洋观高举和平、合作、人海和谐的旗帜，反映了国际社会建设持久和平、普遍安全、共同繁荣、开放包容、清洁美丽的世界的普遍愿望，具有强大的生命力和感召力。海洋命运共同体理念是新海洋观的集中体现。在2019年中国人民解放军海军成立70周年之际，习近平主席首次提出海洋命运共同体理念，“我们人类居住的这个蓝色星球，不是被海洋分割成了各个孤岛，而是被海洋连结成了命运共同体，各国人民安危与共。”海洋命运共同体理念“积极倡导世界各国走互利互赢的海洋安全之路，携手应对各种海上共同威胁和风险挑战，共同致力于维护全球海洋的和平安宁与发展繁荣”。这一理念是从中国传统文化和价值观出发，对西方主导的国际海洋理论的一次突破，超越了一个国家、一个民族独自享有的简单狭隘的海洋权益主张，体现了对全球海洋治理乃至全球治理的深切关切，是中国为维护世界海洋和平、推动世界海洋发展、参与国际海洋治理贡献的中国智慧和方案。无论是新海洋观还是海洋命运共同体理念，均顺应时代发展潮流，符合国际社会长远利益，理应成为国际海洋治理的重要指针。

（二）中国在新海洋观指引下积极参与引领国际海洋治理

在新海洋观指导下，中国积极从事海洋生态环境保护，率先发布《中国落实2030年可持续发展议程国别方案》，将落实可持续发展“目标14”与本国的海洋事业发展相结合。在国际层面，中国已与近50个国家在海洋环保、防灾减灾、应对气候变化、蓝碳、海水酸化、海洋垃圾治理等方面开展交流与合作，并签署了30余个双边合作协议，承建8个国际组织在华机构和平台。与此同时，中国高度重视从规则层面参与国际海洋治理。习近平曾指出，“要加大对网络、极地、深海、外空等新兴领域规则制定的参与”，“要秉持和平、主权、普惠、共治原则，把深海、极地、外空、互联网等领域打造成各方合作的新疆域，而不是相互博弈的竞技场”。《中华人民共和国国民经济和社会发展第十四个五年规划和2035年远景目标纲要》亦明确要求：“深度参与国际海洋治理机制和相关规则制定与实施，推动建设公正合理的国际海洋秩序，推动构建海洋命运共同体。”中国积极参与涉海问题相关国际谈判，如联合国国家管辖外海域生物多样性可持续利用问题国际协定磋商、联合国全球海洋评估经常性程序报告进程、《生物多样性公约》和国际海底管理局等机制框架下的谈判和磋商。2018年1月，国务院新闻办发表《中国的北极政策》白皮书，表示中国愿本着“尊重、合作、共赢、可持续”的基本原则，与各

方一道，积极应对北极变化带来的挑战，共同认识北极、保护北极、利用北极和参与治理北极。

（三）新海洋观指导下的海洋维权举措捍卫和平海洋秩序

在“搁置争议、共同开发”原则指导下，中日达成了东海原则共识，中国与越南、文莱、马来西亚、菲律宾进行海上共同开发磋商，积极与邻国探讨海上信任措施与危机管控机制建设，防止海上争端升级或引发重大冲突。在东海，中日签署海空联络机制备忘录。在南海，中国与东盟国家积极磋商“南海行为准则”。中国反对美国以“航行自由”为借口对广大发展中国家海洋权益的侵犯，抵制美国在海上搞抵近侦察等挑衅行为。中国海军护航编队远出印度洋在亚丁湾海域护航，有力打击了索马里海盗的嚣张气焰，维护了印度洋航道安全。随着中国海军力量的快速发展，中国海军遂行“近海防御、远海护卫”的能力增强，有力维护了国际海洋的和平局面。

（四）新海洋观指导下的国际合作助推广大发展中国家参与国际海洋治理和秩序构建

积极与其他国家开展海洋合作是中国既定的海洋政策。进入新时代，随着“21 世纪海上丝绸之路”重大倡议的提出，中国进一步加大与其他国家的海洋合作。习近平总书记指出：“中国提出共建 21 世纪海上丝绸之路倡议，就是希望促进海上互联互通和各领域务实合作，推动蓝色经济发展，推动海洋文化交融，共同增进海洋福祉。”2015 年习近平主席在博鳌亚洲论坛上提出，“要加强海上互联互通建设，推进亚洲海洋合作机制建设，促进海洋经济、环保、灾害管理、渔业等各领域合作，使海洋成为连接亚洲国家的和平、友好、合作之海”。2017 年 6 月，国家发改委、国家海洋局发布《“一带一路”建设海上合作设想》，指出“一带一路”海上合作“以共享蓝色空间，发展蓝色经济为主线，加强与 21 世纪海上丝绸之路沿线国战略对接，全方位推动各领域务实合作，共同建设通畅安全高效的海上大通道，共同推动建立海上合作平台，共同发展蓝色伙伴关系”。

在新海洋观指导下，中国积极开展国际海洋合作。在亚洲，中国与印度尼西亚、泰国、马来西亚、越南、斯里兰卡、马尔代夫、柬埔寨、印度、韩国等签署了双边海洋领域合作文件，建立了东亚海洋合作平台、中国—东盟海洋合作中心、中国—东盟海洋科技合作论坛等双边、多边合作平台。据统计，在

《南海及其周边海洋国际合作框架计划(2011年—2015年)》框架下,国家海洋局启动实施了70余个海洋科技合作项目,参与国家19个,不断推进与"21世纪海上丝绸之路"沿线国家在海洋与气候变化、海洋环境保护等领域的交流与合作。目前,中国积极落实《南海及其周边海洋国际合作框架计划(2016年—2020年)》。在非洲及小岛屿国家,中国与南非、桑给巴尔、瓦努阿图等签署了双边海洋领域合作文件,向牙买加援建了首个联合海洋环境监测站。

同时,中国在力所能及的情况下积极向其他国家提供海上公共服务及产品。近年来,国家海洋局组织建设覆盖"一带一路"的区域海洋观测网与保障服务系统。2017年6月,由国家海洋信息中心研发的"西太海洋数据共享服务系统"面向全球发布,有效提升了西太平洋区域海洋数据共享服务能力。中国设立政府海洋奖学金和开展各类培训,每年为发展中国家培养海洋领域人才数千人。中国的上述努力,不仅有利于各国共享海洋开发红利,而且提升了发展中国家的海洋科技能力,增加了发展中国家在深海、极地等新疆域治理中的话语权,为国际海洋秩序向更加公正、合理和均衡方向发展贡献了自己的力量。

四、结语

新海洋观是新时代中国领导人以马克思主义为指导,全面总结历史规律,深刻把握国际海洋政治发展潮流,继承与发展新中国海洋建设思想,将历史与现实相结合进行理论与实践创新的产物。新海洋观所呈现的价值追求代表了全人类的共同价值,因此,其虽然有中国特色,但更属于全人类。在世界处于百年未有之大变局的关键时刻,新海洋观不仅是指导我国实现海洋强国战略的强大思想武器,更是完善全球海洋治理、推动全球海洋秩序向更加公正、合理方向发展的"中国方案"和现实路径。中国在新海洋观指导下的实践已然为构建海洋命运共同体做出表率,将在国际海洋治理进程中留下鲜明的足迹。

文章来源:原刊于《国际问题研究》2021年第5期。

从“人类命运共同体”到“海洋命运共同体”

——推进全球海洋治理与合作的理念和路径

■ 朱锋

论点撷萃

以建设持久和平、普遍安全、共同繁荣、开放包容、清洁美丽为内核的“人类命运共同体”理念，源于历史，立足当下，面向未来，在联结国家治理与全球治理的同时，推动国际社会多元行为体的和平共处与团结协作。百年大变局背景下的中国和平发展更加依赖海洋，也将进一步走向海洋。“人类命运共同体”是“海洋命运共同体”的发展目标和最终指向，“海洋命运共同体”则是“人类命运共同体”在海洋领域的生动体现。

“海洋命运共同体”是中国在全球海洋事务领域提出的“中国理念”。这一中国理念需要在中国的表率作用下具体化为海洋治理的“中国方案”，更需在各国的共同参与和努力下将全球海洋变成真正意义上的“合作之海、和平之海与友谊之海”的“世界行动”。“海洋命运共同体”的实践需要世界各国共同参与，构建海洋领域的规则与秩序，在全球海洋治理领域提供系统的公共产品，并进一步推动世界各国在平等参与条件下实现对世界海洋资源开发、海洋环境保护、海上通道安全和海上防灾减灾等诸多议题下的全球海洋治理机制与规则的进步和升级。

“海洋命运共同体”理念所揭示的世界各国在海洋领域内的“共商共治共享”治理观，代表着海洋治理理念从西方中心主义走向包容性多边主义和参与主体多元主义的进步，对促进海洋治理进程中的国家间合作与协调意

作者：朱锋，南京大学中国南海研究协同创新中心执行主任、教授，中国海洋发展研究中心研究员

义重大。以各国平等参与海洋事务、构建新的海洋规则与秩序、共同参与维护海洋安全及共建“一带一路”为依托的“海洋命运共同体”建设，是促进人类可持续发展的具体实践，也可为“人类命运共同体”的最终实现保驾护航。尽管全面推进“海洋命运共同体”建设不可能一蹴而就，但“追求人类大同政治理想的努力永远在路上”。在“海洋命运共同体”理念的指引下，21世纪的世界政治，需要各国采取实际行动，真正基于对人类共同福祉和人性的尊重，将世界的海洋变成人类共同的财富。

人类只有一个地球，各国共处一个世界。2012年11月，中国共产党在十八大报告中战略性地提出了建设“人类命运共同体”思想。发展同其他国家的外交关系和经济、文化交流，在谋求本国发展中促进共同发展，推动构建“人类命运共同体”理念，正逐步获得国际社会的认同。2017年2月，“构建‘人类命运共同体’”思想被首次写入联合国决议，随后又被陆续写入联合国人权理事会、联合国安理会等多份联合国决议。习近平总书记在2018年6月的中央外事工作委员会会议上提出，国际局势正处于“百年未有之大变局”。2019年4月，在中国人民解放军海军成立70周年之际，习近平提到，海洋孕育了生命、联通了世界、促进了发展。我们人类居住的这个蓝色星球，不是被海洋分割成了各个孤岛，而是被海洋联结成了命运共同体，各国人民安危与共。

“人类命运共同体”是“海洋命运共同体”的发展目标，“海洋命运共同体”是“人类命运共同体”的具体实践。从“人类命运共同体”到“海洋命运共同体”，需要摒弃霸权行动，需要各国的责任担当，需要国际社会着眼可持续的和平、繁荣与稳定，共同推进海洋治理，共同维护海洋秩序，共同维护海上安全，共同完善和发展现有体制，构建新型海上国际关系。

一、21世纪的世界政治：海洋的和平是世界和平的重要保障

大航海时代直至第二次世界大战后国际秩序确立，海洋一直是西方大国争夺霸权的舞台。自500年前的地理大发现开始，纵观历史发展，葡萄牙、西班牙、荷兰、英国、法国、美国等国的崛起都清楚地表明，近代以来的大国崛起常常离不开海权的争夺和海上影响力、控制力的竞争，而通常只有具备引领世界工业化和科技创新进程实力的海洋强国，才有机会发展为真正意

义上的全球性强国。这是因为海洋强国更易获得世界性的市场和资源，其财富的积累推动并保障了科技实力的发展，并进而反向推动其在市场和资源的财富竞赛中取得更大优势。这意味着，近代以来海上强权地位的获取成为大国实力的标志，获得海洋霸权的国家更有意图将塑造和主导海洋秩序作为维护利益的主要手段。因此，海洋成了大国战略竞争和权力冲突的主战场。

（一）海上力量与海洋秩序主导权的关系

海上力量的规则制定和执行能力是大国地位的基础。随着中国的崛起，美国对南海与东海领土主权与海洋权益争议的原有立场不断出现新变化。

近年来，美国开始将海军力量发展迅速的中国，视为已经超越俄罗斯的美国最大的“战略竞争者”。美国战略界担心中国崛起有可能威胁到美国的海上霸权和在亚太地区秩序中的主导地位。然而，在21世纪的今天，固有的海洋霸权争夺思维已无法满足全球海洋治理的客观需要，更无法推动大国关系避免“修昔底德陷阱”。海洋已经成为全球生态、气候、资源保护的“最后阵地”，是人类可持续发展的最后屏障。习近平提出的建设“人类命运共同体”思想，以及构建“海洋命运共同体”理念，正是基于历史经验的深入总结，站在对人类未来高度责任担当的角度，为管控和降低大国间爆发冲突的风险提出的清晰而又实用的战略思想。

（二）海洋对于全球经济发展的重要性

经济合作与发展组织在《2030年的海洋经济》报告中指出，海洋经济对于人类未来的福祉与繁荣至关重要。新的“海洋经济”是由人口增长、收入增加、自然资源减少、应对气候变化、创新技术等因素共同推动的。诸如海上风能、潮汐能和波浪能利用，在超深水和异常恶劣的环境中进行油气勘探和生产，海上水产养殖、海底采矿、海上监视和海洋生物技术的出现，都将对创造就业和经济增长提供强有力支持。

全球海洋经济贡献量巨大，据经合组织根据海洋经济数据保守统计，2010年的海洋经济贡献率为世界经济总值的2.5%，提供工作岗位3100万个。海洋经济逐年增长的趋势将一直持续，经合组织预测，直至2030年，无论从经济增加值还是在就业岗位方面，海洋都将发挥巨大潜力并引领全球经济，2030年海洋经济对全球经济的贡献值保守估计将翻一番达到3万亿美元,2040 年全球海洋贸易量将达 2716.2 亿吨。

海洋经济活动的影响往往是全球性的,尤其是海上航道的价值进一步凸显。2021 年 3 月 23 日,集装箱货轮“长赐”号搁浅苏伊士运河,导致全球油价上涨便是一例。战略能源与经济公司总裁迈克尔·林奇(Michael Lynch)表示,石油市场的暴涨,苏伊士运河是关键的触发因素。裕利安宜信用保险的分析师波塔(Ana Boata)预测,苏伊士运河此次堵塞每天给全球经济造成的损失最高能达 100 亿美元。

在北极地区,随着气候变暖与北冰洋的冰川融化,北极航道蕴含着巨大的经济潜力日益凸显。2018 年北极航道的货运量为 2000 万吨,预计至 2025 年将增至 8000 万吨。2019 年第五届北极论坛上,俄罗斯总统普京指出,北极对于国家经济的重要性与日俱增,占据了政府投资的 10%。普京明确表示,俄罗斯 2021 年将担任北极理事会轮值主席国,并将建议该组织所有成员国及其他国家在北极开展合作。俄罗斯希望与他国展开安全、造船、生态等领域合作的表态,也显示出在北极充满无限可能的这一时期,俄罗斯无法单纯依靠自身力量完成北极开发。2019 年 3 月 28 日,俄新社引用俄罗斯联邦国防和安全委员会副主席拉基廷的讲话指出,俄罗斯正在进行部门间协调,旨在制定一份外国军舰通行俄罗斯北方海域航线新规则。

中国于 2018 年 1 月发布的《中国的北极政策》白皮书指出,中国在地缘上是“近北极国家”,是陆上最接近北极圈的国家之一,中国是北极事务的重要利益攸关方。中俄两国已达成共识,将共同打造穿越北极圈连接亚洲、欧洲、北美洲的“冰上丝绸之路”,并已与沿线国家达成六项合作项目。

(三)海洋与人类生存环境

进入 21 世纪的今天,如何实现全球的可持续和平、稳定与发展,成为摆在所有国家面前的共同问题。海洋的开发、利用和保护,是全球可持续发展不可或缺的基本环节。占全球面积 71%的海洋,蕴藏着丰富的自然资源与生态资源,是全球气候系统中的重要环节。然而,对海洋的过度开发也带来一系列负面问题。

当前,随着海洋经济活动的迅速扩大,海洋健康状况的恶化开始成为海洋经济发展的一个重要制约因素。随着人为碳排放量的增加,海洋吸收了大量二氧化碳,导致海水酸化。海水温度和海平面上升,海流转移,导致生

物多样性和生境破坏，鱼类种群组成和迁移方式的变化以及严重海洋天气事件的发生频率增加。陆地污染，特别是从河流流入海洋的农业径流，化学物质以及宏观(macro-plastics)和微塑性(micro-plastics)污染物，世界各地的过度捕捞带来鱼类资源的枯竭，进一步加剧了未来海洋事业发展的各种风险，对海洋及其资源的不可持续利用，威胁着世界福祉和繁荣赖以生存的基础。因此，要实现海洋经济的全部潜力，世界各国需要对海洋经济发展采取负责任的态度，探索可持续发展的方法。

二、百年大变局下的共同发展：呼唤"人类命运共同体"的认知与愿景

当今世界正在经历百年未有之大变局。世界多极化、经济全球化、社会信息化、文化多样化深入发展，全球治理体系和国际秩序变革加速推进，新兴市场国家和发展中国家快速崛起，国际力量对比更趋均衡。与此同时，世界政治格局相对"东升西降"的态势加深了西方国家对自身"优势地位"消解的焦虑与不安，也加速了西方国家对华"敌意合理化"。这一时期，全球治理体系的变动为新兴市场国家参与全球治理打开了窗口，但同时也引发了这些国家在联合国框架下国际环境谈判的利益分化与全球治理话语权的竞争。这意味着，百年大变局下的国家发展"危"与"机"并存，国家间信任裂痕不断加大。在此变局下，让和平的薪火代代相传，让发展的动力源源不断，让文明的光芒熠熠生辉，是各国人民的期待，也是这一代政治家"应有的担当"。

(一)"人类命运共同体"的核心逻辑

"人类命运共同体"理念可追溯至马克思、恩格斯"自由人的联合"与"全世界无产者联合"的"两个联合"思想，其体现了马克思、恩格斯共同体性质的国际主义思想与中国历史文化传统中的"天下主义""和合主义"等的结合。2012年，中国共产党首次在十八大报告中明确提出了"人类命运共同体"这一概念，并将其解释为"在追求本国利益时兼顾他国合理关切，在谋求本国发展中促进各国共同发展"。2013年3月23日，习近平主席在莫斯科国际关系学院的演讲中首次将"人类命运共同体"理念由中国推向世界。他指出："这个世界，各国相互联系、相互依存的程度空前加深，人类生活在同一个地球村里，生活在历史和现实交汇的同一个时空里，越来越成为你中有

我、我中有你的命运共同体。”自此以后，习近平通过各种场合丰富与发展“人类命运共同体”理念的具体内涵。2017 年 10 月 18 日，习近平在党的十九大报告中明确了构建“人类命运共同体”思想内涵的核心，即“建设持久和平、普遍安全、共同繁荣、开放包容、清洁美丽的世界”。这一核心体现了政治、安全、经济、文化、生态的“五位一体”。

(二)坚持对话协商，建设一个持久和平的“人类命运共同体”

战争与和平是国际政治的永恒主题，“人类命运共同体”理念为 21 世纪世界政治可持续的和平提供了新思路。伴随着发展中国家的群体性崛起，西方国家之于既有“优势地位”消解的焦虑引发了新一轮“地缘政治”博弈。新兴经济体在过去十年中对世界经济增长的贡献率接近 50%。预计到 2035 年，包括新兴经济体在内的发展中国家在世界经济中的比重将达到 60%。对于西方国家来说，中国的崛起难以走出“国强必霸”的历史经验，其在诸多国际议题上体现出了较强“单边主义”与“强权政治”逻辑。

2014 年 5 月 15 日，习近平总书记在中国国际友好大会暨中国人民对外友好协会成立 60 周年纪念活动上的讲话中强调：“中国人民不接受‘国强必霸’的逻辑，愿意同世界各国人民和睦相处、和谐发展，共谋和平、共护和平、共享和平。”“人类命运共同体”语境中的国家间和平相处之道拥有多重指向：在大国关系方面，“人类命运共同体”理念主张发展相互尊重、互利共赢的新型大国关系；在与周边国家相处过程中，“人类命运共同体”理念倡议突出亲诚惠容的外交理念与实践；在与发展中国家相处时，“人类命运共同体”理念倡导以义为先、义利并举的正确义利观；在处理多方面矛盾与争端过程中，“人类命运共同体”理念强调以对话解决争端、以协商化解分歧。

(三)坚持共建共享，建设一个普遍安全的“人类命运共同体”

世界政治长期遭受传统安全问题的威胁，21 世纪的世界政治更加被传统安全与非传统安全交织的议题所困扰。根据世界气象组织(WMO)2021 年发布的《海洋、气候与天气简报》，20 世纪以来，海平面已上升 15 厘米，2100 年前将上升 30～60 厘米。2018 年，全球约有 1.08 亿人因风暴、洪水、干旱和野火而需要国际人道主义系统的帮助。到 2030 年，估计这一数字会增加近 50%，每年成本约为 200 亿美元。2021 年 4 月 13 日，日本政府决定，将把福岛核污水排放入海。德国海洋科学研究机构指出，福岛沿岸拥有世

界上最强的洋流，从排放之日起57天内，放射性物质将扩散至太平洋大半区域，十年后蔓延全球海域。“世上没有绝对安全的世外桃源，一国安全不能建立在别国的动荡之上。”日本这一不负责任的行为，将给全球安全带来深远影响。世界政治的全球化与相互依赖加快了国际安全问题国内化与国内安全问题国际化进程，国家安全与国际安全密切相关，营造公道正义、共建共享的安全格局不仅是对国家安全与国际安全的联结，也是建设一个普遍安全世界的必经之路。

（四）坚持合作共赢，建设一个共同繁荣的“人类命运共同体”

目前全球范围内的贸易摩擦频发，共同发展与繁荣的世界任重道远。在中美长期处于战略竞争的背景下，美国推进与中国的经济脱钩对后疫情时代全球产业链负面效应影响深远，并波及欧盟。“一战”后美国的大脱钩实践也已证明，基于“零和博弈”的经济对抗，“以邻为壑”的自私行为可能导致世界性经济危机。“人类命运共同体”倡导每一个国家在追求本国利益时兼顾他国合理关切，在谋求本国发展中促进各国共同发展，也就是说，“人类命运共同体”实际要打造的是“利本国”和“利他国”相统一的“利益共同体”。

2016年9月3日，习近平在二十国集团工商峰会开幕式上指出：“中国的发展得益于国际社会，也愿为国际社会提供更多公共产品。”依托“一带一路”及其配套的合作设施与机构，中国在促进贸易和投资自由化便利化，推动经济全球化朝着更加开放、包容、普惠、平衡、共赢的方向发展上持续彰显大国担当。

（五）坚持交流互鉴，建设一个开放包容的“人类命运共同体”

“当今世界，人类生活在不同文化、种族、肤色、宗教和不同社会制度所组成的世界里，各国人民形成了你中有我、我中有你的命运共同体。”百年大变局背景下世界政治结构中力量组成的多元化，当前的国际体系正朝着多元秩序体系（multi-order system）转变。多极叙事（multi-polar narrative）、多伙伴叙事（multi-partner narrative）与多元文化叙事（multi-culture narrative）预期了一个由新兴（大国）力量所组成的更具多元化的国际体系。为了预防文明间战争的悲剧，萨缪尔·亨廷顿提出了各核心国避免干涉其他文明的建议，并强调建立多文明基础上的国际秩序是最可靠保障。这与“人类命运共同体”对“促进和而不同、兼收并蓄的文明交流”的强调高度契合。文明差异不应该成为世界冲突的根源，不同文明要取长补短、共同进步，以文明交流超越文明隔阂，以文明互鉴超越文明优越。

（六）坚持绿色低碳，建设一个清洁美丽的“人类命运共同体”

气候变化问题与海洋治理议题密切相关。气候变化将对渔业产生不利影响，增加对洄游鱼类种群的竞争，从而加剧海洋争端升级。1970年以来，全球海洋在持续升温，海洋已吸收了气候系统中90%以上的多余热量。海洋变暖的速度加快，海洋热浪的频率与强度不断增大。热带气旋带来的风和降雨有所增强，极端海浪暴发频率的增大，再加上海平面的上升，海洋灾害状况进一步恶化。在过去50年里，热带气旋造成了1945例灾害事件，导致77.9万人丧生、1.4万亿美元的经济损失。“人类命运共同体”理念对“清洁美丽”世界的追求体现了其对“清洁美丽”的全球海洋治理观的重视。

对“构筑尊崇自然、绿色发展的生态体系”的追求是“人类命运共同体”理念对自然本身的关照，也是中国对推动实现联合国《2030年可持续发展议程》的责任。当前基于“共同体”意识应对气候变化是全球治理的重中之重，中国“2030年碳达峰”与“2060年碳中和”的目标是其作为“人类命运共同体”理念提出者对《巴黎协定》的承诺。

21世纪人类进入了大规模开发利用海洋的时期。海洋在国际政治、经济、军事、科技竞争中的战略地位明显上升。海洋占据地球表面71%，承担着约50%总初级生产力。“海洋命运共同体”理念是“人类命运共同体”在海洋领域的延伸，其也是“人类命运共同体”的重要组成部分。百年大变局背景下的“中国崛起”必须依托海洋，也需要进一步走向海洋，“人类命运共同体”的构建需求与目标必须充分考虑植入“海洋因素”。现今的海洋治理已经陷入目标不清、手段缺乏、协调不力的状态，未来从区域到全球海洋治理均需要以“命运共同体”理念凝聚共识。

三、全球海洋治理急需“海洋命运共同体”理念与实践

“二战”以来，全球海洋治理取得了一系列成功的经验和进展。代表性的成果是一系列国际海洋法规则条约化的成功。从1958年第一次联合国海洋法会议成功制定“日内瓦海洋法四公约”，到1982年第三次联合国海洋法会议各参与国通过《联合国海洋法公约》文本，联合国在推动全球海洋治理

规则条约化的进程上取得了重大的进展。《联合国海洋法公约》于1994年11月16日正式生效后，成为一部较为全面地涵盖了全球海洋治理各项规则且具有普遍适用性的国际海洋法法典，被称为“海洋宪章”。

1980—1982年期间担任第三届联合国海洋法会议召集人的新加坡许通美（Tommy Koh）教授提出，《联合国海洋法公约》从三方面促进海洋和平：①为海洋建立一个全新、公平与公正的国际秩序；②在全球海洋行动中提倡法治；③鼓励以和平方式解决海上争议和纠纷。然而，《联合国海洋法公约》的解释、适用和执行常常引发争议，国际海洋法规则和法律体系需要随着21世纪人类在海洋权益、海洋资源开发、利用和保护以及海洋生态养育等一系列新课题、新挑战的出现而不断走向扩展和更新。

（一）海洋可持续发展议题

近20年来，海洋与可持续性发展问题一直是国际社会高度重视的议题。2015年，联合国大会在其通过的《2030全球可持续发展目标》中明确提及“保护和可持续利用海洋和海洋资源”。此后，联合国又就海洋污染、海洋生态保护、海水酸化、可持续渔业、海洋科研能力等议题举行了系列对话会，并促使与会各方签订了一系列成果文件。

2020年10月，《联合国海洋科学促进可持续发展十年（2021—2030年）实施计划摘要》发布。“海洋十年”旨在推动形成变革性的海洋科学解决方案，促进可持续发展，将人类和海洋联结起来。“海洋十年”描绘了未来十年海洋治理愿景的七个方面：①清洁的海洋，即海洋污染源得到查明并有所减少或被消除；②健康且有复原力的海洋，即海洋生态系统得到了解、保护、恢复和管理；③物产丰盈的海洋，即海洋能够为可持续粮食供应和可持续海洋经济提供支持；④可预测的海洋，即人类社会了解并能够应对不断变化的海洋状况；⑤安全的海洋，即保护生命和生计免遭与海洋有关的危害；⑥可获取的海洋，即可以开放并公平地获取与海洋有关的数据、信息、技术和创新；⑦富于启迪并具有吸引力的海洋，即人类社会能够理解并重视海洋与人类福祉和可持续发展息息相关。与此同时，在北极地区实施国际治理、建立合作性制度也取得了成功经验。北极理事会自1996年成立以来，八个成员国与六个正式观察员国多边协作，在保护北极地区环境、促进北极地区经济和社会发展等方面迈出了新的步伐。

(二)海上霸权对全球海洋治理的挑战

当今海洋治理面临的最大现实挑战是,美国依靠海军优势及霸权地位,基于实力推行单方规则与秩序,使得海上冲突的可能性增大,博弈的复杂性增强,实现海洋治理的难度进一步增加。在南海方向,2020 年度美国政府变本加厉强化干预与介入南海局势:一方面,美国政界和军方对中国的南海政策持续进行指责;另一方面美国在军事、外交、政治和战略层面不断强化针对南海问题的部署。即使在新冠疫情全球蔓延的背景下,美国仍在南海地区持续施压,保持了高强度军事介入态势。南海战略博弈表现形态更趋多样化,博弈的尖锐度进一步增大,中美双方在南海冲突的危险性不可低估。美苏"冷战"时期的海上对峙态势曾数度引发局部军事危机,更是"冷战"期间美苏安全关系脆弱性的重要标志。中美两国都需要警惕的是,南海局势不能重新走上美苏"冷战"期间海上对峙的老路。否则,两国关系的稳定与改善必将难以为继。

1. 美国的海上霸权与亚太海洋秩序

面对一个崛起的中国,美国不会放弃在南海、台海和东海等问题上的对华军事施压。近十年来,南海也成为美国"航行自由行动"的重点区域。麻省理工学院的傅泰林教授指出,美国之所以对介入南海问题如此重视,是因为这一问题触及了美国自身的两大利益,即"进入权"和"稳定性"。这两大表层利益背后,是美国经济界每年有价值超过 5 万亿美元的货物经过这一区域,其中超过 1 万亿美元的额度与美国的贸易息息相关。

2019—2020 年,随着中美贸易冲突的不断升级,中美之间对抗在经济、军事领域都不断升级。在军事领域的表现为南海局势持续升温。尤其是 2020 年 11 月 3 日,美日印澳四国参与的在孟加拉湾展开的"马拉巴尔—2020"联合军演。演习虽未在南海海域展开,但却有着明确的指向性。印度媒体《印度快报》刊文称,此次演习是 2007 年美日印澳"四方安全对话"提出以来,四国海军首次同时参与的大型联合演习。其向中国传递出明确的信息,是对中国的震慑,同时也将使四国的合作更加密切。

2020 年 9 月 9 日,中国国务委员兼外长王毅在第十届东亚峰会外长会上指出,仅 2020 年上半年,美国就派出 3000 架次军机、60 余艘军舰,包括多批次轰炸机和双航母编队,不断在南海炫耀武力,强化军事部署,甚至在与

其毫不相干的争议海域横冲直撞，肆意推高地区冲突风险，正在成为南海军事化的最大推手。美国频繁介入南海展开军演与一系列军事对抗举措，使得中美两军的互信度极低。

随着美国舰机在军事上介入南海的频次和规模不断上升，南海局势趋于紧张。南海海域发生事故性军事冲突的可能性也在进一步上升。2020 年 5 月，美国海军濒海战斗舰“吉福兹”号曾近距离靠近中国“海洋四号”科考船，迫使中国海军 054A 型导弹护卫舰近距离跟踪监视。同年 7 月，澳大利亚国防部发表声明指出，澳大利亚“堪培拉”号两栖攻击舰编队在南海海域演习时，与中国海军相遇。

尽管新冠肺炎疫情暴发态势在美国内依然严峻，2020 年 7 月美国就开始在南海实施双航母演练。同一个月，在美国的策动下，澳大利亚在南海举行了该国历史上最大规模的南海海军巡弋与演练。2021 年 2 月 9 日，美国海军宣布“罗斯福”号与“尼米兹”号两个航空母舰打击群在南海“会师”展开“双航母”演习行动。对于中国航母进入南海演习，美军军舰也采取了近距离跟踪的行动。美军在南海与中国军舰呈现的一系列近距离接触事件，再加上美国打着“航行自由”旗号在南海对中国海洋权益赤裸裸的挑衅，释放了危险信号：如果以美国为首的“域外国家”为了实施对华军事威慑不断地挑战南海区域的海上规则与秩序，中美在南海发生“擦枪走火”事件的概率将会明显上升。美国从政治、外交和军事上插手和干预南海主权与海洋权益争议，利用中国和东盟有关国家尚未解决的主权争议，蛮横地推行美国标准下的“基于规则的秩序”。

2. 美国的海上霸权与欧洲海洋秩序

在欧洲的黑海方向，美国海军对俄罗斯也采取高压态势，美俄双方在黑海海域持续较量。以 2021 年为例，1 月 21—28 日，美海军两艘宙斯盾级驱逐舰进入黑海，并于 2 月份展开军演。3 月 19—20 日，俄罗斯国防部指挥中心发布消息称，美国两艘导弹驱逐舰持续进入黑海。俄罗斯黑海舰队六艘潜艇进入战斗警戒状态。俄罗斯黑海舰队奥西波夫中将表示，黑海舰队岸基 400 枚反舰导弹进入作战模式。美俄之间在黑海的对抗局面成为美俄海上对抗的集中表现。2021 年 6 月下旬，美国又组织了 32 国的黑海军演，显示出美国等西方国家介入克里米亚局势的决心，并对俄罗斯政府进行赤裸裸的军事威胁。

美军在南海与黑海方向的介入，是其海上霸权的军事层面展现。事实上，美国对于他国海上的经济合作项目，也是基于自身利益实施干涉。俄罗斯与德国牵头的“北溪 2 号”合作项目，计划在波罗的海海底铺设年输送量达 550 亿立方米的天然气管道。但自 2019 年 1 月起，反对该项目的美国一直施压。2019 年 12 月，时任美国总统特朗普签署 2020 财年国防授权法案，其中包括制裁“北溪 2 号”项目内容。据俄罗斯卫星通讯社报道，2021 年 3 月 18 日，美国国务卿布林肯发表声明，称“北溪 2 号”是俄罗斯地缘政治项目，其目的是分离欧洲，弱化欧洲的能源安全，并要求参与“北溪 2 号”的企业停止与俄罗斯的合作。

3. 美国海上霸权的危害

相对于日本等国媒体称中国常规性海上演练，如 2020 年 4 月“辽宁”号航母编队穿越宫古海峡前往南海海域展开常规训练，意图“借其他国家被疫情占据注意力时，强化对争议水域的控制”，西方媒体并没有对“美利坚”号（USS America LHA-6）、“邦克山”号（CG-52）、“巴里”号等美国军舰于疫情期间在南海地区的活动给予同等态度。而事实上，同年 4 月 28 日“巴里”号军舰穿越中国西沙群岛水域时，已经是美军 2020 年在南海进行的、旨在挑战中国国家主权与国家安全的第三次“航行自由行动”。也就是说，即便是面对疫情造成的严重不利局面，美国依然在南海持续挑衅和压制中国。如此一来，可以看到南海问题已经成为中国与西方进行话语权竞争的重要着力点，而美国在西太平洋寻求海洋霸权的意图昭然若揭。美国等西方国家在海洋上固守海军实力至上、推行海洋霸权的做法，在北极、南海、黑海、波罗的海等方向不断地制造紧张局势，使得海上冲突的可能性进一步增强。同时，由美国、英国、加拿大、澳大利亚与新西兰组成的“五眼联盟”，长期违反国际法与国际关系基本准则，实施网络窃听、监听、监控，对全球安全也带来了负面影响。兰德公司在《与中国开战：不可思议之议》报告中指出，美方应做好与中方打一场长期高强度战争的准备，一旦中美之间爆发战争，西太平洋的大部分地区会沦为战区，从黄海到中国南海将成为海上与空中商业运输的危险地带。而无论是低强度的军事对抗还是高强度的军事冲突，都将给海洋经济带来沉重打击。

如何持续地保护、利用和开发海洋，是人类的历史性命题。海洋治理的实践表明，美国依据军事优势谋求海上霸权的做法，将带来冲突与对抗，甚

至引发海上军事冲突。基于全人类共同利益展开协作，才是海洋治理的应有之义。

四、全球海洋治理：从西方中心主义走向多边主义和多元主义

现代海洋治理需要多边主义规则，需要世界各国共同参与。从海洋治理的发展历史看，在新的历史时期推进"海洋命运共同体"，有别于传统的基于实力建立海权的逻辑，这一理念旨在基于相互尊重来维持和平稳定的国际海洋安全格局。大航海时代始于西方，海权的争霸者也是西方，对世界海洋控制力最强的仍然是西方。然而，目前无论在北极区域治理、深海资源开发和利用、海洋环境治理、海上安全维护等的主体，已经开始出现"东西方均衡"。

在北极冰川消融、资源开发、环境保护的大背景下，北极地区吸引了世界各国的关注。加州大学圣芭芭拉分校奥兰·杨教授指出："北极正在经历的社会—生态形势变化，加深了北极地区与世界其他地区的联系，进一步夯实了北极作为国际关系独特地区的基础，也催生了对新的合作协议的需求。"北极环境及气候变化具有全球性影响，北极区域的治理方式也摆脱了原有地缘格局的局限。北极理事会成员国在美国、加拿大、俄罗斯及北欧五国等八个原北极圈国家的基础上，于 2013 年 5 月又接受意大利、中国、印度、日本、韩国与新加坡等六国为理事会正式观察员国，六个正式观察员国中有五个为亚洲国家。北极区域的治理已经不仅仅局限于地缘范围上的北极圈国家，需要全球各国共同参与。

深海海域拥有丰富的自然资源，是全球海洋经济发展的增长点，而目前全球 95%的深海区域尚未开发。《联合国海洋法公约》明确规定深海及其自然资源为全人类共同继承的财产。任何国家、自然人或法人都不能对深海资源提出或行使主权，对资源开发的一切权利属于全人类。而深海资源的开发具有地质结构复杂、作业环境难度高的特点，未来深海开发需要全球范围内展开合作，才能保证海洋资源的高效开发与合理利用。目前，以美国、法国、俄罗斯等国为代表的西方国家，以及以中国、韩国、日本为代表的东方国家，在深海资源勘探设备研发具有一定优势。

在规则制度领域，美国于 20 世纪末提出"21 世纪海洋战略"，将海洋勘探上升到国家战略，并强调维护海洋经济利益、提高海洋教育与研究水平；日本于 2001 年颁布《日本可燃冰开采研发计划》；中国于 2016 年 5 月 1 日颁

布《中华人民共和国深海海底区域资源勘探开发法》，强调保护海洋环境，提升深海科研能力，确保海底区域资源可持续利用。针对在深海中发现的多样化的生态系统，联合国自2018年始开启了国家管辖范围外海域的生物多样性（BBNJ）养护和可持续利用法律文书的政府间谈判。

BBNJ国际协定目前已经经过三次政府间谈判。在BBNJ第二次政府间谈判上，中国代表团指出，希望BBNJ国际协定“应该是渐进发展的、公平合理的和普遍参与的新协定，中国愿以建设性态度推进谈判”。中国期待“在BBNJ谈判中成为弥合不同立场、推动进程向前的关键力量”，“相信‘人类命运共同体’的理念，可以成为中国对BBNJ协定的独特贡献”。在BBNJ国际协定谈判过程中，西方国家与中国的观点体现了西方中心主义与多边主义规则的冲突。

海洋的开发利用需要从西方中心主义向全球各国共同参与转变，海洋环境的保护更是如此。据联合国粮农组织公布数据，全球1/3的捕鱼船存在过度捕捞。如果保持当前污染海洋的态势，到2050年全球海洋中的塑料数量将比鱼类还要多。海洋生态环境的治理目标包括现实目标和长远目标，传统的海洋生态环境治理主要落脚于现实目标，各国大多专注于自身的发展和本国的海洋环境，只解决本国经济发展与海洋环境之间的矛盾，并不大关注其他国家的环境需求和对其他国家的影响，大部分国家不仅缺乏全球治理的理念，更缺乏共同体意识。这种碎片化的治理，难以将海洋生态环境治理形成系统性和整体性，更难以形成有效的合作规范。海洋环境的治理，需要世界各国政府、企业、社会组织等主体为实现海洋持续发展与自然平衡开展协作实践活动，虽然目前已经有《联合国海洋法公约》《21世纪议程》《生物多样性公约》等法规文件，海洋环境的治理主体呈现多元化、协作化特点，海洋环境治理仍面临一系列难题。

2021年3月23日，中俄两国外交部部长在桂林发表联合声明指出，国际社会应坚持践行“开放、平等、非意识形态化”的多边主义原则，共同应对全球性挑战和威胁，努力维护多边体制的权威性，提高多边体制的有效性，完善全球治理体系，共同维护世界和平与地缘战略稳定，促进人类文明发展，保障各国平等享有发展成果。全球的海洋治理，更加需要摒弃西方中心主义的规则体系，构建开放、平等、非意识形态化的多边主义规则，以达到共同开发海洋、应对挑战与威胁的目的。世界各国需要基于规则开发海洋资

源、防治海洋污染、解决海洋争端。

五、“海洋命运共同体”实践与人类可持续的繁荣、和平和发展

“海洋命运共同体”是中国在全球海洋事务领域提出的“中国理念”。这一中国理念需要在中国的表率作用下具体化为海洋治理的“中国方案”，更需在各国的共同参与和努力下将全球海洋变成真正意义上的“合作之海、和平之海与友谊之海”的“世界行动”。“海洋命运共同体”的实践需要世界各国共同参与，构建海洋领域的规则与秩序，在全球海洋治理领域提供系统的公共产品，并进一步推动世界各国在平等参与条件下实现对世界海洋资源开发、海洋环境保护、海上通道安全和海上防灾减灾等诸多议题下的全球海洋治理机制与规则的进步和升级。

（一）各国平等参与海洋事务，切实推进全球海洋治理

习近平指出，面对严峻挑战，人类有两种选择，一种是为了争权夺利恶性竞争甚至兵戎相见，这很可能带来灾难性危机；另一种是人们顺应时代发展潮流，齐心协力应对挑战，开展全球性协作，这将为构建“人类命运共同体”创造有利条件。海洋是开放与联通的海洋，是全人类共同的海洋。只有建立“海洋命运共同体”才能保证人类的持续发展，“海洋命运共同体”蕴含着平等、包容、互学、互鉴的人类共同价值。赫德利·布尔也曾指出，世界政治中的正义表现为，消除特权或者歧视，强国和弱国、大国和小国、富国和穷国、黑人国家和白人国家，或者战胜国与战败国享受平等和公平分配的权利。世界各国平等参与“海洋命运共同体”建设，遵循共商、共建、共享原则，坚持多边主义，坚持开放包容，坚持共利合作，坚持与时俱进地参与海洋事务，“海洋命运共同体”的建设才有坚实的实现基础。各国平等参与海洋事务能够弥补国际体系中公正性、包容性方面的不足，通过支持发展中国家、小国在海洋治理中拥有发言权，为现有海洋治理注入更多的公平元素，将会产生极大的感召力，吸引更多国家参与“海洋命运共同体”建设。

（二）构建开放包容、共商共建共享基础上的海洋规则与海洋秩序

“海洋命运共同体”的维护离不开规则与秩序的建立，第二次世界大战之后的海上规则是美国依据海上实力主导构建的。海洋发展进入“海洋命运共同体”时代，需要在海洋规则与秩序方面取得突破，诸如“南海行为准

则”(以下简称 COC)等南海区域规则与北极区域规则是构建海洋规则与秩序的有益尝试。COC 的谈判成功,将推动南海区域长期治理乃至全球海洋治理的发展,能够有效推进“海洋命运共同体”的实践与推广。

从全球海洋治理角度来看,通过 COC 谈判解决南海问题,也可以为解决全球其他类似海洋争端提供经验与参考事例。如果 COC 最终可以成功维护南海的稳定,那么中国便可以向其他各国证实一个重要的理念,即各国须在国内层面对主权与海洋权益争议“去情绪化”。领土主权和海洋权益对各国而言均为“绝对主义”的政治话题,轻易让步会导致各国领导人在国内政治层面遭受空前压力,因此这一问题通常会成为国内政治环境中的敏感话题。为保证各国人民的最大福祉,各国应尽力求同存异,秉持共同体理念,确保相关规则的达成,以避免国家之间陷入无休止的对立情绪中,同时为各国尽最大努力开展合作,实现共赢创造有利条件。因此,中国希望在全球治理方面发挥更大作用,首先须促成南海问题相关各方进行综合治理合作,推动南海秩序的规则化发展。

(三)共同参与和维护海洋安全,将海洋真正建设成为“和平之海、合作之海与友谊之海”

马汉在《海权论》一书中将海军战略的目标概括为建立、支撑并扩大一国的制海权。近一个半世纪以来,马汉的《海权论》成为支持和引导大国扩大海上军事力量规模、提升海洋影响力和控制力,并把对核心海上通道的控制、成规模的远海军事力量投送以及海洋霸权的争夺列为国家战略能力建设的核心要素。大国战略竞争的关键,就是海洋的力量投送能力和战略控制力的竞争。马汉的海权理论对 19 世纪末之后的世界各主要国家的海上力量发展,发挥过很重要的作用。但结果是,海洋无法真正成为和平之海、合作之海和友谊之海,海洋更多地成了大国地缘战略博弈的主战场。在 21 世纪的今天,如何打破西方大国海上权力争霸的迷思、走出海上地缘战略竞争是大国竞争的关键这样的历史困境,是考验 21 世纪的今天世界各国能否真正建立“不冲突、不对抗、相互尊重、合作共赢”的新型国际关系的试金石。

在新的历史时期构建“海洋命运共同体”,就是要呼唤和启迪世界各国确立超越一国利益的全球视野、超越竞争性民族主义情绪之上的人类情怀和“天下一家”“天人合一”等中华文明基础上的共同体信念。在这个基础

上，各国需要共同维护与促进海上安全与合作，需要将海军力量的排他性、海上军事目标的零和性，转向合作性、开放性和共赢性。因此，中国必须清晰地认识到，为21世纪具有中国特色的海权理论，不能单纯照搬马汉的理论，而是应立足于“海洋命运共同体”理念价值，根据中国海洋法政策的制定能力、规范的引领能力和多边合作治理机制的构建能力的成长情况，立足于中国海上经济、科技和资源开发、保护和可持续利用能力的增长需要，立足于中国旨在维护国土安全与海外利益保护的海军力量可以“走出去”看、“走出去”练的现实需求，来全面且缜密地进行理论构建。特别是，在“海洋命运共同体”的倡导下，世界各国的海军力量不应像马汉的理论那样互为对手，而是应该像亚丁湾护航一样，通过共同协作来维护海上安全，并确保消除军事对抗隐患，达到海洋和平、共同发展的目的。

（四）“一带一路”项目的延伸，有助于切实推动“海洋命运共同体”建设

2015年中国发布《推动共建丝绸之路经济带和21世纪海上丝绸之路的愿景与行动》报告。作为“一带一路”建设重要组成部分的“21世纪海上丝绸之路”，以从中国沿海港口过南海到印度洋延伸到欧洲，过南海到太平洋为重点方向，以重点港口为节点，与其他国家共同建设畅通安全高效的运输大通道。2017年中国发布《“一带一路”建设海上合作设想》，设想提出建设中国—印度洋—地中海、中国—大洋洲—南太平洋、经北冰洋连接欧洲的三条蓝色经济通道。中国的“一带一路”倡议摒弃零和思维，主张和而不同、兼容并蓄的发展理念，坚持在多边主义的基础上推动合作，是践行“人类命运共同体”的具体举措，“21世纪海上丝绸之路”的推进是践行“海洋命运共同体”的具体举措。“一带一路”建设能够有效促进“海洋命运共同体”的建设。截至2021年6月30日，全球累计确诊新冠肺炎病例达1.78亿例，死亡病例高达380万例。全球经济也因疫情遭受重创。根据国际货币基金组织发布的《全球经济展望报告》预测，2020年全球经济将萎缩4.4%，GDP总量预计也将由2019年的87.75万亿美元降至2020年的83.84万亿美元。2020年中国对“一带一路”沿线国家非金融类直接投资达177.9亿美元，同比增长18.3%，合同承包工程总额达1414.6亿美元，完成营业额911.2亿美元。“一带一路”海上合作的深入发展，在全球经济总体下行的趋势下对促进国际经济发展、加强国家间合作的作用已经不证自明。

六、结语

在2021年4月20日举行的博鳌亚洲论坛2021年年会开幕式上，习近平主席立足于充满挑战与希望的时代提出两个发人深省的问题："人类社会应该往何处去?""我们应该为子孙后代创造一个什么样的未来?"对财富和优势地位的争夺贯穿了葡萄牙、西班牙、荷兰、英国、法国、美国等大国的兴衰交替。"二战"后联合国框架下的全球治理虽然注入了相当程度的"法治要素"，但当前的全球治理体系仍带有浓厚的强权政治和民族利己主义阴影，从而呈现出相当程度的不公正与不合理。经历了15世纪至17世纪大航海时代对世界的认知与探索，经历了大国对世界主导权争夺引发的20世纪两次世界大战的教训，经历了数百年未见的新冠肺炎大疫情洗礼，人类更加懂得财富、和平与健康的意义，也须对世界政治如何实现可持续的和平、繁荣和稳定进行更加深入的思考。

以建设持久和平、普遍安全、共同繁荣、开放包容、清洁美丽为内核的"人类命运共同体"理念，源于历史，立足当下，面向未来，在联结国家治理与全球治理的同时，推动国际社会多元行为体的和平共处与团结协作。百年大变局背景下的中国和平发展更加依赖海洋，也将进一步走向海洋。"人类命运共同体"是"海洋命运共同体"的发展目标和最终指向，"海洋命运共同体"则是"人类命运共同体"在海洋领域的生动体现。

"海洋命运共同体"理念所揭示的世界各国在海洋领域内的"共商共治共享"治理观，代表着海洋治理理念从西方中心主义走向包容性多边主义和参与主体多元主义的进步，对促进海洋治理进程中的国家间合作与协调意义重大。以各国平等参与海洋事务、构建新的海洋规则与秩序、共同参与维护海洋安全及共建"一带一路"为依托的"海洋命运共同体"建设，是促进人类可持续发展的具体实践，也可为"人类命运共同体"的最终实现保驾护航。尽管全面推进"海洋命运共同体"建设不可能一蹴而就，但"追求人类大同政治理想的努力永远在路上"。在"海洋命运共同体"理念与实践的指引下，21世纪的世界政治，需要各国采取实际行动，真正基于对人类共同福祉和人性的尊重，将世界的海洋变成人类共同的财富。

文章来源：原刊于《亚太安全与海洋研究》2021年第4期。

面向全球海洋治理的中国海洋管理：挑战与优化

■ 王琪，崔野

论点撷萃

全球海洋治理与中国海洋管理的关系非常紧密，这种紧密关系的发展经历了两大标志性事件：一是中国实行对外开放政策，走向海洋，走向世界。二是“冷战”的结束与全球化浪潮的席卷，促进了全球治理的兴起并日渐成为当代国际政治中的主流话语，全球海洋治理也随之快速发展，并呼唤中国等新兴国家的积极参与。

全球海洋治理的深入发展及其所具有的特征，使得国际海洋形势这一大的外部环境呈现出新的态势。这些新的态势必然会作用于各国内部的海洋管理，要求其在理念、目标、政策与行动上做出相应的改变。于中国而言，全球海洋治理的演进会对我国的海洋管理提出若干挑战。在加快建设海洋强国的征程中，面对全球海洋治理对中国海洋管理带来的挑战，党和政府已采取了多项回应举措，取得了显著的成效。但依旧面临着海洋话语认同、管理体制调适、资源统筹分配、法律衔接转化等现实困境，海洋管理的水平和效能仍有很多不足，加之国际海洋形势的激荡，使得当前的中国海洋管理还存在着诸多难点。

应当看到，化解这些困境是中国成长为海洋强国的必经阶段；同时，也正是由于它们的存在及其内部的冲突和斗争，才构成了中国海洋强国建设的内在驱动力量，从而推动我们立足于全球视野不断优化中国海洋管理。

作者：王琪，中国海洋大学国际事务与公共管理学院院长、教授；
崔野，中国海洋大学法学院博士

在全球海洋治理的视域下，中国海洋管理所面临的话语认同、体制调适、资源分配、法律转化等各种困境的成因和性质不尽相同，应对的思路也各有侧重。

总之，面向全球海洋治理的中国海洋管理是一个全新而宏大的命题，其完善与进步离不开学者们的理论思考，更需要实践中的探索创新。

一、问题的提出

党的十九大明确提出“坚持陆海统筹，加快建设海洋强国”，标志着我国的海洋强国建设进入更高水平的加速期与攻坚期。在这一发展阶段内，内外环境的变化及全球海洋治理的深入推进，对中国的海洋管理提出了新的挑战，要求其进行相应的调适。面向全球海洋治理的中国海洋管理应当如何优化与完善，已成为摆在实务界与学术界面前的重大课题。

中国作为一个世界大国，其海洋强国建设不仅要着眼于本国内部的海洋经济发展、海洋科技创新或海洋权益维护等传统议题，更应兼顾国际与国内两个大局，在全球海洋治理中发挥更大的作用，推动全球海洋的可持续发展与海洋命运共同体的构建。这种对内与对外双重向度的海洋强国建设路径，决定了中国海洋管理必然会与全球海洋治理形成相互影响、相互依赖的贯通关系，因而有必要将二者结合起来进行研究。近年来，学术界围绕全球海洋治理与中国海洋管理这两大主题展开了大量的研究：在全球海洋治理研究方面，学者们的注意力集中在阐释全球海洋治理的基本学理问题、探析全球海洋治理的具体实践领域、讨论中国参与全球海洋治理的路径等三大方向；而在中国海洋管理研究方面，学者们则聚焦于海洋管理体制改革、海洋环境治理、海上执法能力建设、海洋治理现代化等一系列现实问题，为我国海洋管理的变革与创新贡献着学术智慧。

纵览目前的研究进展不难发现，学者们几乎都是沿着相对独立的思路来分别探究全球海洋治理与中国海洋管理的若干问题，专门性研究有余而综合性研究不足。仅有的将二者结合起来的阐述也只限于在宏观上提出全球海洋治理是国内海洋管理在国际层面的延伸以及中国参与全球海洋治理需要以良好的国内海洋管理为前提，缺乏更为细致的论证。事实上，全球海洋治理与中国海洋管理是互为联结的，后者的发展与进步不能脱离于前者这一外部环境的深刻影响，将二者割裂开来的研究不可避免地会带有一定

的片面性，所得出的结论也多为就事论事，整体价值受限。

概言之，全球海洋治理与中国海洋管理的密切联系以及既有研究的不足，产生了理论与实践之间的张力，进而形成了新的研究需求。本文将中国海洋管理置于全球海洋治理的视域下，尝试回答一个中心问题，即面向全球海洋治理的中国海洋管理面临着何种挑战与困境以及应如何应对，以期促进中国海洋管理的优化与改进，助推海洋强国建设。

二、全球海洋治理对中国海洋管理提出的挑战

全球海洋治理与中国海洋管理的关系非常紧密，这种紧密关系的发展经历了两大标志性事件：一是中国实行对外开放政策，走向海洋，走向世界。正如学者所言，"所谓对外开放，实质特征就是向海洋开放。"对外开放这一基本国策的确立，推动中国开始全方位参与到区域和全球海洋事务中，并以《联合国海洋法公约》(以下简称《公约》)的签署为契机，逐步走近国际海洋舞台的中心；二是"冷战"的结束与全球化浪潮的席卷，促进了全球治理的兴起并日渐成为当代国际政治中的主流话语，全球海洋治理也随之快速发展，并呼唤中国等新兴国家的积极参与。

一般认为，全球海洋治理是指各国政府、国际政府间组织、非政府组织、跨国企业、个人等主体通过协商与合作来共同解决在开发利用海洋空间和海洋资源的活动中出现的各种问题，以维护人类与海洋间的和谐关系；海洋管理则是指各级海洋行政主管部门代表国家履行对本国领海、海岸带和专属经济区海洋权益管理、资源使用管理和海洋环境管理等基本职责。通过概念界定可以看出，相较于一国内部的海洋管理活动，全球海洋治理具有一些明显的特征：其一，治理主体的多元性与多量性。全球海洋治理的主体多种多样，涵盖了主权国家(政府)、国际政府间组织、非政府组织、跨国企业、行业联盟、科研机构、社区与民众等。仅在国家类主体中，全球3/4以上的国家都是沿海国，其他类别治理主体的数量更是不计其数。其二，治理客体的严峻性与扩展性。全球海洋问题是全球海洋治理的客体，它是传统与非传统叠加、单一内容与多项内容交织的高度复合体。随着海洋开发强度的增大，全球海洋问题也呈愈加严峻之势，原有的治理困境尚未得到妥善处理，新的治理难题不断涌现。新老问题相互缠绕，逐步向各个领域与海域蔓延。其三，治理关系的复杂性与博弈性。全球海洋治理是全球治理的一个子类，

本质上具有国际政治的属性，国家主体之间进行着复杂的合作、协商、谈判、斗争、妥协、对立等或积极或消极的交往，公益与私利、发展与保护、开放与保守、和平与冲突等不同的政策取向成为各国博弈和竞争的焦点。

全球海洋治理的深入发展及其所具有的上述特征，使得国际海洋形势这一大的外部环境呈现出新的态势，如国家间海洋争端的多发、对公海与极地的多样化利益诉求、国际海洋法律体系的调整、局部海域的热度上升等等。这些新的态势必然会作用于各国内部的海洋管理，要求其在理念、目标、政策与行动上做出相应的改变。于中国而言，全球海洋治理的演进会对我国的海洋管理提出若干挑战。

第一，对理念引领能力的挑战。

理念是行动的先导，遵循何种理念将直接关乎政府的政策制定与行动实施。全球海洋治理对中国海洋管理带来的首要挑战便是中国应如何塑造出符合自身目标和全人类共同利益的价值理念并积极向外传播，以获得国际社会的理解与认同，为我国海洋事业的发展营造有利的国际环境。目前我国已初步完成了理念的建构任务，但在理念传播方面，还面临着一定的困难，某些国家的曲解、抵制甚至污蔑之声甚嚣尘上，理念传播的弱势已成为限制我国国家美誉度和国际话语权的重大掣肘。

第二，对政府治理资源的挑战。

全球海洋治理与国内海洋管理中的某些议题都十分紧迫而严峻，需要政府投入充足的资源尽快加以解决。但在总量约束的条件下，国内海洋管理活动已经消耗了中国相当一部分的治理资源，中国尚不具备足够的能力来同时同步解决国际与国内维度的所有海洋问题，而是要有所选择，分步推进。换言之，全球海洋治理与国内海洋管理间某种程度的张力与博弈，要求中国持续增强并合理调配自身的治理资源，既加快海洋强国的建设进程，又能在全球海洋治理中发挥重要作用。

第三，对海洋法律体系的挑战。

无论是全球海洋治理还是中国内部的海洋管理，法治性是其共同特征，即要以公约条约、法律法规等硬性或软性的规制来规范各方行为。虽然我国已初步建立起了涉海法律体系，但一些领域仍存在着空白或滞后的现象，某些条款也未能很好地与国际海洋法相衔接匹配。中国应如何完善自身的海洋法律体系，既顺应全球海洋治理和国际海洋法治的要求，又能保障国内

海洋生产生活秩序的正常运转，已成为一个亟待思考和解答的现实难题。

第四，对海洋维权能力的挑战。

全球海洋治理的兴起提升了国际社会对海洋的重视程度和开发力度，随之而来的是多国竞相开启新一轮的“蓝色圈地”，海洋争端频发。在我国南海和东海海域内，部分周边国家和某些域外大国罔顾历史事实和国际法律规则，频繁侵犯我国海洋权益，危害我国国家安全。这一客观形势迫切呼唤中国增强海洋维权与执法能力，在开展国际交往和参与全球海洋治理的过程中，既要坚决维护自身的海洋主权、安全和发展利益，又要努力维持和平稳定的海洋局势，实现维权与维稳的动态平衡。

第五，对承担国际责任的挑战。

中国海洋实力与国际地位的提升，意味着中国应当在全球海洋治理中承担更大的责任，为全球海洋善治的实现贡献更大力量。但也要清醒地看到，国际责任的增加实际上是一把“双刃剑”，它在带来国际声誉的同时可能也会损耗我国原本有限的治理资源，甚至会由于背负道义的压力而限制国内海洋事业的发展与海洋管理活动的推进。这要求中国准确地甄别并选取与自身实力和地位相符的国际责任，既要向国际社会供给更多优质的海洋公共产品，又要避免这些责任异化为束缚自身发展的“大国的负担”。

第六，对国际海洋竞争力的挑战。

全球海洋治理的议题涵盖了海洋政治、经济、环境、安全、法律、外交、科技、文化等多个领域，一国若要在全球海洋治理体系中获得制度性权力，仅靠在某一领域占据优势地位是远远不够的，而是要全方位均衡发展。以此来反观中国海洋管理的现状，可以发现我国依旧在海洋科技、海洋法律等关键领域存有明显的短板和弱项，导致我国的海洋综合竞争力受到制约。在国际海洋竞争日趋激烈的背景下，中国深度参与全球海洋治理并在其中强化角色权重，依旧任重而道远。

简而言之，上述六种挑战既涉及具象的海洋硬实力，也包含抽象的海洋软实力；既涉及国内事务，也包含国际交往，是对中国海洋管理的全方位考验。这要求中国海洋管理必须坚持世界眼光，从全球视角来审视自身的优化与变革。

三、全球海洋治理视域下中国海洋管理的现实困境

在加快建设海洋强国的征程中，面对全球海洋治理对中国海洋管理带来的挑战，党和政府已采取了多项回应举措，取得了显著的成效。但我国海洋管理的水平和效能仍有很多不足，加之国际海洋形势的激荡，使得当前的中国海洋管理还存在着诸多难点。

（一）中国海洋话语的国际认同困境

中国海洋话语的国际认同困境是指中国主张的治理理念、倡议、方案、目标、原则等海洋话语如何在国际社会中“传得广”并“立得住”，这是中国必须直面的最大难题之一。

海洋话语权的缺失曾在很长时间内阻碍着我国在全球海洋治理中的地位提升，甚至会受到话语优势国家的诋毁与压制。党的十八大以来，以习近平同志为核心的党中央高度重视海洋话语体系建设，相继提出“21世纪海上丝绸之路”“海洋生态文明”“蓝色伙伴关系”“海洋命运共同体”等理念和倡议，并通过领导人发言、举办高级别政府间会议或学术研讨会、签署合作文件等多种途径广泛传播，使越来越多的中国方案上升为国际共识，中国在“低头做事”的同时也更加注重“抬头说话”。然而，受众的认可和接受程度以及将话语内容转化为实际行动的能力仍有待提高。由于国际政治格局的变化、地缘环境的复杂、后发劣势的凸显、海洋争端的加剧等多种因素共同作用，致使中国的海洋强国建设遭遇到严重的话语权危机，中国在全球海洋话语体系中处于被接受和失语的弱势地位，在国际上常常遭到西方国家的抹黑、丑化和栽赃。特别是在南海、极地、南太平洋等区域海洋事务中，各种版本的“中国威胁论”“中国侵略论”“中国渗透论”层出不穷，多项恶意针对中国的议题时常进入某些国际会议的讨论之中，这反衬出中国的海洋话语建设还有一段路要走。

（二）海洋管理体制的集分调适困境

在海洋管理体制的改革与发展历程中，职能的集中配置与分散配置一直是一个两难选择，二者的调适困境尚未完全消除。在2018年政府机构改革之前，国家海洋局是法定的国务院海洋行政主管部门，海域使用审批、海洋功能区划编制、海洋环境保护、海岛保护与无居民海岛开发、海洋科考等

多种海洋管理职能由其集中行使。与之相对，海上执法则依旧维持着分散的局面，即便2013年的政府机构改革整合了中央层面的中国海监、中国渔政、海上缉私警察、公安边防海警等四支执法队伍，地方上却未做相应的调整，在对内执法时各机构仍是原班人马各司其职，“国家队”与“地方队”之分的现象彼时继续存在。

2018年的政府机构改革是对我国海洋管理体制的一次由上至下的重大变革，此次改革不再保留国家海洋局，将原本由其承担的海洋空间规划编制、海洋资源开发、海洋环境保护、海洋保护地管理等职能配置到新组建的自然资源部、生态环境部、国家林业和草原局等部门中，很多沿海地区也将海洋管理机构撤销或降级（表1），这是海洋管理中分散的一面；而海上执法则在更大程度上走向了整合，《全国人大常委会关于中国海警局行使海上维权执法职权的决定》和新修订的《刑事诉讼法》与《人民武装警察法》明确赋予中国海警局以海上维权执法职责，海警队伍的权限、地位与执法范围大幅增长，成为海上执法中最为核心的主体，且这种趋势正在向地方纵深推进，这是海洋管理中集中的一面。总而言之，我国的海洋管理体制大致沿着由“管理职能相对集中，执法职能相对分散”向“管理职能相对分散，执法职能相对集中”这一脉络来演进，集中与分散两种模式以不同的形式交替呈现。

表1　2018年改革中省级海洋管理机构设置模式的变化

类型	地区	内容
机构取消	辽宁、江苏	将海洋管理职能拆分到其他部门中，不再保留名义上与实际上的海洋管理机构
机构降级	山东、广西、福建	山东和广西的海洋管理机构由正厅级的海洋与渔业厅降为副厅级的海洋局，福建的海洋管理机构由省政府组成部门降为省政府直属机构
机构虚化	海南、浙江、广东、天津、河北	由自然资源部门行使主要的海洋管理职能并加挂海洋局的牌子，海洋管理机构不再具有独立的实体身份
一套两牌	上海	上海市海洋局依旧与上海市水务局合署办公，实行“一套两牌”

资料来源：笔者根据各沿海省级行政区（不含港、澳、台）的改革方案自行整理。

集中型与分散型海洋管理体制各有利弊，对其的评价与调适应当以时代背景和现实需求为出发点。就当前的海洋管理体制来看，由多个部门分别行使涉海管理职能固然有助于发挥各自的专业优势，实现精细化分工，但职能的分散化配置也可能产生一些阻滞，容易造成协调困难、权责不清等弊端。更为重要的是，这一体制可能会对中国参与全球海洋治理带来某些风险：一方面，在《公约》签署及生效后，各沿海国纷纷进行适应《公约》规定的国内体制机制改革，成立内阁级别的国家海洋委员会。而我国的国家海洋委员会尽管在2013年的政府机构改革中便提出设立，但一直未能实际运转。海洋管理职能的分散化趋势强烈期待国家海洋委员会的统筹协调作用，需要尽快将其运转起来；另一方面，中国在与其他国家开展海洋交往活动时，往往要派出多个部门共同参加。在启动国家间的协商之前，需要先进行内部的多部门协调，而这可能会增加达成一致意见的难度，降低谈判的效率。如在第十轮中日海洋事务高级别磋商中，日方代表团由8个部门组成，中方代表团则至少包括12个部门。

（三）海洋治理资源的内外分配困境

全球海洋治理与中国海洋管理的客体在很大程度上有所重叠，均包括保护海洋环境、打击海上犯罪、化解海洋争端等。客体的重叠意味着中国必须直面来自国内和国际两个层面的双重挑战，这对我国的海洋治理资源构成了巨大的压力。事实上，相比于全球海洋治理，国内海洋管理的复杂性和紧迫性更为显著，且直接关系到人民群众的切身利益，这决定了中国必然会将国内海洋管理置于更高的政策优先地位，投入全球海洋治理中的资源也因此会受到分割。以海洋环境问题为例，纵使全球范围内的海洋塑料垃圾污染正在急剧蔓延，但中国的目光首先还是投向国内的，无论是政策的制定还是行动的落实，都可以清晰地看出中国对解决国内海洋环境问题的更高关注。

作为理性的政治行为体，任何国家都会优先解决国内事务，这一点无可厚非。全球海洋治理与国内海洋管理之间的张力对于海洋实力足够强大的国家来说或许尚可应付，但就现阶段的中国而言，我们所掌握的资源仍然无法满足全球海洋治理与国内海洋管理的双重需要，海洋生态环境质量不佳、违规用海行为屡禁不绝、岛礁主权争端悬而未决等问题已经牵扯了中国相

当多的精力，治理资源的有限性及其分配困境使得中国在参与全球海洋治理的某些议题时可能会力不从心，或者难以兼顾。

(四)国际法与国内法的衔接转化困境

自加入《公约》以来，为适应国际海洋法律秩序，中国已初步构建起自身的海洋法律体系，并根据环境的变化不断制定新法或修订原有的法律法规。尽管我国自20世纪80年代逐步建立起与《公约》接轨的国内海洋法体系，为海洋主权与海洋权利的确立和维护提供了充分的国内法依据，但与国际海洋法治的要求相比，我国的海洋法律体系尚不能完全匹配国际海洋法，二者之间的衔接与转化困境比较突出，这体现在多个方面：一是海洋法律的数量不足。中国建立的海洋法律尚不及《公约》规定数量的55%。二是关键领域的立法缺失。如《海洋基本法》迟迟未能出台，在《南极条约》的协商国中只有中国、印度等四个国家未完成国内的南极立法。三是立法重心的偏差。我国海洋立法中的很多条款都是对《公约》载明的权利与义务的声明或复述，缺乏具体的细节规定，可操作性较低。如我国未对紧追权的实施条件、程序与法律保障等问题做出详细的规范，给实际执法工作带来很大的不便。四是国际公约的转化适用滞后于公约的修改进程。国内立法的程序性要求不仅延长了国际公约及其修正案进行国内二次立法转化的时间，也使立法部门背负着沉重的立法负担。五是针对国际海洋法中的一些模糊之处，如军舰无害通过权的报备问题、大陆架划界的原则问题、海洋科学研究的界定问题等，我国的海洋法律规定与其他国家还有较大争议。

在加入《公约》后，我国确实承担了相应的责任与义务，但对于《公约》所赋予的各项权利却未能很好地加以利用、维护与巩固，突出表现为我国国内海洋法律体系的薄弱，国际法与国内法的转化比较粗糙、表面化，转化对接程度无法适应海洋法实践的发展。

四、面向全球海洋治理的中国海洋管理优化对策

在全球海洋治理的视域下，中国海洋管理所面临的话语认同、体制调适、资源分配、法律转化等各种困境的成因和性质不尽相同，应对的思路也各有侧重。具体来看，面向全球海洋治理的中国海洋管理可以采用以下优化对策。

（一）多措齐下，加强中国海洋话语的国际传播

经过多年的努力，我国已初步构建起涵盖“蓝色伙伴关系”“海洋命运共同体”等理念和倡议在内的海洋话语体系，下一步需要思考的是如何将这些话语更好地传播出去，以得到国际社会的认同与支持。

首先，学术界要对中国海洋话语进行持续的研究，充实其内涵、目标、价值、原则、行动策略等更为具体的内容，使其从一个个简短的、概略的语句表述转化为完整的、立体的理论体系，提高话语质量，夯实话语根基。此外，学术界也要在话语传播方面做出更大的贡献，如学者们可以发挥其专长，使用英语撰写高质量的学术论文并在国际权威期刊上发表，或可以积极主办或参加国际性的学术研讨会，在学术交流中为中国发声。

其次，高标准推进国际海洋合作项目。海洋合作项目是传播中国海洋话语的有效载体。近年来，中国积极发起或参与一系列国际海洋合作计划与项目，主动向国际社会供给海洋公共产品，中国的海洋理念也在国际交往合作中得到生动体现。未来，中国应继续高标准、高质量地推进中外海洋合作项目，将中国的海洋话语主张外化为可操作、可感知的实际行动，以实实在在的合作收益来获得他国政府和民众的内心认可。

最后，制定差异化的话语传播策略。全球海洋治理中各个国家行为体的诉求并非千篇一律，而是具有多样的个性化特征。结合现今形势，建议将周边、欧盟和美国作为主要的传播受众，有区别地制定话语传播策略。在周边方面，可通过签署政治文件、深化经贸合作、加强人文交流等途径，与周边国家一道将南海和东海建设为和平、合作、繁荣之海，为构建“海洋命运共同体”提供区域范本；在欧盟方面，要利用其海洋战略转型和大力发展蓝色经济的有利契机，将中欧蓝色伙伴关系和“一带一路”建设推向更高层次；同时，对美国等国的污蔑、抹黑、挑衅等行为应据理驳斥，在相互交锋中彰显中国海洋话语的正当性与进步性。

（二）循次而进，纵深推进海洋管理体制改革

我国海洋管理体制的“四梁八柱”已在2018年政府机构改革中基本搭建完毕，在现有框架下需要向纵深方向推进。这种推进应以三个维度为重点，即职能范围的清晰厘定、部门协调机制的构建、地方及基层改革的深入。

在职能划分方面，应进一步理顺各涉海管理机构间的权责边界，这是深

化改革的重中之重。需要着重厘清的职能范围主要包括以下几对:一是生态环境部门与自然资源部门在围填海管控、国家海洋督察、海洋生态修复工程上的职能划分;二是生态环境部门与林业和草原部门在海洋自然保护地管理上的职能划分;三是生态环境部门与渔政部门、海事部门在渔区污染、港口污染上的职能划分;四是海警队伍与自然资源部门、生态环境部门、渔政部门、海事部门等行政机关在海上执法上的职能划分。此外,还需要在地方层面理顺中央有关部门的派出机构与当地政府涉海管理机构之间的职能划分。

在部门协调方面,应当建立或强化跨部门的海洋议事协调机制,加强各部门在海洋管理重大事项上的沟通、协同与合作。在中央层面,建议尽快构建起国家海洋委员会的组织实体和制度体系,吸纳党、政、军、学、社等多方主体,使其由“名义上存在”转变为“实质性运转”,扮演好总协调者的角色;在地方层面,山东省及其沿海地市已在各级党委工作序列中成立了海洋发展委员会,其他地区可以参照这一做法,在时机成熟时组建类似的海洋协调机构,就区域内的重大海洋问题开展沟通协调。

在地方改革方面,各级海洋管理机构与海上执法队伍普遍面临着人员短缺、装备不足、权责不对等的掣肘,这种情况在基层和一线更为突出。为此,地方改革的推进应以实际需求为导向,适度加大对基层海洋管理机构的人员、资金和装备支持,鼓励县级政府探索将多个涉海部门合并设置,推行海洋综合管理与海上综合执法,以实现资源的集约化、最大化利用,形成管理合力。

(三)软硬并举,增强与累积中国海洋治理资源

治理资源的增强与累积是中国合理统筹国内海洋管理与全球海洋治理关系的前提,也是中国得以在国际舞台中发挥大国作用的凭借。就治理资源的构成而言,吉登斯指出至少应包括以经济资源为主要特征的配置性资源和以政治资源为主要特征的权威性资源。将这一分类标准引申至海洋领域,可以认为这两种一般意义上的治理资源分别对应着以海洋经济为代表的海洋硬实力资源和以海洋政策为主的海洋软实力资源,中国海洋治理资源的增强与累积应当在这两个方面着手。

一方面,要持续增强海洋硬实力,并在重点领域寻求突破。海洋硬实力

是海洋治理资源的主体部分和直接来源，亦是决定我国海洋综合实力的最主要因素。各涉海管理部门应根据职责分工，继续将发展海洋经济、海洋科技、海洋军事、海上执法力量等海洋硬实力作为海洋强国建设的核心任务，投入更多的资金、政策和组织保障。在海洋硬实力资源要素中，科学技术的作用最为突出，也是我国最大的短板。要着重加大海洋科技创新力度，推进海洋经济转型过程中急需的核心技术和共性技术的研发，重点在深水、绿色、安全的海洋高技术领域取得进展，突破制约海洋经济发展和海洋生态保护的科技瓶颈。

另一方面，要加大海洋政策的供给力度，构建起层次分明、复合一体的顶层设计体系。海洋政策是海洋软实力资源的构成要素之一，具有鲜明的行为引导和过程控制等功能，是我国推行海洋管理的重要手段。海洋政策体系的构建，应当坚持综合与专项相结合、对内与对外相结合、中长期与近期相结合、指导纲领与实施细则相结合。在现阶段，海洋政策的供给应向三个重点方向适度倾斜：一是制定指引海洋强国建设的全局性战略规划，海洋强国战略的提出虽然已近八年，却仍未出台专门的发展规划，制约着其建设进程；二是加速海洋经济、海洋科技、海洋生态环境等领域内"十四五"专项规划的编制工作，并推动其在国家"十四五"综合规划中占据更大的权重；三是研究拟订中国参与全球海洋治理的行动方案，明确参与的原则、目标、重心、方式等具体内容，以为未来的参与实践提供宏观指导。

（四）改立结合，构建完备的国内海洋法律体系

系统完备的海洋法律体系是对外维护国家海洋权益、对内维持海洋生产秩序的前提条件。我国依据《公约》制定的国内海洋法律制度应符合其规范的原则和制度，这样才能为合理解决海洋问题、妥善处理海洋事务提供依据并做出贡献。为更好地与国际海洋法律接轨，中国海洋法律体系可从如下三个层次予以完善。

一是修改部分涉海法律法规。一方面要结合2018年政府机构改革后的机构设置、职能配置及权责关系情形及时修订《渔业法》《海洋环境保护法》《海域使用管理法》《治安管理处罚法》等相关法律，并将执法监督、简政放权、公民参与等法治理念嵌入其中；另一方面要重点解决法律条款的冲突问题，如《海上交通安全法》中对"沿海水域"的界定可能会与《专属经济区和大

陆架法》中规定的航行和飞越自由的内容相互矛盾，亟待妥善调整。

二是尽快制定一批急需的海洋法律。新的时代背景呼唤着新的海洋法律，如《海洋基本法》《海警法》《海洋自然保护地管理法》，特别是《海洋基本法》的出台将对我国海洋法律体系的完善具有支柱性意义。如若短期内不具备成熟的立法条件，也可以先行制定一些行政法规或规章，以为我国海洋管理和海上执法中的关键问题提供明确的操作依据。

三是针对全球海洋治理的发展趋势，强化我国涉外海洋法律的制定或修订工作，如加快南极立法、修订《涉外海洋科学研究管理规定》、制定《深海海底区域资源勘探开发许可规定》等。此外要超前谋划，积极参与到国家管辖海域外生物多样性养护与可持续利用国际协定、国际海底区域采矿规章、全球海洋塑料垃圾管控公约等新兴国际海洋立法进程中，以为未来将这些国际海洋法律顺畅转化为国内海洋法律奠定基础。

五、结语

伴随着海洋强国战略的加速推进，全球海洋治理与中国海洋管理的关系愈发紧密，前者在快速发展的同时也会给后者带来多重挑战。尽管我国已采取多种举措来回应这些挑战，但依旧面临着海洋话语认同、管理体制调适、资源统筹分配、法律衔接转化等现实困境。应当看到，化解这些困境是中国成长为海洋强国的必经阶段；同时，也正是由于它们的存在及其内部的冲突和斗争，才构成了中国海洋强国建设的内在驱动力量，从而推动我们立足于全球视野不断优化中国海洋管理。总之，面向全球海洋治理的中国海洋管理是一个全新而宏大的命题，其完善与进步离不开学者们的理论思考，更需要实践中的探索创新。

文章来源：原刊于《中国行政管理》2020 年第 9 期。

国际法视域下海洋命运共同体理念与全球海洋治理实践路径

■ 郭萍，李雅洁

论点撷萃

海洋命运共同体继承和汲取了中华文明“和”文化和中华民族悠久的海洋文明精髓，倡导建立一个平等、互利、合作、可持续发展的命运共同体，各国之间平等、友好相处，反对侵略战争，共谋海上经贸发展。海洋命运共同体思想发源于中华民族优秀的传统“和”文化。

海洋命运共同体理念是中国提出的全球海洋治理新方案，是中国为世界和平发展贡献的中国智慧。其价值内涵，与现行国际法的基本原则完全吻合，但海洋命运共同体的深刻内涵和目标定位又高于传统的国际法原则，更加着眼于全人类的共同发展，倡导多边主义，因此也是对现有国际法基本原则内涵的深入发展和延伸。随着海洋命运共同体理念的深入推进，其价值内涵将融入具体、可行的海洋治理方案中，也将会有更多蓝色经济、海上通航安全、海洋生态保护、维护海洋秩序等方面的治理成果涌现，必将成为国际社会共同推行和实施的海洋治理方案。

当前全球海洋治理主体间的竞合博弈日趋激烈，治理客体问题十分突出，国际海洋秩序面临失调、失约、失效的风险，海洋治理存在软弱性、滞后性和有限性等不足。而海洋命运共同体理念作为海洋治理领域的智慧方案，对国际海洋法的发展有着重要的意义。海洋命运共同体作为人类命运共同体的重要组成部分，是中国参与全球海洋治理的基本立场与方案。各

作者：郭萍，中山大学法学院教授，南方海洋科学与工程广东省实验室（珠海）特聘研究员；
李雅洁，中山大学法学院博士

国人民只有坚持和平利用海洋、科学开发海洋、合作共建海洋、公道治理海洋、和平并妥善解决争端，共同成为全球海洋治理的主体，才能使全球海洋治理朝着更加公正、合理的方向发展，共享全球海洋治理的成果，并构建全球海洋治理新格局。

海洋是人类的共同遗产，从格劳秀斯的“海洋自由论”到塞尔登的“闭海论”，人类关于如何利用和开发海洋资源、主张海洋权益应遵循哪些原则和法律依据从未停止过争论和探索。近代以来，尤其是“二战”后，联合国先后多次召开海洋法会议：于 1958 年召开第一次海洋法会议，通过《公海公约》《大陆架公约》《公海捕鱼及生物资源养护公约》《领海及毗连区公约》等；1960 年，召开关于确立领海宽度的会议；从 1973 年开始，进行了长达近十年的商讨，最终于 1982 年通过《联合国海洋法公约》。《联合国海洋法公约》确立的内水、领海、毗连区、专属经济区、大陆架等制度，为成员国在上述相关区域行使相应的权利提供了国际法依据。然而基于国际条约是各国协商、妥协的结果，该公约一些条文规定仍然比较宏观，例如在大陆架权益与专属经济区的界限等方面，仍存在有待明确和细化的空间。而各个成员国普遍从自身权益最大化角度，做出于己有利的条约解释，导致海洋权益和海洋资源利用等方面的冲突时有发生。

党的十八大报告明确指出，中国将提高海洋资源开发能力，坚决维护国家海洋权益，建设海洋强国。自此“海洋强国”战略目标被纳入国家大战略。我国是一个陆海兼备的发展中海洋大国，建设海洋强国是全面建设社会主义现代化强国的重要组成部分，也是新时期中国和平发展的应有之义。

一、海洋命运共同体理念的文化渊源及其内涵

（一）海洋命运共同体理念之文化渊源

海洋命运共同体理念，植根于中华文明的“和”文化。在尧舜禹时代，中华民族就开始探索如何“协和万邦”，如何以“和”治理社会。春秋时期，儒家推崇“仁爱”思想，强调仁者爱人，广交远近亲邻，友好相处。战国时期，墨家提出“兼爱非攻”，主张人与人之间平等地相互爱护，反对侵略战争。海上丝绸之路是中国海洋文明思想的集中体现。汉朝时期建立的徐闻、合浦是古

代海上丝绸之路的重要港口，也是与东南亚各国进行商贸往来的重要港口。唐宋时期，海上丝绸之路进入繁盛时期，中国通过海上丝绸之路，与东南亚、南亚各国进行丝绸、瓷器、茶叶、香料等平等友好的经贸往来，促进了海上丝绸之路沿线国家的文化交流。明朝时期，在官方的组织之下，郑和七次下西洋，出访数十个国家，最远到达东非，成就了中国官方开辟海上丝绸之路的辉煌。古代海上丝绸之路一方面促进了中国与其他各国的经贸往来，另一方面传播了中华文明亲善友好、包容互助的"和"文化，成为传播中华民族"和"文化的重要载体。

（二）海洋命运共同体理念之明确提出

2013 年 10 月 3 日，习近平主席在印度尼西亚国会演讲中，提出共同建设"21 世纪海上丝绸之路"。海上丝绸之路，通过连通流动的海洋，将海上丝路沿岸各国铸成命运共同体，使各国的经贸往来更加紧密、便捷，海上安全合作更加频繁，携手打造互利、友好、共同发展的共同体。

2019 年 4 月 23 日，习近平主席在集体会见出席中国人民解放军海军成立 70 周年多国海军活动外方代表团团长时，明确指出海洋孕育了生命、联通了世界、促进了发展。人类居住的这个蓝色星球，不是被海洋分割成各个孤岛，而是被海洋联结成命运共同体，各国人民安危与共。中国倡导树立共同、综合、合作、可持续的新安全观，希望促进蓝色经济发展，共同增进海洋福祉。海洋命运共同体的理念由此正式进入国际视野。习近平主席首次提出的"海洋命运共同体"理念，彰显了深邃的历史眼光、深刻的哲学思想和深广的天下情怀。

显然，海洋命运共同体理念继承和汲取了中华文明"和"文化和中华民族悠久的海洋文明精髓，倡导建立一个平等、互利、合作、可持续发展的命运共同体，各国之间平等、友好相处，反对侵略战争，共谋海上经贸发展。海洋命运共同体思想发源于中华民族优秀的传统"和"文化。

（三）海洋命运共同体之内涵解读

海洋命运共同体蕴含共商、共建、共享的价值内涵。海上丝绸之路是构建海洋命运共同体的重要先行实践和重要平台。中国目前已与 18 个国家和地区签署了自由贸易区协议，正在谈判的自由贸易区有 12 个，正在研究的自由贸易区有 8 个。这些自由贸易区的建立，不仅促进了自由贸易区成员之间

贸易的便利化和自由化，也促进了自由贸易区各成员的共同发展。不可否认的是，以促进共同发展为目标的海上丝绸之路建设，以及以此为依托和载体，已取得一系列令人瞩目的成就，而这些成就的取得，无不建立在共商、共建、共享的价值内涵基础上。

1. 共商之价值内涵

海洋是连通各大洲的天然纽带，也是国际贸易、国际航运的重要通道，海洋成为保障世界经济发展的大动脉。海洋命运共同体蕴含促进各国“蓝色经济共同发展”的内涵。蓝色经济的发展，依托海洋，面向海洋。这是中国积极融入世界经济的构想，也是为促进世界经济繁荣而承担大国责任的重要体现，更是中国继“引进来”之后能够“走出去”的重要战略规划。

共商的前提是平等，正如《关于各国依联合国宪章建立友好关系及合作之国际法原则之宣言》中所述，“各国不问经济、社会、政治或其他性质有何不同，均有平等权利与责任，并为国际社会之平等会员国”。海洋命运共同体的建设，建立在共商基础之上，各个国家不论大小、经济发展水平高低，在海洋命运共同体理念指导下，平等协商、平等对话、平等谈判，共同开发海洋资源，开展海洋领域的科技合作，维护海上通航安全，共同促进海洋经济发展。在平等协商原则之下，中国政府或相关机构与其他国家政府或部门相继签订促进海洋经济发展的双边条约。例如，中国与菲律宾签署政府间《关于油气开发合作的谅解备忘录》，与柬埔寨签署《中柬关于海洋领域合作的谅解备忘录》；中国国家海洋局和印度尼西亚海洋与渔业部签署《中印尼海洋领域合作谅解备忘录》，与葡萄牙海洋部签署《中华人民共和国国家海洋局与葡萄牙共和国海洋部关于建立“蓝色伙伴关系”概念文件及海洋合作联合行动计划框架》。这些成果的取得，将发挥良好的正面示范效应，推动海上丝绸之路朝着更为深远的方向发展，推动海洋命运共同体建设。

海洋命运共同体的重要内涵是海洋国家共谋蓝色海洋经济的共同发展。现阶段，我国以海上丝绸之路为重要平台，推动沿线国家的共同发展。为保障海上丝绸之路建设顺利推进，中国提出设立亚洲基础设施投资银行(AIIB)、中国—东盟海上合作基金等，不仅表明中国为推动海上丝绸之路沿线国家发展的诚意和决心，也为海上丝绸之路沿线国家平等参与投资和发展提供资金保障。

2. 共建之价值内涵

海洋命运共同体的建设，需要世界众多的海洋国家共同参与其中，共同构建一个安危与共、同舟共济的共同体。海洋命运共同体的构建趋向多维度、多元化的态势，包括海洋经济发展、海洋及通航安全、海洋资源开发利用、海洋生态环境保护、海洋文化交融等。而共同建设海上运输基础设施，是建设海洋命运共同体的重要环节和基础保障。正如修路与共同富裕的逻辑关系，海港作为船舶安全进出和停泊的运输枢纽，是保障海上运输畅通的重要因素，是海洋命运共同体建设不可缺少的环节。基于此，中国政府积极与丝路沿线各国共同推动海上丝绸之路沿岸的港口建设。例如，中国与希腊共同建设比雷埃夫斯港，中国远洋海运集团在收购股权的过程中，虽经历风雨，但最终成绩斐然，为该港口发展带来重大机遇和变化，也为希腊经济发展注入活力，为世界航运业发展带来良好的示范效应。由中国在巴基斯坦援建的瓜达尔港口，成为中巴经济的重要走廊。中国在坦桑尼亚援建的巴加莫约港，在投入使用后，将成为惠及坦桑尼亚的重要工程；协助坦桑尼亚与世界航运发展更好地融合与衔接，同时也促进和带动坦桑尼亚以及非洲国家区域经济的发展。显然海上基础设施的共建，对于保障海上运输、海上通航有序畅通具有重要意义，也为海洋命运共同体建设提供了实践经验。

共同协商促进海洋经济发展是海洋命运共同体的重要内容，因此保障海上经贸往来安全，必然成为与其相应的另一重要维度，即共同维护海洋安全秩序。在海洋命运共同体理念之下，共同建设海上安全，打造安全的海上通道和海上贸易环境，应对传统安全与非传统安全带来的威胁和挑战，是世界各海洋国家的共同使命。只有通过共同建设海洋安全命运共同体，才能为各海洋国家以及世界各国经济持续繁荣发展构建安全的海上发展环境。

在共同建设海上安全、打击海上恐怖主义、打击海盗、保障海上通道安全、维护全球海洋秩序等方面，中国已经用实际行动展示了大国风范。例如，中国积极参与联合国海上维和行动，打击索马里海盗，保障海上航行安全的环境，维护海上通航秩序，为国际社会提供正外部性的公共产品。在海上丝绸之路建设中，中国已经与沿线国家签订多项司法协助条约、引渡条约等。海洋命运共同体的愿景如此，也是倡导树立共同、综合、合作、可持续的新安全观的必然结果。

3. 共享之价值内涵

构建海洋命运共同体带来的最直接成果是共同体成员的共享。在共同协商原则下，通过共同发展蓝色经济，造福海洋命运共同体各国人民，使其共享经济发展所带来的生活水平的提高，以及幸福感的提升。共享人类共同的财产，共同开发利用海洋资源，共同保护海洋资源，是共享意涵的应有之义。应当明确的是，共同保护海洋资源与环境，特别是公海以及国家管辖海域外生物多样性资源，是源于共享海洋资源——人类共同继承财产的必然结果。目前关于国家管辖海域外生物多样性资源的养护和可持续利用问题，中国也积极参与其中，并提交相关书面意见，探索参与全球海洋治理的实践路径。保护公海和国家管辖海域外海洋生物资源的多样性，不仅有利于维持海洋生态系统平衡，维护全球海洋环境的可持续发展，而且是保障人类可持续开发利用、共享海洋生物资源的重要体现。

保护海洋环境及生态，是全人类共享海洋资源和遗产的基本要素，因此，积极参与海洋环境及生态保护是世界各国及人民的义务。国际组织也积极采取一些措施，通过制定相关海洋环境保护公约，防治海洋环境污染。例如，国际海事组织(IMO)早在 1954 年便通过《国际防止石油污染海洋公约》。1969 年通过《国际干预公海油污事件公约》，1972 年通过《防止倾倒废物及其他物质污染海洋公约》，1973 年通过《防止船舶污染海洋公约》并经过 1978 年修订(即 MARPOL 73/78 公约)。目前世界大多数国家分别加入上述公约，使得保护海洋环境的条约义务能够得以履行，从而有效保护海洋环境和海洋生态，使人们能够共享海洋生态的红利，享受包括海上旅游在内的海洋资源，拓宽各国民众休闲娱乐的途径，提高民众的健康水平。

二、海洋命运共同体理念的国际法意义及其合理性

海洋命运共同体理念是中国提出的全球海洋治理新方案，是中国为世界和平发展贡献的中国智慧。

(一)海洋命运共同体理念的国际法意义

海洋在物理性质上将世界各国连通，但直到十五六世纪西班牙、葡萄牙殖民者开辟了世界航线，世界各国才能够在实际意义上频繁地开展经济、政治、文化往来。海洋的重要性不言而喻，关于海洋的纷争也从未停止。虽然

法学家们曾提出不同的治理理论，例如格劳秀斯的“海洋自由论”、塞尔登的“闭海论”，为解决海洋纷争提供了国际法依据，但是也带来不休的争议。甚至1982年的《联合国海洋法公约》仍然不能有效解决相关海洋国家之间的纠纷。例如，大陆架与专属经济区划界的纷争、油气资源和渔业资源的纠纷，日本与俄罗斯南千岛群岛的主权纠纷。国际社会需要能够为全人类带来和平与发展的治理方案，海洋命运共同体应运而生，从某种意义上说，这为全球海洋和平与发展带来了福音。

海洋命运共同体倡导在相互尊重、平等协商的基础之上促进蓝色经济的发展，共建海上丝绸之路，共同建设海上基础设施，共同保障海上航道和航行安全的环境，强调“求同存异”，共同发展海洋经济，共同建设和谐、安全的蓝色海洋。海洋命运共同体不但有利于全人类的共同发展和国际社会的共同繁荣与和平，而且有利于国际社会共同合作开发人类共同遗产，传承人类海洋文明。海洋命运共同体的构建是中国主动走向世界的制度方案，也是彰显大国担当、凸显大国智慧、承担大国责任的智慧方案。

（二）海洋命运共同体理念在全球海洋治理领域的合理性

海上丝绸之路是海洋命运共同体建设的重要依托和平台。海上丝绸之路倡导建立相互信任、睦邻友好、合作共赢的合作关系。在此倡议之下，中国与海上丝绸之路沿线国家的合作取得了一系列成果。例如，中国与乌拉圭签署共建“一带一路”谅解备忘录，中国与俄罗斯开展“冰上丝绸之路”建设等，不但为相关区域各国以及全球经济的发展注入活力，也是符合周边国家以及全人类发展的正确道路。

在海洋命运共同体理念下，将继续倡导睦邻友好、互相信任、合作共赢，进一步推进人类社会共同繁荣、共同发展，共同继承、开发、利用全人类的遗产。海洋命运共同体为世界各国实现经济上共同繁荣与发展，共同应对传统安全与非传统安全，最终共享建设成果，提供了切实可行又行之有效的方案。该方案的内涵所彰显的共商、共建、共享的深刻含义，是对国际法互相尊重主权、平等互利、和平发展、条约必守等原则精髓的继承与发展。互相尊重主权原则，即国家之间应当相互尊重彼此的主权独立与平等。只有主权平等，相互尊重主权，才能秉承共商、共建、共享原则，并共同建设海洋命运共同体。平等互利原则强调国与国之间的交往要平等协商，不使用武力，互利互让。和平与发展是当今时代的主题，也是国际法的重要原则，以和平促发展，以发展带来和平。海洋命运共同体理念倡导共商、共建、共享价值内涵，目标就在于促进世界的和平与发展。条约必守原则，即国家必须善意地遵守、履行条约义务，因此国与国之间只有平等协商、对话，严格遵守条约规定，才能建立互信基础，共同打造和维护海洋命运共同体。

综上，海洋命运共同体的价值内涵，与现行国际法的基本原则完全吻合，但海洋命运共同体的深刻内涵和目标定位又高于传统的国际法原则，更加着眼于全人类的共同发展，倡导多边主义，因此也是对现有国际法基本原则内涵的深入发展和延伸。随着海洋命运共同体理念的深入推进，其价值内涵将融入具体、可行的海洋治理方案中，也将会有更多蓝色经济、海上通航安全、海洋生态保护、维护海洋秩序等方面的治理成果涌现，必将成为国际社会共同推行和实施的海洋治理方案。

三、海洋命运共同体与全球海洋治理的实施路径

当前全球海洋治理主体间的竞合博弈日趋激烈，治理客体问题十分突出，例如海洋污染、生态失衡、海上安全威胁依然存在，海洋争端不断等，国际海洋秩序面临失调、失约、失效的风险，海洋治理存在软弱性、滞后性和有限性等不足。而海洋命运共同体理念作为海洋治理领域的智慧方案，对国际海洋法的发展有着重要的意义。海洋命运共同体作为人类命运共同体的重要组成部分，是中国参与全球海洋治理的基本立场与方案。各国人民只有坚持和平利用海洋、科学开发海洋、合作共建海洋、公道治理海洋、和平并妥善解决争端，共同成为全球海洋治理的主体，才能使全球海洋治理朝着更加公正、合理的方向发展，共享全球海洋治理的成果，并构建全球海洋治理新格局。

（一）共商与海洋争端解决方式：搁置争议及共同开发

平等协商是海洋命运共同体的深刻内涵。当今国际社会，海洋权益争端时有发生。《联合国海洋法公约》对海洋划界规定模糊，不能有效地解决各国之间的海洋争端。搁置争议与共同开发，是当前解决各国之间海洋权益争端的有效方式。在解决东海中日钓鱼岛主权之争时，邓小平首倡搁置争议的举措，在此基础之上，中方提出共同开发。多年来，搁置争议与共同

开发的原则也得到周边国家的认可与实践，达成了一系列共识，例如《南中国海共同行为准则》《中朝政府间关于海上共同开发石油的协议》中菲《关于油气开发合作的谅解备忘录》。搁置争议与共同开发原则体现了相互尊重主权和领土完整、平等协商、互利友好、共同协商等国际法原则，同时也深刻地体现了海洋命运共同体所蕴含的共商原则。共同开发，有赖于双方共同协商，达成搁置争议的共识。共商共同开发的方案，有利于共同发展蓝色海洋经济。搁置争议与共同开发、共同建设原则成为当前解决海洋争端、构建海洋命运共同体的重要路径。

但是在坚持和实践该原则时，各方需保持警惕、审慎的态度，以防止该原则被架空、搁置或被曲解。各方应本着最大善意原则，遵循条约必守原则，履行各方所达成的条约或协议。值得重视的是，构建完善的争端解决机制十分必要。一方面，可以解决在搁置争议与共同开发原则指导下所面临的具体法律问题；另一方面，为进一步推进搁置争议与共同开发提供纠纷解决的机制保障，有利于加快搁置争议与共同开发的进展，促进蓝色海洋经济发展，共同构建海洋命运共同体。

（二）共建与海洋环境友好：海洋秩序维护与安全

和平安全的海洋外部环境，是各国经济发展的重要保障。安全的海洋环境，有利于各国的经济发展和区域间的共同发展。全世界巨大的贸易量和海上运输量，决定了海上通航安全的重要性。而中国作为贸易大国和航运大国，有义务保障通航安全，打击海盗和海上恐怖主义，与其他国家共同构建安全的海洋运输环境、海上通航环境。海上通航安全对于构建海洋命运共同体意义深远，也是构建海洋命运共同体的重要保障和主要内容。当前在保障海上通航安全方面，各国采取并行独立的举措，缺乏细化、深入的海上安全合作机制，而诸如海盗、海上恐怖主义、海上非法移民、海上公共卫生安全等各国共同面临的海上非传统安全问题，使得各国间有着进一步深化合作的空间。在共同面临的海上安全危机面前，每一个国家都无法独善其身，各国只有团结合作，才能共同应对人类共同的安全问题。因此各国应加强应对非传统安全问题方面的合作，例如通过海上反恐联合军演、海上联合执法演习、海上联防联控国际协作等举措或制度安排，共同构建安全的海洋环境。

共同合作建设安全、友好的海洋外部环境，既是当前全球经济一体化的现实需要，也是各国保障陆地安全的战略需求。海洋安全问题直接影响陆地安全，除去地缘政治因素考量，在横向上，海洋是连通各国的天然纽带，因此海上安全与否直接影响到各国经贸的往来，而充满危险、战乱不安的海洋环境，不仅危及周边国家，甚至会影响全球安全。在纵向上，海陆相连，海上安全势必影响到陆地安全。从战略部署角度看，海防是陆地安全的第一道屏障也是最重要的一道屏障。针对海上非传统安全问题，各国应在海洋命运共同体理念之下，妥善解决各种冲突，共同打造安全、可持续发展的海洋环境。

（三）共享与蓝色海洋：海洋资源开发与利用

共享是海洋命运共同体建设的最高追求和目标。因为海洋不仅是国家管辖之下主权权利行使的对象，公海及国家管辖外的海域资源更是人类共同的财富。各国应树立共享的意识和理念，尤其是在海洋科学技术研发以及海洋资源开发与利用的经验和数据信息方面，确立共享的原则、体制和机制，在相互尊重的前提下，通过共商来共建海洋共同体，从而共享海洋命运共同体建设所带来的成果，共享蓝色海洋为人类带来的福祉和自由。

“海洋是人类共同的遗产”是现代国际海洋法的原则之一，随着科技和各国经济的发展，公海海洋渔业资源、海洋生物资源的开发和利用，海洋水文气象的研究等将成为人类未来开发、利用海洋资源的重要内容。海洋命运共同体理念不仅为各国共同开发和利用海洋资源提供了前瞻性的理论依据和保障，而且在共享价值目标下，有利于各国在海洋权益纠纷中定纷止争，共享蓝色海洋带来的利益。

不可忽略的是，在共享成果与共同开发海洋资源的同时，各国需共同承担海洋生态环境保护的责任，共同保护蓝色海洋，坚持开发与保护相结合的原则。同样各国需要积极为海洋共同体建设提供公共产品服务，只有积极参与并共同建设海洋命运共同体，共享蓝色海洋，避免搭便车现象，才能履行各自的担当与责任。

四、结语

海洋命运共同体是中国在海洋法领域贡献的智慧和方案，该理念包含共商、共建、共享的价值内涵。海洋命运共同体理念不仅是对当前通行的国际法原则内涵的承继，也是对国际法原则内容的进一步发展和深化。相信这一具有中国特色的思想内涵，必将融入更多的海洋实践活动中，并成为全球海洋治理的重要方案。在中国发起的"一带一路"倡议下，世界各国携手发展，已经取得了丰硕成果。海洋命运共同体的构建，不仅为人类命运共同体提供了更多的实践佐证，而且为人类共享蓝色海洋资源指明了实践路径。

文章来源：原刊于《大连海事大学学报(社会科学版)》2021年第6期。

全球海洋治理背景下中国海洋话语体系建构的理论框架

■ 张玉强，孙淑秋

论点撷萃

传统、非传统海洋安全问题无论是从波及范围还是从影响后果来说都具有全球性，在应对上也超出了一国或地区能力范围，需要国际社会整体行动。因而，作为解决全球性问题的重要工具，全球治理必然成为海洋领域的一门显学，并在实践中发挥重要功效。在此过程中，一国所形成的海洋话语体系，不仅受全球海洋治理进程的影响，反过来也影响着本国在全球海洋治理进程中的地位和价值。中国作为全球海洋治理的重要参与方，为更好地实现海洋强国战略并深刻影响全球海洋治理进程，需要建构起行之有效的海洋话语体系，这需要从明确海洋话语体系的理论框架开始。

全球海洋治理背景下建构中国的海洋话语体系，首先需要在理论层面明确海洋话语体系的构成要素和整体框架。由于中国海洋话语体系与国际传播影响力和话语权地位有着直接的联系，又必须响应全球海洋治理的时代需要，因而需要以全球治理理论、话语权理论、国家传播理论和系统论等理论为基础和依据。

从系统论角度出发，中国海洋话语体系由话语主体、话语对象、话语指向、话语内容、话语形式、话语平台和话语反馈七个要素构成。全球海洋治理是中国海洋话语体系建构的环境背景，它不断向中国海洋话语体系输送信息和需求，成为海洋话语指向的重要来源和依据，牵动着中国海洋话语体

作者：张玉强，广东海洋大学广东沿海经济带发展研究院教授；
孙淑秋，广东海洋大学广东沿海经济带发展研究院副教授

系的整体变化。通过海洋话语体系各要素的互动，实现一定的话语共识和方案，促进全球海洋治理主体的制度建构及行动安排，进而影响全球海洋治理的进程，各要素功能的充分发挥并形成良性互动关系是提升中国海洋话语体系影响力的关键所在。

近年来，随着全球工业化进程的加快以及各国海洋意识的觉醒，海洋资源争夺、公共海域开发行动日益频繁。由此带来两个负面后果：一是海洋资源枯竭、海洋环境污染、海洋生物多样性锐减、全球气候变暖等各类海洋环境和生态问题愈发严重；二是上述问题与传统海域划界问题交织在一起，进一步加剧了对传统海洋安全的挑战。同时，海盗、走私、海上恐怖主义以及海上突发事件等非传统海洋安全问题也在不断侵扰国际海洋社会的安宁。这些问题无论是从波及范围还是从影响后果来说都具有全球性，在应对上也超出了一国或地区能力范围，需要国际社会整体行动。因而，作为解决全球性问题的重要工具，全球治理必然成为海洋领域的一门显学，并在实践中发挥重要功效。在此过程中，一国所形成的海洋话语体系，不仅受全球海洋治理进程的影响，反过来也影响着本国在全球海洋治理进程中的地位和价值。中国作为全球海洋治理的重要参与方，为更好地实现海洋强国战略并深刻影响全球海洋治理进程，需要建构起行之有效的海洋话语体系，这需要从明确海洋话语体系的理论框架开始。

一、全球海洋治理时代需要建构中国海洋话语体系

（一）全球海洋治理兴起并面临严峻挑战

全球海洋治理是全球治理在海洋领域的延伸和拓展，并由于国际合作、地区安全、气候变暖、恐怖主义等全球问题与海洋有着或多或少的联系，获得国际社会越来越多的关注。与此同时，全球海洋治理已不局限于国际政治外交事务，而是日益与一个国家内部的海洋治理体系相连，呈现相互融合、相互促进的态势。但全球海洋治理仍是一个新生的领域，海洋治理主体的多元化和治理能力发展的不平衡，成为制约全球海洋治理成效的现实问题。一方面，传统的主导力量作用正在消退。美国作为全球海洋治理体系的主要角色之一，游离在《联合国海洋法公约》之外，长期规避海洋强国需要

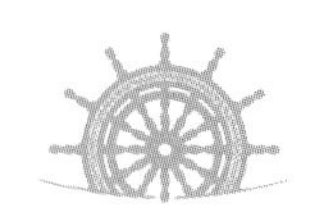

承担的义务。另一方面,各种参与力量作用有限,一些海洋资源薄弱的国家在国际社会上影响力较小,大量的国际经济组织和社会组织亦缺乏足够的国际政治影响力,协同机制碎片化、分散性问题始终未能解决。

(二)全球海洋治理实质是海洋话语互动过程

全球海洋治理目的是协调各参与主体的行动,在本质上是一种政治博弈的过程,带有鲜明的国际政治色彩。这一过程必然通过各参与主体的话语表达以及相互影响来实现。特定的海洋话语只有被各方所认可和接受,才能形成一定共识,因此,参与者都希望通过自身海洋话语表达,输入文化理念、价值观念和行动方案,影响全球海洋治理走向,创造有利于巩固自身国际海洋竞争地位的格局。这样,全球海洋治理就成了各参与主体话语互动的实践地。

(三)具有海洋话语优势的国家必然影响着全球海洋治理进程

在各国参与全球海洋治理的过程中,话语主体的地位和影响力呈现明显差异和非均衡发展态势。一类是少数在近代工业进程中占据先发优势的西方发达资本主义国家,一类则是多数经济发展相对滞后的不发达国家和发展中国家。前者具有强大的软实力,可以影响国际议程的进入渠道,直接设置议程;后者资源有限,必须依附这些声势显赫的行为体或利用国际组织,才有可能间接设置议程。全球海洋治理的走向在一定程度上反映的是强者意志和话语优势主体的利益诉求。具有海洋话语优势地位的主体会忽视甚至剥夺处于弱势地位主体的话语权,而后者也会积极寻求提升和合作以尽可能摆脱不利的话语地位。海洋话语的竞争和互动,成为全球海洋治理的常态。

(四)中国参与全球海洋治理有赖于海洋话语体系的建构

中国作为具有世界性影响力的大国,也是一个海洋大国,随着海洋实力和国际地位的逐渐提升,参与全球海洋治理是新时代中国整体外交政策的重要组成部分,是推动构建人类命运共同体的重大理论探索和战略实践。然而,长期以来占统治地位的海洋话语体系是基于“西方中心论”建构起来的,中国“海洋话语缺失”问题十分严重。我们亟须反思“西方中心论”,解构西方海洋话语霸权,积极建立中国的海洋话语体系,真正发挥中国对全球海洋治理的推动作用。

二、中国海洋话语体系建构的理论基础

全球海洋治理背景下建构中国的海洋话语体系，首先需要在理论层面明确海洋话语体系的构成要素和整体框架。由于中国海洋话语体系与国际传播影响力和话语权地位有着直接的联系，又必须响应全球海洋治理的时代需要，因而需要以全球治理理论、话语权理论、国际传播理论和系统论等理论为基础与依据。

（一）全球治理理论

全球治理理论的主要创始人之一罗西瑙强调“治理不同于统治。治理的实现依靠的不是国家或政府的强制力，而是在共同的目标导向下，不同利益主体彼此协调支持的活动”。在全球治理理论中有两种研究倾向，一种是以国家为中心的自上而下的治理形态研究，主张全球治理是国家层面的治理和善治在国际层面的延伸，如美国学者劳伦斯・芬克尔认为，“全球治理就是超越国界的关系，就是没有主权的治理。全球治理就是在国际上做政府在国内的事情”。一种是以全球公民社会为中心的自下而上的治理机制研究，如卡尔倡导平等、自由、公正等普世价值，强调以公民社会行动改造以国家为中心的国际体系，发挥多层治理自治体的作用。无论选取何种路径，共同的认知是全球治理不仅与政府相关，同时也与跨国非政府组织、各种公民运动、多国公司以及全球资本市场等相关。

（二）话语权理论

法国哲学家米歇尔・福柯将话语与权力联系起来，从而形成“话语权”概念。福柯从知识和权力的潜在关系出发，认为话语作为表述真理的言语行为，必然成为一种权力争夺场，进而提出了“话语即权力”这一著名论断。应用到国际关系和公共外交领域，该理论极大地带动了西方学者对软实力、文化霸权、文化殖民主义等方面的研究。van DIJK 将话语分为指令性话语（如规则、法律等）、制度性话语（即说服形式的话语）、叙事性话语（即民间社会的话语）和规定性话语（如学术话语），对分析多元主体的话语表达提供了很好的启示。

（三）国际传播理论

在当前，国际传播已经成为一个国家乃至地区影响力展示的最主要途

径。国家行为体是国际传播研究的重点对象，如传播学著名代表人物麦克法尔认为国际传播研究应当聚焦于“对发生在(民族)国家之间或跨越(民族)国家疆界的传播与媒介模式及其效果的文化、经济、政治、社会与技术分析”。随着互联网和新媒体的兴起，非国家行为体，尤其是个体也可以借助国际互联网参与全球议题讨论，但国家仍然是国际传播研究的重心。更多国际传播理论关注国家行为体如何通过国际传播塑造国际形象和文化软实力。美国传播学者罗伯特·福特纳概括出国际传播的六大特征——目的性、频道、传输技术、内容形式、政治本质和文化影响。这为界定国际传播性质提供了很好的框架。

(四)系统论

根据贝塔郎菲一般系统论对系统的定义，系统是指处于相互作用中的要素的复合体。首先，系统是由子系统和要素构成，它们之间存在着彼此关联、相互影响的关系，把握系统就是把握其构成要素的结构及其相互关系。其次，任何系统都不是真空存在的，必然与外界时时进行着信息交流，其功能发挥受制于特定情境束缚，同时也会对周围环境产生影响。最后，系统可以通过自身要素的优化及关系调整，更好地适应特定情境要求，这也是系统发挥作用的根本所在。

三、中国海洋话语体系建构的理论框架

从系统论角度出发，中国海洋话语体系由话语主体、话语对象、话语指向、话语内容、话语形式、话语平台和话语反馈七个要素构成。它们之间的关系见图1。全球海洋治理是中国海洋话语体系建构的环境背景，它不断向中国海洋话语体系输送信息和需求，成为海洋话语指向的重要来源和依据，牵动着中国海洋话语体系的整体变化。通过海洋话语体系各要素的互动，实现一定的话语共识和方案，促进全球海洋治理主体的制度建构及行动安排，进而影响全球海洋治理的进程。就海洋话语体系内部要素的关系而言，海洋话语主体围绕海洋话语指向，产生特定的海洋话语内容并形成一定的话语形式，通过各种海洋话语平台实现对海洋话语对象的传播和影响，而海洋话语对象也会通过话语反馈渠道将话语影响结果传递给海洋话语主体，成为其调整新一轮海洋话语的依据，从而形成相对闭合的话语系统运行循

环。在该系统中，任何要素都缺一不可，并对其他要素产生直接或间接的影响。各要素功能的充分发挥并形成良性互动关系是提升中国海洋话语体系影响力的关键所在。

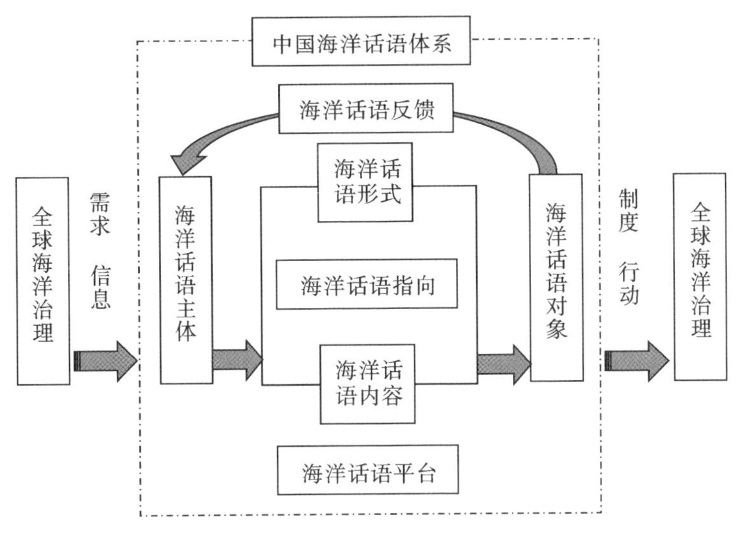

图1　中国海洋话语体系要素构成及关系

（一）海洋话语主体

1. 国家政府

在当前国际海洋话语舞台上，参与主体呈现多元化、交互性趋势，但主权国家凭借其独有的政治优势和参与机制，始终处于核心话语主体地位。我国参与海洋治理的政府主体包括国家领导人、国家机构、海军、地方政府机关以及中国驻外使馆等，主要通过国家间交流互访、新闻发言以及主导或参与国际海洋事务来实现话语表达。政府的海洋话语政治性较强，是国际社会普遍关注的对象，对国内外海洋话语传播具有导向作用。

2. 海洋智库

我国海洋智库是以海洋公共政策为重要研究对象，以影响政府海洋决策为目标，以国家海洋利益为导向，以社会责任为准则的专业研究机构。典型的代表如自然资源部海洋发展战略研究所、中国南海研究院。其话语主体作用主要体现在两个方面：一方面，致力于为政府制定海洋发展战略、实施海洋具体方针、解决国际海洋争端提供咨询和政策方案，通过制度化形式

参与政府制定海洋治理决策和对外话语方案。另一方面，通过发表论文、出版专著、参加国际研讨会、开展人才交流与培训、建立互联网平台等方式，向全社会普及海洋知识，成为对外传播中国海洋智慧的重要载体。

3. 媒体

媒体是中国海洋话语体系不可或缺的主体，尤其在话语传播领域更具有无可替代的作用，可以实现话语传播的及时性和广泛性。中国海洋话语的主流媒体，尤其是官方媒体，具有代表性的有新华社、《人民日报》、中央电视台、中国国际电视台、中国国际广播电台、《中国日报》《环球时报》、中新社等。它们兼具话语主体和传播平台的双重属性，可以按照自己的立场，选择和处理话语传播内容，具有把关人的角色。

4. 跨国活动涉海组织

跨国活动涉海组织是以一国为基地，通过对他国进行投资、开展合作，或在他国建立分支机构等方式，从事跨国性海洋治理相关活动的组织。以中国为基地的跨国活动涉海组织主要有两类，一类是国际性的海洋非政府组织，如APEC海洋可持续发展中心、中国—东盟海洋合作中心等促进国际海洋合作的组织；一类是从事跨国投资经营的涉海跨国企业，如中国海洋石油集团有限公司、中国远洋海运集团有限公司。在全球海洋治理中，跨国活动的涉海组织可以发挥人才、信息、资金和技术优势，在不同国家和非国家行为体之间进行信息沟通和行动协调。

5. 民众

随着信息传递技术的大众化以及海洋意识的普遍提高，民众的话语主体地位日益突出。一是可以直接或间接表达海洋话语，如在国际网络平台发表意见，就一国的海洋战略实施投票，对一国海洋行动表达看法，其中一部分具有专业知识或者网络号召力的人士，更是不容忽视的话语力量；二是与其他主体合作发挥作用，如通过与上述话语主体构成人员的接触，输入自己的观点；三是自发组织行动以表达对某些海洋事件的态度，如中国部分渔民为维护南海岛屿主权，自发组织登岛宣示主权行动。另外，对于中国而言，不仅国内民众是重要的话语主体，海外华侨、华人也可以作为我国民众主体的一部分，他们与其他国家民众有着更多的接触便利，是传播中国海洋话语的重要中介。

（二）海洋话语对象

1. 对象国及其成员

由于陆地和海洋联系，无论是沿海国还是内陆国都越来越关注海洋，努力在国际社会发出自己的声音，进而影响全球海洋问题的解决。因此，中国海洋话语的对象国不仅是沿海国家，也包括内陆国家，话语对象不仅包括国家政党和政府部门，也包括社会层面的民众、媒体、智库、非政府组织（跨国性非政府组织）、企业（跨国企业）等。

2. 国际政府间组织

在全球海洋治理中，具有一定话语影响力的国际政府间组织主要分为两类：一类是全球性组织。他们是以关注全球海洋问题解决为导向，协调全球各国行动体为目的的组织，最典型的是联合国及其下属机构，如联合国教科文组织政府间海洋学委员会、国际海事组织。他们在全球海洋治理方面具有合理性权威，也经常为各国话语交锋提供重要平台。另一类是区域性组织。主要是为治理特定海域问题成立的组织，如国际捕鲸协会、北极理事会。他们在特定海洋治理领域或事件中有比较权威的话语权。

3. 国际涉海非政府组织

国际涉海非政府组织是指活跃在国际社会，关注某些全球海洋问题，具有非政府性和独立自治性特征的组织。随着北极、南极开发成为全球海洋治理的重要领域，大量非政府组织参与其中，发挥着重要作用，如北极治理中就有萨米理事会、因纽特人北极圈理事会等组织。而在南极治理中比较活跃的有南极研究科学委员会、南极洲和南大洋联盟、国际自然及自然资源保护联合会等30多个组织。这些组织的成员或是特定海域的利益攸关方，或具有专业知识背景，在不便于国家出面的海域治理中发挥着不可替代的作用。

（三）海洋话语指向

1. 全球海洋问题

全球海洋问题的本质是人与海洋之间和人与人之间相互作用的结果。从当前来看，以下几类全球海洋问题尤其值得关注。一是全球海洋污染和生态破坏问题，如海洋塑料垃圾污染、海洋生物多样性减少；二是海盗及海上恐怖主义问题，威胁着国际海运业以及相关人员和船只的安全，而且有合

流的趋势；三是海洋领土争端问题，随着人类对海洋利益的争夺日趋显现，区域乃至全球安全不断受到威胁；四是国际公共海域开发问题，国际公共海域是人类未来生存发展的重要空间，随着各国日益加大对公共海域的开发，过度和无序开发现象大量出现，需要通过有效的对话机制和制定海洋规则加以解决和规范；五是海上突发性事件，如美国墨西哥湾原油泄漏、中菲黄岩岛对峙以及海上船只相撞或沉船事件等。如何有效防控和解决海上突发性事件，成为各国海洋话语表达的重要指向。

2. 国际海洋议程

国际海洋议程可以理解为促进议题得到国际社会关注和重视，且最终可能成为国际制度的过程。从目的和使命看，主要有两类国际海洋议程：一类是事务性议程，包括对具体海洋问题的解决、对各国争议或纠纷的处理等，这类议程往往问题设置较明确、主体也较具体，各议程之间有明显界限，议程经过讨论后会形成一种决定，回应各方当事人；另一类是制度性议程，通常以制定适应全球或特定区域的具有普遍性、适用性的规则、标准、政策为目的，其使命是形成制度性规范，维护海洋秩序，规范各方主体行为。事务性议程的讨论结果往往会引发制度性议程，而后者所形成的规范在现实中也经常引发新的事务性议程。

3. 国际海洋规则

国际海洋规则是各国通过协商形成的解决共同海洋问题、规范各方行动的准则和标准。由于国际海洋秩序越来越依赖制度化治理，制定国际话语规则成为各国博弈的主战场。当前全球海洋治理进程中所涉及的国际海洋规则主要有两类：一类是行为规范类，包括公约、条约、行为准则、决定、协议等，如《联合国海洋法公约》《美英法意日五国关于限制海军军备条约》《负责任渔业行为守则》，它们对缔约国或签署国具有法律意义上的约束力和规范力。另一类是行业标准类，主要用于规范海洋生产过程、海洋技术操作、海洋成果应用等。在行业标准制定中，国际非政府组织是重要主体，如国际标准化组织船舶与海洋技术委员会是船舶领域国际标准的主要制定机构。同时各沿海国家依靠自身技术优势，可以在某个行业领域内制定行业标准，并推动其上升为国际海洋标准，一旦成功，该国在这一行业国际标准制定、解释和应用方面就拥有了强大的话语权。

(四)海洋话语内容

1. 话语理念

话语理念是话语内容的基本内核，规定了话语内容的方向和基本样态。具有说服力的话语离不开先进话语理念的引领。中国传统社会"以和为贵""合作共赢"的理念至今对我国处理外交事务、建构中国特色的对外话语体系有着指导性价值。党的十八大以来，以习近平同志为核心的党中央提出构建"21世纪海上丝绸之路""蓝色伙伴关系""海洋命运共同体"等具有中国特色的全球海洋治理理念，既有助于建立开放包容、互利共赢的国际海洋新秩序，又直接影响着全球海洋治理的基本话语理念和方案。

2. 议题认知

全球海洋议题认知就是针对全球海洋问题、海洋议程、海洋规则制定和实施进行概念界定、问题诊断和归因分析。一方面，议题认知决定了其后的话语内容和方案；另一方面，体现了话语主体的认知能力和水平，认知越清晰，对议题内容把握越具有深度，在与其他主体进行话语博弈中才能立稳脚跟，切中矛盾焦点和对方话语要害。

3. 利益诉求

利益诉求是各国海洋话语权建构的出发点和实质所在。从当前各国话语表达的利益诉求来看，日益呈现三种趋势：一是共性的利益诉求和个性的利益诉求相融合，就是将自身国家利益与各主体普遍关注的利益诉求融合起来，在话语内容上尽量体现大家的共性利益点，进而输入自身的国家利益；二是显在的利益诉求和潜在的利益诉求相统一，从利益诉求表达上，有些话语可以明确表达利益诉求，让其他主体承认和接受，而有些话语则需要进一步思考才能明确其背后潜在的利益诉求，通常这种诉求因不便表达或容易引起别人反感而采取隐藏策略；三是长期的利益诉求和短期的利益诉求相结合，为了形成长期的有利格局，话语主体既要考虑短期利益得失，也要明确自身的长期利益诉求，在话语内容上会有所考虑和设计。

4. 话语主张及方案

这是一国海洋话语体系最具体的体现。首先，全球海洋问题和事务的处理必然依赖于一定的处理思路和方案，作为全球海洋治理的参与各方，都有权利和义务提供话语主张和方案；其次，话语主张和方案存在可比较性，

优势的话语主张和方案更具有竞争力；最后，为使本国所持有的话语主张和方案更具有竞争力，需要在话语内容设计上围绕针对性、科学性、合理性和可行性做好工作，并在语言使用和规范上做到易于理解和接受。

（五）海洋话语形式

同样的话语，其表达方式不同所产生的传播效果是有显著差异的。不同国家具有不同的社会制度、风俗习惯和舆论环境。全球化语境中的海洋话语传播，面对的是千差万别的全球受众，不可能只提供千篇一律的通稿，而要“对症下药”。这就需要在话语表达上体现多样化、差异化。一方面要注重话语表达创新，以适应全球传播话语方式的转变，即由宣传式话语向传播式话语转变，由文件式话语向交流式话语转变，由结论式话语向启发式话语转变。另一方面，坚持分众化原则，充分尊重和承认各国各民族的文化差异，根据话语对象的文化心理和认识结构，采取多样化、本土化和针对性的话语表达方式，消弭国际社会文化差异所带来的传播困境。

（六）海洋话语平台

1. 公众媒介

国际信息传播的公众媒介既有传统的国际电视台、报纸海外版，又有新兴的互联网、自媒体；既有国家媒介，也有地方媒介；既有官方媒介，也有非官方媒介，它们相互影响，甚至相互融合，成为国际话语传播的重要平台和渠道。互联网的出现与飞速发展，为信息的传播构建了一个流动的空间，扩大了海洋话语传播的平台规模。

2. 国际海洋会议

国际海洋会议是话语传播主体，尤其是国家政府彰显其国际形象和全球海洋影响力的一个重要平台。一方面，各话语主体借助国际海洋会议如联合国气候变化大会等，就某一海洋议题进行话语交流，并形成话语共识和一系列的规则制度。积极参与各类国际海洋会议，可以让世界看到中国的身影，听到我们的声音，避免缺位和失语，从而对中国海洋话语权建构起到积极的作用。另一方面，主办方通过举办国际会议设置海洋议题，如在中国设置“世界海洋科技会议”“中国海洋经济博览会”，有助于向世界表达中国海洋话语。

3. 国际互访活动

国际互访活动提供了国家领导人相互接触和沟通的机会,也成为就特定海洋议题交换意见、传播一国海洋治理理念的平台。近年来,我国频繁开展国家间互访活动,如习近平等党和国家领导人多次出访欧美、非洲等地,主动、及时、深入解读我国在海洋治理问题上的主张。同时,国外相关代表也到访我国,就海洋经济发展、海洋生态环境保护等方面的成果与经验进行分享和交流。国际互访活动,一方面是建构国与国之间合作、互信关系的重要通道,有助于营造海洋话语传播的舆论环境。另一方面,借助于互访活动,可以有针对性地就双方关注的海洋问题发表看法,容易形成相对统一的意见和建议。这在中国海洋话语传播中可以起到以点带面的效果。

4. 对外援助计划和海洋合作项目

主权国家对外援助计划,包括政府项目和民间项目,对改善受援国的经济和社会环境具有重要作用,同时也是传播援助国价值、思想和文化的重要平台,如美国的"马歇尔计划"、日本政府援助非洲一系列计划等都对国家形象传播发挥了积极的作用。海洋合作项目同样具有类似功能,但其实施对象和领域更为广泛,只要存在合作的共赢点,都可以开展合作项目,如中国与新西兰加强在南极科研、后勤支持、环境保护和人员交流等方面的合作等。借助于合作平台,对于双方建立相互信任的伙伴关系,解决话语分歧都具有重要的作用。

(七)海洋话语反馈

海洋话语反馈,强调的是海洋话语内容传播后的效果和影响,是判断一国海洋话语影响力的主要依据。一方面,根据话语反馈的情况,话语主体通常会调整话语传播方向和策略,如果反馈效果好,就会进一步强化之前的话语传播渠道和方式;反之,就会反思话语体系及传播过程中存在的问题和影响因素,加以改进和解决。另一方面,不断地进行话语反馈和调整,是最终形成话语共识的必经之路。中国海洋话语影响力不应仅停留于追求某一话语对象对其话语理念和方案的认同,而应放置在全球海洋治理进程中,追求更多的制度性话语权。由此,优化中国海洋话语体系,需要尽可能完善海洋话语反馈渠道和机制,提升对海洋话语反馈结果的重视和使用。

文章来源:原刊于《浙江海洋大学学报(人文科学版)》2021 年第 1 期。

中国共产党海洋思想的国际法解读：发展历程、实践彰显与法治愿景

■ 姚莹

论点撷萃

海洋问题关乎人类的未来和国家的安全与发展，因此，中国共产党自成立以来，立足于马克思主义理论，结合历史上主要大国崛起的经验以及国际海洋战略形势的发展变化，形成了一系列符合社会发展规律、体现中国特色与现实需要的海洋思想，对指导我国相关海洋实践与推动国际海洋法的发展具有重要意义。

中国共产党海洋思想体现了党对海洋与人类未来、海洋与国家发展、海洋与民族利益之间相互关系的总体看法，展现了中国共产党的战略意识与眼界，其产生有深刻的理论根源和现实基础。中国共产党的海洋思想脱胎于马克思主义基本理论中所蕴含的海洋思想，并从以马汉的海权论为代表的西方海权理论中获得借鉴，携带着深刻的历史基因，同时受到中国周边地理环境的影响。为回应不同历史发展阶段国家海洋实践的现实需要，中国共产党的海洋思想主要体现为三个发展阶段、概括为三种主要的海洋思想："和平共处"思想、"搁置争议，共同开发"思想、"海洋强国"思想。

中国共产党相关海洋思想的形成及发展是为了回应国家在不同发展阶段开发利用海洋、维护国家海洋权益的现实需要，而相关法律实践反过来又验证了中国共产党海洋思想在国际法上的实践价值。

中国拥有很强的海洋贸易发展势头，追溯到近代就会发现中国拥有稳固的海洋历史传统，而且还认识到与周边大陆接壤国家的稳定关系将是海

作者：姚莹，吉林大学法学院、吉林大学国家发展与安全研究院副教授

洋强国的先决条件,再结合对主权与领土完整、周边环境安全、经济发展需要等关键国家利益的考量,都会促进中国共产党坚持“向海而兴”的海洋发展战略,最终使中国成长为海洋强国。但是中国不会成为全球海洋治理体系的破坏者,不会发生一些西方国家所担心的“中国统治世界”的情形,中国只会是全球海洋治理体系变革中的贡献者、建设者、推动者乃至引领者,因为中国的最终目标不是维护狭隘的、眼前的国家利益,而是放眼未来,立足于增进人类福祉。

海洋问题关乎人类的未来和国家的安全与发展,因此,中国共产党自成立以来,立足于马克思主义理论,结合历史上主要大国崛起的经验以及国际海洋战略形势的发展变化,形成了一系列符合社会发展规律、体现中国特色与现实需要的海洋思想,对指导我国相关海洋实践与推动国际海洋法的发展具有重要意义。本文拟从国际法角度解读中国共产党海洋思想的理论与现实基础,梳理中国共产党海洋思想的发展历程,通过提炼和总结不同发展阶段中国共产党海洋思想的典型实践,描绘中国共产党海洋思想在推动全球海洋治理变革过程中的作用及其构筑的法治愿景。

一、中国共产党海洋思想产生的基础

中国共产党海洋思想体现了党对海洋与人类未来、海洋与国家发展、海洋与民族利益之间相互关系的总体看法,展现了中国共产党的战略意识与眼界,其产生有深刻的理论根源和现实基础。

(一)中国共产党海洋思想产生的理论基础

长期以来,但凡提及海洋思想、海洋战略、海权理论,必然以马汉的海权论为讨论的起点。而事实上,作为中国共产党指导思想的马克思主义就蕴涵着丰富而深刻的海洋思想,是我们党海洋思想产生的理论基础。

1. 生产方式变革是建立强大海权的基础

纵观 1492 年地理大发现以来出现的 9 个全球性大国,它们大多是“在海上贸易和殖民实力方面占据优势的国家”,几乎无一例外都是当时的海洋强国。它们的崛起路径基本上都包括这样几个要素,即生产方式变革(工业化)、对原材料产地与全球市场的需求、扩张海外殖民地、建立强大海军保护殖民地与航路安全，其中生产方式变革是建立强大海权的支点和基本要素。下面以英国为例来阐释生产方式变革对英国成为海洋强国的基石作用。工业革命对英国产生了深刻影响："文明程度一提高，就产生新的需要、新的生产部门，而这样一来又引起新的改进。随着棉纺业的革命，必然会发生整个工业的革命。"由于工业革命，英国成为世界工厂与世界市场的中心。英国通过开拓海外殖民地，"使工场手工业的发展达到最高度的繁荣，直到最后，英国由于蒸汽使它的煤铁矿有了价值，站到现代资产阶级发展的最前列"。同时，工业革命也推动了英国航运业与军舰技术的发展，提高了商品流通的效率，保护了海外殖民地与航路安全，这反过来又夯实了英国作为世界工厂与世界市场的中心地位。

2. 马克思主义关于人与地理环境关系的阐释是理解民族或国家与海洋之间关系的基础

马克思主义把人与地理环境的关系看作双向制约的因果关系、发展变化的动态关系及对立统一的辩证关系。人类的发展不能脱离地理环境，"没有自然界，没有感性的外部世界，工人什么也不能创造"；反过来，人类对地理环境也会产生影响，"整个所谓世界历史不外是人通过人的劳动而诞生的过程"，而这个世界历史的诞生过程就是人类适应环境、改造环境的能动过程。根据这一理论，有利于发展海上力量的地理环境优势是一国海洋战略形成并成长为海洋大国的直接动因，而这些海洋大国开发和利用海洋的行为反过来对国家发展产生积极或消极影响：由于符合环境发展规律而使国家强盛，或者因为违背环境发展规律而使国家衰落。

3. 建设强大的海军是民族或国家海洋利益的根本保障

在马克思、恩格斯时代，国家开拓海外原材料产地与市场的竞争时常会导致国家间的争端，乃至发生战争。为保护本国海外殖民地与航线安全，需要建设一支强大的海军，因此马克思、恩格斯非常重视海军在保护国家海洋利益方面的作用。据学者统计，在马克思、恩格斯的著作中，"海军"一词出现了280余次。西班牙曾依靠"无敌舰队"称霸海上，而英国则是通过建设一支更为强大的舰队打败了西班牙，并在较长时间内维持其海上霸权。"英国的战舰割断英国在工业上的竞争者同他们各自的殖民市场之间的联系达20年之久，同时又用武力为英国贸易打开了这些市场。"

4. 马汉的海权论也对中国共产党海洋思想的形成提供了某些借鉴

海权的历史涉及有益于使一个民族依靠海洋或利用海洋强大起来的所有事情。马汉主张应该拥有并运用优势海军和其他海上力量确立对海洋的控制权力和实现国家的战略目的,谁可以有效控制海洋,谁就可以成为世界大国。这一主张曾对西方国家海运事业和海军战略产生了重要影响,虽然其在意识形态与内容上具有时代的特征与属性,主要体现在其奉行西方中心主义、社会达尔文主义和对抗性与控制性思维,但不能否认,马汉的海权论到今天仍有借鉴意义。海权是一种战略范畴。不同国家、民族、集团都可以运用这一战略范畴去进行海洋上的竞争与斗争,而它们在运用这一战略范畴时,都不可避免地赋予这一战略范畴以相应的形态和内容,从而使之形成具有不同国家、不同民族、不同集团的历史时代特征与阶级属性的海权理论。因此,中国共产党的海洋思想必然是以和平、合作、和谐为特征且体现无产阶级利益的海洋战略思想体系。

(二)中国共产党海洋思想产生的现实基础

中国共产党海洋思想的产生及发展在不同阶段有不同的侧重点,也呈现出不同的时代特征,其原因在于海洋思想的产生既建立在历史传统、地理环境这些相对确定的因素对其影响的基础上,也要及时回应不断变化的现实需要。

1. 中国共产党海洋思想的产生有其深刻的历史基因

在中国历史上,地缘政治导向大多是大陆性的,但是海洋性也给中国的个性和取向留下了印记。中国也曾有过开发利用海洋的伟大实践,但由于明代采取的“禁海”政策而归于平寂,直到鸦片战争时被来自海上的侵略者用坚船利炮打开国门。“百年国耻”所带来的伤害以及被迫打开国门所改变的中国东部沿海的经济格局,是中国共产党重视海洋、进行海上转型的动力之一。所以从历史维度看,中国共产党海洋思想的产生有其深刻的历史基因。

2. 中国共产党海洋思想的产生和发展受到地理条件的影响

中国的地理大势是西高东低,西部与高原、大陆相连,东部大部分地带直接与大海相接。这样的地形在保护的同时也弱化了中国的国防安全:背靠大陆、面前有大海阻隔外敌入侵,在历史上曾经起到了保护国家安全的作用,但同时使得古代中国的海上作战力量长期没有得到发展,从整体看又弱化了国防安全,直至被来自海上的入侵者打开国门。这种情况在新中国成立以后得到了初步扭转。此后，海权成为认识中国地缘政治学的重要视角。但是需要明确的是，地理位置的确能够影响决策者的选择，呈现出机会和限制并存的态势，但是地理位置只能影响而不能决定一个国家的战略意图或决策。因此，中国共产党海洋思想的产生和发展受到地理条件的影响，但并非由地理条件决定。

3. 中国共产党海洋思想的产生及发展是为了回应国家从事海洋实践、维护海洋利益的现实需要

海洋为各国人民提供了吸入的大部分氧气、基本食品和药品、贸易和运输的关键环节以及文化价值和遗产的来源等，是气候系统的重要组成部分，对空气、水和温度的调节至关重要，是可持续发展的关键，是国际社会关注的重点。在"21 世纪是海洋世纪"的共识推动下，没有任何国家可以脱离对海洋的开发利用而快速发展，中国也须积极从事国际海洋实践，维护海洋利益。中国共产党海洋思想的产生和演进也体现了对现实需要的回应，例如，新中国成立初期，党的海洋思想主要体现在维护国家安全以及对处理台湾问题的考虑；改革开放后，党的海洋思想更多回应了经济发展、对外开放与维护国家主权领土完整的需要；党的十八大以来，党的海洋思想则立足于中国的国家地位、长远发展以及国际社会对海洋整体开发利用的现实情况，呈现出自强自立与对人类社会共同利益的关切。

二、中国共产党海洋思想的发展历程

中国共产党的海洋思想脱胎于马克思主义基本理论中所蕴含的海洋思想，并从以马汉的海权论为代表的西方海权理论中获得借鉴，携带着深刻的历史基因，同时受到中国周边地理环境的影响，为回应不同历史发展阶段国家海洋实践的现实需要，中国共产党的海洋思想主要体现为三个发展阶段、概括为三种主要的海洋思想。

（一）"和平共处"思想

"和平共处"思想的提出有其特殊的历史背景。自第一次世界大战爆发开始，如何处理国家间的关系、构建更为合理的国际秩序成为国际社会共同思考的主要问题。成立初期的新中国在这一大背景下更是面临着复杂的国际形势与严峻的周边海洋环境，中华人民共和国政府的代表身份在国际社

会还没有被普遍接受，处于被孤立、被排挤的境地，因此维护国家主权与领土完整、保证独立自主处理内外事务是中国共产党的首要关切，在这种情况下，“和平共处”思想应运而生，具体体现为“和平共处五项原则”。

“和平共处五项原则”最初由中国提出并于1954年4月在中国和印度签订的《中印关于中国西藏地方和印度之间的通商和交通协定》序言中明确宣告，即互相尊重领土主权、互不侵犯、互不干涉内政、平等互利、和平共处。在当时的大背景下，“和平共处五项原则”是对既有国际法律环境的回应，它强调国家主权、倡导独立自主、反对霸权主义、推进互利合作，它超越了零和博弈思维，是中国坚持并遵守的处理周边和国际关系的规范与准则，长期以来被视为中国外交理论的核心内容，当然也是对中国海洋实践具有根本性指导作用的思想意识，更是中国共产党对国际法发展做出的主要贡献之一。习近平同志指出：“这是国际关系史上的重大创举，为推动建立公正合理的新型国际关系做出了历史性贡献。”虽然“和平共处五项原则”产生于特殊的历史阶段，但始终具有强大的生命力，并为进一步的发展留下了开放空间。今天，作为“一个开放包容的国际法原则”，“和平共处五项原则”中“包含4个‘互’字、1个‘共’字，既代表了亚洲国家对国际关系的新期待，也体现了各国权利、义务、责任相统一的国际法治精神”。该原则被赋予了新的时代内涵，即“坚持主权平等”“坚持共同安全”“坚持合作共赢”“坚持包容互鉴”及“坚持公平正义”，也是中国共产党参与海洋实践的指导性思想。

（二）“搁置争议，共同开发”思想

“搁置争议，共同开发”思想一般被认为源自《联合国宪章》中的和平解决国际争端原则，具有鲜明的时代特征，也是中国共产党“和平共处”思想在解决领土主权与海洋争端领域的延伸和具体化，是和平解决争端的新思路。“搁置争议，共同开发”思想诞生的大背景是国际社会的整体形势发生了变化，和平与发展成为时代主题，为全面进行经济建设，积极融入国际社会，我们需要和平稳定的周边环境。1978年10月25日，在《中日和平友好条约》签订后不久，邓小平同志在日本记者俱乐部回应钓鱼岛及其附属岛屿主权归属争议相关问题时指出：“这个问题可以把它放一下，也许下一代人比我们更聪明些，会找到实际解决的办法。”这一发言不仅宣告了中国对于和平解决中日钓鱼岛争端的态度，也标志着“搁置争议，共同开发”思想形成。之

后，在解决南海争端时，邓小平同志再次阐释了这一思想。1986 年菲律宾副总统劳雷尔访华时，邓小平同志向他提出，“南沙问题可以先搁置一下，先放一放，我们不会让这个问题妨碍与菲律宾和其他国家的友好关系”。随着实践不断发展，“搁置争议，共同开发”思想发展成为解决我国与周边国家领土和海洋争端的指导性思想。

“搁置争议，共同开发”思想包括以下三个基本含义。第一，在争端的主题事项是领土主权归属时，“搁置争议，共同开发”要以“主权属我”为前提。邓小平同志明确指出：“关于主权问题，中国在这个问题上没有回旋余地。坦率地讲，主权问题不是一个可以讨论的问题。”第二，领土主权归属关乎国家核心利益，解决难度很大。在不具备彻底解决领土争端条件的情况下，可以把主权争议搁置起来，进行共同开发，但并不是放弃主权。对此邓小平同志指出：“有些国际上的领土争端，可以先不谈主权，先进行共同开发。”第三，共同开发的目的是通过互利合作增进相互了解，为最终合理解决主权的归属创造有利条件。可见，“搁置争议”是为了进行“共同开发”的手段，但是“共同开发”不是最终目的，“搁置争议，共同开发”的最终目的是“解决争议”，只是解决争议的思路摒弃了零和博弈思维，强调在互利共赢的基础上最终解决争议。

（三）“海洋强国”思想

“纵观世界经济发展的历史，一个明显的轨迹，就是由内陆走向海洋，由海洋走向世界，走向强盛。”“中国走向海洋”似乎是改革开放以来西方政要和学者对中国战略发展方向形成的共识，因为中国有利用海洋的大好机遇、条件、能力与现实需要。在这一背景下，党的第十八次全国代表大会报告中首次完整地提出了“海洋强国”思想的战略目标，即“提高海洋资源开发能力，发展海洋经济，保护海洋生态环境，坚决维护国家海洋权益，建设海洋强国”。习近平总书记在主持中共中央政治局第八次集体学习时明确指出了推进海洋强国建设的四个基本要求，即需要实现“四个转变”。党的第十九次全国代表大会报告则掷地有声地重申，“坚持陆海统筹，加快建设海洋强国”，至此，“海洋强国”思想成型。

“海洋强国”思想可以概括为如下内容。第一，发展海洋经济是“海洋强国”思想的重要支撑。建设海洋强国的背后是经济实力的增长，相较于过去重视海洋经济发展速度，现在我们党更关注海洋经济的发展质量，“要着力改变海洋经济粗放发展的现状，走高质量发展之路，进一步提高海洋开发能力，优化海洋产业结构，构建现代海洋产业体系”。第二，推动海洋科技创新是“海洋强国”思想的重要动力。海洋科技发达是海洋强国的重要标志，海洋竞争实质上是高科技竞争，海洋开发的深度取决于科技水平的高度，因此要做好海洋科技创新的总体规划，在重点领域取得突破。第三，提升海洋生态文明程度是“海洋强国”思想的重要目标。要把海洋生态文明建设纳入海洋开发总布局之中，坚持开发和保护并重、污染防治和生态修复并举，科学合理开发利用海洋资源，维护海洋自然再生产能力，实现人海和谐。第四，坚持和平、发展、合作、共赢是“海洋强国”思想的基本路径。在维护中国海洋权益的同时，坚持用和平方式解决与相关国家的海洋争端，通过开展广泛的合作，建立互利共赢的伙伴关系。第五，加快现代化海军建设是“海洋强国”思想的重要保障。“决定政策能否得到完美执行的一个最关键的因素是军事力量”，没有强大的、现代化的海军作为后盾，一国很难保障其海洋政策得以全面贯彻、其开发和利用海洋的活动顺利进行。为此，习近平同志强调：“要以党在新形势下的强军目标为引领，贯彻新形势下军事战略方针，坚持政治建军、改革强军、依法治军，瞄准世界一流，锐意开拓进取，加快转型建设，努力建设一支强大的现代化海军，为实现中国梦强军梦提供坚强力量支撑。”

三、中国共产党海洋思想的实践彰显

“时代是思想之母，实践是理论之源。”中国共产党相关海洋思想的形成及发展是为了回应国家在不同发展阶段开发利用海洋、维护国家海洋权益的现实需要，而相关法律实践反过来又验证了中国共产党海洋思想在国际法上的实践价值。

(一)新中国成立初期中国共产党的海洋法实践

成立初期的新中国是一个被国际社会边缘化的国家，中国共产党提出的“和平共处”思想就是对当时国际法律环境的回应，因此我们党在这个阶段的海洋法实践侧重于维护国家的独立与自主，关注的焦点是如何让新中国“立得稳”。这一时期中国共产党的海洋法实践，主要体现在以下几个方面。

1. 收回西方列强在中国的特权

根据毛泽东同志提出的“打扫干净屋子再请客”政策思想和《共同纲领》的有关规定，清除西方列强在中国残留下来的特权：1950 年 1 月和 1951 年 4 月分别通过新的关税政策和暂行海关法，实行对外贸易国家管制制度，完全恢复中国海关主权；1950 年 7 月发布统一航运管理指示，不允许外国船舶进入中国内河；1950 年至 1954 年，中苏两国经过多次协商并达成一系列双边法律文件，解决了苏联在旅顺口、大连的特权问题。这一系列实践为中国以陆地领土为基础，把主权向海洋延伸和拓展奠定了坚实的基础。

2. 巩固中国的主权和领土完整，维护国家安全

中国共产党在这一方面采取了一系列重要举措。首先，建立一支强大的海军。毛泽东同志提出：“我们必须在一个较长时期内，根据工业发展的情况和财政的情况，有计划地逐步地建设一支强大的海军。”于是 1949 年 4 月 23 日中国人民解放军海军宣告成立。其次，中国政府多次发表声明，宣示对台湾及其附属岛屿（包括钓鱼岛及其附属岛屿）、西沙群岛和南沙群岛的主权。再次，维护海上贸易和生产的安全，通过谈判协商的方式和平解决与周边国家的渔业争端。最后，1958 年发表《中华人民共和国领海声明》，其重申了中国领土的范围，强调台湾作为中国领土不可分割组成部分的法律地位，确定了领海宽度为 12 海里，明确了直线基线立场。

3. 参与国际海洋法的制定

自 1971 年中华人民共和国政府恢复在联合国的合法席位开始，中国积极参与了联合国和平利用国家管辖范围以外海床洋底委员会的工作，全程参加了第三次海洋法会议，并在一些重要问题上阐释了自己的立场和主张。首先，领海主权和安全利益是中国的首要关切，为此中国主张确定领海宽度和制度是沿海国的主权以及军舰不享有无害通过权；其次，中国支持第三世界国家扩大 200 海里海洋权益的斗争；再次，中国主张沿海国应根据自然延伸原则享有大陆架权利；最后，中国还是“人类共同继承财产”概念以及国际海底制度的坚定支持者。

在中国共产党“和平共处”思想的指导下，这一阶段中国的海洋法实践更多体现为对国际法的接受，较少提出自己的国际海洋法观点或理论，更关注自身的主张或国家实践是否“符合”国际法并顺应国际法的发展方向，所以，这一阶段可以称为新中国国际海洋法的奠基阶段。

(二)改革开放以来中国共产党的海洋法实践

1978年召开的中国共产党第十一届中央委员会第三次全体会议决定将全党的工作重心转移到社会主义现代化建设上来,实行改革开放。进行社会主义现代化建设需要良好的国际、国内环境,改革开放也必然要求开发利用海洋资源,中国共产党提出的"搁置争议,共同开发"思想就是对当时国际法律环境的回应,因此我们党在这个阶段的海洋法实践侧重于维护和平稳定的周边环境及开发利用海洋资源,关注的焦点是如何让中国"走得快"。这一时期中国共产党的海洋法实践,主要体现在以下几个方面。

1. 对外开放,向海而兴

在中美建交的1979年,为了吸引外国贸易、投资和技术,有4个城市设立经济特区,1984年增加了14个沿海开放城市和海南岛,1990年上海也加入这一行列,再加上长江三角洲、珠江三角洲和闽南三角地区以及辽东半岛、胶东半岛、环渤海地区等沿海地区,我国形成了"对外开放、向海而兴"的新格局。这些举措表明中国共产党放弃苏联模式的中央计划经济,转向社会主义市场经济,实现了中国地缘政治导向由大陆性转向海洋性,向海而兴。

2. 妥善处理与周边国家的岛礁主权争端和海洋划界争端

中国共产党一直以来坚持通过对话和协商等方式和平解决与周边国家的岛礁主权归属与海洋划界争端。1972年中日邦交正常化与1978年缔结和平友好条约谈判过程中,邓小平同志着眼于大局,创造性地提出了"搁置争议,共同开发"思想,两国领导人就此达成重要谅解与共识,为和平解决中日钓鱼岛争端提供了新的思路。在南海问题上,中国一方面维护南海岛礁领土主权,另一方面也提出了"搁置争议,共同开发",通过谈判解决有关争议的主张。中国与越南北部湾海洋划界实践是中国妥善处理与周边国家海洋争端的成功案例。经过8年谈判,中越两国于2000年签订了《中华人民共和国和越南社会主义共和国关于两国在北部湾领海、专属经济区和大陆架的划界协定》和《中华人民共和国政府和越南社会主义共和国政府北部湾渔业合作协定》,这标志着中国第一条确定的海上边界线的诞生,也显示了中国同周边国家通过谈判协商解决海洋争端的诚意。

3. 不断加强和完善中国的海洋法律制度

随着各国纷纷加强对海洋的控制和利用,海洋权益争议日趋表面化,国

际海洋形势因此发生了深刻变化。在这一背景下，中国自1979年改革开放以来，更加重视海洋的开发和保护，逐步建立和完善海洋法律制度。这一过程大致可以分为两个阶段。第一个阶段为初步形成阶段（1979年至1992年）。成果主要包括：1979年经国务院批准、交通部发布了《中华人民共和国对外国籍船舶管理规则》，1982年国务院颁布了《中华人民共和国对外合作开采海洋石油资源条例》，1983年全国人大常委会通过了《中华人民共和国海洋环境保护法》，1983年全国人大常委会通过了《中华人民共和国海上交通安全法》，1986年全国人大常委会通过了《中华人民共和国渔业法》，1986年全国人大常委会通过了《中华人民共和国矿产资源法》。第二阶段为发展完善阶段（1992年至党的十八大）。1982年《联合国海洋法公约》（以下简称《公约》）通过并开放签署以后，国际海洋法律制度逐步确立，受此影响，我国海洋立法进程大大加快。根据《公约》，1992年和1998年全国人大常委会分别通过了《中华人民共和国领海及毗连区法》和《中华人民共和国专属经济区和大陆架法》两部海洋基本法，并明确将中国法律的适用范围从陆地领土包括内水扩展到领海、毗连区、专属经济区和大陆架，为后续海洋立法提供了基本法律框架。

在中国共产党"和平共处"思想和"搁置争议，共同开发"思想的指导下，这一阶段中国的海洋法实践更多体现为对国际法的运用，更关注中国是否可以通过"解释"和"适用"国际法来维护自身权益，所以这一阶段可以称为中国国际海洋法的融入阶段。

（三）党的十八大之后中国共产党的海洋法实践

通过深化改革与对外开放，我国经济建设取得重大成就，综合国力大幅增强，在国际社会的话语权进一步提升。海洋成为国家间博弈的重要竞技场，因此党的十八大提出了建设海洋强国的战略目标。中国共产党提出的"海洋强国"思想是这一战略目标的体系化、理论化，也是对当前国际法律环境的回应。我们党在这个阶段的海洋法实践侧重于多维度、多渠道构建新时代中国海权体系，关注的焦点是如何让中国"做得强"。这一时期中国共产党的海洋法实践，主要体现在以下几个方面。

1. 积极推进"21世纪海上丝绸之路"建设进程

自2013年提出"一带一路"倡议以来，经过努力，"一带一路"已经由理念、愿景转化为现实行动，取得重大进展。目前已有103个国家和国际组织同中国签署了118份“一带一路”方面的合作协议，极大地提升了各国对中国“经济信心指数”。作为“一带一路”倡议有机组成部分，中国政府为推动“21世纪海上丝绸之路”建设，相继发布了《推动共建丝绸之路经济带和21世纪海上丝绸之路的愿景与行动》《“一带一路”建设海上合作设想》等框架性文件，为发展海洋经济，提高海洋科学技术水平，促进与其他国家的海洋文化交流，提升海上防灾减灾能力，维护区域海上安全奠定了重要基础。

2. 促进国际海洋法治建设

这一领域的海洋法实践包括两个方面：其一是积极参与相关国际海洋法规则的制定。在制定国家管辖范围以外区域海洋生物多样性(BBNJ)的养护和可持续利用国际文书，制定国际海底资源开发规章制度，设立公海保护区，完善极地治理制度等国际海洋治理的新领域，中国通过提交建议草案和评论意见等方式，积极参与相关国际海洋法规则的制定。其二是重视国际司法仲裁机构的作用，参与一些咨询管辖权案件。2011年国际海洋法法庭海底争端分庭就“国家担保个人和实体在‘区域’内活动的责任和义务问题”发表咨询意见，2015年国际海洋法法庭就“次区域渔业委员会提请”发表咨询意见，中国在这两份咨询意见出台的过程中分别提交了书面意见，阐释了自己的立场和观点。中国促进国际海洋法治建设的实践，深化了国际社会对相关问题的研究。

3. 维护中国海洋权益，和平解决与周边国家间的海洋争端

中国共产党始终坚持通过对话和协商等方式和平解决与周边国家间的海洋争端，在这一阶段取得了积极成效。2015年启动的中国与韩国关于海洋划界和海洋渔业问题的谈判磋商稳步推进，中国与日本间外交和防务部门的交流机制得以继续或重启，中国与南海周边国家的双边合作以及围绕“南海行为准则”的磋商进展顺利。另外，针对2013年菲律宾所提“南海仲裁案”，中国虽然秉持不接受、不参与立场，但也在庭外一直坚持法理斗争，包括外交部受权发表政府立场文件，直指仲裁庭没有管辖权的立场和理据；中国国际法学会发表题为《菲律宾所提南海仲裁案仲裁庭的裁决没有法律效力》的声明，对“南海仲裁案”仲裁庭做出的管辖权和可受理性问题裁决进行了有力批驳；中国国际法学会组织学者合作撰写批驳文章，最终形成题为《南海仲裁案裁决之批判》的长文；等等。这些文件、声明、论著表达了中国

政府及中国学者对相关国际海洋法规则的理解，推动了相关问题的讨论。

4. 精细化我国海洋立法，提升海洋管理成效

这一阶段最有代表性的立法有两部：一是 2016 年全国人大常委会通过的《中华人民共和国深海海底区域资源勘探开发法》。该法规范了深海海底区域资源勘探、开发活动，推进了深海科学技术研究、资源调查，保护了海洋环境，促进了深海海底区域资源可持续利用。二是 2021 年全国人大常委会通过的《中华人民共和国海警法》。作为我国海上执法维权的基本法律，该法规范和保障了海警机构履行职责，维护了国家主权、安全和海洋权益，保护了公民、法人和其他组织的合法权益。另外，要提升海洋管理成效，需要优化管理机构。2013 年，根据《国务院机构改革和职能转变方案》重组了国家海洋局。2018 年，根据《深化党和国家机构改革方案》，整合八个部委职能组建自然资源部，撤销海洋局，但对外保留国家海洋局的牌子；在中央外事工作委员会办公室内设维护海洋权益工作办公室；按照先移交、后整编的方式，将国家海洋局（中国海警局）领导管理的海警队伍及相关职能全部划归武警部队，统一行使海上维权执法职责。

在中国共产党"海洋强国"思想的指导下，这一阶段中国的海洋法实践更多体现为对国际法的推动、促进，更关注中国是否可以通过"发展"国际法来维护自身利益，推动全球海洋治理体系变革。所以，这一阶段可以称为中国国际海洋法的构建阶段。

四、中国共产党海洋思想的法治愿景

马克思主义揭示了人类社会发展的一般规律，以共产主义作为理想追求，把实现人类解放和幸福作为最高目标。以马克思主义为理论基础与方法论的中国共产党海洋思想，是一种"坚持共产主义理想的世界观"，也必然立足于人类共同利益，具有全球视野，同时符合中国国情与国际社会的形势。当前，我国海洋法律实践面临着我国海洋持续拓展期、国际海洋秩序深度调整期、不同国家间海洋利益磨合期"三期叠加"的总体形势。因此，中国共产党海洋思想的法治愿景应设定为，在考虑当前需要与长远目标的基础上，深度参与并推动全球海洋治理体系变革，构建"海洋命运共同体"。

（一）推动全球海洋治理体系变革

在国家关系中，有两个冲突的愿望摆在面前：一方面是秩序、可预见性

和稳定，另一方面是行动的自由。随着全面开发利用海洋时代的到来，国家作为“自私的、理性的行为体”在追求各自海洋利益时，其不受约束的行为可能导致无序和不稳定。为避免混乱，各国必须同意自己服从于一个一致同意的规则，尽管这个规则总体来说也许并不能充分反映所有国家的利益。在这一背景下，通过了被誉为“世界海洋宪章”的《公约》，这也被视为当代全球海洋治理体系建立的标志。之后，全球海洋治理体系不断发展，又达成了1994年《关于执行〈联合国海洋法公约〉第十一部分的协定》和1995年《鱼类种群协定》，其他国际组织也相继通过了一系列条约和协定，但是《公约》始终处于核心地位。

作为各国妥协的产物，《公约》无法很好地弥合海洋强国与其他沿海国、发达国家与发展中国家、沿海国家与非沿海国家之间的分歧，导致《公约》在某些重要领域存在规制空白，部分规则还存在规定笼统、模糊的问题。同时，全球海洋治理体系中包含着众多的国际组织，它们彼此之间缺乏明确分工，某些国际组织间还有职能上的重叠，造成治理机制的碎片化。这些问题导致了全球海洋治理体系无法充分发挥作用。在国家开发利用海洋的过程中，新情况、新问题层出不穷，现有治理规则无法完全应对新情况、解决新问题，因此，需要对全球海洋治理体系进行深刻变革。

正如前文所述，海洋已经成为各国战略博弈的主要竞技场，国际社会主要国家在全球海洋治理体系变革领域的竞争日趋激烈。习近平同志指出：“21世纪，人类进入了大规模开发利用海洋的时期。海洋在国家经济发展格局和对外开放中的作用更加重要，在维护国家主权、安全、发展利益中的地位更加突出，在国家生态文明建设中的角色更加显著，在国际政治、经济、军事、科技竞争中的战略地位也明显上升。”随着中国特色社会主义进入新时代，中国与世界的关系发生了历史性的变化：由“冷战”国际体系的边缘者转变为全球责任的承担者，由全球化的参与者转变为新型全球化的推动者，由全球治理的跟随者转变为全球治理的引领者。中国拥有广泛的海洋利益，我们有能力也有必要以建设海洋强国为统领，坚决维护国家主权和海洋权益，深度参与、引领全球海洋治理体系变革。为此，需要在不断强化国家硬实力的基础上，兼顾软实力的提升，“把国家利益与国际道义、中国发展与世界共同发展、中国人民利益与人类共同利益统筹起来”，倡导共商共建共享的全球治理观，积极参与国际海洋法规则的制定，实现全球治理与国内治理

的良性互动，推动构建公正合理的国际海洋秩序。

（二）构建“海洋命运共同体”

以《公约》为核心的全球海洋治理体系面临挑战的根源在于治理理念落后。当代全球海洋治理体系源自威斯特伐利亚体系，主要建立在西方海权理论基础上，有其无法克服的弊端，即“开放而不包容”“对内多元与对外普世的双重标准”以及“进取与破坏相伴生”，无法满足当代全球海洋治理的现实需要，这意味着全球海洋治理需要新的理念和思想体系。中国共产党海洋思想所包含的“海洋命运共同体”理念正当其时，为全球海洋治理提供了先进理念与中国方案，是长远目标。

纵观历史，大国的崛起常常伴随着引领世界未来发展的价值理念。理念指引属于全球海洋治理顶层设计范畴。新中国成立后，中国共产党海洋思想经历了从“和平共处”思想到“搁置争议，共同开发”思想再到“海洋强国”思想的发展和演进，除了从马克思主义海洋思想中获得理论支持、从西方传统海权思想中获得经验借鉴外，还继承了中国传统文化的精髓——“和”文化，形成了“海洋命运共同体”理念，这是中国对全球海洋治理理念的贡献。

2019 年 4 月 23 日，习近平主席在集体会见应邀出席中国人民解放军海军成立 70 周年多国海军活动的外方代表团团长时，正式提出了“海洋命运共同体”理念，这是“人类命运共同体”理念在海洋事务中的具体化。“人类命运共同体”理念立足于公认的国际准则与人类的价值追求，闪耀着真理的光芒，是深刻体现历史大趋势的时代先声，是引领世界大变局的共赢方案，是携手建设更加美好世界的必由之路。“人类命运共同体”理念视角宽广、内涵丰富，是关于全球治理的顶层设计，它既是“发明”的，也是“发现”的，兼顾了理想主义与现实主义，因此，一经提出就得到国际社会的热烈响应。直接衍生于“人类命运共同体”理念的“海洋命运共同体”理念包括如下内容：体现“和平正义”特征的倡导树立共同、综合、合作、可持续的新海洋安全理念和坚持平等协商的争议解决理念，体现“合作共赢”导向的促进海上互联互通和各领域务实合作、共同增进海洋福祉的海洋合作理念，体现“人海和谐”目标的共同保护海洋生态文明的可持续发展理念。

构建“海洋命运共同体”的路径可以包括以下几个方面。第一，明确中国在全球海洋治理体系变革中的身份定位。中国是全球海洋治理体系变革中的贡献者、建设者、推动者，并有能力成为引领者，因为捍卫多边主义、维护公平正义、聚焦有益行动，中国从未缺席。中国应正视自身国际地位大幅提升的现实，在参与全球海洋治理体系变革过程中，不应固守发展中国家身份，应采取更为灵活的立场。第二，维护以国际法为基础的全球海洋治理体系。中国应提升自身运用国际法的能力，尤其是在国际会议或国际法规则制定过程中的议题设置能力，变被动参与为积极引领，同时善用国际法工具维护国家的海洋权益。第三，多层面加强协调、合作。中国不可能抛弃处于全球海洋治理体系核心地位的《公约》而另起炉灶，因此在国际层面应以《公约》为基础，通过渐进的方式（例如，利用"海洋法非正式协商程序"和订立特定领域的补充协定）推动全球海洋治理体系变革。同时，要理顺相关国际组织之间的关系，重视非政府组织在全球海洋治理体系变革中的作用。此外，积极参与区域和双边海洋治理规则的制定。第四，坚持统筹国内法治与涉外法治。具体到全球海洋治理领域，就是进一步完善、发展国内涉海法律制度，同时要积极参与、推进国际海洋法规范的确立、修订和完善，实现二者良性互动，推动全球海洋治理体系变革，构建"海洋命运共同体"。

五、结语

中国拥有很强的海洋贸易发展势头，追溯到近代时期就会发现中国拥有稳固的海洋历史传统，而且还认识到与周边大陆接壤国家的稳定关系将是海洋强国的先决条件，再结合对主权与领土完整、周边环境安全、经济发展需要等关键国家利益的考量，都会促进中国共产党坚持"向海而兴"的海洋发展战略，最终使中国成长为海洋强国。但是中国不会成为全球海洋治理体系的破坏者，不会发生一些西方国家所担心的"中国统治世界"的情形，中国只会是全球海洋治理体系变革中的贡献者、建设者、推动者乃至引领者，因为中国的最终目标不是落实到维护狭隘的、眼前的国家利益，而是放眼未来，立足于增进人类福祉。中国共产党清醒地认识到，"政党作为推动人类进步的重要力量，要锚定正确的前进方向，担起为人民谋幸福、为人类谋进步的历史责任"。只要中国共产党"不忘初心、牢记使命"，必将引领全球海洋治理体系变革进入新阶段，构建"海洋命运共同体"。

文章来源：原刊于《南海学刊》2022年第1期。

“海洋命运共同体”理念助推中国参与全球海洋治理

■ 段克，余静

论点撷萃

“人类命运共同体”理念获得了包括联合国在内的国际性广泛认可，在气候变化和生物多样性保护等领域取得了重要的国际共识，“海洋命运共同体”是习近平“人类命运共同体”理念的重要组成部分，也必将推动全球海洋治理体系的变革和创新。

“海洋命运共同体”是习近平“人类命运共同体”理念在海洋领域的创新发展与应用实践，是“人类命运共同体”理念的重要组成部分，以共建“海洋命运共同体”为引领，深化海洋开放合作。该理念既体现了中国人民世界大同的愿景，更体现了世界和平发展的共同愿望，是促进世界走向共同发展、实现共同繁荣的合作共赢之路。着眼于构建海洋命运共同体，应大力推进“一带一路”建设，并以此为纽带深化我国与沿线国家乃至全世界的交流合作，共同应对气候灾害、生态灾害等全球危机，化解各类矛盾分歧，加强海洋危机管控，使参与国共享合作交流的成果，推动全球海洋治理的创新和变革。

“海洋命运共同体”理念是习近平在全球海洋治理领域提供的共同维护海洋和平、共筑海洋新秩序、共促海洋繁荣发展的中国智慧和中国方案。在涉及众多海洋利益攸关方关系方面，“海洋命运共同体”理念倡导“共商、共建、共享”，兼顾国内和国际，加强各国、国际组织的统筹协调，共同促进海洋可持续发展，增进人类海洋福祉。“海洋命运共同体”理念弥补了现有全球

作者：段克，中国自然资源经济研究院自然资源部资源环境承载力评价重点实验室助理研究员；
余静，中国海洋大学海洋与大气学院副教授、中国海洋发展研究中心研究员

海洋治理机构和机制上的不足，其丰富的内涵彰显了我国的道路自信、理论自信、制度自信和文化自信，也体现了中国向国际社会的承诺和责任担当。目前国际社会各种价值观仍主要服务于各国的海洋现实利益，海洋命运共同体理念与美国主导的航行自由原则并不是完全对立的，而是可以兼并融合的，现实中兼容地位或者主导权之争会是一个长期的和复杂的过程。

一、引言

健康的海洋在支撑人类福祉方面至关重要，如调节天气与气候变化、保障全球粮食和蛋白质安全及人类健康、提供工作和娱乐机会。海洋吸收了全球93%的人为热量，并通过减少两极和赤道之间的温差对地球气温进行调节。同时，海洋吸收了25%的二氧化碳排放量，产生了地球大气层中50%以上的氧气。到21世纪中叶，全世界人口预计将达到100亿，对食物和水的需求将增加一倍以上，海洋承载的压力将进一步增大。全球60%的海洋不在各国管辖范围之内，这意味着各国负有共同的国际责任。海洋经济运行状况在很大程度上取决于全球经济贸易和全球规则的制定和有效实施。现有的国际海洋治理框架在应对许多人类共同挑战方面还不够有效，甚至会出现政策失灵。

联合国《2030可持续发展议程》目标14提出：保护和可持续利用海洋和海洋资源以促进可持续发展，要求各国参与在联合国或其他多边倡议和组织中，以及在与关键全球伙伴的多边合作中塑造国际海洋治理秩序。我国“十四五”规划提出深度参与国际海洋治理机制和有关规则的制定实施，推动建设公正合理的国际海洋秩序，推动构建海洋命运共同体。

二、全球海洋治理理念的变革

马克思指出，对于一种区域性体制来说，陆地是足够的；而对于一种世界性体制来说，海洋不可或缺。近代世界海洋秩序的主导权之争异常激烈，全球海洋治理理念也经历了深刻的变革。

（一）世界海洋秩序主导权的演变

明朝时，我国郑和完成了七下西洋的壮举，先后到达非洲东海岸和红海

沿岸，造船技术和航海技术领先世界近百年。然而，明朝中后期和清朝的海禁政策使我国主动放弃了世界海洋秩序的主导权，在人类历史上几乎一直处于世界领先的中华文明也正式从海上开始衰落。此消彼长，16 世纪以来近 500 年，世界海洋秩序由西方海权国家轮番主导。葡萄牙和西班牙是大航海时代欧洲海上探险和殖民的先驱，1492 年哥伦布到达美洲，西班牙通过殖民美洲获得大量的金银，从而使其建立了强大的“无敌舰队”，美洲源源不断的金银也促使濒临大西洋的地中海沿岸孕育出空前的资本主义工商业文明。1588 年英国舰队击败西班牙“无敌舰队”，英国开始崛起。17 世纪的荷兰被誉为“海上马车夫”，开始称霸的海上贸易，之后又在 1678 年法荷战争中败给法国，法国成为欧洲的新霸主，1815 年拿破仑遭遇滑铁卢，英国则通过工业革命建立起“日不落帝国”，开启了海上霸权时代。荷兰、英国等主导世界海洋秩序主要依靠的是贸易和殖民，而此后美国则依靠的是军事，1898 年美国通过美西战争，取得了西班牙在亚洲和美洲的殖民地——菲律宾、关岛、古巴和波多黎各等，同年美国吞并了夏威夷王国，连同之前占据的中途岛和威克岛，拉开了其在太平洋军事霸权的序幕。

美国在两次世界大战的后期才参战，很大程度上决定了战争的结局。“二战”后成功实施马歇尔计划，该计划作为一项经济和社会倡议，为美国创造了一个巨大的全球经济和政治市场，从而塑造了新的世界秩序，巩固了美国在资本主义世界的领袖地位和形象。军事上，1949 年美国在大西洋主导建立了北约组织，20 世纪 50 年代在太平洋构筑了遏制中国崛起的三大岛链，从而无论在政治、经济和军事上都主导了世界海洋秩序。如果说 20 世纪是大西洋的世纪，21 世纪则毫无疑问是太平洋的世纪，如今美国已将约 60% 的军力部署到西太平洋。

1982 年通过的《联合国海洋法公约》于 1994 年正式生效后，联合国根据《公约》建立了多个机构和机制治理海洋。公平性与主权平等是全球海洋治理的基本精神，然而全球海洋治理仍带有大国政治的色彩，传统的海洋强国在议题设置、资源分配、制度设计等方面占据优势地位；世界系统理论学家们，已将世界政治中的大国霸权地位与其广泛的技术和商业优势联系起来。新兴海洋国家要想突破原有的政治经济体系受到多种限制。

（二）全球海洋治理理念的发展变化

1609 年，荷兰思想家格劳秀斯的《海洋自由论》，奠定了当今国际法和海洋法的基础，公海航行自由、反对炮舰外交的思想，为当时荷兰、英国等新兴的海权国家提供了法律原则基础，并最终突破了西班牙和葡萄牙对世界海洋贸易的垄断。英国凭借强大海军和殖民政策在确立了“日不落帝国”海上霸主地位后，提出了“自由贸易”的理念，降低了其他国家的恐惧与抵制，提升了英国在全世界的威望。19世纪末，马汉提出“海权论”，认为海权与国家的兴衰休戚与共，海权能够使一个民族获得成为伟大民族所需的一切。“海权论”为美国海权路线提供了理论基础，美国在“自由贸易”和“海洋自由”的基础上进一步提出了“航行自由”的理念，倡导保障各国海上航行的绝对自由。美国将“航行自由”视为人类的共同利益，而事实上航行自由是美国国家核心安全利益。

Young较早提出了全球海洋治理的基本概念，即建立起一套公平有效地进行海洋用途管制和分配海洋资源的规则和做法，提出解决各类海洋分歧和冲突的方法路径，还有如何从海洋开发利用中获利，尤其是缓和相互依存世界中的集体行动问题。Fukuyama和Wagner认为生物技术的快速发展可能带来跨国治理问题，近年来人类和动物传染病的全球快速传播，如新冠肺炎和非洲猪瘟等证实了这一观点，因此在各类新技术领域需要加强国际合作，建立健全全球治理机制。在2020年新冠病毒全球爆发的背景下，中国表现出的现代化社会治理能力和制度优势为全球瞩目，“人类命运共同体”理念在应对疫情防控等全球公共卫生问题上完胜西方的个人主义和自由主义。“人类命运共同体”理念在应对气候变化、生物多样性丧失等全球问题上的表现同样被寄予厚望。

随着海洋科学技术的进步和全球化的深入发展，世界各国开发利用海洋的能力不断提升，也造成了海洋竞争的不断加剧，越来越多的新兴海洋经济体希望深度参与到区域或全球海洋治理之中，国际海洋战略力量随之发生调整，世界海洋秩序逐渐发生变化，必将引发全球海洋治理理念的深刻变革。当前世界正在经历百年未有之大变局，传统海权国家奉行的海权思想、“冷战”思维、零和思维、霸权主义和单边主义已不再适应新时代发展趋势。2019年4月23日，习近平主席在集体会见应邀出席中国人民解放军海军成立70周年多国海军活动的外方代表团团长时提出：“我们人类居住的这个蓝色星球，不是被海洋分割成了各个孤岛，而是被海洋连接成了命运共同体，各国人民安危与共。”“海洋命运共同体”理念正式提出，这一理念顺应了时

代潮流，坚持共商、共建、共享的原则，深化与沿海国家各领域务实合作。推动全球海洋治理体系向着更加公正合理、合作共赢的方向发展。“海洋命运共同体”理念可能发展成为主导未来世界海洋秩序的主流价值理念。

三、“海洋命运共同体”理念的提出和重要意义

“人类命运共同体”理念获得了联合国在内的国际社会广泛认可，在气候变化和生物多样性保护等领域取得了重要的国际共识，“海洋命运共同体”是习近平“人类命运共同体”理念的重要组成部分，也必将推动全球海洋治理体系的变革和创新。

（一）人类命运共同体理念推动全球治理获得广泛认可

2017年10月，习近平在党的十九大报告中提出“构建人类命运共同体”理念，2018年3月，十三届全国人大一次会议通过宪法修正案，将这一理念写入宪法序言。从而“构建人类命运共同体”上升为我国发展过程中促进世界各国共同发展的新理念。

习近平“人类命运共同体”理念与马克思《资本论》中倡导的“自由人联合体”是相通的，是对马克思、恩格斯社会共同体思想的创造性运用和发展，也是我国“和”“大同”等传统文化在现代国际交往的运用，正如费孝通总结的“各美其美，美人之美，美美与共，世界大同”。“人类命运共同体”的价值观基础包括相互关联的可持续发展观、共同利益观、国际权力观和全球治理观。该理念主要体现在五个坚持，即坚持在政治上对话协商，在安全上共建共享，在经济上合作共赢，在文化上交流互鉴，在生态上绿色低碳。从而建立起持久和平、普遍安全、共同繁荣、开放包容和清洁美丽的新世界。

“构建人类命运共同体”理念获得了包括联合国在内的国际社会的广泛认可，2017年2月10日，该理念正式写入联合国社会发展委员会“非洲发展新伙伴关系的社会层面决议”；3月17日，写入联合国安理会关于阿富汗问题的第2344号决议；3月23日，写入联合国人权理事会关于“经济、社会、文化权利”和“粮食权”两个决议；11月2日，又写入联合国大会“防止外空军备竞赛进一步切实措施”和“不首先在外空部署武器”两份安全决议。2018年，“确立构建人类命运共同体的共同理念”被写入上海合作组织成员国元首理事会青岛宣言，从而有效推动各领域的全球治理。

2021 年 10 月拟在昆明举办的《生物多样性公约》第十五次缔约方大会(COP15)将商定 2020 年后全球生物多样性养护框架。会议主题是“生态文明:共建地球生命共同体”。行动的紧迫性促使全球范围内大幅扩大以区域为基础的保护,并从根本上改变环境目标的制定和实施方式。这也成为“人类命运共同体”理念深度参与全球生物多样性保护治理,推进该领域全球治理体系变革、转换和创新的又一重要应用实践。

中国应着力推动全球治理体系朝着更加公正合理的方向发展,推动新兴领域全球治理规则制定。中国目前已成为 130 多个国家的最大贸易伙伴,理应在全球海洋治理中扮演更加重要的角色,深度参与海洋治理体系的变革,并在海洋公共领域发挥更加积极重要的作用。

(二)“海洋命运共同体”理念的内涵和重要意义

在百年未有之大变局的时代背景下,海洋资源和海洋权益竞争不断加剧,海洋经济发展的同时伴随着海洋安全和资源生态保护的矛盾,逆全球化、单边主义、保护主义抬头,全球海洋治理失衡,习近平提出的“海洋命运共同体”理念恰逢其时。“海洋命运共同体”是习近平“人类命运共同体”理念在海洋领域的创新发展与应用实践,是“人类命运共同体”理念的重要组成部分,以共建“海洋命运共同体”为引领,深化海洋开放合作。该理念既体现了中国人民世界大同的愿景,更体现了世界和平发展的共同愿望,是促进世界走向共同发展、实现共同繁荣的合作共赢之路。“21 世纪海上丝绸之路”倡议能够有效促进沿线国家和地区互联互通、经贸合作和文化交流,建立蓝色伙伴关系,推动沿线产业分工和经济发展,促进共同繁荣,增进民生福祉。着眼于构建海洋命运共同体,应大力推进“一带一路”建设,并以此为纽带深化我国与沿线国家乃至全世界其他国家的交流合作,共同应对气候灾害、生态灾害等全球危机,化解各类矛盾分歧,加强海洋危机管控,使参与国共享合作交流的成果,推动全球海洋治理的创新和变革。

“海洋命运共同体”是以全球人类共同价值为指导,倡导“共商、共建、共享”的合作理念,与国际法领域共同利益、共同关切以及人类共同继承财产等是相对应概念,体现了国际法的人本、合作和共建意识,以维护和推进全人类的共同利益为最高宗旨,是法制文明的体现。其法理基础还包括共同体原理,是对《联合国海洋法公约》体系传统自由原理和主权原理的补充。

"海洋命运共同体"涉及的国际法内容包括维护航行安全、促进发展、打造蓝色伙伴关系、支持多边主义等方面。公海、深海、极地等区域,应对气候变化、保护海洋生态系统和生物多样性、应对各类海洋矛盾和分歧等也是融入并实现海洋命运共同体的重要区域和领域。

"海洋命运共同体"具有丰富的内涵,包括以对话协商代替武力争端,倡导共同、综合、合作、可持续的海洋新安全观;提供更多海洋公共产品和服务,维护海洋良好秩序的共同责任观;促进海上互联互通及各领域务实合作,共同增进人类海洋福祉的共同利益观;共同应对气候变化、保护海洋生物多样性、可持续的利用各类海洋资源的海洋生态文明观等。海洋命运共同体是多方面全球治理在政治理念上的凝练与总结。从全球治理角度而言,"海洋命运共同体"理念促进各国互联互通,是解决结构失衡与文明冲突两大全球治理挑战的重要路径。

(三)"海洋命运共同体"理念推进全球海洋治理

现有的国际海洋法律制度存在很多局限性,有法不依、无法可依、一法多解、执法不力、违法难究、法不适时等问题非常突出。因海洋事务的重要性、敏感性和复杂性,海洋法是国际法历史上编纂最为缓慢的。从1930年海牙国际法编纂会议,到1958年的联合国日内瓦海洋法会议形成的《领海与毗连区公约》《大陆架公约》《公海公约》和《捕鱼与养护生物资源公约》,直到1982年联合国第三次海洋法会议通过《联合国海洋法公约》,之后在其框架基础上建立起当今的全球海洋治理和危机管控机制。

《联合国海洋法公约》的缺陷之一是其没有建立起任何机制来弥合其原始规则中的空白,没有将规则扩展到新发现的海洋管理领域,也没有任何纠正偏差或失败的规定。里斯本可持续治理原则中的一项重要建议是应该实行适应性管理,随着数据和技术的变化而进行适应性改进。随着人类探索和利用海洋能力的不断突破,新技术会带来新的治理真空,需要构建相应的国际机制和规范。海平面上升、海水酸化、珊瑚白化及滨海生态系统退化等全球海洋生态问题突显了全球海洋治理机制的缺失和不足。因缺乏强有力的约束机制,以2020为目标年的联合国可持续发展目标和《生物多样性公约》爱知目标均未能如期实现。治理失序使海洋资源环境承载力和复原力大大降低,传统的海洋治理机制难以应对全球海洋生态危机。

“海洋命运共同体”理念是习近平在全球海洋治理领域提出的共同维护海洋和平、共筑海洋新秩序、共促海洋繁荣发展的中国智慧和中国方案。在涉及众多海洋利益攸关方关系方面,“海洋命运共同体”理念倡导“共商、共建、共享”,兼顾国内和国际,加强各国、国际组织的统筹协调,共同促进海洋可持续发展,增进人类海洋福祉。“海洋命运共同体”理念弥补了现有全球海洋治理机构和机制上的不足,其丰富的内涵彰显了我国的道路自信、理论自信、制度自信和文化自信,也体现了中国向国际社会的承诺和责任担当。目前国际社会各种价值观仍主要服务于各国的海洋现实利益,海洋命运共同体理念与美国主导的航行自由原则并不是完全对立的,而是可以兼并融合的,现实中兼容地位或者主导权之争会是一个长期的和复杂的过程。

四、我国深度参与全球海洋治理面临的挑战

世界正处于百年未有之大变局,不能制海,必为海制,向海而兴,背海而衰!然而,任何国家的海洋强国之路都不是能够轻而易举实现的。当前,我国实施海洋强国战略还面临着一些主要威胁和挑战。

(一)美国印太战略和“新冷战”威胁

2009 年中国第一次成为东盟和非洲的最大贸易国,2010 年中国 GDP 超越日本,成为全球第二大经济体,2020 年中国超越美国成为欧盟第一大贸易伙伴。以美国的视角,中美深陷修昔底德陷阱,博弈、竞争与对抗成为常态。美国对华政策从奥巴马总统时期亚太再平衡战略,到特朗普时期印太战略不断升级。美国在“冷战”思维下担心中国未来会突破第一岛链的围堵,完全取得南海、部分取得西太平洋和印度洋的制海权。美国 2017 年的《国家安全战略》和 2019 年的《印太战略报告》指责中国通过经济贸易重塑印太地区的政治经济秩序,“一带一路”倡议制造沿线国家政府债务危机,从而达成中国的区域领导权战略目标。美国不惜通过采取贸易战、科技战、外交战,甚至金融战和军事挑衅等方式遏制我国的和平发展。

2020 年 10 月 6 日在东京举办的美日印澳四国外长会,商讨印太战略细节,又是一场针对我国的外交围攻,意图打造“亚洲版北约”,掀起大国对抗与“新冷战”,建立针对我国的菱形包围圈。正如当年北约的最大假想敌是苏联,如今四国主导的“亚洲版北约”的假想敌毫无疑问是中国。2021 年 1

月12日，时任美国总统国家安全事务助理奥布莱恩宣布，提前30年解密绝密的《美国在印度洋—太平洋地区的战略框架》文件，该文件于2018年2月获得特朗普总统批准，为美国过去3年的行动提供了总体战略指导。该战略旨在确保美国持续压制中国，在经贸、军事、科技及价值观等所有领域占据主导地位，包括在第一岛链围堵中国、加速印度崛起、强化对华情报工作等。提升“美国价值观”地区影响力措施包括支持“社会活动者”的扰乱行动，并加强信息传播在内的宣传战。在文化领域，美政策目标是塑造反华舆论联合体，炒作“中国发展对其他国家利益造成侵害”等。

绝密文件刻意曝光凸显美国政府“冷战”思维严重，破坏印太地区和平稳定用心险恶。而拜登上台后新设立印太协调官一职主导制华，美国印太战略进一步升级和加码。美国“印太战略”意在联合“五眼联盟”中的其他国家、印度和日本等透过多边机制，对抗中国不断提升的区域影响力，阻止我国海洋强国战略和“21世纪海上丝绸之路”倡议政策目标的实现，拉拢菲律宾、越南、印尼等东盟国家选边站队，选择“印太战略”，阻挠“一带一路”建设。

（二）海洋战略通道安全威胁

重要海峡和岛屿等海上关键节点历来是海权国家争夺的焦点，目前大洋上的重要战略通道已被美、英、法、俄等海权强国占据。虽然我国正在打造西部陆海新通道，中欧班列货运量不断增长，但我国对外贸易货物运输量绝大多数需要通过海上运输的现状不会改变。美国自20世纪50年代开始部署遏制中国崛起的三大岛链，目前美国在全球有海外军事基地374个，分布在近150个国家和地区，海外驻军30余万人，威慑着马六甲海峡、望加锡海峡、巽他海峡、曼德海峡、苏伊士运河、直布罗陀海峡、霍尔木兹海峡等世界上的主要海洋战略通道。中国外贸船队遍布世界各大港口和航线，海上运输线一旦受阻就会影响全球供应链，以石油为例，中国90%以上的进口石油需要从海上运输，其中约80%需经过马六甲海峡。我国海洋战略通道除面临马六甲困境之外，印度洋、波斯湾、西太平洋航线上的重要节点都受到潜在对手的威胁，海上运输生命线处在其他海权国家的威慑之中。

21世纪海上丝路建设是我国实现海洋强国战略的重大倡议，是我国海权崛起的必要过程，必将遭到传统海权国家的一致阻挠和破坏。习近平在纪念中国人民志愿军抗美援朝出国作战70周年大会上的讲话指出，“中国一贯奉行防御性国防政策，中国军队始终是维护世界和平的坚定力量，中国永不称霸、不扩张，坚决反对霸权主义和强权政治”。推进国防和军事现代化建设及颁布实施《海警法》为我国海权道路奠定了坚实的基础。东海和南海突破第一岛链走向深蓝的海权之争，海战或可避免。正如英国当初取得制海权提出“自由贸易”，美国取得制海权则依靠“航行自由”，“海洋命运共同体”理念为我国海洋强国战略提供了坚实的理论基础。

中国的海洋强国之路必将伴随着传统海权国家的巨大威胁，必须提高警惕，并要以足够的战略定力，通过不断提高自身的综合国力加以积极应对，有序推动我国海外港口等重大合作项目建设，维护战略通道和关键节点安全。以“海洋命运共同体”理念扎实推进“21世纪海上丝绸之路”建设和海洋强国战略。

（三）传统海权国家的司法挑战

传统海权国家纷纷利用政治经济、军事、科技优势和对现有海洋国际司法制度建设上的话语权限制和打压竞争国家。《联合国海洋法公约》签署及生效后，各沿海国纷纷加强了与《联合国海洋法公约》相适应的国内海洋法律制度改革，如1997年加拿大颁布《加拿大海洋法》，2000年美国国会通过其第一部海洋性综合法律《海洋法》，2012年越南颁布《越南海洋法》等。以日本为例，2005年提出“海洋立国”的国策后，2007年4月颁布实施《日本海洋基本法》，2008年开始每五年制定一个《日本海洋基本计划》，2009年以后每年发布《年度报告》，从而形成了从顶层设计到五年计划，再进行逐年落实的海洋基本制度体系。日本所有的涉海政策均在《海洋基本法》框架下落实，统筹好国内与国际，从其国家利益出发，开展甚至主导了一系列的多边国际合作，从而实现国际海洋治理合作。各国海洋基本法律制度的完善有助于形成明确的国家海洋战略目标，促进各部门行动形成合力。

美国未加入《联合国海洋法公约》，其国内海洋法律制度体系的建立和完善早于《联合国海洋法公约》，因此对《联合国海洋法公约》内容“合则用，不合则弃”，一方面利用其国内法律实施长臂管辖，避开《联合国海洋法公约》内水、领海、专属经济区等限制条款，在公海甚至其他国家管辖海域以“航行自由”“海洋科考”等名义开发利用海洋油气、矿产、渔业等海洋资源。另一方面却利用《联合国海洋法公约》等国际法限制和打压海洋落后国家开

发利用海洋资源，甚至公开损害他国海洋权益。因此在海洋霸权国家的双重标准下，《联合国海洋法公约》和国际法对各国并未平等统一适用，甚至成为海权国家侵占各类海洋资源的政策工具。

2020年7月13日，时任美国外长彭佩奥发布了《关于美国对中国在南中国海海洋主张立场》，一改对南海领土争端不持立场的态度，声称中国在南海大部分区域的领海主张不合法，这是对我国海洋权益的严重挑衅。日本对华政策与美国亦步亦趋，2021年，日本在联合国提出照会，认为中国南海划设的领海基线不符合《联合国海洋法公约》，宣布不承认中国南海主权。因此，必须警惕美、日等海权强国直接或利用第三国间接地与我国开展的海洋司法斗争。

五、我国参与全球海洋治理的对策建议

（一）不断提升维护海洋权益的能力

我国海洋权益的战略海域包括两洋一海，即西太平洋、印度洋和中国南海，东海和南海权益海域是我国海洋战略走向深蓝的关键，必须坚决维护。2013年，我国顶住国际压力成功在东海划定了包含苏岩礁和钓鱼岛海域与空域的防空识别区，意味着我国主权声索并且军事力量能够有效保护的空域和海域范围，因而有效维护了我国东海的海洋权益。我国南海岛礁建设取得实质进展，机场和港口的建设，必要的国土防御设施部署，海军陆战队守卫，南海舰队的常态化巡航等，有助于在主权范围内行使国际法赋予的自保权和自卫权。

要尽快建立覆盖我国主权范围内管辖海域、海上丝绸之路、“冰上丝绸之路”、大洋航线和全球战略通道的海洋立体观测网。加强海洋战略通道和关键节点安全常态化保障机制，积极推进海外战略支点建设，建立我国在全球范围内战略要地、战略通道和战略资源地的权益保障机制，以习近平“海洋命运共同体”理念为指引，加强与海上丝绸之路沿线国家的国际合作，深度参与联合国框架下的全球海洋治理。

（二）提升海上丝绸之路建设的风险防控能力和战略定力

中国是陆海兼备的海洋大国，不同于美、英、法、日等海权国家的殖民扩张道路，在相当长的时期我国没有足够重视海洋发展。虽然面临诸多困难，

但我国必须坚持陆海统筹发展，打造国际陆海贸易新通道。在“21世纪海上丝绸之路”倡议下，我国对印度洋、非洲和东南亚等地区与港口有关基础设施的投资与建设，始终被以美国为首的海权国家视为竞争威胁，无论从特拉维夫-雅法到科伦坡，再到香港，都增加了“21世纪海上丝绸之路”倡议的地缘政治含义。

在海上丝绸之路建设进展相对陆上缓慢的背景下，更应该加强海上丝绸之路建设，聚焦战略通道和关键节点，积极、有序、稳妥推进重大项目建设，完善项目建设安全保障体系、全链条风险防控体系和法律保障体系，有效规避和降低各类风险，提高建设成效。加强应对气候变化、生物多样性保护和海洋合作交流，推动建设21世纪海上绿色丝绸之路。尤其要推进各项战略、规划和机制有效衔接，强化政策、规范、标准融合。促进“一带一路”建设与国际或区域发展议程衔接匹配，提升我国的海洋硬实力。

（三）深度参与联合国框架下的全球海洋治理

中国于1973年加入国际海事组织，1996年5月批准加入了《联合国海洋法公约》，同年，我国成为国际海底管理局理事会成员。在遵循现有国际合作机制与国际规范框架的基础上，我国应在全球海洋治理的新领域推动构建新的国际合作机制与平台。推动在国家管辖范围以外的地区（ABNJ）应用基于生态系统的方法，改善生物多样性保护和深海生物资源的可持续利用，加强深海战略性资源和生物多样性调查评价。

在全球海洋法律制度方面，我国应积极参与以《联合国海洋法公约》为基础框架的全球海洋法律制度建设，对《联合国海洋法公约》的调整和完善提出代表性主张，为建立和维护公正合理的全球海洋法律秩序发挥积极的作用。具体而言，结合当前复杂国际形势和我国的利益定位，我国应积极参与全球海洋环境制度、全球海洋安全制度与全球海洋法律制度的设计与变革。不断扩大蓝色伙伴关系范围，深度参与全球海洋治理体制机制及规则规范的制定实施，推动构建包括蓝色伙伴关系和“一带一路”沿线国家和地区在内的海洋命运共同体。

（四）构建海洋强国建设法制保障体系

我国近年来在海洋经济和海洋强国战略方面取得的成绩为世界瞩目，软实力的提升也必须与之协调。特别在海洋治理制度改革和法制建设等方面，坚决维护国家海洋权益，加快制定《海洋基本法》。我国《海洋基本法》中应明确南海和东海权益海域的历史性权利，在此基础上实现与《联合国海洋法公约》等国际法的全面接轨，从而对海洋事务统筹协调的行为规范做出基础性规定，为海洋强国建设、海洋经济发展和海洋权益维护提供更高位阶的法制保障，更为科学合理地制定和实施海洋发展规划和各项海洋保护、利用与开发促进政策。此外，我国有关海洋的立法范围局限于主权范围内的国土和管辖海域，而涉及公海、大洋和南北极地区则基本空白，明显滞后于我国海洋经济的发展状况，应加快推进南极立法，保障我国参与南极科研探索和保护利用活动。

系统梳理我国现行的海洋法律制度，对接和保障海洋强国战略部署，推进"立改废"工作。应加强海事司法建设，尽快修订《海域使用管理法》、《海岛保护法》、《领海及毗连区法》和《专属经济区及大陆架法》等，制定和完善《深海海底区域资源勘探开发法》和《海洋环境保护法》配套制度，制定《海洋倾废管理办法》及技术标准，保障各部门应对日趋复杂的海洋局势和海洋事务管理时有更加科学合理的法制保障体系。从而有效支撑管理决策和促进海洋经济高质量发展，提升管理技术水平，促进海洋管理政策稳定、转换和创新。

文章来源：原刊于《中国海洋大学学报(社会科学版)》2021 年第 6 期。

“一带一路”

推动共建“一带一路”高质量发展的国际法解读

■ 杨泽伟

论点撷萃

理念引领行动，方向决定出路。共建“一带一路”无疑应当遵循和体现国际法的基本价值，然而，推动共建“一带一路”高质量发展，除了奉行和平、人本等国际法基本价值外，更应重视人类命运共同体的价值引领作用。

人类命运共同体思想蕴含了持久和平、普遍安全、共同繁荣、开放包容和可持续发展等重要的国际法原则。面对大国竞争的压力，在推动共建“一带一路”高质量发展过程中，应继续坚持人类命运共同体思想蕴含的共同繁荣、开放包容和可持续发展等国际法原则，用以人类命运共同体为价值引领的合作范式来取代、超越传统的地缘竞争的桎梏，为实现更大范围的可持续和平与共同发展创造机遇。

“共商共建共享”原则不但是新时代中国对现代国际法发展的重要贡献，而且是人类命运共同体思想的真实写照和具体化，因此，推动共建“一带一路”高质量发展必须坚持“共商共建共享”原则。在推动共建“一带一路”高质量发展的过程中，无论是投资保护协定的谈判，还是司法协助条约的签署，不但为“共商共建共享”原则进一步适用提供了广阔的空间，而且在充分考虑各方不同关切、凝聚各国共识的基础上，“共商共建共享”原则的内涵将会进一步丰富。

为了进一步提升“一带一路”沿线国家和地区的法治状况，因应推动共

作者：杨泽伟，武汉大学国际法研究所教授，教育部长江学者特聘教授，武汉大学国际法治研究院首席专家，中国海洋发展研究中心研究员

建"一带一路"高质量发展的需要，一方面应拓宽"一带一路"沿线国际法治的合作领域，由最初的设施、贸易和资金等"五通"领域逐步扩展到"绿色丝绸之路""廉洁丝绸之路""健康丝绸之路""数字丝绸之路"等；另一方面，加强国际法治合作，推动共建"一带一路"高质量发展进程中的"国际法治命运共同体"的构建。

无论是国际商事法庭的运行还是国际商事争端预防与解决组织的建立，都必将有利于为推动共建"一带一路"高质量发展营造良好的法治环境，也有利于"一带一路"建设行稳致远。

近年来，无论是党和国家领导人的讲话还是党的会议文件，均强调要推动共建"一带一路"高质量发展。例如，2020 年 6 月，习近平向"一带一路"国际合作高级别视频会议发表书面致辞，他强调：中国始终坚持和平发展、坚持互利共赢。我们愿同合作伙伴一道，把"一带一路"打造成团结应对挑战的合作之路、维护人民健康安全的健康之路、促进经济社会恢复的复苏之路、释放发展潜力的增长之路。通过高质量共建"一带一路"，携手推动构建人类命运共同体。2020 年 10 月，党的十九届五中全会通过的《中共中央关于制定国民经济和社会发展第十四个五年规划和 2035 年远景目标的建议》也提出，推动共建"一带一路"高质量发展。2021 年 5 月，中共中央政治局召开会议特别强调要推动共建"一带一路"高质量发展。2021 年 7 月，习近平在庆祝中国共产党成立 100 周年大会上发表重要讲话，他指出：新的征程上，我们必须高举和平、发展、合作、共赢旗帜，奉行独立自主的和平外交政策，坚持走和平发展道路，推动建设新型国际关系，推动构建人类命运共同体，推动共建"一带一路"高质量发展，以中国的新发展为世界提供新机遇。2021 年 11 月，习近平在第三次"一带一路"建设座谈会上强调指出，完整、准确、全面贯彻新发展理念，以高标准、可持续、惠民生为目标，巩固互联互通合作基础，拓展国际合作新空间，扎牢风险防控网络，努力实现更高合作水平、更高投入效益、更高供给质量、更高发展韧性，推动共建"一带一路"高质量发展不断取得新成效。那么，为什么要推动共建"一带一路"高质量发展？推动共建"一带一路"高质量发展的国际法含义又是什么？如何推动共建"一带一路"高质量发展？笔者试图从国际法角度对推动共建"一带一路"高质量发展进行解读。

一、推动共建"一带一路"高质量发展的内生动力

(一)推动共建"一带一路"高质量发展是共建"一带一路"进程的必然要求

作为中国扩大对外开放的重大举措,"一带一路"建设既是构建人类命运共同体的伟大实践,也是当今世界规模最大的国际合作平台和最受欢迎的国际公共产品。8年来,"一带一路"倡议从愿景到行动,从理念到共识,从夯基垒台、立柱架梁到全面深入发展,国际影响力不断提升。"一带一路"倡议正得到更多国家的积极响应,相关国家的参与热情高、合作范围广。截至2021年12月1日,中国已经同144个国家和32个国际组织签署了200余份共建"一带一路"合作文件。特别是在2020年,共建"一带一路"规划类合作文件第一次在中国与区域性国际组织"非盟"签署。8年来,中国企业在"一带一路"沿线国家直接投资累计超过1300亿美元;中国与"一带一路"合作伙伴贸易额累计超过9.2万亿美元;中国与"一带一路"沿线国家货物贸易额占中国对外贸易总额的比重提高了4.1个百分点。此外,"六廊六路多国多港"的互联互通架构基本形成,一大批合作项目落地生根。"一带一路"国际合作的成功实践为国际贸易和投资搭建了新平台,为世界经济增长开辟了新空间。

经过多方努力和国际合作,共建"一带一路"已经完成了总体布局,绘就了一幅"大写意",未来需进一步聚焦重点、精雕细琢,共同绘制好精谨细腻的"工笔画",推动经济全球化朝着更加开放、包容、普惠、平衡、共赢的方向发展,将发展的潜力激发出来。换言之,推动共建"一带一路"高质量发展是今后共建"一带一路"进程中的必然要求和应有之义。

(二)推动共建"一带一路"高质量发展有助于化解国际社会对共建"一带一路"的误解

自"一带一路"倡议提出来以后,一些欧美国家的质疑声一直没有间断。一方面,一些欧美学者认为,"一带一路"倡议是中国版的"马歇尔计划",是"新殖民主义";中国政府推进共建"一带一路",就是为了恢复昔日的"朝贡体系"。另一方面,从2017年下半年开始,澳大利亚、印度、日本、美国以及一些欧洲国家对"一带一路"倡议的"敌视"态度逐步增强,认为"一带一路"倡议将对美国及其盟友和有关参与方带来一系列挑战与风险,华盛顿必须有

效应对该倡议及其自然外溢产生的中国“锐实力”的影响。时任美国国防部长马蒂斯还曾于2017年明确指出:在全球化的世界里,有“多带多路”,没有任何一个国家可以发布“一带一路”的“命令”。此外,一些智库报告也表达了对共建“一带一路”的疑虑和担忧。例如,“一带一路”有可能为污染与气候变化治理、减少碳排放做出贡献,但必须警惕斯里兰卡等国脆弱的抗风险能力;“一带一路”项目是否符合预设的环保标准;“一带一路”是否会取代既存的国际机制等。

然而,推动共建“一带一路”高质量发展是习近平面向世界提出的重要理念,它既有助于化解国际社会对共建“一带一路”的误解,也顺应了“一带一路”合作伙伴的普遍期待,明确了各国携手努力的前进方向,必将推进共建“一带一路”走深走实、行稳致远。

二、推动共建“一带一路”高质量发展的国际法内涵

(一)推动共建“一带一路”高质量发展应以人类命运共同体为价值引领

理念引领行动,方向决定出路。共建“一带一路”的行动无疑应当遵循和体现国际法的基本价值,然而,推动共建“一带一路”高质量发展,除了奉行和平、人本等国际法基本价值外,更应重视人类命运共同体的价值引领作用。

(1)人类命运共同体蕴含的国际法原则是推动共建“一带一路”高质量发展的基石。

人类命运共同体就是每个民族、每个国家的前途命运都紧紧联系在一起,应该风雨同舟、荣辱与共,努力把我们生于斯、长于斯的这个星球建成一个和睦的大家庭,把世界各国人民对美好生活的向往变成现实。人类命运共同体思想蕴含了持久和平、普遍安全、共同繁荣、开放包容和可持续发展等重要的国际法原则。众所周知,2020年初以来,新冠肺炎疫情在全球肆虐,然而,疫情中“一带一路”建设成效显著、亮点纷呈。例如,2020年,中国对“一带一路”沿线国家的进出口总值达到9.37万亿元人民币,中国企业对“一带一路”沿线58个国家非金融类直接投资177.9亿美元,中国企业在“一带一路”沿线的61个国家新签对外承包工程项目合同5611份,总额1414.6亿美元。可见,这些骄人的成绩不但折射出“一带一路”的生命力,而且昭示

了人类命运共同体蕴含的共同繁荣、开放包容、平等互助是推动共建"一带一路"高质量发展的最大优势。正如中国外交部部长所言:打造人类命运共同体,意味着各国不分大小、强弱、贫富,一律平等,共同享受尊严、发展成果和安全保障,弘扬和平、发展、公平、正义、民主、自由等全人类的共同价值。

(2)人类命运共同体蕴含的国际法原则有助于推动共建"一带一路"高质量发展过程中形成大国良性竞合关系。

"一带一路"倡议自2013年提出以来,一直把基础设施互联互通作为共建"一带一路"的优先领域,并带动了日本、美国等大国加大在基础设施建设方面的投入。例如,2015年5月,日本政府提出了"高质量基础设施合作伙伴"倡议;2018年2月,美国、澳大利亚、日本和印度联合推出了"联合地区基础设施项目";2018年11月,澳大利亚设立了"澳大利亚基础设施投资管理公司";2018年12月,美国政府制定了"亚洲再保证倡议法案";2019年11月,美国、日本、澳大利亚联合发布了"蓝点网络计划"等,不少媒体把上述现象称为"基建竞赛"(infrastructure race)、"基建攻势"(infrastructure push)乃至"基建战争"(infrastructure war)等。面对来自日本、美国等大国竞争的压力,在推动共建"一带一路"高质量发展过程中,应继续坚持人类命运共同体思想蕴含的共同繁荣、开放包容和可持续发展等国际法原则,用以人类命运共同体为价值引领的合作范式来取代、超越传统的地缘竞争的桎梏,为实现更大范围的可持续和平与共同发展创造机遇。诚如习近平所指出的:"一带一路"是大家携手前进的阳光大道,不是某一方的私家小路。所有感兴趣的国家都可以加入进来,共同参与、共同合作、共同受益。

(二)推动共建"一带一路"高质量发展必须坚持"共商共建共享"原则

(1)"共商共建共享"原则呈向国际法基本原则发展之势,对推动共建"一带一路"高质量发展具有指导意义。

一般认为,国际法基本原则具有普遍约束力并能适用于国际法各个领域。"共商共建共享"原则逐步获得了国际社会的普遍认可、具有普遍约束力且能适用于国际法各个领域等,因而具备了现代国际法基本原则的主要特征。"共商共建共享"原则不但是新时代中国对现代国际法发展的重要贡献,而且是人类命运共同体思想的真实写照和具体化,因此,推动共建"一带一路"高质量发展必须坚持"共商共建共享"原则。

（2）“共商共建共享”原则丰富的内涵有助于进一步推动共建“一带一路”高质量发展。

“共商”就是“大家的事大家商量着办”，“共建”是指“一带一路”沿线各方均可成为推动“共建”“一带一路”高质量发展的建设者，“共享”是指“一带一路”沿线各方均可从“共建”“一带一路”高质量发展的“共建”成果中受益。可见，“共商共建共享”原则是对传统国际法基本原则的继承和发展，它不但进一步深化了国家主权平等原则的内涵，而且有力地拓展了国际合作原则的具体形式，无疑有助于进一步推动共建“一带一路”高质量发展。

（3）推动共建“一带一路”高质量发展将进一步充实“共商共建共享原则”。

如前所述，迄今在144个国家和32个国际组织与中国签署的200余份共建“一带一路”合作文件中，均载有“共商共建共享”原则。无疑，“共商共建共享”原则对中国与上述144个国家的国际合作，具有约束力。然而，不可否认的是由于国情的不同和国家利益的差异，“一带一路”沿线国家对“共商共建共享”原则的理解可能不完全一致。因此，在推动共建“一带一路”高质量发展的过程中，无论是投资保护协定的谈判，还是司法协助条约的签署，不但为“共商共建共享”原则进一步适用提供了广阔的空间，而且在充分考虑各方不同关切、凝聚各国共识的基础上，“共商共建共享”原则的内涵将会进一步丰富。

（三）推动共建“一带一路”高质量发展应有相应的机构平台支撑

（1）“一带一路”国际合作高峰论坛在共建“一带一路”中发挥了重要作用。

进入21世纪以来，作为“国家间进行多边合作的一种法律形态”的国际组织，呈现出两大发展趋势：一是继续沿用传统的国际组织的发展模式，设立大会、理事会和秘书处等“三分结构”的机关，如上海合作组织；二是形式松散、没有常设秘书处以及多采用论坛等形式，如G20、“金砖国家集团”。然而，作为一种国际合作的新形态和全球治理新平台的“一带一路”倡议，则采用国际组织发展的第二种模式，其合作方式同样灵活多样，其中，“一带一路”国际合作高峰论坛是“一带一路”建设中最重要的国际合作机制。众多周知，“一带一路”国际合作高峰论坛分别于2017年和2019年在北京举行，论坛吸引了众多国际组织负责人和“一带一路”沿线国家的政府首脑参会，如第二届论坛包括中国在内，38 个国家的元首或政府首脑等领导人以及联合国秘书长和国际货币基金组织总裁共 40 位领导人出席圆桌峰会，来自 150 个国家、92 个国际组织的 6000 余名外宾参加了论坛。论坛亦取得了丰硕成果，如第二届论坛“形成了一份 283 项的成果清单”，“中外企业对接洽谈并签署合作协议，总金额 640 多亿美元”等。可见，“一带一路”国际合作高峰论坛充分发挥了“汇众智、聚众力”的积极作用。然而，或许受新冠肺炎疫情的影响，第三届“一带一路”国际合作高峰论坛还没有召开，在某种程度上印证了论坛可能采用“不定期年会”的惯例。总之，“一带一路”国际合作高峰论坛充分体现了其富有弹性的合作方式、奉行“共商共建共享”原则以及决策程序民主透明等特点，是一种“多元开放的合作进程”。

(2)推动共建“一带一路”高质量发展呼唤“一带一路”国际合作高峰论坛的升级方案。

近年来，学术界就“一带一路”高峰论坛的升级问题展开了较为热烈的讨论，涌现了各种各样的方案。例如，有学者认为，2017 年《“一带一路”国际合作高峰论坛圆桌峰会联合公报》标志着“一带一路”从一个中方倡议逐渐发展成为国际化的机制和议程，而中方的角色也从主场、主席和主持升级到主角、主动和主导；有学者建议成立“一带一路”国际秘书处作为常设机构；有研究者则提出可以借鉴“博鳌亚洲论坛”的模式，设立理事会作为论坛最高执行机构指导论坛工作、设立秘书处作为常设机构负责论坛日常事务、设立咨询委员会提供政策建议以及设立研究院提供智力支持等；还有研究者提出更为详细的方案，如成立“首脑峰会”作为决策机构、成立“高管会”或“外长会”作为协调机构、成立“‘五通’委员会”或“地区和专门领域工作组”作为执行机构、成立“国别和区域秘书处”作为秘书机构以及成立“专家小组”“咨询委员会”等作为专业机构。

可见，升级“一带一路”国际合作高峰论坛、推动其向政府间国际组织方向发展，不但成为学术界和实务部门的共识，而且是推动共建“一带一路”高质量发展的客观要求。因为推动共建“一带一路”高质量发展，仅仅依靠“一带一路”沿线国家的共识远远不够，更需要通过国际组织决议的形式把共识转化为具体的国际合作计划。因此，“一带一路”国际合作高峰论坛一方面可与现有国际机构特别是联合国开发计划署、联合国工业发展组织、联合国贸易和发展会议、联合国经济和社会事务部等联合国机构以及多边开发银

行等加强合作，共同开展能力建设；另一方面，可在联合国、亚投行、金砖国家开发银行、上海合作组织、中国—中东欧银行联合体等多边机构框架下，不断探索，按照循序渐进的原则，尝试把“首脑峰会”“外长会”机制化，加快推动“一带一路”国际合作高峰论坛向多边式平台方向发展。

（四）推动共建“一带一路”高质量发展应协调国际法治与国内法治

1. 推动共建“一带一路”高质量发展对“一带一路”沿线国家和地区的法治状况提出了更高要求

（1）在“一带一路”建设期间促进了现有国际法律制度在“一带一路”沿线国家和地区的适用。

例如，“21世纪海上丝绸之路”建设过程就始终遵循和维护以《联合国海洋法公约》为核心的国际海洋法律秩序。国际社会于1982年签署的《联合国海洋法公约》囊括了海洋法领域的方方面面，如港口管理、领海宽度、海峡制度、群岛水域、专属经济区、大陆架的界限、海洋环境保护、海洋科学研究以及国际海底区域资源的勘探和开发制度，因而被誉为“海洋宪章”。在《联合国海洋法公约》近170个缔约方中，有不少是“一带一路”的沿线国家。“21世纪海上丝绸之路”建设中的各类项目，如中国与希腊比雷埃夫斯港的合作以及中国与斯里兰卡汉班托塔港的合作，均涉及港口管理的国际海洋法律制度；中国与沙特阿拉伯和伊朗等中东国家的能源合作，又与海上能源运输通道的维护和海洋环境保护制度密切相关，可见，“21世纪海上丝绸之路”建设与国际海洋法治紧密相连。又如，在“一带一路”建设过程中，中国通过与“一带一路”沿线国家签订双边、区域或次区域协定的方式，进一步推动贸易便利化规则体系的发展与完善，2018年《中华人民共和国与欧亚经济联盟经贸合作协定》和2020年《区域全面经济伙伴关系协定》等，即为典型的例子。

（2）“一带一路”沿线国家和地区的国际法治水平有待进一步提升。

关于对一国法治状况的评估，目前国际社会影响较大的评估标准主要有世界银行的“营商环境指数”和“世界正义工程”的法治指数。前者重点考察各国商业法规中的以下10个因素：开办企业、办理施工许可、获得电力、产权登记、获得信贷、保护少数投资者、纳税、跨境贸易、合同执行和破产办理，后者主要包括如下9项法治因子：有限的政府权力、腐败的缺席、开放的政府、基本权利、秩序与安全、监管执行、民事司法、刑事司法和非正式司法。

按照上述两大评估标准进行统计分析，"一带一路"沿线国家和地区的法治状况评估的得分较低，说明"一带一路"沿线的国际法治状况有待进一步改善。

因此，为了进一步提升"一带一路"沿线国家和地区的法治状况，因应推动共建"一带一路"高质量发展的需要，一方面应拓宽"一带一路"沿线国际法治的合作领域，由最初的设施、贸易和资金等"五通"领域逐步扩展到"绿色丝绸之路""廉洁丝绸之路""健康丝绸之路""数字丝绸之路"等；另一方面，加强国际法治合作，推动共建"一带一路"高质量发展进程中的"国际法治命运共同体"的构建。诚如联合国发展政策委员会（Committee for Development Policy）所指出的：有效的全球治理离不开富有成效的国际合作，各国有必要在机构、政策、规则和程序等方面进行协调，以共同应对跨越国界的各种挑战。

2. 推动共建"一带一路"高质量发展亦需要国内营造良好的法治环境

推动共建"一带一路"高质量发展营造良好的法治环境涉及方方面面，其中，最为重要的是构建"一带一路"多元化争端解决机制，提高裁判的吸引力和公信力。

2018年1月，中央全面深化改革领导小组审议通过了《关于建立"一带一路"国际商事争端解决机制和机构的意见》，2018年6月，最高人民法院出台了《最高人民法院关于设立国际商事法庭若干问题的规定》，并于6月29日在深圳市和西安市分别设立了"第一国际商事法庭"和"第二国际商事法庭"，成立国际商事专家委员会，建立诉讼与调解、仲裁有机衔接的"一站式"国际商事纠纷多元化解决机制。可以说，这是中国建立符合现代国际法的"一带一路"国际商事纠纷多元化解决机制的有益尝试。

2020年10月，国际商事争端预防与解决组织在北京正式成立。国际商事争端预防与解决组织是由中国国际商会联合来自亚洲、欧洲、非洲、北美洲以及南美洲等国家和地区的商协会、法律服务机构、高校智库共同发起设立的非政府间、非营利性国际组织，其宗旨为提供从国际商事争端预防到解决的多元化服务，保护当事人合法权益，营造高效便捷、公平公正的营商环境，推动构建公正合理的国际经济秩序。

总之，无论是国际商事法庭的运行还是国际商事争端预防与解决组织的建立，都必将有利于为推动共建"一带一路"高质量发展营造良好的法治环境，也有利于"一带一路"建设行稳致远。然而，鉴于"一带一路"建设过程中参与主体的多样性、争端类型的复杂性以及“一带一路”沿线国家法治文化的差异性，因而应进一步完善诉讼、仲裁和调解有机衔接的争端解决服务保障机制，协调国际商事法庭和国际商事争端预防与解决组织的关系，切实提高争端解决机制的公信力和吸引力，以满足“一带一路”沿线国家多元化纠纷解决的需求。

值得注意的是，2021 年 7 月 21 日，最高人民法院“一站式”国际商事纠纷多元化解决平台在国际商事法庭网站上线启动试运行。“一站式”国际商事纠纷多元化解决平台为当事人提供电脑 PC 端国际商事法庭网站、手机端“中国移动微法院”微信小程序两种登录渠道，方便中外当事人根据所处环境和自身条件选择相应的线上方式进行诉讼、参与调解。

三、推动共建“一带一路”高质量发展的具体建议

（一）推动共建“一带一路”高质量发展的规范应由以软法为主向软法与硬法兼顾的方向发展

（1）采用以“软法”为主的规范形式有利于吸引更多国家参与“一带一路”建设。

“一带一路”倡议提出 8 年来，一直采取“软机制”的国际合作形式：没有常设的秘书处，合作文件也没有采用有法律约束力的规范形式，例如，与“一带一路”相关的双边合作文件的主要形式为倡议、声明和备忘录等软法。在这些合作文件中，有些甚至明确规定“双方共同确认，本谅解备忘录不具有法律约束力”或者共同声明“本谅解备忘录不构成双方间的一项国际条约，仅表达双方在推动‘一带一路’倡议方面的共同意愿”。这种“软机制”体现了“一带一路”倡议的包容性，也有利于吸引更多国家和地区参与共建“一带一路”。

（2）软法与硬法兼顾的规范形式是推动共建“一带一路”高质量发展的现实需要。

首先，在“一带一路”建设过程中中国与沿线国家和地区达成了诸多共识，然而，这些共识还需要更具体的计划或方案予以落实执行，而计划或方案的实施更适宜采用硬法的形式，明确规定双方的权利和义务。事实上，在中国政府与“一带一路”沿线国家签订的合作文件中一般载有“双方可通过

缔结条约或其他合作文件予以实施”等规定。其次，虽然“一带一路”沿线国家和地区的情况特别复杂，但是应为“一带一路”设立一系列规则，逐渐成为大多数国家和人民的共同愿望，特别是在税收、航空和司法合作等领域，签订具有硬法性质的双边协定尤为必要。最后，在很多国家和地区看来，双方合作的目标在于“促进基于规则的国际秩序”。因此，推动共建“一带一路”高质量发展的规范由以软法为主向软法与硬法兼顾的方向发展，乃大势所趋。

(二)推动共建“一带一路”高质量发展应进一步加强第三方合作

(1)第三方合作是共建“一带一路”的重要内容。

第三方合作是指中国企业(含金融企业)与有关国家企业共同在第三方市场开展经济合作，在中国政府出台的有关“一带一路”文件中，明确规定了第三方合作问题。因为“一带一路”建设是公开透明的，中国在“一带一路”沿线国家与有关发达国家开展第三方合作，既能发挥在技术、资金、产能和市场等方面的互补优势，又能促进互利共赢，因此，推动共建“一带一路”高质量发展应进一步加强第三方合作。

(2)进一步扩大第三方合作的范围。

8 年来，中国已同法国、英国、意大利、加拿大和日本等 10 多个国家签订了有关开展第三方市场合作的协议，如 2019 年 6 月中英签署了《关于开展第三方市场合作的谅解备忘录》。从上述协议来看，中国企业与外国企业在第三方市场合作涉及很多方面，涵盖了产品服务、工程合作、投资合作、产融合作和战略合作等多种类型，囊括了铁路、化工、油气、电力和金融等多个领域。今后，中国可以与更多国家签订开展第三方市场合作的协议，中国企业与外国企业的合作范围可以进一步拓宽，从而推动共建“一带一路”高质量发展。

(3)总结第三方合作的经验教训。

2019 年 9 月，国家发展和改革委员会发布了《第三方市场合作指南和案例》，其以“解剖麻雀”的方式，选取了 21 个不同类型的案例，如“中国中铁与意大利 CMC 公司合作实施黎巴嫩贝鲁特供水隧道项目”“中国油气企业与日本、法国等国油气企业共同投资建设俄罗斯亚马尔 LNG 项目”等，涉及日本、意大利、英国等国的合作伙伴以及印尼、黎巴嫩、俄罗斯等合作项目所在国，无疑，上述 21 个案例是属于比较成功的第三方合作的案例。此外，还有

一些不太成功的案例，如中国、法国两国在英国合作的欣克利角核电项目。因此，仔细梳理共建“一带一路”过程中的有关第三方合作的典型案例，总结其成功的经验，探讨其失败的教训，分析其原因，研究第三方合作涉及的相关国际法问题等，不但对有意开展第三方市场合作的中外企业具有较好的参考价值，而且能助力推动共建“一带一路”高质量发展。

（三）推动共建“一带一路”高质量发展应主动寻求与国际组织倡议对接

虽然共建“一带一路”的宗旨之一就是为了“推动更大范围、更高水平和更深层次的大开放、大交流、大融合”，其实施路径是开放包容的，“欢迎世界各国和国际组织积极参与”，但是近年来美国试图通过多边援助审查，加强对世界银行等现有国际发展机构的控制，阻挠国际组织参与“一带一路”合作，因此，推动共建“一带一路”高质量发展，主动寻求与国际组织倡议对接就显得尤为重要。

（1）推动共建“一带一路”的组织平台与联合国相关机构对接与合作。

一方面，进一步促进现今共建“一带一路”的组织平台——“一带一路”国际合作高峰论坛与联合国系统的各种机构如世界银行、国际货币基金组织、国际金融公司、联合国开发计划署、联合国工业发展组织以及联合国贸易和发展会议等进行实质性合作，这不但是提升共建“一带一路”高质量发展组织平台能力建设的关键步骤，也是推动更多国际组织参与“一带一路”国际合作的重要一环。另一方面，在强化“一带一路”合作多边属性的基础上，加强“一带一路”倡议与联合国2030年可持续发展议程、非盟《2063年议程》、欧亚经济联盟《〈2025年前欧亚经济一体化发展战略方向〉实施计划》《东盟互联互通总体规划2025》、亚太经合组织互联互通蓝图、欧盟“欧亚互联互通战略”等各类全球层面和区域层面的发展战略或规划对接。

（2）因应“百年未有之大变局”之势，加快“绿色丝绸之路”“数字丝绸之路”等建设。

近年来随着气候变化、环境污染等问题日益严峻，一些国家推出了“绿色新政”，将投资可再生能源作为推动经济复苏的战略选择，因此，通过成立“一带一路”绿色发展国际联盟、落实《巴黎协定》和加强绿色融资（包括发行绿色债券）等，推动“一带一路”沿线绿色发展进程并打造“绿色丝绸之路”，既有利于实现生态可持续发展，也契合了全球环境治理体系的客观要求。

此外，近10年来以大数据、人工智能、物联网和量子计算为代表的第四次工业革命拉开帷幕，人类进入了全新的“数字时代”。因此，进一步推动“数字丝绸之路”建设，不但有助于消除世界范围内的“数字鸿沟”，而且有利于加强与“一带一路”沿线国家的数字经济合作，可见，“绿色丝绸之路”和“数字丝绸之路”等建设，是推动共建“一带一路”高质量发展的重要环节。

（四）推动共建“一带一路”高质量发展应使中国标准成为国际软法

众所周知，基础设施互联互通是“一带一路”建设的优先领域，加强基础设施等“硬联通”是共建“一带一路”合作的重点之一。“一带一路”倡议的主体框架包括了“六路”和“多港”。此外，截至2021年10月底，按照“统一品牌标志、统一运输组织、统一全程价格、统一服务标准、统一经营团队和统一协调平台”等“六统一”的机制运行开行的中欧班列已累计开行超4.6万列，通达欧洲23个国家的175个城市。推动共建“一带一路”高质量发展，促使由基础设施的“硬联通”向各国互联互通法规和体系对接的“软联通”转型升级。

（1）进一步推动国际过境运输便利化及其制度的完善。

虽然中国政府与“一带一路”沿线10多个国家签署了《上海合作组织成员国政府间国际道路运输便利化协定》《关于沿亚洲公路网国际道路运输政府间协定》等双多边运输便利化协定，但是在已签署运输便利化协定的“一带一路”沿线国家中，还面临着双边合作难以深入、多边合作无法开展的困境，例如，中、老、泰三国在国际运输法律法规、检验检疫标准和海关制度等方面存在制度性差异，给铁路便利化运输和通关带来很大障碍。因此，应进一步落实中国政府有关部门发布的《关于贯彻落实“一带一路”倡议 加快推进国际道路运输便利化的意见》，鼓励“一带一路”沿线国家加强在签证、通关等领域的规则协调与合作，增进各国在未统一事宜上的协商与信息互通，采取更为积极主动的方式促进各国间的互惠协定的达成，提高各国间铁路货物运输的效率。

（2）推动中国标准向国际软法方向转变。

2015年10月，“一带一路”建设工作领导小组发布了《标准联通“一带一路”行动计划（2015—2017）》，之后又推出了《标准联通共建“一带一路”行动计划（2018—2020年）》，该行动计划的重要目标包括：持续提升中国标准与国际标准体系一致化程度、制定推进“一带一路”建设相关领域中国标准名

录以及推动中国标准在“一带一路”建设中的应用。鉴于“一带一路”倡议下的国际铁路货物运输运单的统一，货运单、客票以及货物通关制度等都存在统一的可能性和必要性，提高关税的统一程度对实现更高的互联互通有重要意义，因此，推动将标准联通共建“一带一路”行动计划要素纳入与沿线国家有关外交、科技、商务和质检等国家间合作框架协议和多双边合作机制中，从而使中国标准成为国际软法，这是推动共建“一带一路”高质量发展的重要路径。

文章来源：原刊于《武汉科技大学学报(社会科学版)》2022年第2期。

“一带一路”高质量发展：态势、环境与路径

■ 傅梦孜

论点撷萃

新冠疫情暴发以来，可以看到，以数字、健康、绿色等理念为代表的新型“一带一路”项目建设发展迅速，取得瞩目成果。这也是全球产业经济转型升级的重要依托与希望所在。未来，高质量建设“一带一路”亦应将此作为重要方向。作为对推进“一带一路”高质量发展的一些思考，这里有一些需要特别而具体强调的几个“结合”。

一是与“数字”结合。推进“数字一带一路”建设，在沿线国家未来产业转型中把握主动。数字经济发展潜力巨大，加强与“一带一路”沿线国家数字经济合作，既可促进共同发展，亦可保障共同数据安全。我们应在世界数字经济规则的确立以及产业革命转型过程中抓住机会，掌握主动，走在前沿。

二是与“绿色”结合。迎接全球碳中和浪潮，响应并切实履行减排承诺，推动“绿色一带一路”行稳致远。“一带一路”海外建设企业需要更积极寻找新的发展契机，走进碳减排潮流，才能掌握企业发展的主动权。推动海外项目与各国碳中和目标相适应，与沿线国家共商共议推出“一带一路”的环境、社会与企业管理(ESG)投资评价体系，积极迎接碳中和浪潮，使绿色成为标配，“一带一路”建设才更有活力，其持续性才更能得到保证。

三是与“健康”结合。把应对公共卫生危机作为重要方面，推动建设“健康一带一路”。在“一带一路”建设问题上，中国政府提出建设“健康丝绸之路”正是高质量发展的一个重要内涵。新冠疫情全球蔓延，使推进“健康丝

作者：傅梦孜，中国现代国际关系研究院副院长、研究员

绸之路”建设显得更为迫切

四是与“价值链”结合。“一带一路”高质量发展进程中，应有效融入并随势调整全球价值链。周边应是产业链布局最优先考虑的方向，要确保中国与周边经济发展同频共振、共同发展、共同繁荣。对过于遥远的地区，要选择精准发力，有的放矢，突出扶持重点项目，客观评估其国别风险和大国干预风险，并采取得力措施防范和化解。

“一带一路”倡议的提出已经有八年多，这个伟大的倡议从理念到实践，从规划到行动，掀起了全球范围内互联互通斑斓壮丽的多彩画卷。八年多来，在“一带一路”沿线，一大批合作项目落地生根并在稳步推进。经贸投资不断深化，以铁路、公路、航运、航空、管道、空间综合信息网络等为核心的“六廊六路多国多港”架构基本形成。可以说，“一带一路”开启了人类历史上大范围、多形式互联互通的全新征程。时下，“一带一路”建设已然越过最初阶段，正在进入从“大写意”向“工笔画”转变的高质量发展新时期。

一、“一带一路”转向高质量发展

高质量发展作为一个政治或政策术语，在 2017 年 10 月中国共产党第十九次全国代表大会上首次被提出，即“我国经济已由高速增长阶段转向高质量发展阶段”。同年 12 月中央经济工作会议进一步阐明：“高质量发展，就是能够满足人民日益增长的美好生活需要的发展，是体现新发展理念的发展，是创新成为第一动力、协调成为内生特点、绿色成为普遍形态、开放成为必由之路、共享成为根本目的的发展。”更明确地说，高质量发展，就是从“有没有”转向“好不好”。十九届五中全会进一步明确“我国已转向高质量发展阶段”。这里的“我国经济”已经去掉了“经济”二字。显然，高质量发展不只局限于经济领域，而是对经济社会发展方方面面的总要求。

从经济意义而言，这一表述表明，经过数十年持续高速发展，中国经济已出现整体升级换档的阶段性变化，即由高速增长阶段转向高质量发展阶段。这是党中央统筹内外环境变化，特别是中国经济发展条件和现实发展状况做出的重大判断。中国超大规模经济仍在成长，超大规模市场已然生成，外溢内引效应更为显著，无论我们“走出去”还是“引进来”，如商品和服务的出口和进口，对外投资和吸引外资，都需要在更高标准与更高水平层面展开。作为开放型经济平台的“一带一路”建设，经历过最初铺摊子式发展后，也必然呼应高质量发展的客观要求。

2018年，习近平主席最先提出“一带一路”高质量发展。这是习主席在2013年秋分别访问哈萨克斯坦和印度尼西亚先后提出构建“陆上丝绸之路”和“海上丝绸之路”倡议以后，对“一带一路”建设提出的新的总体要求，也是“一带一路”建设由最初阶段转向新阶段的方向性标注。2018年8月，习近平在推进“一带一路”建设工作五周年座谈会上指出：过去几年共建“一带一路”完成了总体布局，绘就了一幅“大写意”，今后要聚焦重点、精雕细琢，共同绘制好精谨细腻的“工笔画”。习主席进一步明确指出：经过夯基垒台、立柱架梁的5年，共建“一带一路”正在向落地生根、持久发展的阶段迈进。我们要百尺竿头更进一步，在保持健康良性发展势头的基础上，推动共建“一带一路”向高质量发展转变，这是下一阶段推进共建“一带一路”工作的基本要求。同年11月18日，在南太平洋岛国的巴布亚新几内亚首府莫尔斯比港，习近平主席出席亚太经合组织第二十六次领导人非正式会议发表题为《把握时代机遇 共谋亚太繁荣》的重要讲话提出，中国将同各国一道，坚持共商共建共享，高质量、高标准、高水平建设“一带一路”，显然，“高质量、高标准、高水平”成为“一带一路”建设的标杆，成为“一带一路”高质量发展的方向。

2019年4月26日，习近平主席在第二届“一带一路”国际合作高峰论坛开幕式上发表主旨演讲时强调：面向未来，我们要聚焦重点、深耕细作，共同绘制精谨细腻的“工笔画”，推动共建“一带一路”沿着高质量发展方向不断前进。2020年9月12日，国家发改委召开“一带一路”建设高质量发展推进会。面对新冠疫情全球蔓延的挑战与蕴含的机遇，会议要求科学研判、积极应对，扎实推进构建人类命运共同体的伟大实践，不断推进“一带一路”高质量发展。2021年3月5日，第十三届全国人民代表大会第四次会议在北京人民大会堂开幕。李克强总理作政府工作报告时指出，建设更高水平开放型经济新体制，推动共建“一带一路”高质量发展，构建面向全球的高标准自由贸易区网络。“一带一路”高质量发展已形成普遍共识与国家政策，与对内建设开放型经济新体制和对外建立全球高标准自由贸易区网络是相适应的。对于“一带一路”高质量发展，2021年《政府工作报告》明确了六个方面的内涵：一是形成多维立体、畅通高效的基础设施互联互通网络体系；二是

深入推进政策、规则、标准对接合作，提升软联通水平；三是坚持市场化运作，构建政府引导、企业主体、民间促进的多元共建格局；四是坚持开展广泛深入、多元互动的人文交流，夯实民意基础；五是兼顾各方关切，不断完善利益共享、风险共担的合作机制；六是顺应新发展趋势，建设创新、绿色、健康的“一带一路”。

“十四五”规划和2035年远景目标纲要明确指出推动“一带一路”高质量发展。纲要强调，“十四五”是推动“一带一路”高质量发展的关键时期。根据“一带一路”建设中的新进展、新变化，做好面向“十四五”乃至更长时期高质量发展的战略布局、优化战略顶层设计，是非常重要的任务。

2021年11月19日，习近平主席在北京出席第三次“一带一路”建设座谈会发表重要讲话时强调“以高标准可持续惠民生为目标，继续推动共建‘一带一路’高质量发展”。他指出，要“巩固互联互通合作基础，拓展国际合作新空间，扎牢风险防控网络，努力实现更高水平、更高投入效益、更高供给质量、更高发展韧性，推动共建‘一带一路’高质量发展不断取得新成就”。

从上所见，“一带一路”高质量发展提上国家议程后，在实际政策层面进入加快推进阶段，“一带一路”高质量发展的目标更为清晰，具体要求也更为明确。

二、世纪疫情阻挡不了建设步伐

席卷世界的新冠疫情使全球化进入怠速状态，对“一带一路”建设的冲击亦十分巨大。但在疫情面前，共建“一带一路”没有停息，而是展现出强大的韧性，甚至逆势前行，对促进相关国家和地区的经济复苏发挥了重要作用。

（一）大批重点项目建设克服疫情带来的要素流不畅等困难，取得突破性进展

2020年疫情暴发后，包括瓜达尔港在内的70个走廊项目建设运营正常开展，其中，中老铁路全线完成铺轨，2021年10月16日，时速最高达160千米的中老铁路动车“澜沧号”交付备用，12月3日正式通车。中老高速公路万象至万荣段已于2020年12月提前13个月建成通车。中泰铁路一期线上工程合同达成一致，有望推进曼谷—呵叻段建设工程。雅万高铁建设实现节点目标建设进展完成73%，有望于2022年初进入试运营阶段。匈塞铁路

是中国与中东欧国家合作的旗舰项目。作为中欧陆海快线的重要工程，匈牙利段项目 EPC 主承包合同正式生效并于 2021 年 10 月举行奠基仪式。巴基斯坦拉合尔橙线项目已正式开通运营通车一年。中俄东线天然气管道等建设稳步推进，黑河—长岭段已于 2021 年 10 月建成。中欧班列运行更是在疫情期间逆势上扬。2020 年，中欧班列全年开行 12406 列，同比增长 50%，首次突破“万列”大关，综合重箱率达 98.4%。2021 年 1—10 月，中欧班列开行 12605 列、发送货物 121.6 万标准箱，同比分别增长 26%和 33%，开行列数和运量超过 2020 年。中欧班列已开通 73 条运行线路，通达欧洲 22 个国家的 160 多个城市。自 2011 年首次开行以来，中欧班列辐射范围不断扩大，运输货物的品类不断拓展，基本构建了一条“全天候、大运量、绿色低碳的陆上运输新通道”，有力地推动了“一带一路”沿线设施联通、贸易畅通及有关建设项目的展开。此外，海外港口布局愈发完善。瓜达尔港开通固定班轮、完成自由区南区基础设施建设和招商、开展阿富汗转口贸易。汉班托塔港启动多项大型投资项目。中远海运完成对希腊比雷埃夫斯港的增持，收购德国汉堡港 CTT 码头 35%的股权。上港集团在以色列投资建设并拥有运营权，具有“智能港口”之称的自动化集装箱港口正式启动运营。

（二）中国与沿线国家经贸投资保持较快增长

八年来，中国与沿线国家货物贸易进出口总额超 9.2 万亿美元，对沿线国家非金融类直接投资超 1300 亿美元，在沿线国家承包工程新签合同额超 9300 亿美元。2020 年全年中国与沿线国家货物贸易额 1.35 万亿美元，同比增长 0.7%，占我国总体外贸的比重达到 29.1%。对沿线国家非金融类直接投资 177.9 亿美元，增长 18.3%，占全国对外投资的比重上升到 16.2%。2021 年上半年，中国对“一带一路”沿线国家进出口值增长 27.5%，高于同期整体增速，非金融直接投资增长 8.6%，占全国对外投资比重升至 17.8%。中国成功举办第三届中国国际进口博览会。特别是深化经贸投资合作的制度性安排也取得进展，如签署《区域全面经济伙伴关系协定》（RCEP），该协定于 2022 年 1 月 1 日正式生效，如期完成中欧投资协定谈判，中国宣布寻求加入全面进步的跨太平洋协定（CPTPP）谈判。

（三）“一带一路”受到越来越多国家的持续支持

目前，“一带一路”已发展成为当今世界涉及范围最广、规模最大的国际

合作平台。迄今，在有关方面政府的支持下，建立了中巴经济走廊交通基础设施工作组、中缅经济走廊交通合作工作组等“一带一路”交通合作机制；在次区域层面，共同编制了《大湄公河次区域交通战略2030》《中亚区域经济合作交通战略2030》《中亚区域经济合作铁路发展战略2030》《中巴经济走廊远景规划交通规划（2014—2030）》等文件，共同谋划区域交通发展规划，推动与相关国家原有规划的有效衔接。截至2021年12月15日，中国已与145个国家和32个国际组织签署了200多份共建“一带一路”合作文件，涵盖投资、贸易、金融、科技、人文、社会、海洋等领域。2021年伊始，王毅外长出访非洲，与刚果（金）和博茨瓦纳分别签署了“一带一路”合作协议。中国伊朗签署了为期25年的全面合作协议。阿富汗塔利班政权在8月控制全国后，也多次表示对“一带一路”的支持，希望加入中巴经济走廊建设。越南10月也宣布将以其临近中国的直辖市海防市为中心，以特殊、具备突破性的机制和政策建立“海防自贸区”的相关提案。

（四）多元化投融资体系逐步健全

2020年，丝路基金新增签约项目10个，新增承诺投资金额约8亿美元和114亿元人民币。截至2020年底，丝路基金通过以股权为主的融资方式，签约各类项目49个，承诺投资金额约117亿美元和438亿元人民币，覆盖了“一带一路”沿线多个国家。亚投行成员国数量稳步提升。2019年底到2020年底，亚投行成员国增加克罗地亚、塞内加尔、利比里亚，使得成员国扩容到103个，涵盖了世界大部分国家和地区。新冠疫情暴发以来，亚投行成立了应急基金，惠及越南、格鲁吉亚、巴基斯坦、土耳其、哈萨克斯坦等19个国家。人民币国际化的进程逆势推进。目前，中国累计与20多个共建“一带一路”国家建立了双边本币互换安排，人民币跨境支付系统业务已覆盖70多个共建“一带一路”国家。2020年人民币跨境收付金额增长迅速，前三季度金额已超过上年全年，达到20多万亿元。人民币计价影响力不断扩大，2020年以人民币计价的大宗商品期货品种又增添了两种期货，即低硫燃料油期货和国际铜期货，使得国际化期货品种上升至6个。

三、外部环境日益复杂、风险趋升

尽管“一带一路”在疫情中有不俗表现，但疫情毕竟是一个负面因素，且冲击面大。疫情大流行对经济的影响巨大而深刻,而且对经济的负面影响不同以往。过去经济危机的触发因素相对单一,运用经济金融手段可以缓解,但此次各国为防止疫情扩散或受到影响而加强封锁及各种限制使得经济重启备受束缚,政府的刺激努力也大打折扣,陷入防疫与重启的两难境地。新冠传染突破边界的性质造成大萧条以来世界各国同步陷入衰退的局面,与 2008 年金融危机不同的是,没有替代性的摆脱危机的驱动力量(当时中国等新兴经济体成为群体性增长动力),而是“所有引擎都熄火了”。病毒变异导致新冠疫情反复不已,叠加各国国情的变化,使国际政治经济环境发生深刻复杂变化,推动“一带一路”高质量发展的风险趋升,“一带一路”高质量发展面临较为严峻的外部挑战。

其一,总体经济环境影响:疫情反复导致全球经济复苏不确定性更为突出,债务危机、供应链危机、能源危机此起彼伏,全球化进程严重受挫,要素流受到一定限制,客观上恶化了“一带一路”建设所面临的外部总体经济环境。新冠病毒仍在不断演变,其复杂性凸显。有人甚至认为,病毒与人类世界长期共存的可能性越来越大,英国《经济学家》甚至发文认为“人们不得不学会与新冠病毒共存”。欧洲一些国家认为抗击新冠疫情的战役有长期化的趋势,也出现“从抗击转向与病毒共存”的声音。2021 年德尔塔变种的出现使得当前主流疫苗的有效性备受质疑,各国打开国门、取消隔离封锁等防疫措施的日期不断推迟,对经济反弹力度的预期不断下调。根据国际货币基金组织(IMF)2021 年 10 月最新报告《世界经济展望》,2021 年全球经济增长预期下降至 5.9%,2022 年为 4.9%。发达国家、亚洲新兴经济体、低收入发展中国家增速都呈放缓态势,供给扰动和疫情恶化是主要原因。在疫情冲击下,东南亚、南亚等国际产业链中下游环节陷入生产停顿。2021 年 3 月“长赐”号搁浅事件使苏伊士运河出现 150 年来最严重拥堵,严格的检疫措施导致港口延误集装箱一箱难求,全球海运价格一路飞涨,供应链危机被急剧放大,叠加欧美过去两年内实施的量化货币宽松政策引发的大宗商品价格暴涨,全球性供应短缺和通货膨胀浮出水面,并引发一系列连锁反应。因为物流链、供应链出现问题,一些国家港口集装箱堆积如山。美国港口有高达 3000 万吨货物滞留,拜登政府以巨额罚款威胁承运方尽快将货物运走,但估计美国港口货物积压状况可能会延续到 2023 年。多国暴发能源危机、芯片危机和食品危机,要求重新调整全球供应链,避免过度依赖过度集中,使之

回归本土回归周边的呼声高涨。外部总体经济环境恶化使我国推进“一带一路”海外项目建设面临更高的经济成本和运营压力。

其二，大国政治环境影响：美国不愿意看到中国崛起冲击其霸权地位，不愿意看到中国国际影响力扩大，竭力拉拢诱压一些国家，推出“一带一路”全球性对冲方案，大国博弈进程中霸权国家伸出的干扰“黑手”不时出现，“一带一路”建设进程中大国干扰的政治风险显著上升。特朗普政府曾经提出过对冲“一带一路”的“蓝点计划”(Blue Dot Network)。拜登政府延续这一政策，把打压“一带一路”作为其团结盟友、建立国际遏制中国“统一阵线”的抓手。其上任不久，就开始酝酿提出新的方案对冲中国。在2021年3月与英国首相约翰逊的通话中，拜登提出民主国家要联合起来发起制定类似“一带一路”的基建计划与中国竞争。5月，欧盟与印度宣布建立“互联互通伙伴关系”，旨在为非洲、中亚和印太地区提供“替代方案”。6月的G7会议上，发达国家实现了大联合，提出了“重建更美好世界”(B3W)倡议，意在“由主要民主国家领导，以共同价值观为导向，高标准且透明”地整合美欧日现有基建倡议帮助发展中国家缩小40万亿美元的基建缺口。9月，美日印澳四方安全对话(QUAD)首次面对面峰会上，四国宣布将成立基础设施协调小组，在B3W框架下聚焦印太基建。同月，美国商务部部长雷蒙表示，美国将寻求与印度太平洋地区志同道合者建立一个超越CPTPP，比传统自由贸易协定更广泛的“新经济框架”，并明确将排除中国。12月1日，欧盟也正式提出“全球门户”计划(Global Gateway)，计划从2021年至2027年投资3000亿欧元，面向全球，特别是非洲、亚洲和拉丁美洲的基础设施项目，而且公开称是一个比中国“‘一带一路’更绿色、更透明的替代方案”。

不仅如此，美国还到处挑拨离间，别有用心地中伤中国与有关国家的项目合作。受此影响，我多个合作机制和海外项目建设受阻。如美国对中企投资以色列海法港就一直疑神疑鬼，担心中国以此收集附近以色列海军设施和美军情报。美国《国家利益》杂志发文认为，美对中以经贸关系发展十分不舒服，想尽各种办法“阻止以色列坠入中国轨道”。2020年4月，澳大利亚取消了维多利亚州与中国签署的“一带一路”合作协议，并威胁取消中企对达尔文港的租约。中国多个跨洋海底电缆项目在美、澳干扰下也面临合作取消的困境。东欧小国立陶宛宣布退出“17＋1”机制，并呼吁其他欧洲国家一致退出共同对华。意大利总理德拉吉表示将仔细评估与我签署的“一带一路”协议。爱沙尼亚总理卡拉斯呼吁欧美加快整合各自提出的基建合作倡议。中广核在英核电项目命运未决，面临被英国政府禁止的风险。

其三，东道国建设条件影响：疫情下各国经济重启更为艰难，复苏进程不一，面临的问题差异性增大，“一带一路”建设的国别风险依然高企，特别表现为宏观经济环境变差、经济可持续发展条件滞后。疫情引发一些国家的经济衰退，外部市场收缩，人员往来受限，失业与通胀水平升高，人民生活变得艰难，社会问题突出表现。一些发展中国家捉襟见肘，入不敷出，对外经济合作条件恶化。一些国家出现严重的债务问题，非洲等地区的债务形势甚至不断恶化。本来债务问题由来已久，缘由十分复杂，如斯里兰卡债务问题，其债务的生成主要是国际商业贷款，中国对斯里兰卡的贷款甚至不及日本，但西方国家惯于借题发挥，把斯里兰卡的债务问题归咎于中国，对其他发展中国家出现的债务问题也同样含沙射影于中国。不断的渲染炒作，以致近些年不断掀起“一带一路债务陷阱论”，“一带一路债务威胁论”的声音也不绝于耳。2020 年 11 月赞比亚出现债务危机，对华债务成为“靶子”。刚果(金)也要求重新评估与我签署的“以矿产换基建”协议。2021 年，缅甸、几内亚相继出现政变，中国在两国均有大量投资和人员，在缅中资工厂一度遭到打砸抢烧。重要支点国家巴基斯坦的极个别极端恐怖势力针对中资企业人员的恐怖袭击升温，多名中国公民遇难。

但是，沉舟侧畔千帆过，病树前头万木春。疫情终将过去，全球经济总会复苏，而且也存在推动全球经济复苏的客观条件。首先，世界范围内科技革命仍在迅猛发展，大数据、云计算、智能制造、自动机器人、生命工程、生物工程和新材料、新能源技术日益发展，全球产业结构酝酿新调整，一些高新技术产业正在迅速成长。新前沿产业崛起将丰富世界经济发展的内涵，提升各国产业水平，给各国带来难以想象的发展空间和机会。其次，疫情之后，无论建新链、补旧链，还是缩短、调整产业链、价值链，都不可能是疫情前的简单重复，供应链、生产链和价值链将会更趋合理，更讲究效率、成本与安全的平衡。这种调整会带动全球和区域层面的资源进行新的配置，拓展并深化各国产业合作空间。最后，一些制度安排带来贸易投资红利。如 2022 年 1 月 1 日生效的《区域全面经济伙伴关系协定》(RCEP)，各成员间 90%的货物贸易最终将实现零关税，取消关税与非关税壁垒将进一步发挥贸易创造效应，推动区域贸易大幅增长，这也将促进各方经济增长。在全球范围，

尽管全球化暂时受挫，但各区域有关贸易投资便利化措施及安排都有不同程度的发展。正可谓“全球化是一种运行了数十年的事态，不可能让它原地不动”。这些因素对全球经济也是利好的前景。

四、对推进“一带一路”高质量发展路径的思考

疫情以来，可以看到，以数字、健康、绿色等理念为代表的新型“一带一路”项目建设发展迅速，取得瞩目成果。这也是全球产业经济转型升级的重要依托与希望所在。未来，高质量建设“一带一路”亦应将此作为重要方向。为此，对于“一带一路”高质量发展，仍要坚守“五通”这个核心目标；坚持政府引导，企业为主体，市场为主导；既要与国内京津冀协同发展、长江经济带发展、粤港澳大湾区发展战略对接，与西部开发、东北振兴、中部崛起、东部率先发展、沿边开发开放结合，也要进一步做好与当地国新时期发展战略的对接，坚持开放、绿色、廉洁、合作理念，践行高标准、惠民生、可持续的合作新理念；创新金融手段，扩大资金筹措方式和支持力度；在加强“硬联通”同时，进一步发展完善国际通行的法律、规则、规范和标准等“软联通”。作为对推进“一带一路”高质量发展的一些思考，这里有一些需要特别而具体强调的“结合”。

一是与“数字”结合。推进“数字一带一路”建设，在沿线国家未来产业转型中把握主动。世界科技革命日新月异，数字、信息等技术发展更为迅猛。各国数字经济不断发展，在国民经济中的占比不断上升。数字空间正在呈现前所未有的扩张。据估计，2020 年有 640 亿 TB(terabytes)数字信息被创造出来并被储存，美国《外交》杂志认为“数字力将重塑全球秩序”。

经过多年努力，中国具备建设数字丝绸之路、创新丝绸之路的技术条件与能力。中国数字经济基本上占到国民生产总值逾三分之一，在对外贸易、投资及产能合作方面，数字经济的潜力日益显现。推动“一带一路”建设主体从劳动、资源密集型企业向高新技术密集型企业转换，5G、AI、云计算、电子商务、移动支付等领域帮助沿线国家建立起相应数字基础设施，顺势推动中国标准、中国标准体系“走出去”，可谓恰逢其时。

中国高度重视数字经济国际合作，已提出《全球数据安全倡议》。2021 年 10 月 30 日，习近平主席在北京以视频方式出席二十国集团领导人第十六次峰会第一阶段会议并发展重要讲话，强调要共担数字时代的责任，加快新

型数字基础设施建设，促进数字技术同实体经济深度融合，帮助发展中国家消除数字鸿沟。2021 年 11 月 1 日，中国正式提出申请加入《数字经济伙伴关系协定》(DEPA)，承诺与各方全力推动数字经济健康有序发展，并将按相关程序与各成员启动后续工作。

数字经济的发展，使各国利益关系更为紧密。中国超大规模的市场也使很多发展中国家需要与中国开展数字经济合作，在规则制定方面不可能简单地选边站。如日本，对中国和美国的数字贸易分别占三分之一。因此，一个分裂的数字世界不符合日本的利益。如果美国单边主导全球数字规则可能使日本失去中国市场，中国主导全球数字规则也会影响日本对美的数字贸易。因此，从经济角度考虑，日本当然期望中美在数字贸易方面达成共识，共同确立贸易规则。同样中美日之间合作空间很大，不可能是非此即彼的关系，必然有共同发展的客观诉求。因此，在国际数字经济、数字安全、数字规则方面，有着难以回避的国际合作期望。“一带一路”沿线大多数国家是发展中国家，经济发展水平较低，技术相对落后，在实现经济发展过程中，依靠加强国际合作，可以更好发挥后发效应，缩短产业转型时间，甚至加快形成更为先进的产业态势，如分享经济、网络零售、移动支付等。总而言之，数字经济发展潜力巨大，加强与“一带一路”沿线国家数字经济合作，既可促进共同发展，亦可保障共同数据安全。我们应在世界数字经济规则的确立以及产业革命转型过程中抓住机会，掌握主动，走在前沿。

二是与“绿色”结合。迎接全球碳中和浪潮，响应并切实履行减排承诺，推动“绿色一带一路”行稳致远。“绿色丝绸之路”是“一带一路”倡议走向高质量发展阶段的必然选择，是中国自身发展理论成功实践的总结。近年来，全球一些地方频现洪水泛滥或极端高温干旱、森林大火现象，加上冰川融化，多少都与气候变化有关。气候变化威胁人类生存。气温上升导致冰川融化，海平面上升更是使一些岛国面临消失。2015 年《巴黎气候协定》提出，到 2100 年前，把全球平均气温的升高幅度控制在不高于工业革命前 2℃这个水平，后又进一步调整为争取不超过 1.5℃。当时中美两个碳排放大国达成共识是《巴黎气候协定》能够最终达成的重要条件，中美亦自然成为全球减排的领袖型大国。只是特朗普政府时期宣布退出《巴黎气候协定》使美国信誉受损，但拜登政府 2021 年 1 月一上台即宣布重返这个协定。美国的重返有助于主要大国立场一致。《巴黎气候协定》温度控制目标的达成，意味

着气候减排不再是说着玩的，各国必须认真对待，并做出实质性的调整，以交出合格的答卷，否则就会被视为违反协定而成为众矢之的。2021年11月10日，中国和美国在格拉斯哥联合国气候大会期间宣布《中美关于在21世纪20年代强化气候行动的格拉斯哥联合宣言》，这将进一步助力全球实现温控目标，世界两个最大经济体即使在双边关系激烈竞争时也同意携手应对气候变化。美国《外交》发文认为，“尽管由于不信任和竞争导致双边关系存在裂痕，但面对共同的危机时，合作理应成为双方的首选”。中国政府在认真履行承诺的基础上，在联合国大会上明确承诺，到2030年使二氧化碳排放达到峰值，争取在2060年实现碳中和。在30年这么短的时间内实现从碳峰值到碳中和，发达国家没有做到过。中国是全球第一碳排放大国，经济发展水平与发达国家存在差距，发展任务仍然繁重，减排压力自然十分巨大，但“碳瘦身”决心已定，利己及人，可谓是应对全球气候变化将要做出的最大贡献。

未来，能源结构中新能源的比重会更为突出地上升，这是中国也是全球能源结构变化的大趋势，也是世界减排的硬要求。光伏、风电、水电、核电以及潮汐能、地热等都可能迎来快速发展的井喷期，各国政府和企业必须适应这一大趋势并予以积极响应。中国政府在国内努力实现碳达峰和碳中和的同时，在国际上同样践行气候命运共同体这一理念。习主席在联合国大会上做出了中国企业停止新建海外煤电项目的郑重承诺，受到全球高度评价。这有助于全球减排的统一行动。因此，中国企业需要积极应对，尽快落实。

拥抱碳中和浪潮，企业的机会不是少了而是更多且更大。企业是发展新能源的主力军，其在新能源开发国际交流与合作、低碳技术和碳捕捉技术开发、相关装备制造以及碳金融和碳交易市场开拓与发展方面面临全新机遇。因此，“一带一路”海外建设企业需要更积极寻找新的发展契机，走进碳减排潮流，才能掌握企业发展的主动权。推动海外项目与各国碳中和目标相适应，与沿线国家共商共议推出“一带一路”的环境、社会与企业管理（ESG）投资评价体系，积极迎接碳中和浪潮，使绿色成为标配，“一带一路”建设才更有活力，其持续性才更能得到保证。

三是与“健康”结合。把应对公共卫生危机作为重要方面，推动建设“健康一带一路”。这次疫情，使海上出现漂泊的染疫巨型邮轮以及冷链携带新冠病毒的跨国传播等，这些都凸显了国际物流人流方面健康保障的重要性。

“一带一路”沿线国家多是发展中国家，医疗条件和能力不高，公共卫生体系也没有全面建立，而包括传染病在内的各种疾病问题的严峻性十分突出。在“一带一路”建设问题上，中国政府提出建设“健康丝绸之路”正是高质量发展的一个重要内涵。中国政府在2015年发布了《关于推进“一带一路”卫生交流合作三年实施方案（2015—2017）》，为沿线国家的公共卫生合作提供了指导性框架。新冠疫情全球蔓延，使推进“健康丝绸之路”建设显得更为迫切。当前，疫情形势依然严峻，短期难见平息希望，发达国家疫苗产能过剩，但广大发展中国家仍面临疫苗短缺，更需要国际社会通力合作，增加对发展中国家的卫生援助。

世界卫生组织更应该发挥全球多边卫生组织的专业作用，增强各方在卫生领域的合作，增加对贫困国家的卫生援助特别是公共卫生基础设施建设的援助，真正建立起惠及全人类、高效可持续的全球卫生体系，在疫情面前避免加剧全球卫生鸿沟的扩大。中国对世卫组织已提供巨大支持，已向该组织提供两批共5000万美元的现汇援助。中国还在加大对沿线国家疫苗和医疗物资援助力度，帮助有条件的国家建立疫苗产能，支持世贸组织尽快达成关于疫苗专利豁免协议，在疫苗援助竞赛中打赢民心争夺战。中国已向100多个国家和国际组织提供超过16亿剂疫苗，2021年将对外提供超过20亿剂。中国正同16个国家开展疫苗联合生产，同30个国家一道发展“一带一路”疫苗合作伙伴关系倡议。习近平主席2021年10月30日在北京以视频方式出席二十国集团领导人第十六次峰会第一阶段会议并发展重要讲话，进一步提出全球疫苗合作行动包括加强疫苗科研合作、支持向发展中国家提供疫苗联合研发生产，落实世界卫生组织提出的2020年全球接种目标等倡议，为全球健康体系建设性合作、推动人类命运共同体建设提供了明确方向。

四是与“价值链”结合。“一带一路”高质量发展进程中，应有效契入并随势调整全球价值链。对疫情引发的全球价值链、产业链调整做好准备，推动“一带一路”产业链布局顺畅、完整。“一带一路”建设与全球价值链紧密契合既有其自身发展的要求，也与全球价值链变化相呼应。中国在全球价值链中长期处于下游并非是我们愿意看到和接受的。中国走向全球价值链高端是新型全球化的重要驱动力。价值链的变化将重塑国际劳动分工的格局，不仅为发展中国家的发展提供新的合作选择，也为中国企业与发达国家

进行产业和技术合作创造条件,增添自信。所幸的是,经过多年努力,依靠创新驱动,中国正在逐步解除对全球产业分工低端地位的锁定,个别领域开始向中高端迈进,为高质量共建"一带一路"提供坚实的技术基础。"一带一路"是中国提出来的伟大倡议,中国自然也是在共商共建共享基础上引领全球互联互通建设的主导性力量。推进全球范围互联互通及产能合作,要有充分的、较先进的技术支撑。没有技术高地,就不会形成梯度效应,就只能与别的国家在同一水平上竞争,甚至形成相互踩踏的局面,对于实现产能转移、增强国际产能合作只能是有心无力,或者缺乏后劲。

面对疫情冲击下西方国家加速产业链布局调整的种种动向,中国也要对自身产业链安全进行重新评估。一方面,对西方一些国家试图对中国开展的"卡脖子"行动要心中有数,集中资源推进自主创新,以掌握主动,摆脱被动;另一方面,要警惕我们可能遭遇的"断链",在参与全球价值链时既着眼全球,也要有能自主把控产业链、供应链的安全意识。毕竟,一种价值链的无限延伸,可能会提高效率,摊薄成本,但在特别情况下未必能充分保证产业安全。对外产能投资不能再像过去一样无限延伸,要优先选择沿线政局稳定、对华友好、具备一定资源禀赋和合作共识与基础的国家,将之作为产能转移的支点和重点。目前来说,面对全球性的供应链危机,我们在畅通国内国际双循环的同时,应不失时机加快建立新发展格局。周边仍是首要,与中国经济依赖最为紧密,且有一定的制度安排作为保障,在构建新发展格局中,周边正可谓"内循环的外延,外循环的前沿"。因此,周边应是产业链布局最优先考虑的方向,要确保中国与周边经济发展同频共振,共同发展,共同繁荣。对过于遥远的地区,要选择精准发力,有的放矢,突出扶持重点项目,客观评估其国别风险和大国干预风险,并采取得力措施防范和化解。

文章来源:原刊于《边界与海洋研究》2022年第1期。

东盟经济共同体与“21世纪海上丝绸之路”：竞争与合作

■ 曹云华，李均锁

论点撷萃

东盟经济共同体通过建设货物、服务、投资和人力资源等生产要素自由流动的单一市场和生产基地，降低关税，削减非关税壁垒，改善了东盟投资环境，提高了东盟的经济竞争力，但是受困于基础设施落后、资金技术缺乏等因素，制约东盟经济一体化进程。“21世纪海上丝绸之路”提倡共建共享合作共赢，以基础设施建设和产能合作为优先方向，与东盟的实际需求一拍而合，两者优势互补、互相促进。

东盟与中国都是发展中经济体，都是外向型经济，贸易方面都依赖美日欧市场，都通过吸引外资和技术促进国内经济发展。因此，在看到东盟经济共同体与“21世纪海上丝绸之路”优势互补、相互促进的同时，也应该看到它们相互竞争的一面。

东盟经济共同体建设与中国“21世纪海上丝绸之路”倡议，既优势互补、相互促进，又相互竞争，双方不论是在经贸关系、吸引投资还是在区域经济合作方面，都呈现出紧密合作，相互依赖又相互竞争的复杂局面。需要客观看待东盟经济共同体与“21世纪海上丝绸之路”优势补充、相互促进和相互竞争的关系，如果只看到两者之间的竞争性而忽视互补和相互促进，就会陷入西方媒体炒作的“中国版的马歇尔计划”“新朝贡体系”“过剩产能输出”

作者：曹云华，暨南大学国际关系学院暨华侨华人研究院教授；
李均锁，暨南大学国际关系学院暨华侨华人研究院博士

“债务陷阱”等阴谋论，给“21世纪海上丝绸之路”在东盟落地带来阻力和障碍；如果只看到相互补充和相互促进而忽略竞争性，会导致我们盲目乐观，忽视风险，遭受挫折和损失。东盟与中国应该发挥各自优势，扬长避短，尽量扩大“21世纪海上丝绸之路”与东盟经济共同体的互补优势，减少相互竞争，尽量控制和避免恶性竞争。

2015年底，东盟宣布建成包括政治安全共同体、经济共同体、社会文化共同体的东盟共同体，东盟经济共同体的建成是东盟区域经济一体化的里程碑。2013年10月，习近平主席访问印度尼西亚时提出与东盟共同建设“21世纪海上丝绸之路”，经过6年多的务实合作，中国与东盟共建“21世纪海上丝绸之路”取得了显著成效，诸多合作项目落地。东盟经济共同体与“21世纪海上丝绸之路”建设两者既有合作又有竞争。

一、东盟经济共同体与“21世纪海上丝绸之路”相互促进

东盟经济共同体通过建设货物、服务、投资和人力资源等生产要素自由流动的单一市场和生产基地，降低关税，削减非关税壁垒，改善了东盟投资环境，提高了东盟的经济竞争力，但是受困于基础设施落后、资金技术缺乏等因素，制约东盟经济一体化进程。“21世纪海上丝绸之路”提倡共建共享合作共赢，以基础设施建设和产能合作为优先方向，与东盟的实际需求一拍而合，两者优势互补、互相促进。

（一）东盟经济共同体建设促进区域经济一体化的快速发展

东盟区域一体化经历了从特惠贸易安排（1978—1992）、自由贸易区（1993—2002）和经济共同体（2003—2015）三个阶段。东盟经济共同体宣布建成后，东盟的区域经济一体化成为一个渐进的过程。东盟经济共同体建成并不是东盟区域一体化的终点，而是一个全新的起点。

1. 东盟的贸易和投资环境逐步改善

东盟经济共同体在货物、服务、投资、人力资源四大支柱建设过程中，采取记分卡制度，每年对四大支柱各项指标的完成进度进行评估。目前东盟内部绝大多数货物贸易关税已经降为零，非关税壁垒大幅削减，这都为东盟区内外经贸合作创造了良好条件。

2. 初步形成生产要素共同市场

东盟的区域经济共同体对区域经济一体化的整合程度高于关税同盟，但又没有达到经济联盟的高度，其最主要的目标，是在东盟经济共同体的框架下，实现区域内商品、服务、资本和劳动力等生产要素的自由流动，实质上是形成一个共同市场。

3. 东盟的经济实力和国际竞争力逐步增强

到 2017 年，东盟人口 6.42 亿，位列世界第三；经济总量 2.77 万亿美元，是世界第六大经济体；贸易总量 3.39 万亿美元，是世界第四大贸易地区；吸引外资 1356 亿美元，是世界第四大外资目的地。东盟经济共同体的建设将东盟 10 国紧密地联系在一起，通过单一市场和生产基地的建设，各国取长补短，优势互补，形成强大的发展合力，激发了各国的经济潜力。目前全球经济增长乏力，但东盟经济一枝独秀，2017 年的经济增长率依然达到 5.3%。从东盟的人口、经济总量、贸易总额、吸引外资等经济指标来看，东盟确实是全球一个新兴的经济体，而且增长势头强劲，通过经济共同体建设，东盟的经济实力已经显著提升并且后劲十足，成长为世界经济的重要一极。

(二)东盟经济共同体的缺陷和不足

1. 经济一体化程度不高

东盟经济共同体的目标是建设共同市场，而不是经济同盟，所以更多的关注点是实现商品、服务、资本和劳动力等生产要素的自由流动，没有区域争端裁决机构、区域央行、统一货币、区域法院等更高层面的区域经济一体化措施，所以，东盟经济共同体是一个有限的共同市场，难以与当时欧洲共同市场的模式相提并论。东盟内部的贸易额占贸易总额的比例常年在 25% 左右徘徊，远远低于欧盟的 68%和北美自贸区的 51%。

2. 缺乏强有力的执行机构和保障措施

在《东盟经济共同体蓝图》中，确定建设经济共同体的实施机制，主要是高级工作小组、东盟经济部长和东盟秘书长，负责协调经济共同体各项协议的推进实施，重大事项需要在东盟峰会上由各成员国首脑进行决策。东盟经济共同体自身并没有超国家的权力的组织机构，区域经济一体化议题主要靠“协商一致”的东盟方式，很多问题议而不决，效率低下，导致经济一体化进程缓慢。

3. 实行双轨机制

东盟经济共同体建成后，东盟可以以独立法人的名义对外开展经济活动，但是东盟并没有禁止各成员国对外同时开展经济交往。实际上东盟经济共同体就是形成了双轨：第一轨是东盟经济共同体，其制定东盟统一的经济发展蓝图和规划，对外进行经济谈判和交往。第二轨是东盟各成员国，在东盟经济共同体对外经济交往的同时，10 个成员国依然可以根据自身实际情况同域外的国家和地区进行经济谈判和交往，不受东盟经济共同体的约束。

4. 域内经济发展不平衡

按照世界经济论坛的统计标准，以 2017 年东盟 10 国的人均 GDP 来衡量，文莱(26493)、新加坡(52963)属于发达经济体，泰国(6034)、马来西亚(9464)属于中高收入经济体，印度尼西亚(3600)、老挝(2402)、菲律宾(3017)、越南(2138)属于中低收入经济体，柬埔寨(1266)、缅甸(1297)属于低收入经济体。各国差距巨大，经济发展极不平衡，无论是吸引外资还是对外贸易，新加坡都占到东盟的半壁江山。除新加坡外，东盟大多数国家处在全球价值链的中低端，靠廉价劳动力和丰富的自然禀赋承接国际转移产业。除新加坡、泰国、马来西亚外，其余国家基础设施和产能落后，影响经济一体化进程。

(三)东盟经济共同体与“21 世纪海上丝绸之路”有广阔的合作空间

1. 中国与东盟有良好的经贸合作基础

1991 年东盟与中国建立对话关系以来，双边经贸合作不断加强，虽然受到“中国威胁论”、南海问题等因素的干扰，但经贸合作总体上是不断加强，一路走高。尤其是 1997 年亚洲金融危机中，中国为东盟度过危机恢复经济发展提供了有力支持，这很大程度上改变了东盟对中国的一贯看法，双边的经贸合作开始实质性酝酿启动。有学者认为，“1997—1999 年的金融危机是中国和东盟关系的一个重要转折点，这主要体现在三个方面：一是双边关系中的核心议题，由 20 世纪 90 年代初的政治安全议题转为经济和贸易合作；二是加深了业已存在的互补性；三是加速东盟和美国、日本及中国关系的深刻变化”。中国与东盟之间的经贸合作越来越向纵深发展，双方先后建成“10+1”合作机制、中国—东盟自由贸易区、自由贸易区升级版、澜湄合作、共建“21 世纪海上丝绸之路”等重要合作机制，经贸合作的领域越来越宽广，合作层次越来越高级。中国连续十年是东盟最大贸易伙伴，东盟 2018 年成为中国第二大贸易伙伴。2017 年中国东盟的贸易额高达 5148.2 亿美元，占中国外贸总额的 12.5%。截至 2018 年 3 月，中国东盟双向投资累计 1966.4 亿美元，东盟在华投资累计达 1130.6 亿美元，占中国吸引 FDI 的 5.8%；中国对东盟投资累计 835.8 亿美元，是东盟的第四大外资来源地；中国企业与东盟国家签订工程承包合同额 3574.3 亿美元，累计完成营业额 2359.5 亿美元。

2. 东盟有望成为合作共建“21 世纪海上丝绸之路”的示范区

东盟 10 国都是“21 世纪海上丝绸之路”沿线国，双边合作成效直接决定着“21 世纪海上丝绸之路”的成效。中国于 2015 年发起成立“亚洲基础设施投资银行(AIIB)”，得到东盟国家的积极响应，东盟 10 国全部加入成为亚投行的创始成员国，亚投行注册资本 1000 亿美元，按照多边开发银行的模式进行市场化运作，重点投资亚洲的基础设施建设，目前已经投资了印度尼西亚的国家贫民窟改造项目。双方的贸易合作成效显著，国家信息中心“一带一路”大数据中心，2017 年对中国与“一带一路”沿线 64 个国家贸易合作指数进行了测评，该测评设置了贸易进展、贸易结构、合作潜力 3 个一级指标和 8 个二级指标，根据其测评结果，排名前 10 的国家中有 6 个是东盟国家，越南、泰国、菲律宾、马来西亚高居前 4 名，印度尼西亚、新加坡分列第 6 第 7 位。

表 1　中国与“一带一路”沿线不同区域贸易额占比

单位：%

排名	1	2	3	4	5	6
区域	东南亚	西亚、北非	南亚	东北亚	中东欧	中亚
占比	47.76	22.61	11.65	7.79	7.04	3.15

从中国与“一带一路”沿线 64 个国家双边贸易的区域来看，东南亚国家与中国的贸易额占中国与沿线国家贸易总额的近一半，远高于其他地区。可以看出，东盟国家不仅是中国重要的贸易伙伴，而且双边的贸易合作指数很高，在中国倡导共商共建共享的“一带一路”建设中具有十分重要的地位，从目前的情况来看，东盟是“一带一路”合作最为成功的区域。

3. 基础设施互联互通方面双方优势互补

东盟要实现经济一体化，建设单一市场和生产基地，必须首先实现基础

设施的互联互通，而现状是东盟成员国之间的基础设施互联互通非常落后，既缺资金又缺技术，据亚洲开发银行预测，东南亚基础设施领域至少需要投资1.2万亿美元。中国经过改革开放40多年的高速发展，形成了一大批优势的产业集群和先进制造业，高铁、核电、路桥、港口、通信、能源开发等行业技术世界领先，有着极高的性价比优势。东盟有丰富的资源、广阔的市场和迫切的需求，中国有成熟的技术、充裕的资金和合作的诚意，双方在基础设施建设和产能合作方面可以说是优势互补，一拍即合。中国可以实现连接欧亚的宏伟计划，而东盟则能实现区域一体化目标、加强在新一轮亚太经济一体化中的地位。目前，中国与东盟双方设立"中国东盟互联互通合作委员会"，正在务实推进"一带一路"与东盟互联互通总体规划的对接。2015年11月，第15次中国—东盟交通部部长会议上通过了《中国—东盟交通合作战略规划》(修订版)、《中国—东盟交通运输科技合作战略》。2017年11月，第20次中国—东盟领导人会议通过《中国—东盟关于进一步深化基础设施互联互通合作的联合声明》，进一步深化经贸、金融、基础设施、规制、人员等领域的全面合作。

4. 产业园区合作有益尝试和探索

中国企业在东盟国家也建设了不少经贸合作区。中国与东盟通过双向的"走出去"和"请进来"，充分发挥各自的产业优势，加强在对方的产业园区投资建设，大力推进经贸合作。截至2018年3月底，中国在东盟8个国家建立了27个经贸合作区，630家企业入驻，投资额达到130.7亿美元，实现产值470亿美元，上缴税费5.5亿美元，提供就业岗位7.1万个。另外，建立跨国产业园区还可以绕开国家之间的贸易壁垒，降低企业生产经营成本从而提高收益。

5. 发展战略对接

近年来，东盟各成员国相继提出了雄心勃勃的经济社会发展战略。"21世纪海上丝绸之路"除与东盟经济共同体发展战略对接之外，还可以与东盟各成员国的经济发展战略对接，深化合作发展。例如文莱由于主要依靠石油产业，产业结构单一，抵御风险能力较弱，文莱实施"2035宏愿"经济发展战略主要想促进经济结构多元化发展，可以借助共建"21世纪海上丝绸之路"，在农业渔业、教育、金融、物流、通信等方面开展优势互补的合作。泰国推进4.0战略，目标是通过科技创新推动产业转型升级，跨越中等收入陷阱，这与中国目前的产业转型升级目标一致。泰国已经要求中国和日本共同参与东部经济走廊(EEC)的开发建设,将其建设成为东盟的海上交通中心和最先进的经济发展中心。印度尼西亚的海洋强国战略,亟待改善薄弱的基础设施,中国高铁"走出去"的首站选择了印度尼西亚的雅万高铁,印度尼西亚为亚运会建设的巨港轻轨铁路项目也是由中企承建。印度尼西亚是千岛之国,国内的海陆空的互联互通十分迫切,"21 世纪海上丝绸之路"和亚投行、丝路基金可以提供性价比高的铁路、公路、港口、基础、通信等基础设施建设的技术和融资解决方案。

二、东盟经济共同体与"21 世纪海上丝绸之路"相互竞争

东盟与中国都是发展中经济体,都是外向型经济,贸易方面都依赖美日欧市场,都通过吸引外资和技术促进国内经济发展。因此,在看到东盟经济共同体与"21 世纪海上丝绸之路"优势互补、相互促进的同时,也应该看到它们相互竞争的一面。

(一)对外贸易和吸引投资的竞争

1. 相互贸易竞争

东盟与中国都是外向型经济,都利用自然资源和人力成本的优势参与国际竞争,在对外经贸方面存在竞争关系。

表 2　2016 年中国向东盟进出口前十大类商品表

单位:亿元人民币

	进口		出口	
	商品名称	金额	商品名称	金额
1	机电音响设备及其零件、附件	6052.75	机电音响设备及其零件、附件	5675.58
2	矿产品	1498.76	贱金属及其制品	2093.1
3	塑料及其制品、橡胶及其制品	984.26	纺织原料及纺织制品	2006.8
4	化学工业及其相关工业的产品	581.89	化学工业及其相关工业的产品	1003.19
5	光学、医疗等仪器;钟表;乐器	459.2	车辆;航空器;船舶及运输设备	829.94
6	植物产品	453.53	杂项制品	828.03

（续表）

进口			出口	
	商品名称	金额	商品名称	金额
7	珠宝、贵金属及制品；仿首饰；硬币	330.07	塑料及其制品；橡胶及其制品	656.59
8	纺织原料及纺织制品	307.37	矿产品	614.01
9	动、植物油、脂、蜡；精制食用油脂	280.41	植物产品	522.42
10	木及制品；木炭；软木；编制品	258.29	矿物材料制品；陶瓷品；玻璃及制品	458.23
合计		11206.53	合计	14687.89

从表2可以看出，中国从东盟进口与向东盟出口的前十大类商品中，有多达6类商品是相同的，而且进口数额与出口数额最大的商品类别是相同的，都是机电音像设备及其零件、附件，这充分反映出中国与东盟的贸易结构互补性不足，存在很大的竞争性。

2. 吸引外资竞争

东盟于2012年3月开始正式实施《东盟全面投资协议》(ACIA)，对在东盟投资建厂的外资企业给予更大的优惠，目标是要建立一个更加自由化、便利化、透明和竞争性的投资区域。东盟投资环境的持续改善使其成为中国吸引外资的强力竞争对手。东盟2017年吸引外资1356亿美元，同期中国吸引外资1310亿美元，东盟的人口和经济总量都跟中国不在一个量级，而吸引的外资却超过中国，说明东盟对外资的吸引力更强。

据全球人力资源咨询公司韬睿惠悦(Willis Towers Watson)发布的研究报告《2015/2016年全球50国薪酬计划报告》显示，中国与东盟国家相比，已经不具有人力资源的成本优势。东南亚国家中，只有新加坡的薪酬高于中国，其余国家则均低于中国。中国专业人士的平均薪资是菲律宾雇员平均薪资的2.2倍；即使与东盟国家中劳动力成本最高的印度尼西亚(新加坡除外)相比，中国各级雇员的基本工资仍要高出5%到44%。在中国人力成本上涨和人民币升值的环境下，东盟更具有投资吸引力。2017年，东盟人口总数近6.42亿中，20～64岁的劳动力人口3.78亿，占人口总数的58.9%，劳动力资源非常丰富；19岁以下的青少年人口2.21亿，占总数的34.5%，劳动后备力量充足。

（二）区域经济合作主导权的竞争

东盟经济共同体作为一个成功的经济组织已经得到国际社会的广泛认可，具体表现在东盟地区经济合作的机制工具日趋完善，东盟经济决策的开放性逐渐扩大，东盟对成员国国内政策的影响力较之前明显增强，东盟在东亚地区合作安排中的中心地位也得以确立。

在推进东亚东南亚地区一体化进程中，东盟并不是一开始就取得主导权的，而是经历了一个由被动到主动、由追随到主导的变迁过程，其地位由低到高逐渐提升，对东亚经济合作的影响力也越来越大。"二战"结束后，日本经济迅速腾飞，成为东亚经济的"领头雁"，随着日本国内经济的转型升级开始大量向东南亚转移产业，此时东盟是"被动的受益者"，在地区经济秩序中没有太多的话语权。中国自1992年以后，全面扩大开放，迎来了经济腾飞，多年保持着两位数的增速，和日本一起成为驱动东亚经济增长的"双核"。1993年东盟启动自贸区建设，开展内部经济合作，其区域经济影响力迅速扩大，成为区域经济的"积极参与者"。1997年，东盟与中、日、韩三国开启领导人非正式会晤制度，1999年底第三次"10＋3"领导人会晤发表《东亚合作联合声明》，逐步形成"10＋3"合作机制；与此同时，东盟又与中、日、韩分别建立"10＋1"合作机制，分别建成3个自由贸易区。东盟在"10＋1"和"10＋3"合作机制中都处于主导地位，每年的领导人会晤和部长级会议都由东盟轮值国主办。至此，东盟已经成为地区经济合作的"推动主导者"。为抗衡TPP，以强化自身在区域经济合作中的主导地位，2011年东盟主动提出建立"区域全面经济伙伴关系"（RCEP），邀请中国、日本、韩国、澳大利亚、新西兰、印度共同参加（"10＋6"），建立16国统一市场的自由贸易协定。目前，RCEP主要内容的谈判已经完成。东盟经济共同体的如期建成和主导东亚东南亚区域经济一体化，增强了东盟的信心。东盟以自身的区域经济一体化的成功实现来赢得在东亚经济合作中的发言权、影响力。中国与东盟共商共建"21世纪海上丝绸之路"，东盟虽然出于自身发展的需要积极参与，但也无法避免会担心自己在东亚东南亚区域经济合作中的主导权被削弱。

（三）相互认知错位和互信不足

1. 中国对东盟的研究认识和重视不足

近几十年，全世界都在关注中国和印度的高速发展和崛起，而同时，东盟也在快速发展，成就一点儿也不亚于中国和印度，中国无论是对外关系、学术研究、新闻报道，还是人文交流，更多的目光关注的是欧美发达地区，但是从双边贸易来看，现在中国是东盟的第一大贸易伙伴，东盟是中国的第二大贸易伙伴，中国自 2012 年起对东盟逆转为贸易顺差，2015 年贸易顺差额达到 828 亿美元之多，从双边投资来看，东盟对中国的投资一直高于中国对东盟的投资，直到 2014 年才出现逆转。当今的国家与地区之间的经贸关系，早已你中有我，我中有你，呈现出复合相互依赖的态势。

2. 双方互信不足

中国作为崛起中的新兴大国，多年来保持着中高速增长，一直是亚洲经济增长的火车头。尤其自 2013 年中国倡议共建共享“21 世纪海上丝绸之路”之后，东盟更是看到了商机，积极响应。东盟大多是发展中国家，其水、电、气、能源、交通等基础设施领域的开发建设离不开中国的技术支持和资金支持。同时，中国作为世界人口的第一大国和第二大经济体，有着广阔的市场，东盟的农产品、矿产品、香料、化妆品、纺织品、木材及制品在中国都广受欢迎。随着中国消费升级，大量群众走出去旅游，东南亚国家是重要的旅游目的地。另一方面，随着中国地区影响力不断增强，与东盟国家的经贸合作愈发紧密，在地区事务中更加积极主动，东盟对中国的疑虑加重。中国与东盟的政治互信并没有通过双边经济依赖而加深，相反，“疏远中国”现象在东盟国家出现，个别东盟国家担心对中国的依赖将导致其在与中国交往时失去自身优势。

（四）域外大国在东盟的竞争

随着“21 世纪海上丝绸之路”一些重大项目在东盟相继落地，东盟与中国的经贸关系会更加紧密，尤其是政府间合作的基础设施和产能合作项目，都是长期合作，很多项目建成后还要负责运营、技术转让和人才培训，自然会加强东盟国家对中国的经济依赖。但是传统现实主义理论认为基础设施联通和金融体制完善客观上会改变地缘政治，会使中国在东盟的影响力逐步扩大。东盟在实际获取经济利益的同时，又会担心其经济发展完全依附于中国，使其自主性减弱。长期以来，美、日、欧等域外大国和地区在东盟都存在巨大的利益。进入21世纪以来，美国和日本不止一次明确将中国视为亚太地区的战略竞争对手。今后中国与美日欧在东盟经贸领域的激烈竞争还会持续下去。

三、应对策略

综上所述，东盟经济共同体建设与中国“21世纪海上丝绸之路”倡议，既优势互补、相互促进，又相互竞争，双方不论是在经贸关系、吸引投资还是在区域经济合作方面，都呈现出紧密合作，相互依赖又相互竞争的复杂局面。我们需要客观看待东盟经济共同体与“21世纪海上丝绸之路”之间优势补充相互促进和相互竞争的关系，如果只看到两者之间的竞争性而忽视互补和相互促进，就会陷入西方媒体炒作的阴谋论，给“21世纪海上丝绸之路”在东盟落地带来阻力和障碍；如果只看到相互补充和相互促进而忽略竞争性，会导致我们盲目乐观，忽视风险，遭受挫折和损失。东盟与中国应该发挥各自优势，扬长避短，尽量扩大“21世纪海上丝绸之路”与东盟经济共同体的互补优势，减少相互竞争，尽量控制和避免恶性竞争。

（一）协调好多项合作机制之间的竞争关系

目前，中国与东盟之间合作机制众多，“10＋1”、自由贸易区、RCEP、澜湄合作机制、大湄公河次区域合作机制、中国—中南半岛经济走廊、孟中印缅经济走廊、“21世纪海上丝绸之路”等等，这些合作机制相互交错，内容重叠。同时，中国与东盟各成员国之间又有合作机制，比如中缅经济走廊、中越合作“两廊一圈”等。各种机制之间由于参与方和合作主体不尽相同，本来就存在一定的竞争关系。东盟各成员国在参与这些合作机制的时候，自然会考量比较以东盟的身份参与和自己直接参与的不同，引起合作共识减少和合作效率的下降。这就需要中国与东盟双方梳理好中国与东盟之间和中国与东盟各成员国之间的各种合作机制的相互关系，不然，在具体项目合作时，就会出现不同成员国由于立场不同、参与的机制不同而出现分歧，影响合作效率。

（二）实行竞争负面清单制度

中国与东盟在对外贸易、吸引外资和地区主导权等方面都存在竞争关

系，在外贸方面就很容易为占领市场份额而打价格战，在吸引外资方面也容易出现无底线的补贴和优惠政策。这就需要中国与东盟双方，仔细分析梳理在贸易、投资方面的容易引发竞争的领域，列出负面清单，进行错位发展，实现优势互补，避免恶性竞争。一些高度竞争的行业中国与东盟其实都处在美日欧等跨国公司的产业链分工之中，这些行业一般不会产生竞争。但是在服装鞋帽、玩具等领域，中国与东盟都是通过拼较低的人力成本来赢得美日欧的市场，这就需要双方之间建立负面清单制度，对双方之间存在恶性竞争的行业和领域进行有效管控和调节，通过协商进行错位发展经营，取得合作实效。

（三）调整产业分工实现优势互补

中国与东盟同处在全球价值链和产业链的中低端，东盟在通过建设东盟经济共同体实现单一市场和生产基地，中国在通过共建“21 世纪海上丝绸之路”进行产业转型升级和优势产能输出。双方可以通过合理产业分工实现错位发展，打造优势互补的产业链。目前，东盟的自然资源和人力成本都是优势，而且又具有巨大的市场；中国从高速发展转型高质量发展，具有性价比高的生产建设能力和资本优势，而人力成本优势逐渐丧失，环境资源空间逐步缩小，再加上现在中美之间的贸易摩擦，使中国面临着经济增长的压力。中国可以将原来从东盟进口原材料或半成品再加工后出口到美国的产业，直接转移到东盟设厂生产后出口。中国提高了来自美国农产品的关税，可以转而向东盟进口更多的农产品。而中国的电商和移动支付企业这些年高速发展，处于世界领先水平，可以进入东盟帮助交通不便的农民在线销售农产品。通过帮助东盟国家基础设施建设，提高道路交通和电信通信的便利性，促进物流业的发展，进而促进电商的发展，提供更多的就业岗位。

文章来源：原刊于《广东社会科学》2020 年第 2 期。

港口政治化：中国参与“21世纪海上丝绸之路”沿线港口建设的政治风险探析

■ 邹志强，孙德刚

论点撷萃

揆诸历史和现实，西方大国多以军事基地的形式占据海外港口，是“港口政治化”的始作俑者。历史经验和现实利益使得西方大国惯于从地缘政治视角看待新时期中国在“21世纪海上丝绸之路”沿线地区的港口建设实践，这是“港口政治化”风险的重要背景。而在“21世纪海上丝绸之路”沿线的东非地区，中国的港口基础设施建设实践有力地驳斥了西方这一论调。从现实来看，主要以港口为节点串联起的“21世纪海上丝绸之路”创造了一个囊括沿线所有国家的新经济空间，一种更为扁平化、更为平等均衡的新经济格局，从东亚、东南亚到南亚、海湾、东非和地中海地区的国家，在充分发挥自身优势、积极参与的前提下都迎来了“再全球化”机遇，通过融入全球分工链条和进程而更大程度地获益。

从印度洋到地中海的“21世纪海上丝绸之路”沿线地区，是中国实施向西开放的重要通道和拓展经济利益的关键地区，也是海上安全和中国海外利益比较脆弱的地区。港口政治化风险对中国在“21世纪海上丝绸之路”沿线的港口建设带来严峻挑战，这一挑战未来依然将伴随中国参与海外港口建设的进程。化解港口政治化风险，尤其需要建立大国互信关系，管控分歧与竞争，最终实现“去政治化”目标。中国参与“21世纪海上丝绸之路”沿线

作者：邹志强，上海外国语大学中东研究所副研究员；
孙德刚，复旦大学国际问题研究院研究员

地区的港口建设开发首先着眼于商业利益，结合自身的经验、能力和当地优势实现互利共赢、共同发展。成功的港口建设和运营也是生动的公共外交实践，有助于实现合作共赢。商业性港口建设更易于与其他外部力量兼容，专注于追求贸易、投资和互利共赢，超越零和博弈思维，争取和外部所有大国利益兼容，有助于减轻政治化风险的影响。中国在“21世纪海上丝绸之路”沿线港口建设进程中需要继续坚持港口建设项目的商业属性，着力提升港口建设项目的多边属性，在此基础上赋予相关建设项目以国际公共产品含义，降低其敏感性与争议性，这是化解港口政治化风险的基本途径。

党的十八大以来，中国提出“建设海洋强国”目标，积极参与“21世纪海上丝绸之路”沿线港口建设，这成为中国扩大对外开放、开展务实合作，以及构建命运共同体的重要途径，海外港口，特别是枢纽性、节点性港口成为中国推进相关建设、促进基础设施互联互通的有力支撑。中国拥有强大的港口开发能力，以商业港口建设为依托，重点参与了从印度洋、红海到地中海的“21世纪海上丝绸之路”沿线港口建设，投资建设了一批有代表性的港口项目。缅甸、斯里兰卡、巴基斯坦、阿联酋、吉布提、肯尼亚、埃及和希腊等国成为重点合作伙伴；皎漂港、汉班托塔港、瓜达尔港、阿布扎比哈利法港、吉布提多哈雷港、蒙巴萨港、塞得港、比雷埃夫斯港和丹吉尔港的作用日益突出，发展潜力巨大。

中国参与“21世纪海上丝绸之路”沿线港口建设超越了西方“陆海分离”“安全与发展割裂”“敌国与友国对垒”的旧地缘政治观，成为联系发达经济体与发展中经济体、带动新一轮全球化的重要举措。港口作为连接陆地与海洋的大型基础设施，是典型的规模经济和资本密集型项目，特别是海外港口建设项目一般投入大、时间长、回报慢，技术含量高，不确定性因素多，易受东道国国内政治和域外大国因素的影响。沿线部分国家政局不稳、营商环境不佳，以及市场稳定性和成熟度不高，蕴藏着很大的政治与政策变动风险。部分地区为风险高发地带，面临冲突和热点问题频仍、国家间互信度低和安全风险高等多重挑战。政局动荡、环境保护、劳工纠纷和大国博弈等问题都可能对港口投资项目的安全与可持续性造成重大挑战。有机构对56个“一带一路”重大项目进行分析后发现，遭遇失败的项目中近80%与宏观风险直接相关，其中政治风险是最主要的一类。中国急需采取措施化解“21世纪海上丝绸之路”沿线港口建设的政治风险，加强港口建设机制的创新探索。本文力求探讨中国参与沿线港口建设面临的政治风险内涵，总结“港口政治化”的表现形式，分析其根源及解决途径。

一、“港口政治化”的概念与内涵

近年来，随着中国对外投资的快速增加，特别是在国外基础设施等重点领域参与合作，国际舆论的关注度也急剧上升，原本正常的商业交往成为牵动各方神经的政治事件。尤其在海外港口建设领域，中国面临更加复杂的舆论环境，受到西方国家和沿线部分国家的持续猜疑和炒作，增加了港口建设与运营的风险。随着近年中美战略博弈升级，部分西方媒体和智库不断炒作中国“21 世纪海上丝绸之路”沿线港口建设背后的安全动机和战略意图，严重恶化了中国在沿线地区参与港口建设的国际环境，曲解了中国与对象国围绕港口项目开展务实合作、以民生治理推动发展中国家基础设施互联互通的真实意图。

在此背景下，中国在“21 世纪海上丝绸之路”沿线的港口建设项目面临政治化风险，各种针对中国港口投资的论调肆意扩散。当前，中美竞争不断加剧，美国对华全面打压，中国在海外的战略性投资项目更成为美国借题发挥的重要对象，中国未来在海外面临的“港口政治化”风险将更加突出。

“港口政治化”系指中资企业在建设和运营海外港口过程中产生议题迁移，使原本“低政治领域”的经济问题上升成为“高政治领域”的安全问题。港口建设出现“政治化”趋向，一方面是因为港口不是一般意义上的基础设施，而是关系国计民生的重大项目，易于被“民粹主义”所绑架，不确定性因素多；另一方面是因为大国之间在地缘政治领域存在结构性矛盾，其战略竞争会向经济领域渗透。“港口政治化”不是一种静态的结果，而是动态的过程，是地缘经济与地缘政治互动的产物，大国将经济议题中的港口建设纳入地缘政治争夺的框架内，使原本港口项目的关键问题——经济博弈，变成了政治场域的博弈——争夺政治话语权和影响力，如中国参与澳大利亚达尔文港、斯里兰卡科伦坡港、巴基斯坦瓜达尔港、以色列海法港和吉布提多哈雷港等建设，均面临不同程度的“港口政治化”挑战。

“港口政治化”风险具有不同来源，包括东道国国内政治纷争、政权更迭、国际舆论炒作、外部干预和地缘政治因素等对港口建设项目的影响和冲

击。“港口政治化”使原本企业与对象国互利共赢的商业合作，上升为国与国之间、政治派别之间的政治博弈，进而超出了企业所能处理的范围，而以国有企业为主的中国港口企业在海外更易遭受政治猜忌。不少东道国受西方舆论的影响，将中国国企视为“中国政府的代理人”，对这些企业海外投资的动机产生怀疑，甚至在国内政治博弈的背景下，对中资港口企业采取重新评估和安全审查。

从实践来看，中国的港口公司大多属于国有企业，中国在“21 世纪海上丝绸之路”沿线面临的“港口政治化”风险突出，很多以经济、社会、法律和安全形式表现出的风险，其背后往往也源于政治因素。“中国威胁论”在沿线地区影响广泛，在一定程度上恶化了地区环境和中国形象，成为“港口政治化”风险日益突出的重要诱因。

二、“港口政治化”的主要表现形式

对于中国参与“21 世纪海上丝绸之路”沿线港口建设，国际上不乏称赞和客观报道的声音，认为中国的港口运营企业投资建设新的港口首先是出于经济动机，其中的政治考量从根本上来说是出于防御性的战略目的。例如，约瑟夫·奈(Joseph S. Nye)强调指出：“中国的‘一带一路’倡议为沿线贫困国家提供了急需的高速公路、铁路、港口和发电站等。‘一带’建立了大规模高速公路和铁路网；‘一路’建立了亚洲和欧洲大陆之间一系列的海上通道与港口。”

而持消极态度的西方学者塑造了“珍珠链”“债务陷阱”等主流话语，通过持续炒作，对中国的海外港口建设进行“污名化”和干预阻挠。其中，以所谓“珍珠链”为代表的“军事基地论”、以“债务陷阱”为代表的“债务帝国主义论”和以“单方面攫取资源”为说辞的“新殖民主义论”是三种主要表现形式，其背后是西方国家从自身历史经验和现实利益出发的地缘政治炒作，成为中国在“21 世纪海上丝绸之路”沿线面临的“港口政治化”风险的主要推动因素。

首先是“军事基地论”。“军事基地论”认为，“中国的海外港口建设背后隐藏着安全和战略意图，最终是为了建立海外军事基地，争夺地缘政治主导权”。“珍珠链”一词最早由美国国防部提出，后来被西方国家和印度的媒体、智库广泛使用，特别被用来描述中国在印度洋地区影响力的上升。美国、日本、印度等国从自身经验和利益出发，对中国在缅甸、斯里兰卡、巴基斯坦和吉布提等国的港口建设横加指责，认为“中国正在借商业港口开发建设一条军事基地‘珍珠链’，甚至认为中国的‘海上丝绸之路’倡议本身就是一个中长期的地缘政治战略”。虽然有分析指出，“将商业港口变成海军基地不具有可操作性”，但“珍珠链”这一说法依然长期被西方媒体和智库用来曲解中国的海外港口建设动机。

很多西方媒体和学者认为，中国在孟加拉国、巴基斯坦、斯里兰卡和缅甸等国的港口建设具有军事战略目的，是在推行“珍珠链”战略。中国的“21世纪海上丝绸之路”倡议不是出于纯粹的商业项目，“可能具有战略考量和军事目的”。基于马汉的海权论，西方舆论认为，中国通过港口建设已经成长为海洋超级大国，这将挑战美国的全球海洋主导地位，也挑战了“美国治下的和平”。中国在海外建立的商业港口“具有军用和民用的双重性，可以迅速升级用以执行军事任务”，即“硬权力的软投放”。中国不断增加在印度洋的存在除了保护能源运输通道安全之外，“还可能将贸易前哨变为军事前哨”。这显然是将正常的商业活动毫无根据地臆测为军事安全行为。

在此背景下，中国在“21世纪海上丝绸之路”沿线建设的港口受到部分国家持续而集中的炒作。例如，美国对中国与其开展全球范围内的影响力竞争高度警惕，印度则担心中国在印度洋构筑包围印度的“珍珠链”，而日本也不断加大与中国在海外经济和安全领域的竞争。西方媒体和智库不断渲染中国在瓜达尔港的“军事目的”，将之视为中国“珍珠链”中新的“海军基地”，“将成为中国在印度洋军事基地网络的一部分”。中国在吉布提的后勤保障基地于2017年建成后，受到西方国家广泛关注，多数文章和智库报告聚焦于其军事价值及在“珍珠链”中的地位。有报告称，这是中国的“印度洋基地网络迈出的第一步”；中国正在将印度洋作为实现地缘战略抱负的“棋盘”。在西方舆论的炒作和地区国家国内政治纷争的影响下，吉布提多哈雷港口建设受到西方国家的密切监视。但时至今日，中国在吉布提的后勤保障基地与美国、法国、日本和意大利在该国的军事基地总体上做到了和平共存，成为大国为亚丁湾地区提供的安全公共产品；从成效来看，中国投资吉布提多哈雷港也推动了东非地区的陆海经济一体化发展。

其次是“债务帝国主义论”。“债务帝国主义论”认为，中国利用自身的资金优势和沿线小国缺乏资金的现实，在港口等大型基础设施建设项目中

通过提供贷款取得项目合同,并给东道国制造“债务陷阱”,“从而使之在经济和政治上依赖甚至依附中国”。近年来,中国在“21世纪海上丝绸之路”沿线的很多大规模投资项目都被西方指责为“缺乏透明度”,“导致很多国家陷入沉重的债务负担,使之服务于自身的对外战略和外交利益”,这种所谓的“债务陷阱论”广为流传。中国在海外的港口建设往往获得了中国金融机构的相关融资支持,在推进项目进程的同时也带来了所在国债务负担的上升,经过西方国家的炒作,在部分国家成为严重的政治问题。事实上,根据“中非研究倡议”的数据,中国在非债务的规模区间为720亿至1000亿美元,中国债务在非洲外债中的比重不超过20%。中国在22个面临较大债务压力的非洲国家中的贷款很少,这些国家的债务问题与中国无关。

斯里兰卡汉班托塔港是西方指责中国“债务陷阱”时经常提到的案例,认为建设汉班托塔港的经济理由不充分。中国在斯里兰卡的大规模港口建设引发西方舆论的热炒和斯里兰卡国内反对党的攻击,进而影响到科伦坡港和汉班托塔港建设项目。斯里兰卡基础设施投资严重依赖中国,以致其担忧过分依赖中国资金将带来政治影响。在2015年斯里兰卡暂停港口项目后,中斯之间的沟通也被西方解读为“中国利用巨额债务向斯里兰卡政府施压”。2016年和2017年斯里兰卡“债转股”方案出现的波折在西方舆论炒作下加深了斯里兰卡国内民众对中国企业操纵债务的质疑。在缅甸,民盟新政府对于建设皎漂港所带来的巨额债务也有疑虑,希望通过缩小项目规模来减轻可能的债务负担及对华经济依赖。2016年4月,缅甸政府开始重新审查皎漂港项目,并通过谈判将股权从15%提升至30%。2018年8月,缅方表示将大幅削减皎漂港项目的规模,避免出现债务负担,认为中缅新协议有助于大幅降低该项目的财务风险。然而,中国港口项目能够给缅甸带来实实在在的好处,在这一点上,当事国最有发言权。缅甸国家安全顾问当吞(Thaung Tun)否认所谓“中国债务陷阱论”,强调这是一项“双赢”协议。

最后是“新殖民主义论”。“新殖民主义论”认为,中国在非洲等发展中国家与地区的投资和建设项目以获取当地的自然资源为目的,并试图建立以中国为中心的不公平经济贸易关系,中国借此获得了更大利益,造成了东道国的经济损失、政府腐败或不平等地位。这种说法也蔓延到港口建设等中国投资的基础设施建设项目上,认为可能形成新的“中心—边缘”不对称依附关系。有西方智库称,“一带一路”就是中国的“新殖民主义”计划。部分欧洲国家对中国海外港口建设的地缘政治与安全影响也心存疑虑，如针对中国在地中海和非洲国家这些欧洲传统势力范围的港口建设，担心这会削弱欧洲的地缘影响力。随着中国企业在南欧投资建设的港口日益增多，欧洲也开始担心中国的军事影响力会随之进入欧洲国家，如中国军舰对希腊比雷埃夫斯港进行了访问，希腊在欧盟内对中国的温和态度也被解读为中国港口投资带来的政治影响力。但比雷埃夫斯港是商业港口而不是军港，该港口的开发与升级不仅能够提振希腊经济，而且可以将希腊与中东欧国家的铁路网连为一体，促进欧洲国家港口网与铁路网的互联互通。

从国别来看，对中国参与“21 世纪海上丝绸之路”沿线港口建设的猜疑和炒作主要来自美国、英国、日本、澳大利亚和印度等国；而炒作的重点地区是印度洋沿岸，特别是缅甸、斯里兰卡、巴基斯坦和吉布提等国的港口，也包括中国在地中海沿岸的港口，如以色列海法港、希腊比雷埃夫斯港，且大多从战略、安全和地缘政治的角度对中国参与的港口建设项目进行臆测和指责。为此，美国启动“蓝点网络”计划，试图抗衡中国的“21 世纪海上丝绸之路”倡议。美国智库报告提出，美国正在设法“对抗中国的扩张”，至少保留“对抗”能力，特别是在海洋领域。美印双边关系不断发展正是这一计划在军事和经济领域的体现，美方也推动日本与印度建立更紧密的海军关系。美、日、印、澳四国还在印度洋—太平洋地区尝试组建“海洋民主国家联盟”，试图通过“准结盟”干扰中国参与海上丝绸之路沿线的港口建设，注定事倍功半，因为前者属于地缘政治范畴，后者属于地缘经济范畴，二者属于不同的层面。更何况中国参与的港口投资项目大多属于多国合资而不是中国独资，各国早已成为利益共同体。

其中，印度对于中国在印度洋地区的港口建设尤其敏感，对中国的“21 世纪海上丝绸之路”建设持排斥态度，并联合西方国家一起进行阻挠和“对冲”。大多数印度学者都对中国在印度洋地区的港口建设持强烈怀疑的立场，认为中国在印度洋地区的影响力不断上升，对印度的安全构成了“严峻挑战”。总体上来看，印度关注其在印度洋地区的优势地位，担心中国在印度洋日益扩大的经济影响力会转化为地缘政治优势，并在地缘安全竞争及零和思维的影响下，倾向于通过具有排他性的军事化、安全化手段来淡化该地区与中国提升经济合作的前景，这突出反映在对中国港口建设项目的抵制和对冲措施上，这对中国在印度洋地区的港口建设带来重大挑战。

上述对中国海外港口建设项目的指责和炒作多是西方国家从自身经验和实践出发进行的臆测或产生的误读，传播甚广，部分国家对此深信不疑，并时常成为西方媒体在“21世纪海上丝绸之路”沿线炒作各种版本“中国威胁论”的来源和依据，也与沿线部分国家的国内政治纷争相交织，成为“港口政治化”风险的主要推动因素。

三、“港口政治化”风险的主要来源

中国参与建设投资的沿线港口项目往往遭到西方大国的恶意炒作，又与东道国国内政治斗争交织在一起，并以环境、法律、债务和就业等议题为由演变为政治纷争，成为东道国反对党或反华势力煽风点火的重要对象，沦为西方大国地缘政治博弈或对象国国内政治斗争的牺牲品。中国在缅甸、斯里兰卡、巴基斯坦、吉布提、希腊和以色列等国参与的港口项目，都不同程度地遭遇了“港口政治化”挑战（表1），其主要来源如下。

表1 “21世纪海上丝绸之路”沿线“港口政治化”风险的来源及表现

风险表现	印度洋地区		地中海地区	
	具体风险	受影响港口	具体风险	受影响港口
国内政治型	缅甸政治转型； 斯里兰卡政权更迭； 坦桑尼亚政治纷争	皎漂港； 科伦坡港； 巴加莫约港	希腊政权更迭	比雷埃夫斯港
地区争端型	印度—巴基斯坦对抗； 新加坡—马来西亚竞争； 沙特—伊朗对抗； 肯尼亚—坦桑尼亚竞争	瓜达尔港； 皇京港； 海湾港口； 东非港口	以色列—埃及竞争； 希腊—土耳其对峙； 阿尔及利亚—摩洛哥竞争	东地中海地区港口； 马格里布地区港口
大国干预型	美、日、印等大国干预； 美国制裁伊朗	缅甸、斯里兰卡、吉布提、伊朗等国港口	美国施压以色列； 法国、西班牙对北非的特殊关注	海法港； 马格里布地区港口

第一，东道国国内政治变动引发的“港口政治化”风险。一方面，国内政党纷争与政权更迭可能带来重大冲击，而反对党出于选举需要，会有意识地利用中国大规模投资议题攻击执政党，一旦反对党上台，合作项目就很可能

出现变数。这在希腊和斯里兰卡均曾出现，造成港口建设项目的重大波折。另一方面，港口建设涉及复杂的法律、土地和环境等社会问题，也可能激化为重大风险。在大型投资项目问题上，东道国民众的意见和国内舆论对政府可能造成重大影响，这在发达国家或弱小政府国家可能更为明显。由于港口及其集疏运设施、临港产业园区建设涉及征地问题，其所衍生的居民权益、环境评价问题在国内外媒体和各类非政府组织的推波助澜下容易不断发酵，并可能成为东道国政府主动或被动中止项目的借口。

例如，在希腊，安东尼斯·萨马拉斯(Antonis Samaras)政府时期启动了比雷埃夫斯港的私有化进程，中远集团获得了该港 67%的股权，而后来上台的阿莱克斯·齐普拉斯(Alexis Tsipras)政府反对国有资产私有化项目，同时受到工会力量的影响，暂停了港口私有化进程。直至 2016 年 4 月，中远海运集团与希腊发展基金正式签署该港股权的转让协议和股东协议才算尘埃落定。在斯里兰卡，2015 年初的政权更迭导致包括科伦坡港口城项目在内的多个中国承建项目暂停。西里塞纳(Maithripala Sirisena)早在竞选期间就批评前任总统拉贾帕克萨(Mahinda Rajapaksa)批准中国企业建设科伦坡港口城项目是“出卖国家利益”，声称要对该项目进行重新评估。2015 年 3 月，斯里兰卡政府暂停港口城项目之后，中方企业每天的直接经济损失就高达 38 万美元。2017 年 7 月，双方以公私合作模式(PPP)签订特许经营权协议，同年 12 月斯方正式将汉班托塔港资产及运营管理权移交给中国招商局集团。这一案例表明，在投资环境尚不健全的发展中国家，政府为吸引外资往往倾向于许诺超常规的优惠政策，但这通常都隐藏着较高的政治风险。反对派会把这些优惠政策作为攻击执政党的借口，在发生政权更迭之际，中国投资者很容易成为其国内政治斗争的牺牲品。在东非，中国和坦桑尼亚领导人于 2013 年亲自见证了投资额高达 100 亿美元的巴加莫约港项目签约仪式，但该项目受到坦桑尼亚国内多种因素影响而长期无法取得实质性进展。

第二，地区国家间的复杂关系和战略竞争导致“港口政治化”风险。“21 世纪海上丝绸之路”沿线部分国家之间的关系紧张、矛盾重重，甚至陷入严重的阵营化对抗格局，中东、非洲等地区还存在涉及多国介入的热点冲突问题，这对中国在相关地区的港口建设形成了严重制约。

在南亚地区，印度与巴基斯坦长期对峙，印度对中巴关系一直较为敏

感，对“中巴经济走廊”建设横加指责并极力阻拦。印度认为，中国通过开发瓜达尔港将会把其转变为“海外海军基地”，并且连接斯里兰卡和缅甸的港口，形成一个“珍珠链”或“军事基地网”，对印度进行“包围遏制”等。印度将之与中巴特殊关系及“中巴经济走廊”结合起来解读，认为该走廊“扩大了中国在印度洋的经济和军事存在，瓜达尔港是中国的印度洋地区计划的重要组成部分”。有印度学者表示，“中巴经济走廊”穿过存在争议的克什米尔地区严重刺激了印度，在瓜达尔的“基地对印度的海洋利益及其对该地区的主导地位构成了严重威胁”。实际上，“中巴经济走廊”并未穿过该地区，且它只是“经济走廊”而非“政治走廊”，中国坚持“克什米尔”问题政治解决的立场未发生变化。

在海湾地区，部分国家之间因地缘政治争夺形成教派化、阵营化对抗格局，尤以沙特和伊朗的对抗为代表。同时，海湾地区是美伊对抗的前沿阵地，地区多国卷入其中，霍尔木兹海峡时刻面临爆发冲突的风险。2016 年 1 月，沙特率领多国与伊朗断交；2017 年 6 月，沙特又率众与卡塔尔断交，地区国际关系紧张对港口建设带来的风险持续增大。在地中海地区，土耳其与希腊长期对峙，摩洛哥与阿尔及利亚关系紧张；而中国参与以色列阿什杜德港建设及红海—地中海铁路建设，引起埃及的紧张和反对，埃及担心苏伊士运河的地位受到影响。在东南亚，新加坡对中国参与建设马来西亚皇京港表达了严重关切，其担心自身的全球枢纽港地位会受到削弱。中国一向秉持不干涉内政原则，与各国均保持友好关系与密切合作，并希望通过基础设施建设推动地区国家的发展与稳定，而港口作为商业化项目也应努力排除政治因素的干扰。

第三，大国干预和地缘政治博弈带来的“港口政治化”风险。当前，港口建设常常被打上大国地缘政治博弈的烙印。有关中国港口项目的负面舆论很大程度上源于西方大国以零和博弈的旧眼光看待国际关系，不愿意看到中国影响力的上升，以免打破对其有利的既有全球化秩序与世界权力格局。在相似的地缘政治考量之下，美、日、印等国联合起来，通过炒作“军事基地论”“债务陷阱论”“新殖民主义论”，并采取政治施压、安全威慑和恶性竞争等多种方式，对中国在“21 世纪海上丝绸之路”沿线地区的港口建设项目进行干预、阻挠和对冲。

例如，斯里兰卡科伦坡港口城建设一波三折，主要原因在于该国的重要战略地位及背后的地缘政治博弈。在内部政治纷争和外部施压的双重影响下，斯里兰卡于2015年3月初暂停了科伦坡港口城一期工程。斯里兰卡政府在综合权衡外部大国影响与自身经济利益的基础上，要求重新谈判，并与中国企业修订了投资协议，撤回了先前给予中方20公顷土地的永久使用权，改为99年租赁，之后这一项目才重启。在缅甸，中国建设皎漂港项目被认为是中国“突破马六甲安全困境、谋求印度洋出海口”的举动。出于地缘政治战略的考量，印度、美国、日本等大国都加大对缅甸的拉拢力度，希望把缅甸打造为遏制中国影响力的“棋子”；而大国地缘政治博弈又迫使缅甸采取更为平衡和模糊化的外交政策。由此带来的不确定性无疑影响到中国在缅甸的投资，尤其是像皎漂港这样具备地缘敏感度的项目，更容易受到大国博弈因素的干扰。

在以色列，美国明确施压以色列政府慎重考虑将海法港交由中国企业运营的决定。2018年12月，美国海军方面表示，中国上海国际港务（集团）股份有限公司（以下简称上港集团）运营海法港“将危及美军第六舰队的停靠安全，敦促以色列政府重新考虑这一决定”。有美国军方高级官员表示，中以海法港建设协议“具有重大的地缘政治影响，因为这里是以色列海军的主基地”，而“中国在海法港立足还将影响美国有关与以色列海军合作的决定”。2019年5月9日，哈佛大学菲利普·考利（Philippe Le Corre）在美国国会听证时指出，中国开发欧洲和中东的商业港口，使北约使用和停靠的海军基地面临一定麻烦，包括上港集团即将在2021年开始经营管理的以色列海法港。2020年5月，美国国务卿蓬佩奥访问以色列，再次以美国第六舰队受到“威胁”为由，反对上港集团运营海法港。这显然是美国刻意渲染“中国威胁”，打压中国与以色列的正常商业合作。

此外，印度和日本在缅甸、斯里兰卡和伊朗等国临近中国港口项目的地点进行港口开发，在一定程度上加剧了恶性商业竞争与地缘政治争夺。为削弱中国和巴基斯坦的地区影响力，印度近年来积极参与伊朗恰巴哈尔港建设，将土库曼斯坦、阿富汗和伊朗通过该港口联系起来，与中国参与开发的瓜达尔港形成竞争关系。伊朗的恰巴哈尔港和巴基斯坦的瓜达尔港存在一衣带水的共生关系，两国实际上都欢迎其他国家参与两个商业港口建设，让港口建设回归商业属性，方可跳出安全困境。

四、"港口政治化"风险的规避路径

由于"21 世纪海上丝绸之路"沿线港口建设遭遇突出的政治化挑战，传统的政治经济合作和双边外交模式面临越来越大的压力。在新形势下，化解"港口政治化"风险需要从加强与东道国合作关系、重塑大国间战略互信、提升多方利益匹配度，以及改善企业和项目在当地社会和民众中的形象等不同层面来加以应对。未来"21 世纪海上丝绸之路"沿线港口建设应严格遵循国际通行的市场化原则，拓展"港口＋"合作，赋予一定的国际公共产品内涵，凸显其商业属性，提升多边合作理念，降低地缘政治风险，多途径推进港口"去政治化"进程(表 2)。

表 2 "港口政治化"风险的规避路径与建议

主要原则	基本路径	对策建议
市场化	突出港口的商业属性	以中资企业为主力，尊重企业的国际化发展需求与规律
		服务于国家扩大对外开放和融入全球化的需要，推动更为平等普惠的全球化
		以商业性港口为主追求商业利益和地缘经济利益，提升兼容性
多边化	拓展"港口＋"合作模式	在业务拓展层面，推广"港产城一体化"和"港航货一体化"模式，拓展跨国产业链合作
		在战略投资层面，加强与世界知名港航企业、国际金融机构的深度合作，提升国际竞争力和分散投资风险
		在国家合作层面，邀请利益相关国特别是关键大国，共同参与沿线港口开发，提升与相关国家的利益匹配、利益共享与利益融合
公共产品化	降低港口的地缘政治风险	凸显"21 世纪海上丝绸之路"倡议的国际公共产品属性内涵
		避免受到"港口战略属性论"的主导和驱动
		秉持更为丰富的合作视野与开放性、分享性的合作模式

第一，遵循市场化原则，突出“21 世纪海上丝绸之路”沿线港口建设的商业属性。从中国参与海外港口建设的理论与实践来看，其首要驱动力在于港航企业的国际化发展需求及其全球商业布局，遵循国际通行的商业化原则，追求经济利益；从国家层面来看，这源于中国扩大对外开放和进一步融入全球化的需要，首要目的是地缘经济利益，而非地缘政治利益，少部分港口的战略性也大多基于其地缘经济价值。中国参与“21 世纪海上丝绸之路”沿线地区港口建设主要是寻找商业化发展机会，扩大对外开放并深度参与全球化进程，促进国内基础设施建设产能“走出去”，推动更为平等、普惠的全球化。中国将从印度洋到地中海的沿线地区视为具有潜在经济利益的“市场”，因而中国的重点是沿线商业港口的建设和发展。也不同于西方国家的“民主治理优先”理念，中国认为发展才是解决区域动荡冲突的根本途径，并积极扮演“21 世纪海上丝绸之路”沿线地区的建设者而不是破坏者。中国参与的相关港口建设推动了沿线国家的发展、稳定和融入全球化的进程，为全球治理注入了积极因素。与此同时，商业性港口建设易于同其他外部力量兼容，专注于追求贸易、投资和其他经济利益，使自身权利和影响力保持低调与审慎，争取与外部所有大国利益兼容。中国对地缘经济利益的预期与美国、俄罗斯等其他大国的地缘政治影响力追求不形成直接冲突，有助于减轻各种“中国威胁论”的影响。

从实践来看，中国参与“21 世纪海上丝绸之路”沿线港口建设的实践呈现全面参与、重点突破的特征与格局，在沿线国家和港口众多的背景下也必然要求有所侧重，斯里兰卡、阿联酋和希腊等国及相关枢纽型港口成为重要对象；而缅甸、巴基斯坦和吉布提等国及相关港口，因为其“以点带面”的地缘重要性也成为中国关注的重点。对于“21 世纪海上丝绸之路”沿线港口建设重点的选择，主要应基于港口及其所在国的商业发展潜力和地缘经济价值，这是海外港口建设顺利推进的重要基础。中国需进一步明确企业是海外港口建设的主体与主力，以资本为纽带、共同发展为原则，多角度、全方位丰富港口合作模式，包括以港口合作带动产业物流园区建设。例如，招商局港口控股有限公司的海外投资坚持以三大原则为战略导向：一是将海外港口投资融入国家海外发展倡议；二是遵循行业规律，以港口腹地经济发展趋势为指引；三是坚持商业可行，这是所有商业并购投资必须遵守的底线。因此，政府应积极支持港口企业遵循市场化原则独立决策，参与国际化商业竞

争，避免注入过多的政治干预和战略规划，减少政治或战略驱动型的投资与融资建设模式。

第二，拓展"港口＋"合作，彰显"21世纪海上丝绸之路"沿线港口建设的多边属性。中国港航企业的"走出去"步伐和国际化进程日益加快，与世界知名企业开展国际化竞争，保持自身优势与开放兼容精神均至关重要。中资企业需积极采取本土化经营、合资合作等方式对风险进行防范和控制，多层面拓展"港口＋"合作，与东道国政府、国际大型金融机构等财务投资人共享股权，提升与其他大国的利益匹配度，获得东道国的政策支撑和更多的外部支持，从而超越零和博弈，降低"港口政治化"风险。

其一，在业务拓展层面，推广"港产城一体化"和"港航货一体化"模式，拓展跨国产业链合作。"港产城一体化"将港口开发与周边园区开发结合起来，在建设港口的同时，投资毗连的临港产业园区、自由贸易区、经济特区或其他园区发展项目，这是中国港口建设运营领域的重要经验和优势。招商局港口控股有限公司的"蛇口模式"是典型的代表，在海外港口建设中被更多效仿。"港航货一体化"模式有利于做全、做大产业链，掌握更大的获益空间和发展主动权，这种产业链上下游一体化合作能够实现资源共享，稳定货物规模，吸引多方利益主体参与，降低运营成本和投资风险。

其二，在战略投资层面，加强与世界知名港口航运企业、国际大型金融机构的多层次深度合作，在提升国际竞争力的同时分散投资风险。当前，中国已成为具有国际竞争力的港口大国，既需要建立现代化、专业化远洋运输船队和有竞争力的港口建设企业，更需要提升港口、航线的综合化投资运营能力与水平，进一步提高在世界海上交通领域的地位和影响力。国内港口和港航企业应继续与"21世纪海上丝绸之路"沿线国家的港口及国际港航企业构建不同形式的港口联盟，共享市场资源，实现优势互补、风险共担。中国需继续采取与西方国家和当地公司联合承建、投资和运营港口的混合所有制模式，邀请利益攸关方成为各种形式的合作伙伴，联合承建和经营港口，协同当地经济发展，分散投资风险，降低本地阻力和负面舆论影响。通过强化联盟合作，充分利用国际化企业集团的资源优势，形成优势互补，结成利益共同体。例如，招商局港口控股有限公司与法国达飞轮船公司开展股权合作，与地中海航运合作经营多哥洛美港项目，借助资本纽带建立长期共赢的合作伙伴关系等做法值得推广。在"走出去"的同时，中国也要欢迎国际港口公司投资中国的港口和码头项目，做到港口建设“走出去”和“请进来”双向互动。例如，阿联酋的迪拜世界港务集团在中国、东南亚和南亚共经营了 20 多处港口码头，成为阿联酋逆向参与中国“21 世纪海上丝绸之路”建设的重要抓手。

其三，在国家合作层面，邀请利益相关国特别是关键大国，共同参与沿线港口开发，提升与相关国家的利益匹配、利益共享与利益融合。中国的海外港口开发项目经常遭遇争议，面临更多的政治审查，这要求中国在港口开发项目上保持克制，同时充分考虑其他国家的地缘政治和地缘战略问题。针对美国、日本、印度和欧洲大国的战略疑虑，以及部分沿线中小国家在港口安全、债务负担等方面存在的担忧，中国需要以更为开放性的心态提升与东道国、其他大国的利益匹配度和融合度，通过有针对性地联合开发、股权让渡和利益共享实现利益融合，逐步破解“港口政治化”困境。因为利益共同体是命运共同体的基础，绝大多数沿线国家和相关大国都可以在利益融合的基础上实现降低战略疑虑和恶性竞争的效果。近年来，希腊、意大利等国的对华战略信任度和政策友好度提升就是重要体现。即使印度对中国“21 世纪海上丝绸之路”心存疑虑，但也存在两国合作与融合的可能，关键是中印需要解决安全上的分歧。对于印度、日本和欧洲大国来说，既要通过第三方合作减少恶性竞争并提升利益融合，也应将海外港口合作纳入双边战略对话范畴，通过直接、主动的机制化沟通增信释疑。而美国在太平洋、印度洋和地中海地区均具有全方位、战略性的影响，如何化解美国不利因素的影响是中国推进“21 世纪海上丝绸之路”建设过程中需要深入思考的重大问题。特别是在当前美国对华打压力度加剧的背景下，中美重塑大国间战略信任至关重要，而国际港口建设既是容易引发中美战略竞争的重要领域，也可能成为塑造中美战略信任的重要平台。从中国在亚丁湾海域护航、中美军事设施在吉布提共存的现实来看，美国并不绝对反对中国在全球海洋治理中发挥作用。因此，中美之间也可以通过战略对话加强在港口建设领域的沟通，借鉴“伊拉克模式”在沿线国家的重建与开发中取长补短，并合作提供更多海上公共产品，在此过程中不断提升双边利益融合与战略互信。

第三，赋予国际公共产品内涵，降低“21 世纪海上丝绸之路”沿线港口的地缘政治风险。其一，“21 世纪海上丝绸之路”倡议本身具有国际公共产品属性。“一带一路”建设要以开放为导向，打造开放型合作平台……积极发

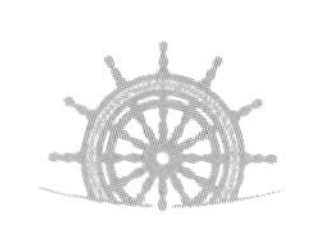

展开放型经济，参与全球治理和公共产品供给，携手构建广泛的利益共同体。国际中转港口服务和国际海运航线的安全均是重要的国际公共产品，沿线港口的建设是展现和提升中国国际公共产品供给能力的绝佳平台。一方面，大型港口及配套设施建设需要强大的技术、金融和开发能力支持，中国是少数具备这种综合能力的国家之一。沿线很多港口地理区位优势明显，但开发水平较低，项目投资规模大，技术要求高，超出了大部分所在国的能力，而这恰恰是中国展现提供国际公共产品能力的机遇，通过港口建设可以为全球海上运输提供数量更多、服务更好的国际化港口服务。另一方面，将“21 世纪海上丝绸之路”沿线港口打造为包容性的国际公共产品并充分发挥其外溢功能，也是对中国提供和管理国际公共产品能力的锻炼。公共产品最大的特点就是消费层面的非排他性，因而会出现“搭便车”现象，并可能导致集体行动的困境。而随着中国持续不断的崛起，在国际上主动为其他国家提供“搭便车”的机会将是必然趋势。中国领导人在很多国际场合谈到“一带一路”建设时都强调了类似的意愿和倡议，这充分反映出中国愿意将“21 世纪海上丝绸之路”沿线港口打造为分享型的国际公共产品，这也是“一带一路”建设的必然要求。

其二，“港口战略属性论”缺乏有力支撑。对海上交通线的高度依赖和无法掌控航线安全的被动局面促使中国在海外寻找战略立足点，这也使海外港口建设具有一定的战略属性。从实践来看，将港口建设视为中国在海外构建“战略支点”的观点，过于强调港口的战略属性与安全属性，存在加剧地缘政治竞争的风险。例如，有学者认为中国先后投资建设巴基斯坦瓜达尔港、斯里兰卡汉班托塔港、缅甸的皎漂港和实兑港就是中国在印度洋的“战略立足点”。然而，海外港口本质上是经济属性，其战略属性难以获得有力支撑，也不宜过分强调。例如，在印度洋地区，尽管中国在缅甸和巴基斯坦的港口和“走廊”建设可能有助于减少对马六甲海峡的依赖，但海上通道和往来船舶实际上依然处于美国和印度等国在该地区优势军事力量的影响范围之内，同样具有高度的脆弱性。与印度相比，中国在印度洋地区的地缘战略脆弱性十分明显，而且短期内不可能有效缓解，虽然中国在该地区的经济影响力快速上升，但力量投射能力十分有限，地区国家也无法将中国视为主要的安全提供者。对港口战略属性的过度强调无疑会加剧地缘政治竞争，而地缘政治对抗既不符合中国的外交理念，更不是中国“21 世纪海上丝绸之路”倡议与海外港口建设的目的，因而理应避免陷入无谓的地缘政治博弈。通过港口建设、运营和使用环节的开放性实践，在一定程度上赋予“21世纪海上丝绸之路”沿线港口以国际公共产品属性，无疑有利于降低其地缘政治风险并顺利推进相关建设。

其三，基于海洋地缘政治的高度复杂性与敏感性，海外港口建设需要更为丰富的合作视野和开放性的合作模式。一方面，中国在参与海外港口建设过程中需提升对环境保护、民众就业、社会责任和媒体形象等社会议题的重视，注重塑造企业形象，增强投资项目的透明度和社会接受度，注意构建与当地民众、媒体和社会组织等社会网络的良好关系，努力避免被贴上负面标签，也需注意防范成为东道国国内社会问题与政治纷争的牺牲品。另一方面，海外港口建设项目要大力提升开放性、包容性和分享性，在一些港口项目中，不能完全依赖中国一家的产品、技术和金融等资源，也尽量不独占投资运营权利和收益，需注意吸引国际和东道国多方利益主体参与进来，结成利益共同体，避免招致负面猜想。“21世纪海上丝绸之路”国际公共产品性能是通过市场利益驱动而逐步形成的，即在市场的驱动下，通过利益的相互依赖和利益的相互嵌入形成国际公共产品。赋予“21世纪海上丝绸之路”沿线港口建设以公共产品属性，并纳入全球海洋治理体系中，是对传统合作模式的价值改造与内涵升级，有助于彰显国际道义和大国责任意识，有效降低地缘政治风险。相关沿线港口大多地理位置优越，处在国际黄金航道的重要位置，具备成为国际公共产品的优势，中国的参与往往大幅提高了其吞吐量和综合服务能力，有效降低了运输过程中的成本和风险，也有助于应对日益严重的非传统安全挑战。这在科伦坡港、吉布提多哈雷港、瓜达尔港和比雷埃夫斯港等中国参与的沿线港口中均有体现。因此，在建设“21世纪海上丝绸之路”过程中，中国需以参与沿线港口建设为平台，稳步提升其开放性、分享性，以及国际化基础设施服务的功能和色彩，在从太平洋到印度洋、地中海的国际航线上提供更多国际公共产品，港口也将成为新时期中国开展国际公共产品议程设置的重要载体。

五、结语

揆诸历史和现实，西方大国多以军事基地的形式占据海外港口，是“港口政治化”的始作俑者。在西方大国部署的海外军事基地中，海港成为其军

事部署的重要支点，也成为控制从太平洋、印度洋到地中海战略通道的"桥头堡"。历史经验和现实利益使得西方大国惯于从地缘政治视角看待新时期中国在"21世纪海上丝绸之路"沿线地区的港口建设实践，并拉拢印度等国共同进行"对冲"甚至"遏制"，这是"港口政治化"风险的重要背景。前文所述的"新殖民主义"等论调实际上是西方国家自身历史经验和现实做法的经典写照，而在"21世纪海上丝绸之路"沿线的东非地区，中国的港口基础设施建设实践有力地驳斥了西方这一论调。中国参与吉布提多哈雷港和蒙巴萨港开发的同时将之打造为周边非洲国家的出海口，并修建了连接邻国和内陆地区的新型标准化铁路，即亚吉铁路和蒙内铁路，统筹海陆联运设施的开发，形成配套发展和相互促进。事实上中国的存在和影响力被夸大了，其无法以牺牲其他主体利益为代价为自己谋利，中国也无法轻易利用这些基础设施直接为自身利益服务。中国在东非国家的港口和腹地经济的开发由东道国、跨国公司和区域发展基金等许多主体共同参加，由于涉及多个利益攸关方，中国可以将海外港口项目作为构建"利益共同体"和"命运共同体"的重要试验区。从现实来看，主要以港口为节点串联起的"21世纪海上丝绸之路"创造了一个囊括沿线所有国家的新经济空间，一种更为扁平化、更为平等均衡的新经济格局，从东亚、东南亚到南亚、海湾、东非和地中海地区的国家，在充分发挥自身优势、积极参与的前提下都迎来了"再全球化"机遇，通过融入全球分工链条和进程而更大程度地获益。

从印度洋到地中海的"21世纪海上丝绸之路"沿线地区，是中国实施向西开放的重要通道和拓展经济利益的关键地区，也是海上安全和中国海外利益比较脆弱的地区。"港口政治化"风险对中国在"21世纪海上丝绸之路"沿线的港口建设带来严峻挑战，缅甸、斯里兰卡、希腊和坦桑尼亚等沿线国家的港口建设项目都曾受到这一因素的严重冲击，这一挑战未来依然将伴随中国参与海外港口建设的进程。中国面临的战略信任不足和政治风险将在长期内阻碍中国新的海上议程。当前中美竞争加剧，美国在全球范围内对中国的对外投资与国际合作项目进行政治化解读，并以此拉拢其他发达国家和"21世纪海上丝绸之路"沿线地区国家，联合对华进行打压，这在港口建设领域带来显著的消极影响。例如，欧盟对中国港口投资的负面认知和政策无疑受到美国因素的影响，随着欧盟对中国的防范、疑虑逐渐增长，这已经影响到中国在欧洲、地中海等相关地区的港口投资项目。与此同时，美国加大了对“海上丝绸之路”沿线地区国家的游说和施压，迫使相关国家选边站队，严重干扰了中国在当地的正常港口投资建设项目。针对欧盟和部分沿线国家的担忧及其可能跟随美国采取对冲措施，中国应注意协调与欧盟及沿线节点国家的关系，防范“港口政治化”风险的蔓延。化解“港口政治化”风险，尤其需要建立大国互信关系，管控分歧与竞争，最终实现“去政治化”目标。约瑟夫·奈在其著作《美国世纪结束了吗?》中提醒道:“中国和美国应共同努力生产全球性公共产品，不仅他们能从中受益，而且其他国家也能从中受益。”中国参与“21 世纪海上丝绸之路”沿线地区的港口建设开发首先着眼于商业利益，结合自身的经验、能力和当地优势实现互利共赢、共同发展。成功的港口建设和运营也是生动的公共外交实践，有助于实现合作共赢。商业性港口建设更易于与其他外部力量兼容，专注于追求贸易、投资和互利共赢，超越零和博弈思维，争取和外部所有大国利益兼容，有助于减轻政治化风险的影响。中国在“21 世纪海上丝绸之路”沿线港口建设进程中需要继续坚持港口建设项目的商业属性，着力提升港口建设项目的多边属性，在此基础上赋予相关建设项目以国际公共产品含义，降低其敏感性与争议性，这是化解港口政治化风险的基本途径。

文章来源:原刊于《太平洋学报》2020 年第 10 期。

南太平洋地区形势与“21 世纪海上丝绸之路”建设：挑战与应对

■ 岳小颖

论点撷萃

在地区权力转移的背景下，南太平洋地区开始从世界舞台的“外围”走向“中心”，在全球治理中的重要性凸显，“南太主义”“南太话语”不断加强。随着我国国力增强，周边利益不断扩展，南太平洋地区从相隔浩渺水域的遥远岛屿，成为我国需要悉心经略的“大周边”、海上丝绸之路的南部延伸。

南太平洋地区不仅是地理概念，还是政治概念。历史文化方面的多样性与政治经济发展水平的差异构筑了南太平洋地区独特的外交、战略、安全和地缘环境。作为海上丝绸之路延伸的南太平洋地区形势日益复杂，域内外国家利益碰撞，构筑了该地区独特的地缘环境。

在新时代运筹好海上丝绸之路南太平洋地区的建设，应在理念与行动两个方面入手。理念方面，面对相关国家的担忧，应增信释疑，阐释海上丝绸之路建设的理念、性质与内涵。在行动方面，应深入发展与南太平洋地区相关国家的关系，寻找共同利益；维持与域外国家利益的总体平衡；以海上丝绸之路建设为契机，促进沿线各国的经济共同发展与繁荣；与该地区的新旧机制保持良好合作与协调，实现我国利益。只有用信心和诚意与各国共同推进“一带一路”建设海上合作，共享机遇，共迎挑战，共谋发展，共同行动，珍爱共有海洋，守护蓝色家园，才能实现“21 世纪海上丝绸之路”的宏伟蓝图。

作者：岳小颖，上海政法学院政府管理学院副教授

一、引言

2019年中国周边外交的一大亮点是与所罗门群岛建立外交关系、与基里巴斯恢复外交关系，这不仅是中国南太平洋外交理念的成功实践，也是中国外交全球战略布局前瞻性和战略性的体现。在地区权力转移的背景下，南太平洋地区开始从世界舞台的“外围”走向“中心”，在全球治理中的重要性凸显，“南太主义”“南太话语”不断加强。随着我国国力增强，周边利益不断扩展，南太平洋地区从相隔浩渺水域的遥远岛屿，成为我国需要悉心经略的“大周边”、海上丝绸之路的南部延伸。

“南太平洋地区”不仅是地理概念，还是政治概念。作为地理概念的南太平洋地区，主要指称太平洋赤道以南的部分。该地区不仅地处美洲至亚洲太平洋、北半球至南半球乃至南极的国际海运航线，还是全球东西、南北两大战略通道的交汇处，因而成为大国重视的战略区域。作为政治概念的“南太平洋地区”，主要指大洋洲地区的政治实体，包括16个独立国家和英国、法国、美国和新西兰现存的8个领地。

历史文化方面的多样性与政治经济发展水平的差异构筑了南太平洋地区独特的外交、战略、安全和地缘环境。“二战”后，南太平洋地区并没发生重大的国际冲突与战争。近年来，随着国际体系的变迁和国家间的微妙互动，南太平洋地区成为国际社会关注的重点，区域内外大国为增加自身影响力，采取多种战略手段加强与南太平洋岛国的交往。在单元层面，除地区传统权力结构中的国家，还出现了一系列活跃的大国，如中、俄、印、日。南太平洋岛国在地区和国际层面也愈加积极主动。在机制层面，作为该地区重要政治和安全机制的太平洋岛国论坛开始受到挑战，岛国正在创建或加强其他地区和次地区机制，交叠的次地区机制间相互竞争构成了该地区的特殊环境。此外，南太平洋地区是小岛屿发展中国家(Small Island Developing States，指小型低海岸国家)集中的地区，多数国家面积小，经济体量不大，自然环境脆弱，对气候变化问题有强烈的诉求，普遍依靠本地区国家和其他大国满足国内发展需要。由此可见，我国与南太平洋岛国的交往既不同于与其他大国的交往，也不同于与其他发展中国家的交往，原有外交方式很难适合小岛屿国家。“不谋全局者，不足谋一域”，我们的眼光不应仅仅局限于当前与某个南太国家的关系，而应放眼长远，以全局性、战略性的视角审视和

思考整个南太平洋地区的战略态势。中国发展同南太平洋岛国合作,有着深厚的历史和现实基础,但总体来说,我国学界对南太平洋地区关注程度较低。因此,研究我国与南太平洋岛国合作的客观环境,对全面把握和研判南太平洋地区形势至关重要。《"一带一路"建设海上合作设想》的提出为中国和南太平洋岛国合作提供了新机遇和新思路,研究如何根据南太平洋岛国的特点探索中国与南太平洋岛国的合作路径,推动倡议有效实施,具有一定现实意义。

二、复杂而拥挤的南太平洋:主要相关行为体

(一)地区权力结构中的传统国家

南太平洋地区传统意义上的大国有澳、新、美、法,四国多年前即建立各种合作机制。1992 年,法、澳、新签订关于防范自然灾害的三边协议。1998 年,美、法、澳、新建立旨在促进防务合作便利化的四方防御协调小组。四国均加入了一年一度的太平洋伙伴人道主义任务(Pacific Partnership Humanitarian Mission)以及两年一次由美国领导的太平洋海上军事演习。面对该地区复杂多变的形势,四国在军事、人道主义救援、安全等方面展开合作的同时也有各自的战略考量。

一个世纪以来,澳大利亚的担忧从未消失。从"二战"时期日本在该地区的行动到"冷战"期间苏联和利比亚频频向南太平洋国家示好,直至近几年该地区权力格局的巨大变化,使其忧虑愈深。澳大利亚认为南太平洋地区在域外敌对国家的威胁面前尤为脆弱。越来越多的国家在该地区活跃起来,如崛起的中国、力量复苏的俄罗斯、影响力显著增强的日本、印度和印度尼西亚等。美国在该地区依旧缺乏系统而具体的战略规划。斐济、巴布亚新几内亚采取更加积极的外交战略,为地区秩序平添变数。除去战略层面的"拥挤",人口层面,南太平洋地区也越来越拥挤:至 2040 年,人口增长约 49%,而且劳动适龄人口(15~59 岁)中三分之一处在 15~24 岁。澳大利亚最关注的问题是,这个地区变化的地缘政治环境意味着什么,采取何种方式才能保障安全?

澳大利亚长期以来视自身为西方利益在此地区的代表和支持者。2016 年防务白皮书指出,澳大利亚在该地区具有重要的战略利益以确保没有对

西方利益构成威胁的敌对势力在此建立据点，威胁本国及盟友的安全和海上通道安全。澳大利亚力求成为此地区的主要安全伙伴，并认为保证此地区的安全、稳定和凝聚力是澳大利亚的重要战略利益。在这种理念的指导下，澳大利亚一直是南太平洋岛国最大的援助供给国和防务伙伴，澳大利亚在相关国家获得了巨大的影响力。南太平洋地区也是过去20年中澳方派出警力维持治安和军事干涉行动的重要地点。特朗普政府执政后，澳大利亚作为美国盟友在此地区的任务与战略利益并没有发生变化。

尽管澳大利亚和新西兰是南太平洋地区的重要战略伙伴，但也存在重要差异。新西兰在地域和文化方面都与南太平洋岛国更为相近。毛利人和波利尼西亚人分别占新西兰总人口的14%和17%，并形成了“社会、文化和政治参与等各个层面的太平洋国家认同”。新西兰和多个南太平洋岛国建立了正式外交关系，并与库克群岛和纽埃岛建立了自由联合关系，托克劳也是新西兰的领地，正逐步获得更大自治权。基于1962年的友好条约，新西兰还与萨摩亚保持特殊关系，50%的萨摩亚人都居住在新西兰。“相比之下，新西兰更像是一个太平洋国家，澳大利亚在很多方面与南太平洋地区发展格格不入。”当然，新西兰也认识到自身相对狭小的国土面积和军事力量的有限性，倾向于和其他国家进行合作，共同处理地区重要议题和挑战。

法国也是此地区的重要行为体。1988年签署的《马提翁协议》和1998年签订的《努美阿协定》推动了新喀里多尼亚的自治问题的解决，法国于1996年终止了在该地区不受欢迎的核试验。尽管法国后来在推进新喀里多尼亚自治方面的速度不尽如人意，但已努力在经济发展方面惠及土著卡纳克人。法国在南太平洋的接触政策在2016年达到高峰，新喀里多尼亚和法属波利尼西亚成为太平洋岛国论坛的成员，在澳、新两国支持下，法国在2004年、2006年、2009年和2015年不定期举办法国—大洋洲首脑会议，并邀请太平洋岛国论坛成员国参加。2017年3月，澳大利亚通过《提升澳法战略关系的联合声明》推进两国伙伴关系，双方表示将在包括南太平洋在内的一系列议题保持密切合作。法国保持对新喀里多尼亚、法属波利尼西亚以及瓦利斯群岛和富图纳群岛的占领并反对这些海外领地的去殖民化，主要因为它们有助于法国的全球战略部署、增加经济机会并提升国家威望。2018年5月，马克龙访澳期间表示，法国作为唯一一个与太平洋地区国家有直接联系的欧洲国家，认为该地区保持基于规则的发展是重要的，印太地区

应保持必要平衡，法、澳在该地区分享共同目标，应通力合作保护双方的经济和安全利益。

尽管多年来法国一直与澳、新、美三国保持合作，但在一些议题上也存在分歧。2006年斐济政变，法国采取相对更加协调、安抚的政策，对美拉尼西亚先锋集团(Melanesian Spearhead Group)也给予积极支持。由于太平洋岛国是面对气候变化后果最为脆弱的国家，法国在气候变化议题上多采取强势的姿态，对岛国立场给予同情并支持。法国是在南太平洋最活跃的欧洲国家，它在这个地区的活动某种程度上是代表欧盟。

美国一直是南太平洋的重要行为体，在密克罗尼西亚地区有重要战略存在，控制关岛和北马里亚纳群岛，并且通过《自由联系条约》(COFA)把马绍尔群岛、帕劳和密克罗尼西亚联邦联系在一起。美国在关岛设有安德森空军基地，在马绍尔群岛也有导弹防御试验场地。美国在波利尼西亚有重要利益，并拥有美属萨摩亚。长期以来，美一直将密克罗尼西亚视作自身的安全边界，并将此地区的防务视为维护澳新和南太平洋地区海上通信线路的重要地区。

尽管美国在“冷战”后逐步缩减在南太平洋地区的军事部署，但其利益在奥巴马政府时期再次凸显。美国提出“重返亚太”政策后，组织一系列的高官访问，积极参与南太平洋地区多边外交并加强军事部署，最具代表性的是扩大在关岛的基地、构建海洋机制以及与南太平洋岛国建立伙伴关系。美国还增加援助，构建贸易和投资纽带，在巴布亚新几内亚开设美国国际开发署(USAID)太平洋岛国地区办公室，在美国驻斐济大使馆建立环境与劳工中心。2012年，时任美国国务卿希拉里·克林顿参加在拉罗汤加召开的太平洋岛国论坛会议。会议上明确定位了美国在此地区的位置，宣告说“我们就是一个太平洋国家”。然而在言及与中国竞争的方面，美国依然担心中国的影响力会挑战西方的优势地位，希拉里曾表示，中国在巴布亚新几内亚的影响无处不在，我们要弄清楚，中国是如何赶上并且超过我们的。

特朗普上任后，随着印太战略提出，美、澳决定重建巴布亚新几内亚马努斯岛军事基地，美、日、澳决定展开印太基础设施投资项目，通过多渠道打造旗舰型合作项目，比如在巴布亚新几内亚的电力基础设施项目。美国在南太平洋地区确定战略重点、设置优先议题、协调政策落实上尚未显现明确思路。密克罗尼西亚一直指责美国在履行财务援助义务方面管理不善、拖延，密克罗尼西亚议会还通过决议，表示可能在2023年前即终止《自由联系条约》。当然，或许上述表态只是提高要价的手段，意在订立更加有利的条约。但一旦终止协议，美国将失去防务否决权。

（二）影响力上升或复苏的大国

"冷战"结束后，俄罗斯对南太平洋地区关注度并不高，但近些年显现强烈兴趣。俄罗斯外长拉夫罗夫表示："加深与南太岛国的互动是俄罗斯在此地区议程不可分割的部分。"在其他大国加紧在南太平洋地区博弈之际，俄罗斯不远万里赶来，既符合其一贯外交风格，也出于维护大国地位的考虑。俄罗斯加大了在太平洋的军事投入，包括给太平洋舰队的战舰添置新装备。2014年11月，俄罗斯海军舰队出现在澳大利亚布里斯班及巴布亚新几内亚之间的国际水域，澳大利亚军方认为俄罗斯是在G20峰会前展示实力，证明其具有在全球投送兵力的实力。

在与太平洋岛国关系方面，2012年2月，拉夫罗夫访问斐济，斐济总理姆拜尼马拉马于2013年6月进行回访，两国签署防务合作协定，实行相互免签计划并展开共同打击洗钱、恐怖主义行动、公共卫生和高校交流等项目。俄斐防务合作包括协助戈兰高地的斐济联合国维和人员并提供军事培训等。有观点认为，俄罗斯对越南军售的主要目的是获得港口使用权，俄斐合作亦有此考虑。如若俄获得斐济港口的使用权，必将大幅提升俄海军在太平洋海域的机动能力以及对美情报信号的搜集能力，这无疑会加深相关国家的忧虑，加剧地区潜在紧张程度。

印度尼西亚在南太平洋地区活动频繁主要为了打击巴布亚和西巴布亚省的分离主义。印度尼西亚有五个美拉尼西亚省份，并不把自己界定为南太平洋域外国家。印度尼西亚外长马尔苏迪曾在2015年表示："印度尼西亚是超过1100万美拉尼西亚人的家乡，印度尼西亚就是美拉尼西亚，美拉尼西亚就是印度尼西亚。"印度尼西亚还是美拉尼西亚先锋团的准成员。

日本在该地区也扮演重要角色，不仅是南太平洋岛国的援助提供国，而且也作为贸易伙伴国以及远洋捕鱼国家发挥作用，同时为南太平洋岛国提供军事、技术和医疗方面的培训服务。除经济方面的考量，日本不乏战略考虑，太平洋岛国票仓对日本"争常"的支持也为日本所看重。日本积极参与该地区多边机制的构建，不仅是太平洋岛国论坛的对话伙伴国，而且自1997

年以来主办三年一度的日本—太平洋岛国论坛峰会，也被称为 PALM (Pacific Islands Leaders Meeting)。日、澳作为美国盟友，在南太平洋的合作程度与范围日益加深，双方承诺为共同促进南太平洋地区的经济发展、和平与安全进行密切合作并相互支持。

随着"东向"政策的展开，印度开始在南太平洋地区发挥更大影响。南太平洋岛国与印度关系最密切的是斐济，其国内有很多印籍斐济人。2014年11月，莫迪访问斐济并举办包括14个南太平洋国家的峰会。峰会的参加方一致同意在各方关注的议题，如气候变化等领域开展合作。2005年以来，印度对南太平洋地区的援助稳定增长，学生交流项目逐步推进，在斐济与巴布亚新几内亚建立多个科技中心。南太平洋国家是印度潜在的新兴出口市场和自然资源进口来源地，对安理会常任理事国席位的诉求同样是印度方面的考虑。随着"印太地区"成为各大国关注的重点，印度力求向太平洋投送权力以扩大影响半径，应对中国的竞争也是重要考量。

（三）积极活跃的太平洋岛国

地区秩序变化为岛国带来诸多机会，斐济、巴布亚新几内亚等不断争取积极的外交行动，构建大国关系，在国际、地区层面承担更多责任，调整或建立新的地区和次地区机制。

首先，太平洋岛国调整外交政策，构筑新型朋友圈，积极参与国际和地区事务。

巴布亚新几内亚提出"北向政策"与"太平洋国家协同"政策。在地区层面，巴布亚新几内亚是其他太平洋岛国（基里巴斯、马绍尔群岛、汤加和斐济）小型气候变化项目、适应气候变化基金的捐赠提供者。2014年，巴布亚新几内亚政府宣布将为南太平洋地区发展提供3亿基纳（约122万美元）的资金。在2018年主办亚太经济合作组织会议的同时，巴布亚新几内亚作为东盟观察员国，正力争成为东盟的正式成员国。巴布亚新几内亚还是雨林国家联盟的成员国，正积极游说联合国合作项目下的碳信用计划，以减少发展中国家因森林砍伐和森林退化而产生的排放。在参加联合国维和任务方面，巴布亚新几内亚政府正计划将部队人员扩充一倍，增加1000名预备役人员，并表示2030年将在2017年数量基础上再扩充一倍。

斐济不仅是该地区海空旅行的转接点，也是大部分地区性国际组织秘书处的所在地，长期以来，一直力图在南太平洋地区发挥更大影响力。2006年军事政变后，美、澳、新三国不仅对斐济制裁，在太平洋岛国论坛和英联邦也疏远斐济，使其加快外交转型速度。面对制裁，斐济总理姆拜尼马拉马明确表达了“重新思考大洋洲（Rethink Oceania）”的理念，提倡南太平洋岛国应发展自主权，摆脱澳、新等国的控制。2013年7月在布里斯班举行的澳斐商务理事会上，斐济外长表示“将不再期待指望澳、新两国，而是转向更广阔的世界”。随后姆拜尼马拉马访问北京，他是习近平主席接见的第一个南太平洋岛国领导人，同年访俄并签署5个双边协定。斐济接受俄、中、印度三国的军事人员培训。构建大国关系是斐济外交转型的一大亮点。斐济也是南太平洋地区层面的援助提供者，与基里巴斯、图瓦卢、瑙鲁、马绍尔群岛共和国等签署了合作备忘录。在国际舞台更多的交往与认可，意味着本国的动议更容易得到理解与支持，2016年6月，斐济常驻联合国代表彼得·汤姆森（Peter Thomson）当选第71届联大主席。2017年7月，斐济参加“一带一路”国际合作高峰论坛。斐济在南非、巴西、阿拉伯联合酋长国和印度尼西亚也设立外交代表机构，并与伊朗、朝鲜和埃及保持良好的关系。

其次，构建新的地区和次地区机制，接纳新成员，依托新机制表达本国主张与利益诉求。

1972年成立的太平洋岛国论坛是该地区最主要的多边政治与安全机制，至20世纪80年代中期，澳、新一直发挥主导作用。2003年的论坛领导人会议上，澳大利亚外交官克雷格·厄文（Greg Unwin）当选为秘书长，打破了岛国论坛秘书长只能由太平洋岛国人担任的传统。2009年，论坛终止斐济的参会资格，直到2014年9月大选以后才允许斐济继续参加，以上行动引起岛国的不满。斐济总统姆拜尼马拉马表示：“将不会继续参加岛国领导人峰会，直到各国共同考虑如何面对澳、新两国对论坛的过度影响为止。”斐济建议取消澳、新两国的成员资格，或者邀请更多区域外伙伴，如中、日、韩、美加入论坛以平衡论坛内影响力不均的问题。还有部分南太平洋国家表示与澳、新两国文化、历史等方面的差异导致很多地区性议题的意见分歧，难忍澳、新盛气凌人的态度。

南太平洋岛国的选择更加多样化，即便在论坛机制内难以挑战澳、新的影响力，仍然可通过其他次区域机制来实现。太平洋岛国发展论坛（PIDF）是在2009年斐济被排除在太平洋岛国论坛后，回应国内民间团体呼吁斐济

应在地区机制中发挥更大作用的诉求而建立的。2010 年，名为“融入太平洋(Engaging with the Pacific)”的会议召开。2012 年，斐济总统姆拜尼马拉马表示，太平洋岛国发展论坛代表地区合作新时代的开始。论坛邀请民间团体、商业机构、私人部门，但并没有邀请传统伙伴澳、新、美参加。来自欧洲、非洲、拉美、北美和亚洲的 30 多个国家作为观察员国参加了第一届 PIDF 会议。太平洋岛国领导人同意 PIDF 秘书处设在斐济。2014 年，参会的太平洋岛国有 12 个，峰会邀请印度尼西亚总统做主旨演讲，摩洛哥、委内瑞拉、以色列、新加坡、哈萨克斯坦、科威特和格鲁吉亚均派代表作为观察员与会，这从一个侧面反映出南太平洋地区复杂的地缘政治现实。

其他次区域合作机制有美拉尼西亚先锋集团、密克罗尼西亚总统峰会和波利尼西亚领导集团会议(Polynesian Leaders’Group)。美拉尼西亚先锋集团成立于 1988 年，由巴布亚新几内亚、所罗门群岛、瓦努阿图、斐济组成。主要目的是推动地区经济发展，建立处理地区事务的政治框架，协调地区事务的立场。2013 年印度尼西亚邀请该组织秘书长参加亚太经济合作组织部长会议。同年，该组织表示将成为把亚洲发展中经济体与南太平洋联系起来的桥梁和纽带。成员国达成《美拉尼西亚先锋集团贸易区建设备忘录和关于人才流动计划的谅解备忘录》，在深化贸易和劳动力合作方面取得了比岛国论坛更有效的成果。在斐济和巴布亚新几内亚的推动下，合作扩展到政治与安全领域，两国就军事合作达成协定，包括斐济军事人员为巴布亚新几内亚国防部队提供训练以及地区和全球层面的共同维和行动，探索为南太平洋地区组建地区安全部队的可能性等议题。2013 年，美拉尼西亚先锋集团领导人支持建立危机预防与人道救援协调中心，共同处理南太平洋地区的自然和人为灾害，合作还包括法律和安全合作，共同分享跨国犯罪的情报，警察专员的不定期会面。为更好地加强此地区层面的合作，集团领导人还在 2015 年峰会支持通过未来 25 年的地区发展战略规划。

三、对南太平洋地区形势的评估

首先，域内外国家利益碰撞，会产生相互疑虑，但迄今为止并没有国家试图主导并控制该地区。

南太平洋地区活跃的行为体，或为保证海上通道安全，确保传统战略利益；或为扩大活动半径，增加地区影响力和国际威望；或为国际组织中争取选票的考虑；还包括国内族群问题的考量以及经济利益的诉求，大部分国家的诉求是多种利益的混合体。随着海上丝绸之路建设的展开，我国在该地区的影响力不断增加，其他国家的防范也日益加深。中国在南太平洋的积极外交对该地区传统大国的利益构成挑战，但迄今为止，并没有证据表明该地区某个国家会排挤甚至替代其他国家的作用，也无法断定澳、美等国家在南太平洋围堵甚至力图排挤中国的影响力。除中国外，日本、印度、俄罗斯、印度尼西亚在南太平洋地区均较为活跃，有摩擦自然有碰撞，有挑战亦有机会。与世界其他地区相比，南太平洋地区局势相对稳定，远离世界政治经济中心，较少涉及强国的核心利益。我国应把握不同国家的利益诉求，为海上丝绸之路建设谋篇布局。

其次，太平洋岛国调整外交政策，采取与东盟类似的"大国平衡"战略，在域内外大国互动中获益最多，对包括中国在内的国家持欢迎态度。

岛国普遍认为，地区均势的变化对自身有利。由于国力弱小，对国际援助的依赖程度较高，域内外大国将对外援助作为发展同南太平洋岛国关系的重要策略。这种依赖关系使南太平洋岛国通常与大国均保持友好关系，获得更大收益。2013 年，库克群岛总理亨利·普纳表示："大国与南太平洋岛国的接触并不代表争夺影响力。全球化时代，有共同目标的国家可以在互利互惠的前提下进行有益合作。"不少太平洋岛民和领导人认为大国在这个地区积极发挥影响力，为岛国带来全球化的机会，在更多的互动中获益。这不能被片面理解为大国进行全球竞争。大国的援助会带来良性的结果，提供更多发展机会，增强岛国应对自然灾害、气候变化等非传统安全挑战的能力。军事援助可提升岛国国际影响力、扩大活动半径。对于"一带一路"倡议，岛国主流观点持积极肯定和欢迎的态度。

最后，文化、历史、传统的独特性使各国面临发展难题，这对海上丝绸之路建设的展开是挑战也是机遇。

南太平洋岛国存在国内政治失序、政府治理能力脆弱等治理难题，有些国家甚至被称为"失败国家"。该地区还面临很多非传统安全挑战，如跨国犯罪、洗钱、毒品走私、恐怖主义、贪污、贩卖人口等问题。这些问题终归是"发展"问题。各地区机制开始采取更加开放、合作的态度寻求解决问题的路径。如太平洋岛国论坛近几年开始邀请更多高级别的代表（包括中、美等）参会，寻求实现成员构成的多样性、开放性、包容性，论坛还建立国家交

流机制，如日本和太平洋岛国论坛首脑会议。这与我国“一带一路”倡议的理念不谋而合，“一带一路”倡议是开放的、包容的，这种开放性、多样性使海上丝绸之路建设与南太平洋各地区机制更好地对接，解决困扰南太岛国的治理难题，稳定的国内外环境将为海上丝绸之路建设的顺利展开提供保障。

南太平洋岛国在应对气候变化方面具有脆弱性，近些年来中国不仅在气候治理、节能减排、环保低碳技术等方面取得巨大进步，还在全球环境治理中主动承担责任、积极参与多边对话、支持发展中国家应对气候变化、推动全球气候谈判、促进新的气候协议的达成等方面做出重要贡献。由于南太平洋岛国没有经过工业化阶段，因此对气候变化带来的影响有不满情绪，海上丝绸之路项目实施过程中需特别关注对当地环境造成的影响，如处理不妥极易引发国内政治动荡，如利用我国技术优势妥善处理，南太平洋地区海上丝绸之路建设会成为“南南合作”的良好示范。

四、南太平洋地区海上丝绸之路建设

在新时代运筹好海上丝绸之路南太平洋地区的建设，应在理念与行动两个方面入手。理念方面，面对相关国家的担忧，应增信释疑，阐释海上丝绸之路建设的理念、性质与内涵。在行动方面，应深入发展与南太平洋地区相关国家的关系，寻找共同利益；维持与域外国家利益的总体平衡；以海上丝绸之路建设为契机，促进沿线各国的经济共同发展与繁荣；与该地区的新旧机制保持良好合作与协调，实现我国利益。

首先，理念方面应增信释疑，厘清“21 世纪海上丝绸之路”倡议的性质、内涵、合作原则，减少误解与猜忌。

中国发展与南太平洋岛国关系并不针对第三方，但包括美、日、印在内的一些国家指责我国干涉南太平洋地区事务，因此增信释疑工作尤为必要。“一带一路”倡议无论在内涵还是外延上，都不是对过去的重复，它是和平的象征，全球性与开放性兼具。其他地区和国际机制主要以“规则”为基础，而我国的海上丝绸之路建设则以“发展”为导向。这并不意味着不需要规则，“一带一路”倡议下的规则的制定方式是各国通过讨论和商议共同制定，还包括各国参与后的“规则共享”。我国可将“一带一路”倡议作为改变规则书写方法和过程的一次尝试，这次尝试以“开放、包容、参与”为特点。

其次，在行动上，包括以下三点，一是促进高层交往，为“海上丝绸之路”

建设的展开营造良好政治环境；二是通过各国高层互动，拓展合作空间，实现战略对接，搭建合作平台；三是将海上丝绸之路的互联互通与南太平洋多种地区性机制对接，共谋合作治理。

第一，加强顶层设计。加强高层交往与对话，营造良好政治环境是海上丝绸之路建设的重要前提。当前，日、法均与南太平洋岛国建立了首脑会晤机制，我国也可建立领导人会晤机制并固定化，将双方合作纳入大周边外交战略格局中，在南南合作的总体框架下制定整体性合作规划与行动纲领，这有助于加快推动战略伙伴关系的建设，减少合作的盲目性，缓解相关国家对我国合作动机的担忧与误解。习近平主席于2018年11月与建交的太平洋岛国领导人会晤，并指出太平洋岛国自主发展意识不断提升，国际影响力持续扩大，我国与南太平洋岛国经济互补性强，合作潜力巨大。南太平洋岛国经济发展水平不同，国内政治环境差异较大，但各岛国均有加强与我国高层交往、增加政治互信、营造良好合作环境的想法。近些年来我国与南太平洋岛国在产能、装备合作以及基础设施建设等方面合作空间进一步加大，其他领域合作均有较大的发展潜力可挖掘，发展战略的契合度较高。

第二，借助海上丝绸之路合作机制，通过高层互动把相关国家纳入促进地区经济发展和安全的框架下，拓宽合作渠道，寻找合作空间，挖掘合作潜力，构筑合作平台。海上丝绸之路沿线岛屿国家众多，其中不少是欠发达国家，其海洋资源丰富，在发展蓝色经济方面合作空间较大。中国与沿线岛国建立了多层次、多渠道的对话合作机制，如我国发起的中国—小岛屿国家海洋部长圆桌会议、“21世纪海上丝绸之路”海洋公共服务共建共享计划，依托这些机制，各国相关部门海洋合作得以顺利展开，共同制定项目建设的实施计划，推动合作高效、有序进行。这些合作机制有利于相关各方应对挑战、实现共赢，构建我国与南太平洋岛国的经济以及公共服务合作的新格局，共同应对海洋问题，建立海洋合作的蓝色伙伴关系。发展蓝色海洋经济的重要保障就是海上安全，我国应积极与沿线各国构建海上安保机制，维护海上共同安全，打击海上犯罪，通过双边和多边方式有效管控危机，妥善处理海洋事务，维护航道安全，与南太平洋国家共创依海繁荣之路。

第三，与该地区原有的各类机制对接并保持良好合作，寻求互利共赢，共谋合作治理之路。除作为太平洋岛国论坛的对话国，我国还与其他机构开展合作，如南太平洋区域环境署、南太平洋旅游组织、太平洋岛国论坛渔

业局、太平洋岛屿发展署。这些合作为发展与未建交岛国的关系提供了平台。依托这些合作机制，各方可有效解决南太平洋岛国面临的问题，比如保护海洋生态系统和生物多样性；推动海洋领域低碳经济发展和应对气候变化的技术合作，为应对自然灾害、气候变化导致的海平面上升以及海洋环境污染造成的海岸侵蚀、生态系统退化提供技术援助，帮助岛国展开海岸线、岛屿和海洋生态系统的监测与维护。

最后，可尝试培育支点国家。我国可选择自然资源、经济规模以及地缘位置较重要，并在该地区有一定政治地位的国家进行重点合作。如巴布亚新几内亚，其地处南北太平洋交汇地点，领土和人口数量均为地区首位，与我国双边关系良好。另一个是斐济，该国处于太平洋核心位置，是该地区第一个与中国建交的国家，2017 年加入亚洲基础设施投资银行，国内有 19 个华侨社团，民间团体是公众外交与文化交流的载体，可为培育支点国家发挥纽带作用。

五、结论

作为海上丝绸之路延伸的南太平洋地区形势日益复杂而拥挤，域内外国家利益碰撞，构筑了该地区独特的地缘环境。本文在厘清相关国家战略意图的基础上，对复杂的地缘形势进行梳理，提出关注南太平洋地区的重要性以及制定清晰、连贯的政策应对潜在挑战的必要性和战略意义。海上丝绸之路建设要从行动与理念两方面入手。只有用信心和诚意与各国共同推进“一带一路”建设海上合作，共享机遇，共迎挑战，共谋发展，共同行动，珍爱共有海洋，守护蓝色家园，才能实现“21 世纪海上丝绸之路”的宏伟蓝图。

文章来源：原刊于《国际论坛》2020 年第 2 期。

海洋战略性新兴产业

海洋牧场生境营造中“三场一通道”理论应用研究

■ 索安宁,丁德文,杨金龙,田涛

论点撷萃

海洋牧场是我国当前海洋渔业转型升级、助推海洋经济绿色发展、实现海洋强国战略的新型渔业生产方式,受到国家高度重视。海洋牧场生境营造是现代海洋牧场建设的关键生态工程技术,受到国内外研究者的广泛关注。

人工鱼礁是目前海洋牧场生境营造与修复的最主要方式和建设内容。通过对海洋牧场人工鱼礁区饵料生物营造效果、食物链/食物网构造效果、渔业资源聚集效果以及渔业承载能力国内外研究现状剖析发现,当前海洋牧场人工鱼礁生境营造主要以丰富饵料生物、聚集渔业资源目的为主,即主要集中在人工鱼礁营造鱼类索饵场、育肥场,聚集渔业资源效果方面,很少关注各种鱼类索饵场、产卵场、越冬场及其之间洄游通道等功能性生境场所的系统营造和修复效果研究。

在海洋牧场建设过程中,由于缺乏生态系统生态基础理论研究与指导,尤其是缺乏对海洋牧场生境营造的生态学理论方法体系研究和应用,许多海洋牧场人工鱼礁建设存在投放目标性不强、生境功能不明确、生境系统不完整等问题,导致虽然海洋牧场常年都进行增殖放流,但渔业资源恢复效果

作者:索安宁,南方海洋科学与工程广东省实验室(广州)、中国科学院南海海洋研究所研究员;
丁德文,中国工程院院士,南方海洋科学与工程广东省实验室(广州)、中国科学院南海海洋研究所研究员;
杨金龙,南方海洋科学与工程广东省实验室(广州)、上海海洋大学国家海洋生物科学国际联合研究中心教授;
田涛,大连海洋大学辽宁省海洋牧场工程技术研究中心教授

并不乐观，甚至出现了“增而不殖”的困境。

海洋牧场生境营造不应仅仅是投放人工鱼礁，更要结合顶级经济物种产卵、育幼、索饵、育肥、越冬等生命周期各阶段对生境场所的特殊需求，注重索饵场、产卵场、越冬场和洄游通道等功能生境的系统营造。为此，从海洋牧场人工生态系统构筑角度，提出海洋牧场渔业资源关键功能群“三场一通道”生境系统营造的思路与方法，以期为我国海洋牧场生境营造提供理论依据。

海洋牧场生境营造是现代海洋牧场建设的关键生态工程技术，受到国内外研究者的广泛关注。人工鱼礁是目前海洋牧场生境营造与修复的最主要方式和建设内容。我国海洋牧场建设最早始于1979年广西北部湾试验性人工鱼礁建设。进入21世纪后，广东、浙江、江苏、山东和辽宁等省份掀起了新一轮人工鱼礁建设热潮。据不完全统计，2008年以来，全国人工鱼礁建设规模超过3000万立方米·空，礁区面积超过500平方千米，投入资金达到20多亿元。

通过对海洋牧场人工鱼礁区饵料生物营造效果、食物链/食物网构造效果、渔业资源聚集效果以及渔业承载能力国内外研究现状剖析发现，当前海洋牧场人工鱼礁生境营造主要以丰富饵料生物、聚集渔业资源目的为主，即主要集中在人工鱼礁营造鱼类索饵场、育肥场，聚集渔业资源效果方面，很少关注各种鱼类索饵场、产卵场、越冬场及其之间洄游通道等功能性生境场所的系统营造和修复效果研究。针对洄游性及半洄游性鱼类，人工鱼礁单一生境功能场营造只能满足特定鱼群生命周期中某一生活史阶段的生境需求（即鱼类索饵、育肥成长阶段的生境需求），而无法满足鱼群产卵、育幼、越冬等生命周期过程中其他生活史阶段的生境需求，致使放流鱼苗只能育肥，不能繁殖再生，造成当前我国海洋牧场增殖放流工作只能增加渔业资源产量、不能实现渔业资源再繁殖的困境（即“增而不殖”困境）。为此，本文探索提出海洋牧场人工生态系统渔业资源关键功能群及其“三场一通道”生境系统仿生营造思路，以期为我国海洋牧场生境营造提供理论依据。

一、天然海洋渔场“三场一通道”生境体系

天然海洋渔场是一个以大型经济鱼类为顶级捕食者、由各种食物链/食

物网连接的渔业资源功能群及其“三场一通道”生境构成的开放性海洋生态系统，存在着物种与物种、物种与生境、生境与生境之间复杂密切的能量流、物质流、信息流等相互作用。“三场一通道”是指海洋鱼类的索饵场、产卵场、越冬场（“三场”）和洄游通道（“一通道”），“三场一通道”生境体系是许多海洋经济鱼类生命周期过程中不可缺少的环境依托，对于维持种群结构和数量规模具有重要意义，也是天然海洋渔场形成的基本原理。

“三场一通道”中，索饵场是指饵料生物丰富、生态环境适宜、能够满足海洋鱼类索饵育肥的场所；由于很多海洋鱼类食性较杂，且有洄游特性，加上饵料生物分布广泛，所以索饵场一般分布范围较大，且随时间不断变换。产卵场是指温盐合适、饵料丰富，能吸引鱼类生殖群体在生殖季节集聚并进行繁殖的场所；产卵场环境条件既要适合亲体鱼类的生存和发育，又要有利于受精卵的孵化和仔、稚、幼鱼的生长，是鱼虾、贝类产卵、孵化及育幼的相对集中水域，主要分布在河口、海湾、沿岸浅水区或潮间带。越冬场是指在冬季海洋鱼类为寻求适宜水温，集结于适温水域进行越冬的场所。洄游通道是指海洋鱼类为适应其生命周期中某一环节而进行主动的、集群的定向和周期性的长距离迁徙过程的游泳通道，这些迁徙包括生殖洄游、索饵洄游和越冬洄游。天然海洋渔场多分布于饵料资源丰富的索饵场、产卵场和越冬场。

在自然海洋生态系统中，不同的鱼类在长期的进化、竞争、适应等生态作用下形成各自环境条件的“三场一通道”生境体系，具有不同的索饵场、产卵场、越冬场和洄游通道。各种鱼类在生命周期过程中的不同阶段利用索饵场、产卵场、越冬场等不同功能生境场所，完成产卵→孵幼→索饵生长→育肥→越冬→产卵的生命周期过程。例如，黄渤海白姑鱼（Pennahia argentata）一般在每年 12 月至翌年 3 月在南黄海苏岩礁附近海域越冬（即南黄海苏岩礁附近海域为其越冬场），4—5 月份洄游北上至莱州湾、渤海湾、辽东湾等近岸海域产卵场产卵育幼（即莱州湾、渤海湾、辽东湾近海海域为其产卵场），6—8 月份在渤海中部索饵育肥（即渤海中部海域为其索饵场），9—10 月份洄游南下到黄海南部，11—12 月份洄游至南黄海越冬场。而银鲳（Pampus argenteus）一般在每年 1—3 月份在对马海峡至济州岛西南海域越冬（即对马海峡至济州岛西南海域为其越冬场），4—5 月份北上洄游至鸭绿江口产卵育幼（鸭绿江口为其产卵场），6—9 月份在北黄海索饵育肥（北黄海为其索饵场），10 月份以后南下洄游到对马海峡越冬场。

二、海洋牧场渔业资源关键功能群及其“三场一通道”生境体系

(一)海洋牧场渔业资源关键功能群

海洋牧场是基于生态系统生态学原理,在自然海域中通过生态工程技术,构造的以渔业资源关键功能群及其生境场所为核心,并辅以生态适应性管理模式,以实现渔业资源的持续高效产出、海洋生态保护及资源养护的一种海洋人工生态系统。海洋牧场是在人类主导下、受人类调控、为人类服务的人工生态系统,它一般由 4～6 个渔业资源关键功能群及其生境环境构成。这里的渔业资源关键功能群是指在海洋牧场人工生态系统中,发挥着渔业资源关键功能的海洋经济生物类群,包括顶级经济物种及其由食物链连接的各营养级生物类群。由于不同海洋牧场的区域位置、环境条件、功能定位都不尽相同,所以海洋牧场的渔业资源关键功能群也不一样。海洋牧场渔业资源关键功能群顶级经济物种一般应优先选取本地海洋经济鱼类,且具有体型大、产量高、肉质鲜美、能够人工繁育并适宜增殖放流等特点。各渔业资源关键功能群应具有不同的生态位,即分别利用海洋牧场表层水体空间、中层水体空间和底层水体空间,以便充分利用海洋牧场三维空间资源环境优势,提高资源利用效率。同时各渔业资源关键功能群之间应互利共生,不存在敌害关系或捕食—被捕食关系,以提高海洋牧场人工生态系统的整体生产功能。

(二)海洋牧场渔业资源关键功能群“三场一通道”生境体系

海洋牧场生境环境指渔业资源关键功能群赖以生存、生长、繁衍的各种生境场所,包括产卵场、索饵场、越冬场、洄游通道等各种场所(“三场一通道”生境体系)。不同渔业资源关键功能群在生命周期不同阶段对生境场所的环境条件需求不同,单就产卵场而言,有些鱼类喜好砂质底质,有些鱼类喜好礁石底质,还有些鱼类喜好河口淤泥质底质,另外对海水盐度、流场、温度等其他环境条件也有不同要求。各种渔业资源关键功能群具有各自的“三场一通道”生境体系,不同的索饵场、产卵场、越冬场等功能生境场所在海洋牧场空间交错分布,形成错综复杂的空间生态位。例如,课题组前期针对珠江口万山海洋牧场,遴选构造了银鲳关键功能群、鲻(Mugil cephalus)关键功能群、黄姑鱼(Nibea albiflora)关键功能群、花鲈(Lateolabrax japonicus)关键功能群、云纹石斑鱼(Epinephelus moara)关键功能群、斑节对虾(Penaeus monodon)关键功能群共 6 个渔业资源关键功能群,每个渔业资源关键功能群具有自己喜好的"三场一通道"生境场所,共同构成海洋牧场"三场一通道"功能生境体系(图 1)。

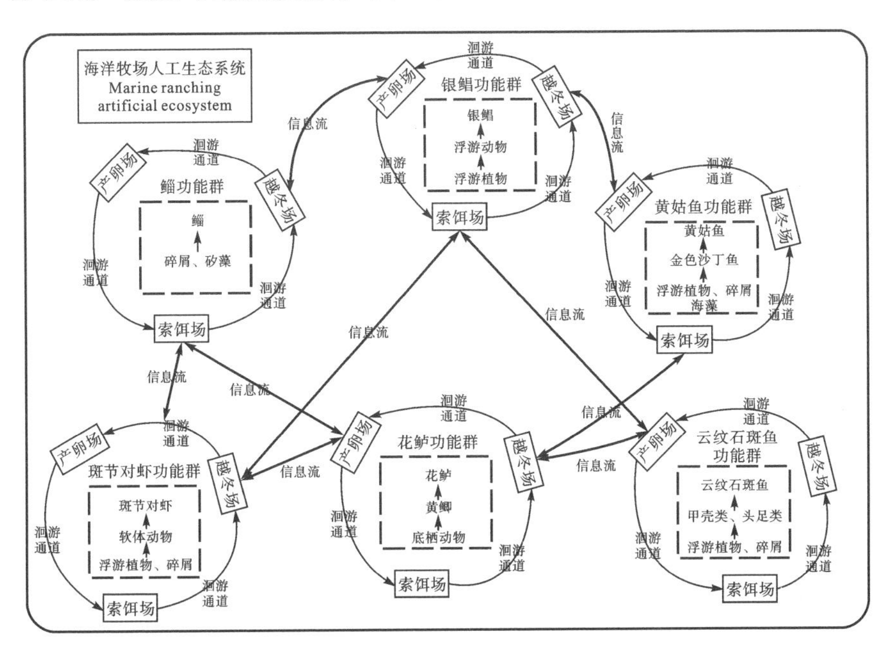

图 1　珠江口万山海洋牧场渔业资源关键功能群及其"三场一通道"生境体系示例

三、海洋牧场"三场一通道"生境营造思路

(一)"三场一通道"生境系统仿生营造原理

海洋牧场生境营造不应仅仅是投放人工鱼礁,更要结合顶级经济物种产卵、育幼、索饵、育肥、越冬等生命周期各阶段对生境场所的特殊需求,注重索饵场、产卵场、越冬场和洄游通道等功能生境的系统营造。通过前期调查研究海洋牧场渔业资源关键功能群顶级经济物种生活史各阶段的栖息生境特点,提炼索饵场、产卵场、越冬场、洄游通道等功能生境特征参数,并以此为依据,采用人工鱼礁、海草床、海藻场、牡蛎礁等方式,在海洋牧场内仿照天然海洋渔场营造针对不同渔业资源关键功能群顶级物种的"三场一通道"生境体系。人工诱导顶级经济物种在海洋牧场"三场一通道"仿生生境

场所之间洄游，使其不仅能依托海洋牧场索饵、生长、育肥，还能完成生命周期过程中越冬→产卵→孵化→育幼→索饵→生长→越冬的各生活史阶段，实现海洋牧场渔业资源自我繁殖和持续再生。

（二）“三场一通道”生境营造方案设计具体步骤

“三场一通道”生境营造首先要根据海洋牧场渔业资源关键功能群构造目标，调查研究清楚顶级经济物种天然“三场一通道”生境特征。天然海洋渔场的索饵场、产卵场、越冬场覆盖空间范围一般比较大，且顶级经济物种都是阶段性利用生境场所，调查研究难度较大。可采用GPS捆绑顶级经济物种跟踪观测技术，探测顶级经济物种洄游路线及生命周期各阶段时间节律，确定顶级经济物种产卵场、索饵场、越冬场空间位置。采用水下视频、自动观测、潜水采样等技术全面调查产卵场、索饵场、越冬场环境条件，分析顶级经济物种对产卵场、索饵场、越冬场等生境场所环境条件的喜好特征及其生命周期全过程在“三场一通道”生境的洄游繁衍机制。海洋牧场“三场一通道”生境营造应该在海洋牧场选址区域自然生境条件基础上，模拟分析顶级经济物种生命周期全过程在“三场一通道”生境中的生态适应机制，设计人工鱼礁、海藻场、海草床、珊瑚礁、牡蛎礁等海洋牧场生境营造的途径与方式，恢复和强化选址区域生境场所的索饵、产卵、越冬等生态功能，同时优化索饵场、产卵场、越冬场空间格局及其之间的洄游路线。在以上“三场一通道”生境特征参数调查、顶级经济物种生境生态适应性模拟研究、生境恢复与功能设计基础上，制定海洋牧场“三场一通道”生境系统仿生营造方案。

（三）海洋牧场“三场一通道”生境营造布局

“三场一通道”生境系统仿生营造尽可能在单个海洋牧场内仿生营造索饵场、产卵场、越冬场，疏通洄游通道，形成“三场一通道”生境体系，以便最大限度地将渔业资源关键功能群顶级经济物种聚集在海洋牧场内，便于人工调控管理与采捕。对于一些对索饵场、产卵场、越冬场等功能生境要求严格的顶级经济物种，也可以在单个海洋牧场内仿生营造单一的索饵场、产卵场或越冬场，或者包含某两个功能的生境场所，并疏通海洋牧场之间的洄游通道，以多个海洋牧场功能生境场所共同构筑成顶级经济物种“三场一通道”生境系统。海洋牧场建设虽然不可能覆盖全部的经济鱼类“三场一通道”生境系统，但可以选择重点生境区域，科学合理地布局海洋牧场功能类型。一般而言，产卵场适宜布局渔业资源养护型海洋牧场，通过修复、恢复经济鱼类产卵场生境功能，禁止人类活动干扰经济鱼类产卵场生境及产卵、孵化、育幼过程，养护和恢复渔业资源。索饵场适宜布局渔业资源增殖型海洋牧场，通过培育饵料生物，营造和强化索饵场的索饵育肥功能，吸引鱼群聚集索饵、生长、育肥，增加渔业资源规模。越冬场适宜布局综合型海洋牧场，可以适当开展越冬经济鱼类的行为观测研究。

四、海洋牧场“三场一通道”生境营造方式

（一）人工鱼礁生境营造

人工鱼礁是目前海洋牧场生境营造的最主要方式，相关研究表明人工鱼礁投放后会出现明显的聚鱼效果。人工鱼礁功能性生境营造应结合海洋牧场顶级经济物种对“三场一通道”生境场所的需求特征，构筑具有差异性生境特征的人工鱼礁构筑物件，并置于海洋牧场适当位置，营造仿生功能性生境。一般而言，索饵场人工鱼礁应使用贝壳、石材、混凝土等易于饵料生物附着和繁育的材料，浇筑规格高大、表面粗糙的人工鱼礁造型，以便置于海底时能够形成较强的上升流和涡流，为饵料生物发育提供充足的营养物质和附着环境；产卵场人工鱼礁应浇筑成规格适宜、内部结构复杂或具有多孔洞的造型，以便于亲鱼隐藏产卵、鱼卵附着，以及保护幼稚鱼苗；对于休闲娱乐型海洋牧场，人工鱼礁造型应该注重美观性，可以从景观生态学角度，探索塔形鱼礁、城型鱼礁、房型鱼礁等人工鱼礁仿生造型方式。

（二）海藻场生境营造

海藻尤其是大型海藻，不仅是一种重要的海洋生物资源，更是一些海洋经济鱼类的摄食饵料，还是另一些海洋经济鱼类的产卵、藏匿、躲避敌害的生境场所，是海洋生态系统的重要组成部分。将海藻场建设作为海洋牧场“三场一通道”生境仿生营造的重要方式，具有以下优势：①海藻生长速度快，能量转换效率高，生物多样性丰富，是一些顶级经济物种优良的索饵场；②海藻场充分发育，海藻的叶片、枝节形状、大小和纹理等形态特征塑造了十分复杂的微观空间结构和多样性的表面介质，为一些顶级经济物种产卵、孵化和育幼提供了优良的产卵场；③大型海藻场可以吸收海水中多余的营养盐和污染物，调节和改善海洋牧场水体环境质量，提升海洋牧场环境质

量。大型海藻场生境营造要根据不同海洋牧场顶级经济物种对“三场一通道”生境需求的差异性特征，选择适宜海藻场生态修复的海洋牧场局部海域，人工移植瓦氏马尾藻（Sargassum vachellianum）、鼠尾藻（Sargassum thunbergii）、海黍子（Sargassum miyabe）、海带（Laminaria japonica）、裙带菜（Undaria pinnatifida）、金膜藻（Chrysymenia wrightii）、扁江蓠（Gracilaria textorii）、日本异管藻（Heterosiphonia japonica）等大型海藻，修复和恢复海藻场，营造海洋牧场顶级经济物种索饵场、产卵场功能性生境。

（三）珊瑚礁生境营造

珊瑚礁是热带海洋生态系统的重要组成部分，也是全球生物多样性最为富集的区域之一。珊瑚礁以其自然发育的复杂造型、孔洞遍布的表面结构、丰富多样的饵料生物等特点成为许多热带经济生物的索饵场和产卵场。因此，我国南海海域海洋牧场建设十分重视珊瑚礁索饵场、产卵场等功能性生境营造。珊瑚礁功能性生境营造要求的环境条件相对苛刻，必须选取水深适宜、光照充足、水质良好、无人类活动干扰、海床坚硬适宜珊瑚着床发育的热带基岩海域。海洋牧场珊瑚礁生境营造一般采用在固定基座上进行珊瑚种苗原位种植、珊瑚碎枝移植、珊瑚苗圃培育移植等方法。由于珊瑚发育速度很慢，所以珊瑚礁功能性营造技术难度较大。目前，我国已经在珠江口庙湾岛附近海域、深圳大鹏湾进行了珊瑚礁修复实践，取得了较好的修复效果。

（四）海草床生境营造

海草是海洋中的一种高等植物，海草在海底密集发育形成海草床。海草床与红树林、珊瑚礁并称为全球三大典型近岸海洋生态系统，具有环境调节、食物供给、空间庇护等多种重要生态功能，是许多海洋经济物种重要的天然生境场所，也是海洋牧场“三场一通道”生境仿生营造的重要方式。海草床生境营造要根据海洋牧场“三场一通道”生境需求特征，筛选能够人工培育、移植、栽种的鳗草（Zostera marina）、喜盐草（Halophila ovalis）、泰来草（Thalassia hemprichii）、海菖蒲（Enhalus acodoides）等海草种类，并选择适宜海草生长发育的海洋牧场局部区域，采取海草种子播种、海草幼苗移植、海草异地移栽等方式建设海草床，并辅以其他人工设施营造海洋牧场顶级经济物种的索饵场、产卵场等生境场所。海草床生境营造应优先选用本地海草床或周边海域海草床的海草种类，温带海草床生境营造主要海草种类有鳗草、日本鳗草(Zostera japonica)等;亚热带和热带海草床生境营造主要海草种类有卵叶喜盐草、泰来草、海菖蒲和日本鳗草等。海草异地移栽是目前海草床生境营造的主要方式,一般采用草块法或根状茎法从天然海草床内采集海草根苗移植到海草床生境营造海域。

(五)牡蛎礁生境营造

牡蛎礁是由大量牡蛎固着生长于海底基岩或硬质构筑物表面所累积形成的一种生物礁体,广泛分布于亚热带、温带的河口等区域。牡蛎礁除了能够生产鲜活牡蛎外,还具有净化水质、防止海岸线侵蚀、消浪减灾等生态功能。另外,牡蛎礁也是许多海岸生物的栖息地和一些顶级经济鱼类的重要产卵场。熊本牡蛎(Crassostrea sikamea)、太平洋牡蛎(C. gigas)等牡蛎品种已经实现了人工繁殖培育,为利用牡蛎礁营造海洋牧场产卵场提供了技术保障。国内外专家已在美国切萨皮克湾、中国天津大神堂海岸开展了牡蛎礁生境修复营造实践,为海洋牧场牡蛎礁产卵场功能性生境营造提供了很好的示范区域。

五、结语

海洋牧场是我国当前海洋渔业转型升级、助推海洋经济绿色发展、实现海洋强国战略的新型渔业生产方式,受到国家高度重视。截至2020年底,农业农村部已经分6批支持建设了136个国家级海洋牧场示范区,在这些海洋牧场建设过程中,由于缺乏生态系统生态基础理论研究与指导,尤其是缺乏对海洋牧场生境营造的生态学理论方法体系研究和应用,许多海洋牧场人工鱼礁建设存在投放目标性不强、生境功能不明确、生境系统不完整等问题,导致虽然海洋牧场常年都进行增殖放流,但渔业资源恢复效果却并不乐观,甚至出现了“增而不殖”的困境。为此,本文从海洋牧场人工生态系统构筑角度,提出海洋牧场渔业资源关键功能群“三场一通道”生境系统营造的思路与方法,希望能为我国海洋牧场生境营造与优化提供理论依据。

文章来源:原刊于《海洋渔业》2022年第1期。

我国海洋金融事业发展的启示与建议

■ 张承惠

论点撷萃

经过数十年的发展，海洋经济日益受到全球各国，尤其是海洋沿岸各国的重视。海洋金融，则是发展海洋经济和实现海洋战略的重要支撑。从美国、挪威、荷兰、日本等发达国家的海洋经济发展历史看，均在金融支持海洋经济发展方面进行了大量探索，积累了丰富经验，对于中国发展海洋金融事业具有重要的借鉴意义。

第一，高度重视海洋的战略作用，通过立法明确海洋发展目标和路径。法律和配套计划，明确了海洋经济的发展战略和海洋产业发展方向，为金融机构提供了稳定的市场预期。

第二，积极推进发展海洋技术研发和发展海洋产业，为金融服务提供市场空间。正是由于国家的海洋企业具有强劲的研发和技术创新能力、高素质的人力资本实力，才能为资本和金融机构提供优质的客户，吸引着大量资本流入。

第三，以政策性金融和财税政策为导向，引导和支持金融机构提供海洋金融服务。海洋金融具有自然风险大、经营不确定性强的特点，势必会加大金融机构的经营风险。在一些海洋金融发达的国家，已经形成了银行、证券、保险、投行、政府基金、私募基金、天使投资等多种金融机构、多种金融工具协同为涉海企业提供金融服务的机制。

第四，良好的配套设施和商业氛围。

作者：张承惠，国务院发展研究中心金融研究所前所长、研究员鉴于海洋在可持续发展、维护国家主权和领土完整等方面的重要作用，中国应在发展海洋经济，增强海洋竞争实力方面下大力气。与现有的海洋强国相比，我国的海洋事业仍处于起步阶段，在海洋管理体制、海洋资源开发与利用、海洋金融服务体系等诸多方面还存在一些薄弱环节。对此，参照国际经验，要树立海洋思维，坚持中国的海洋发展战略；建立高效的集中统一与分级管理相结合的海洋管理和协调机制；积极发展海洋科技和涉海企业，为金融机构提供良好的客户基础；政府引导、支持金融机构产品创新和业务协同，帮助金融机构降低海洋金融业务的风险。

在世界经济版图中，海洋经济具有举足轻重的地位且日益增长、潜力巨大。世界上经济排名前十的发达国家中有8个是沿海国家，如美国、日本、德国、英国、法国等；世界五大产业带全都临海而建。20世纪70年代初，美国学者首先提出了"海洋经济"的概念。1974年，又提出了"海洋GDP"的概念及其统计方法。经过数十年的发展，海洋经济日益受到全球各国，尤其是海洋沿岸各国的重视。海洋金融，则是发展海洋经济和实现海洋战略的重要支撑。从美国、挪威、荷兰、日本等发达国家的海洋经济发展历史看，均在金融支持海洋经济发展方面进行了大量探索，积累了丰富经验，对于中国发展海洋金融事业具有重要的借鉴意义。

一、西方部分沿海国家发展海洋金融的做法

（一）美国

美国是世界海洋经济最发达的国家之一。2000年8月美国国会通过了第一部海洋法——《2000年海洋法》，该法明确了资金在海洋经济发展中的重要性。为制定全国统一协调的综合海洋政策，该法授权并经总统任命成立了由16名海洋各领域资深专家组成的海洋政策委员会，从战略和政策层面，强化了沿海工作的统合力。2004年9月，该委员会向总统和国会提交了《21世纪的海洋蓝图》，全面阐述了美国海洋战略思路。同年9月20日，美国布什总统批准了《美国海洋行动计划》，从6个方面提出了具体的海洋工作措施。同时为建立全面协调的国家海洋政策再次调整了海洋管理架构：在白宫成立一个内阁级别的国家海洋政策委员会，负责落实海洋战略和政策，

监督各区域海洋委员会的工作。为了评估海洋行动计划对海洋海岸区域管理的实际效果,美国还成立了一个海洋倡议联合委员会。该委员会从2005年开始发布年度美国海洋政策报告,为地方政府的各项行为评级。2014年,美国总统奥巴马发表关于海洋经济的讲话,提出了美国海洋经济的发展思路和一系列保护、发展海洋经济的措施。

美国的海洋金融体系是以《2000年海洋法》为依托逐步建立起来的,其架构如下。

第一,政府财政资金直接投入。根据《2000年海洋法》和美国海洋经济发展战略,美国财政每年拨付大量资金支持海洋经济,用于资助海洋新技术研发和产业化以及有助于恢复天然资源和实现政府改善气候承诺的方案。据统计,美国政府每年用于海洋领域的财政预算高达500亿美元以上。同时,美国还十分重视海洋教育工作,加大对中小学海洋教育的投入,将海洋知识编入中小学课本,以提升全民的海洋意识。

第二,以政策性金融方式支持海洋经济。早在19世纪中叶,美国政府就主导建立了海洋投资基金。该基金由美国财政部、美联储、联保存款保险公司等共同投资,目的在于为海洋经济和海洋产业发展提供多方位的财税和金融支持。美国渔业局除了成立专项基金对鱼类加工等新技术提供税收减免、补贴以外,还通过提供信贷担保、政策性贷款等方式为渔业发展提供支持。例如向远洋渔轮提供直接补贴以及回购渔船等。根据《2000年海洋法》,美国设立了国家海洋信托基金。该基金的资金主要来源于联邦政府收取的海洋使用费,基金主要用于优化海洋管理工作。为支持海洋保险制度的发展,政府对海洋投资项目的保险给予一定的保费补贴,并将建设单位投保海洋环境污染责任险作为获取工程合同的先决条件。

第三,充分发挥金融市场机制。在政府财政资金的大力支持和引导之下,美国形成了由政府、企业、金融机构、民间资本共同参与的海洋资金支持体系。由于美国金融市场十分发达,只要加大政策导向,民间资本就可以充分满足多层次的各种海洋金融需求。通过银行信贷、民间PE/VC、资产证券化、融资租赁等金融工具,美国金融体系为海洋经济发展提供了全方位的金融服务。

（二）英国

早在17世纪,英国的东印度公司就通过资本市场进行了两轮融资,筹集了近7万英镑的股本投入海洋贸易活动。为解决海洋经济的高风险问题，英国的“劳合社”在300年前就开始建立海洋保险市场，为航运等海上业务提供风险保障。目前，“劳合社”的水险业务约占其总业务的21%，全球约有13%的海上保险业务由“劳合社”承保，世界上几乎所有的远洋船舶的责任风险都在“劳合社”办理了再保险。从游艇到超级油轮及其货物，从海岸供给船到大型石油钻井机，都是其水险业务的承保范围。

英国的海洋金融起源于对海洋经济的服务，而以航运为代表的海洋经济已经有数百年的历史。海洋经济活动为英国带来了巨大的经济效益，带动了大量的就业。在过去几百年中，英国积累了丰富的海事无形资产，特别是海洋法律体系、海洋金融人才、具有国际公信力的仲裁机制以及政府和海事行业之间良好的沟通机制，都是英国领先地位的表现。

“二战”以后，英国的实体经济走向衰落，但是海洋金融的服务能力仍然在全球领先。作为一流的国际金融中心，伦敦可以为航运公司提供世界一流的金融服务。英国的商业银行为全球提供了400亿美元的船舶融资，约占全球10%的份额。英国的金融业机构与航运业者的合作由来已久，从安排船舶按揭贷款到整合复杂的金融交易都能合作无间。在海洋领域，“英国的服务机会无所不包，无所不及”。近年受脱欧、新冠疫情等因素的影响，英国经济表现不佳，制造业、建筑业等支柱产业更是疲软，但服务的便利性及完备性仍使其金融业具有很强的国际竞争力。鉴于其在法律和金融方面具备无可替代的优势，英国在很长时间内将依然是全球的海洋金融中心。

（三）日本

从20世纪60年代开始，日本提出“海洋立国”战略，并陆续采取了多项政策措施，如制定合理的海洋产业发展战略规划，出台完善的海洋产业法律法规等。2007年4月，日本通过《海洋基本法》，以法律的形式对日本海洋经济发展的整体规划加以规范。结合原有产业优势，以大型港口城市为依托，日本大力发展临港产业集聚区，并吸收民间资本共建临港产业聚集区。

在金融支持海洋经济发展方面，日本采取的具体措施如下。

第一，颁布一系列法律法规支持金融服务于海洋产业。例如，《循环型社会形成推进基本法》提出要加大政府对于海洋资源的经费保障，提高金融对海洋产业的支持力度；《保险业法》加强了对海洋保险的监管；《海洋基本

法》明确规定，为实施海洋政策与措施，政府应当采取必要的法律、财政或金融措施。

第二，推动公私合营，吸引私营资本对海洋经济的投入。例如，为建设关西空港产业园，成立了由中央政府、地方政府和民营资本共同参股的股份公司作为产业园的投资主体。

第三，推动政策性银行对海洋产业的支持。早在1950年，在日本国内造船业资金匮乏的情况下，日本政策性银行就为造船企业提供优惠贷款，支持日本造船业的发展。政策性金融体系中的农林渔业金融公库为海洋渔业发展提供了多样化的贷款项目，如渔业经营重建整备资金、水产品加工资金、渔场整备资金等。

(四)挪威

尽管挪威不是欧盟成员国，但是欧盟的海洋政策框架却受到了挪威的影响。早在2003年，挪威就已具备成熟的海洋管理体制，而当时绝大多数国家还没有形成海洋管理的基础框架。

为提升本国海洋产业的竞争力，挪威政府不仅向海洋企业提供信贷、保险、税收和研发等方面的支持，而且为海洋企业及其员工的成长创造了良好的外部环境。同时，挪威政府还注重与商会、企业之间的沟通协调，根据企业的需求向其提供服务。

第一，利用降低税负支持涉海企业发展。2008年之前，海洋税收政策的稳定性程度不高，税收政策每两年变动一次，不利于企业形成稳定的经营预期。为维持海洋产业长期投资的稳定，2008年以后挪威政府注重加强税收政策的稳定性并取得了成效。

第二，利用政策性金融机构支持海洋产业。挪威的国有银行DNB、Nordea及出口信贷担保公司GIEK都为出口企业海外业务的拓展提供了大量金融服务。DNB、Nordea向出口企业提供出口信贷，而GIEK则为其提供担保。

第三，多渠道提供研发资金。2006年，挪威政府设立了挪威技术中心(NCE)。挪威海洋领域的R&D支出占GDP的比例约为5%，主要来源于私人部门和政府部门。其中，私人部门海洋R&D支出占GDP的比例为4%，政府部门海洋R&D支出占GDP的1%。

第四，发展特色金融，创新金融产品和服务方式。多年来，挪威在航运融资和海洋资本市场方面一直是全球的领导者，奥斯陆证券交易所是全球最大航运类股票的证券交易所。同时挪威在船舶保险领域也是全球领导者，Gard、Skuld 是其中的杰出代表。经过多年发展，挪威金融服务业已经形成银行为主，保险与再保险、证券、投资银行为辅的格局。挪威还成立了"挪威海洋银行"，以优惠利率为涉海企业提供资金。

二、国外发展海洋金融的经验与启示

从一些海洋金融发达的国家来看，主要有以下经验值得我国借鉴。

（一）高度重视海洋的战略作用，通过立法明确海洋发展目标和路径

早在 20 世纪 60 年代，美国就出台了海洋相关法律，并制订了海洋发展战略。为落实海洋发展战略，还专设了直属白宫的政策咨询机构。加拿大是第一个建立综合性海洋法的国家。1996 年 12 月，加拿大议会通过了《海洋法》，这部法律被视为加拿大的"海洋宪章"。2002 年加拿大出台《加拿大海洋战略》，2005 年发布《海洋行动计划》。2007 年 4 月，日本议院通过第一部海洋大法——《海洋基本法》，明确了日本未来海洋战略走向，确立了一系列重要海洋制度，之后又制定了与其配套的《海洋基本计划》。2009 年，英国发布《海洋与海岸促进法》，并通过该法建立了一个新的、基于海洋空间规划的海洋管理框架，统一了英国的海洋管理制度。

为落实海洋战略，一些国家还建立了事后政策实施评估机制。例如美国成立了一个联合委员会，专门负责对海洋政策的执行情况进行评估。

为落实海洋战略，一些国家还设立了海洋管理专职机构，并明确中央与地方政府的职责。例如，美国早期的海洋和海岸管理模式是分散和条块分割的，地方政府之间、中央政府和地方政府之间很少协作。1966 年，美国国会通过《海洋资源与工程发展法》，组织了一个直接对总统负责的，由 15 人组成的"海洋科学、工程和资源总统委员会"，该委员会随即开展了一系列海洋项目。1970 年，尼克松总统发布重组命令，在商务部内部成立国家海洋与大气管理局，将散布在各个政府部门的海洋管理职能整合为一个统一部门，这种集中行政资源的做法提升了联邦政府的协调能力和管理效率。2004 年，美国联邦政府又进一步设立了内阁级别的国家海洋政策委员会，加拿大也

有类似行政机构。再如，日本《海洋基本法》规定在内阁内设置综合海洋政策本部，本部长由内阁总理大臣担任。鉴于海域资源和利用常常涉及多个行政区域，为确保政策目标的实现，一些国家还建立了区域协调机制。如美国墨西哥湾联盟由佛罗里达州、亚拉巴马州、密西西比州、路易斯安那州和得克萨斯州于2004年成立，以便处理共同的海湾问题。

这些法律和配套计划，明确了海洋经济的发展战略和海洋产业发展方向，为金融机构提供了稳定的市场预期。

（二）积极推进发展海洋技术研发和发展海洋产业，为金融服务提供市场空间

海洋金融是为海洋经济和涉海企业服务的，如果没有一个良好的企业发展基础，金融机构也就没有了用武之地。因此，一些海洋大国非常重视海洋技术和相关产品的研发，鼓励和支持海洋产业发展。

无论是美国还是英国、日本，政府在海洋科技研发方面都注入了大量资金，为企业提供基础技术和产品支持。由于重视科技对海洋经济发展的支撑作用，美国政府针对不同区域海洋项目的发展重点，先后建立了700多个海洋研究所，财政对这些科研机构的年投资高达300亿美元。同时以这些科研机构为依托，结合各区域的海洋资源和海洋环境，建立了许多海洋产业园区，形成了政府、大学、企业联动的科研及产业化机制。挪威海洋企业之所以能长期牢牢占据全球海洋产业的制高点和前沿领域，与挪威政府的海洋战略指引密不可分。挪威海洋的主管部门——挪威贸易和工业部通过制定发展战略和实施工作计划来引导海洋经济的发展方向。在创造良好的经商环境和加强公共机构与海洋企业之间联系方面，挪威的地方政府发挥了重要作用。例如，在南孙默勒地区，建立了一个非常强有力的基础设施和运输网络，为该地区海洋企业创造了有利的生产经营条件。

正是由于这些国家的海洋企业具有强劲的研发和技术创新能力、高素质的人力资本实力，才能为资本和金融机构提供优质的客户，吸引着大量资本流入。

（三）以政策性金融和财税政策为导向，引导和支持金融机构提供海洋金融服务

服务于海洋经济的金融工具与传统金融工具并无本质不同，关键是如

何引导金融资源向海洋领域倾斜。英国海洋金融的高度发展在很大程度上得益于政府对海洋金融的良好支持。一是英国政府与海洋经济金融领域的从业者保持了动态、有效的沟通合作机制，使金融机构能够及时了解政府意图和政策方向；二是配套专业工商服务、法律服务以及生活设施，为金融机构创造良好的环境；三是实施较低的税率水平，这对于金融机构有很大的吸引力。

海洋金融具有自然风险大、经营不确定性强的特点，势必会加大金融机构的经营风险。为此，一些国家政府实施了一系列对策，一是利用基金、政策性银行等政策性资金支持海洋产业；二是通过财政补贴帮助企业分担金融机构的风险溢价；三是通过政策性担保和商业保险，帮助金融机构分担风险；四是鼓励银团贷款等联合出资方式，分散风险。在一些海洋金融发达的国家，已经形成了银行、证券、保险、投行、政府基金、私募基金、天使投资等多种金融机构、多种金融工具协同为涉海企业提供金融服务的机制。

(四)良好的配套设施和商业氛围

以英国为例，尽管“日不落帝国”已经衰落，但英国海洋经济的服务业仍然居于统治地位。从航运业和航运物流业看，伦敦并不是国际海运中心，但却是世界上最强的国际海事金融中心。2012 年伦敦为全球提供了近 40%的船舶经纪服务，而纽约和新加坡则分别仅为 14%和 7%。在海事产业的发展过程中，英国成立了海事仲裁协会，专门负责解决全球各类海事纠纷。2012 年间，英国海事仲裁协会裁决了全球 650 件海事纠纷案例，而作为国际航运中心的香港和纽约，分别仅裁决了 136 件和 100 件案例。

英国的优势还在于，大部分海事合同是基于英国法律签订的，约定俗成的仲裁地都是英国。英国有大量的仲裁专家，仲裁协会的仲裁员都具备高度专业性，同时保持客观的中立性及独立性。此外，由于英国海事仲裁协会制定了非常完善的条款，采取了相对便利的手续，仲裁员的仲裁价格相对便宜。经过数十年的实践，英国仲裁协会的公信力已经得到国际公认。

三、中国发展海洋金融的建议

中国是一个海洋大国，海岸线总长度为 3.2 万千米，其中大陆海岸线为 1.8 万千米，居世界第四位。但是农耕文明在中国长期占据主导地位，民众

的海洋意识淡薄，“重陆轻海”思想顽固。历史上，自14世纪开始，明朝政府对海事活动就采取了一系列限制政策。清朝早期为巩固政权，采取了更加严厉的“海禁”政策。1949年以后，受国内外多重因素的影响，中国在较长时期内仍然是相对封闭的。即便在改革开放40年后，中国已经成为世界上第二大经济大国的情况下，我们距真正的“海洋强国”还相当遥远。根据《中国海洋经济发展报告2020》，2019年我国海洋生产总值超过8.9万亿元，同比增长6.2%，低于2018年6.7%的增速。海洋经济对国民经济增长的贡献率只有9.1%。鉴于海洋在可持续发展、维护国家主权和领土完整等方面的重要作用，中国应在发展海洋经济，增强海洋竞争实力方面下大力气。

在我国，海洋已经成为国家战略的一个重要组成部分。党的十八大提出建设海洋强国的战略目标，党的十九大报告进一步提出“坚持陆海统筹，加快建设海洋强国”的战略部署。“十四五”规划设置“海洋”专章，提出要积极拓展海洋经济发展空间，“坚持陆海统筹、人海和谐、合作共赢，协同推进海洋生态保护、海洋经济发展和海洋权益维护，加快建设海洋强国”。但是与现有的海洋强国相比，我国的海洋事业仍处于起步阶段，在海洋管理体制、海洋资源开发与利用、海洋金融服务体系等诸多方面还存在一些薄弱环节。对此，参照国际经验提出以下对策建议。

（一）树立海洋思维，坚持中国的海洋发展战略

进入21世纪以后，海洋的地位和作用进一步凸显。放眼当今世界，沿海国家和地区无不将竞争的重点转向海洋，加快调整海洋战略，促进海洋经济的可持续发展。各国维护海洋权益、拓展海洋空间的竞争越来越激烈，围绕海洋资源争夺和岛礁主权、海域划界、航道安全的争端进一步加剧。就中国而言，海洋是实现可持续发展的重要空间和资源保障，海外利益已成为国家利益的重要组成部分，且国家安全和发展利益正在不断向远洋和全球拓展。建设海洋强国，就要站在国家发展战略和安全战略的高度，不断提高海洋资源开发能力、发展海洋经济、保护海洋生态环境、优化国土空间开发格局。

近年来，我国相继出台发展海洋的纲要、规划、意见等，有力促进了海洋经济的发展。尽管如此，目前中国仍存在海洋思维普及度不高，海洋经济发展系统性不强，研究深度不够及政策效果缺乏评估等问题。针对上述问题，笔者提出以下建议：一是要参照海洋强国的成功经验，将海洋战略提升到国

家法律层面,组织各方研究力量,着手准备制订中国的相关海洋法律;二是为实现决策的科学化,应设立研究国家海洋战略的专门委员会,研究海洋战略和配套行动计划,提高决策层级和政策的科学性;三是建立评估机制,及时评价海洋政策的有效性和存在问题,优化海洋政策体系;四是加强海洋相关知识的传播和教育,在中小学教材中增加海洋教学,设立专业技术学校为海洋领域培育专门人才。

(二)建立高效的集中统一与分级管理相结合的海洋管理和协调机制

海洋不仅是一个经济问题,还牵涉生态保护、国家安全、政治军事等多个领域。从国际经验看,几乎每个海洋强国都经历了管理职能从分散到集中的过程。中国要成为海洋强国,有必要将分散的海洋管理职能适当集中。同时,任何国家的海洋经济发展和海洋管理,都离不开区域协调。如果我国沿海省份各自为战,很容易产生区域利益冲突,影响政策效果,为此需要建立有效的协调机制,避免出现政策“打架”和政策套利问题。

(三)积极发展海洋科技和涉海企业,为金融机构提供良好的客户基础

一方面,国家财政应更多地向海洋科研和涉海项目倾斜,支持海洋经济和海洋产业发展;另一方面,应建立有效的政企沟通机制,更好地发挥商会、行业协会的作用,促进信息的上传下达。在制定海洋相关政策时,应更多地听取商会和行业协会的意见和建议。

(四)政府引导、支持金融机构产品创新和业务协同,帮助金融机构降低海洋金融业务的风险

对于我国金融机构来说,海洋金融是一个相对陌生的领域,传统风控模式并不适用于海洋金融服务。另一方面,海洋金融又是一个新的“蓝海”,为金融机构产品创新和业务拓展带来了巨大的空间。因此,金融机构在转型升级过程中,对进入海洋金融领域既有兴趣又担心风险。针对这一情况,政府可以从以下几个方面入手,引导和支持金融机构开拓蓝色业务。

一是在我国绿色金融的政策和标准体系框架内,研究制定蓝色金融标准。鼓励金融机构向符合标准的项目和企业发放蓝色信贷,帮助银行等金融机构评价蓝色金融业务发展情况和资产风险。

二是利用财税政策,给予金融机构的蓝色业务降低税率、风险补贴等优惠政策。同时加大政策性金融的支持力度,促使国开行、进出口行和农发行

增加对涉海产业和涉海企业的资金投入。

三是设立国家和地方海洋发展基金。增加对海洋科技研发、创新技术产业化的早期投入，并引导社会资本进入蓝色金融领域。

四是支持涉海企业和金融机构发行蓝色债券，用于发展海洋可持续产业、环境保护等领域。

五是利用保险机制，为金融机构保驾护航。通过出口信用保险公司、政府性融资担保公司为银行信贷提供保险，并鼓励商业性保险公司积极开展海洋相关保险业务，增加保险产品品种，改善保险服务。

六是促进各类金融机构的协同业务。鼓励融资租赁公司、银行、投行、保险公司、基金公司、外资金融机构等开展业务合作，发挥各自专业特长，共同承担风险。

七是建立海洋金融信息平台。及时传导国家战略和政策信息，帮助融资供求双方沟通情况，引进先进经验和风险控制技术，监控可能出现的金融风险。

文章来源：原刊于《海洋经济》2021 年第 5 期。

我国海洋金融十年回顾与展望

■ 赵昕,白雨,李颖,马文

论点撷萃

海洋金融作为海洋经济的重要生产要素,同时具有优化资源配置、助力产业转型升级等多方面功能。以金融为纽带整合各类资源支持海洋经济高质量发展,是实现我国建设海洋强国目标的重要环节。回顾过去10年,海洋金融服务体系在持续助推海洋产业升级、海洋经济壮大的过程中取得了哪些发展成果;面对全球新一轮的产业变革,我国海洋金融在支持海洋经济发展过程中又会面临哪些挑战和机遇,这些问题引起了产业界和学术界的广泛关注。

当前海洋经济正在成为我国经济发展的重要增长极,处于转型升级的关键时期。海洋金融通过资本导向、产融结合等机制支持海洋经济增长,成为海洋经济高质量发展的重要引擎,进而引起了学者们的广泛关注。对国内外海洋金融相关文献进行分析和整理,研究主题可以归纳为以下三类:一是海洋金融产品设计研究;二是金融发展与海洋经济增长间的影响研究;三是金融发展对海洋产业结构升级的驱动研究。

在近10年里,海洋金融从供给数量增加,到产品多元化,再到服务科学化,取得了一系列不菲成就,对海洋经济发展的助力作用不容小觑。学术界也针对海洋金融展开了一系列的研究,给海洋金融的发展提供了很多好的

作者:赵昕,中国海洋大学经济学院院长、二级教授,中国海洋发展研究中心海洋经济与资源环境研究室副主任;
白雨,中国海洋大学经济学院博士;
李颖,中国海洋大学经济学院博士;
马文,中国海洋大学海洋发展研究院博士

建议。但是就目前来说，海洋金融发展仍面临着一些挑战：海洋金融产品单一，难以满足海洋产业日渐增长的资金需求；海洋金融服务分布仍较为零散，难以支撑区域内海洋产业的集群化发展；规范化的海洋专营金融机构尚未成立，难以提供全方位的涉海金融服务等。面对以上挑战，实现海洋金融的全面协调发展仍有很长一段路要走，具体而言可以从深化资本市场融资功能、打造海洋金融服务聚集区、建立海洋专营金融机构等方面努力。

《中华人民共和国国民经济和社会发展第十四个五年规划和2035年远景目标纲要》指出要积极拓展海洋经济发展空间，加快建设海洋强国，我国海洋经济发展将迎来前所未有的机遇和挑战。根据有关数据统计，2010—2019年，全国海洋生产总值由38439亿元增长至89415亿元，占沿海地区生产总值的比重由16%上升到17.1%，海洋经济在国民经济中的地位愈发凸显。受新冠疫情影响，2020年上半年各海洋产业均处于负增长状态，但下半年主要海洋产业稳步进入恢复生产状态，产值逐步转亏为盈，最终全年海洋生产总值达80010亿元，表现了我国海洋发展的韧性。

海洋金融作为海洋经济的重要生产要素，同时具有优化资源配置、助力产业转型升级等多方面功能。以金融为纽带整合各类资源支持海洋经济高质量发展，是实现我国建设海洋强国目标的重要环节。回顾过去10年，海洋金融服务体系在持续助推海洋产业升级、海洋经济壮大的过程中取得了哪些发展成果；面对全球新一轮的产业变革，我国海洋金融在支持海洋经济发展过程中又会面临哪些挑战和机遇，这些问题引起了产业界和学术界的广泛关注。本文对2010—2020年我国海洋金融的发展历程以及研究现状进行梳理，从中得到了一些结论，也发现了一些问题。

一、我国海洋金融的发展历程

在海洋强国战略背景下，海洋金融作为金融服务海洋实体经济的重要依托，受到了社会各界的广泛关注。经过各方力量的积极探索和共同推动，近10年来我国海洋金融的发展取得了丰硕成果，其发展历程可大致划分为三个阶段：海洋金融供给规模化阶段、海洋金融产品多元化阶段和海洋金融服务科学化阶段，在此过程中逐步实现了从量到质的飞跃。

(一)2010—2012 年:海洋金融供给规模化

2010 年,《中华人民共和国国民经济和社会发展第十二个五年规划纲要》颁布,明确提出要推进海洋经济发展,并将海洋发展战略提升到国家层面。此后,为完成海洋经济发展目标,沿海各省份积极开展试点工作,海洋金融供给数量不断增多,支持范围从传统海洋产业扩展到海洋新兴产业,海洋金融呈大发展之势。

为夯实产业发展资金基础,各大银行紧抓产业发展机遇,纷纷为海洋传统产业提供信贷支持。截至 2011 年 10 月,中国工商银行向宁波地区 100 多家涉海企业发放贷款合计达 151.98 亿元,企业涉及海洋渔业、海洋油气业、海洋船舶工业等五大传统海洋产业领域,另向宁波临海、临港开发区发放贷款 11.06 亿元以支持当地海洋基础设施建设。此外,中国建设银行成立了专门的海洋金融服务团队,发放贷款逾 100 亿元用于支持港航、船舶、海域海岛开发等海洋相关产业发展。温岭农村合作银行为海洋船舶工业、海洋捕捞和海水养殖业、海洋交通运输业、滨海旅游业以及其他海洋产业发放贷款分别为 4.04 亿元、500 万元、1067 万元、138 万元、5.78 亿元,海洋信贷数量稳步增长。

社会发展和市场的需要推动海洋产业向可持续性和技术性方向发展,海洋新兴产业崭露头角,同时政府和企业大量资金的注入为其提供了充分的资本保障。以山东省为例,省市各级政府共安排 20 亿元专项资金用于重点培育海洋战略性新兴产业,发展海洋优势产业集群。此外,宁波海洋产业基金管理公司也于 2011 年正式成立,成为国内首家以海洋产业为投资方向的专业基金管理公司,当年募集资金达 30 亿元,重点投资海洋高科技及新兴产业、海运业、临港工业等涉海领域,为海洋经济发展提供了一个新的有效的“金融助推器”。

(二)2012—2016 年:海洋金融产品多元化

2012 年,国家颁布了《全国海洋经济发展“十二五”规划纲要》,指出要着重推动海洋金融的多元化发展,助力海洋经济提质增效。围绕此目标,海洋金融产品创新成为海洋金融发展的重点方向,各类海洋特色金融产品不断涌现。

首先是信贷、保险等传统海洋金融产品的丰富和拓展。为保障海洋经

济发展的资金需求，2013年，福建省推出了以沿海岸线资产为抵押的一系列涉海信贷产品，可质押资产包括海域使用权、港口码头、在建船舶等。随后针对涉海抵押品匮乏的状况，山东省首次推出了无居民海岛使用权抵押贷款业务。2016年7月，厦门市海洋与渔业局和建设银行合作开展海洋担保贷款，推出了"海洋助保贷"业务，由市财政提供风险补偿资金1000万元。在此基础上，建设银行提供1亿元的专项贷款，主要针对海洋渔业、海洋船舶工业、滨海旅游业等产业的中小微企业予以资金支持。同时海洋保险作为分散海洋灾害风险的重要金融工具，也在不断地丰富和发展。以渔业保险为例，2013年8月，中国人民财产保险有限公司推出全国首个兼具"渔业保险"和"指数保险"双重功能的风力指数型水产养殖保险，采取了"风险因子—理赔"的新型保险模式，实现了水产养殖保险产品的创新性发展。2016年8月，中国人民财产保险有限公司创造性地将水文指数保险引入渔业养殖保险项目中，分别为渔业主体及其银行贷款提供了养殖财产保险和保证保险，探索出了一条"政府＋银行＋保险"的具体路径。

除了信贷、保险等传统金融渠道为海洋经济发展助力外，基金、融资租赁等新型金融产品也发挥着各自的助力作用。①海洋产业投资基金相继成立。2012年由山东海洋、明石投资等多家金融公司共同出资，设立了蓝色经济区产业投资基金，初始规模达300亿元，重点对具备较大发展潜力、较好收益预期的新兴海洋产业项目进行投资，它也是国内首支专注于国家海洋战略产业的投资基金。2015年宁波成立的海洋产业发展1号子基金以及2016年在香港成立的中国海洋战略产业投资基金等，都是旨在推动海洋经济重点产业发展以及对集聚平台、海洋生态、海洋基建的发展和保护。②海洋工程融资租赁业务备受关注。在对海洋工程市场的租赁模式和需求开展调研之后，工商银行金融租赁有限公司开始逐步将租赁业务向海洋工程装备领域延伸。此外，包括民生银行金融租赁在内的多家银行系金融租赁公司也在筹划拓展海洋工程融资租赁业务，助力海洋能源、资源开发市场。③股权融资方式受到了涉海企业的青睐。2016年，广东省举办了国内首场海洋中小企业投融资路演活动，参与企业涵盖海水健康养殖业、海洋工程装备制造业和海洋信息服务业等海洋新兴产业领域。这些活动搭建了海洋中小企业与私募股权投资机构之间的交流桥梁，加快了涉海中小企业的上市融资步伐。

（三）2017—2020 年：海洋金融服务科学化

2017 年，国家颁布了《全国海洋经济发展“十三五”规划纲要》，明确指出要加快改革海洋经济投融资体制，拓展蓝色发展空间。基于此文件要求，各类金融机构立足于各地海洋经济发展特点，科学发展规划涉海金融布局，具有中国特色的海洋金融服务体系在此过程中不断发展与完善。

随着海洋经济的进一步发展，以商业性金融机构和开发性金融机构为主的信贷支持明显跟不上海洋经济发展的步伐。2018 年《关于农业政策性金融促进海洋经济发展的实施意见》颁布，明确指出农业政策性金融机构要加大对海洋经济的金融支持，以保证海洋金融的有效供给。至此，我国形成了商业性、开发性和政策性金融互为补充的海洋特色金融服务体系。首先，各类商业性金融机构重点进行海洋特色金融产品体系创新。中国银行对担保方式进行创新，推出了以“中银海权通宝”为代表的一系列专门服务于涉海中小企业的特色产品，以缓解涉海中小企业的融资困境；浦发银行创设涉海科技型企业融资产品体系，开发了“货代通”“海洋补贴贷”“海域使用权融资”等专属产品，以推进海洋科技发展。其次，开发性金融机构着力实现服务对象由国内向国际拓展。为引入成本更低的国际投资资金，进一步拓展我国海洋金融开发业务，国家提出了建立国际海洋开发银行的设想，以民营资本为核心，以开发性金融为运作模式，集金融平台、海洋智库、智能网络于一体。最后，农业政策性金融机构精准对接海洋经济高质量发展中的重点产业和关键领域，主要为海洋经济示范园区提供助力，并重点支持海洋战略性新兴产业、现代海洋渔业以及现代海洋服务业等的发展。

伴随海洋经济示范区建立的不断深入，不同地区的海洋产业开始呈现特色化、集群化发展，各地也开始积极探索与海洋经济示范区相配套的海洋特色金融服务体系。例如，广州以重点发展航运业为目标，成立航运保险要素交易平台，实现了保险、港务、海事、航交所的跨界融合，致力于打造具有粤港澳大湾区特色的航运保险市场，助推航运特色金融发展。青岛市以推进海洋经济绿色发展为目标，与兴业银行合作成立海洋产业金融中心，借助兴业银行绿色金融品牌优势，探索出一种以“商行＋投行”为金融手段、“蓝绿结合”的全新海洋特色金融服务模式，助力涉海企业绿色发展。海南以自由贸易港建设为契机，探索建立科技含量高、海洋金融信息充分、海洋金融

资产有效交易的国际海洋金融中心，激发海洋经济发展巨大潜力。

(四)我国海洋金融的发展成就

回首过去的10年，我国海洋经济不断壮大，正迈着高质量发展步伐向海洋强国的目标进军。而与之相辅相成的海洋金融在历经供给数量增加、产品多元阶段后，也初步形成了功能较为齐全的海洋特色金融服务体系。通过对以上发展历程进行总结分析，我国近10年海洋金融的发展成就可概括为以下4点：海洋产业融资总量增加，海洋金融工具种类丰富，海洋金融机构服务专业化，多种涉海金融业态集群发展初步形成。

一是海洋产业融资总量增加。从最近3年主要海洋产业发展情况来看(图1)，我国海洋生产总值不断增加，2020年海洋生产总值达到80010亿元，比10年前翻了一番。海洋产业结构不断优化，海洋第三产业已成为海洋经济发展的“半壁江山”。在此背景下，金融也扩大了在海洋服务业和海洋新兴产业的服务延伸范围。根据最新数据显示，2020年，仅开发性金融服务用于支持国内涉海项目的贷款金额就有1000多亿元，并且未来涉海信贷规模整体呈现扩大态势。特别地，在多元化投融资机制下，海洋新兴产业获得投资额不断增加，资金缺口不断减小。例如，截至2020年第三季度，广东省新兴海洋贷款余额达到近140亿元，比上年同期翻了一番，这与深圳市开展的海洋新兴产业资助计划息息相关。海洋产业融资规模不断扩大，对重构涉海企业资金供需平衡起到了不可替代的支撑作用。

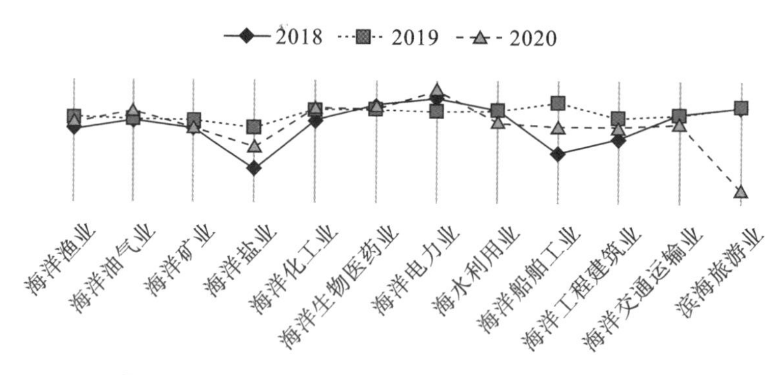

图1　2018—2020年主要海洋产业增加值环比增长图

(数据来源：2018—2020年《中国海洋经济统计公报》)

二是海洋金融工具种类丰富。当前我国海洋金融工具除了银行信贷这一主要的传统金融工具外，各类新型海洋金融工具也愈发广泛，包括海洋基金、海洋保险、蓝色债券、涉海融资租赁等。海洋基金方面，我国现有或拟成立的海洋产业投资基金达 15 只，总规模超过 3000 亿元，其中包括浙江海洋港口发展基金、山东海洋共同体基金等。最新设立的山东省陆海联动发展基金，募集金额 100 亿元，致力于发展海洋生物、智慧港航等产业项目。股权融资方面，当前在深圳交易所上市的涉海企业共计 54 家，总市值超过 3000 亿元，累计股权融资约 1500 亿元。2021 年 1 月 14 日，我国实现了首单 IPO 蓝色创投的股权投资业务，标志着资本市场蓝色通道实现新突破。债券融资方面，已有两家银行在境内外共发行了 4 只蓝色债券。其中，中国银行和兴业银行在 2020 年先后共发行两只境外蓝色债券，涉及美元、人民币和港元币种，合计募集资金等值约 20 亿美元；随后，兴业银行又发行两只境内蓝色债券，分别以 3 亿元支持海水淡化项目建设，10 亿元支持海上风电项目建设。涉海租赁方面，在自贸试验区的试点优惠政策下，广州、舟山、宁波等地积极探索了海洋工程装备、船舶等海洋固定资产的融资租赁业务。其中，船舶融资租赁是航运业除银行贷款外应用最广泛的融资方式，已有 78 家公司从事国内外船舶融资租赁业务，市场渗透力达 7.3%。海洋保险方面，在指数型保险产品上的创新尝试颇有成效。如太平洋财产保险在山东、福建、广东多地开展了各类海洋天气指数保险，2020 年，中国人寿保险在山东威海设立了国内首款政策性浮筏养殖浪高指数保险，有效降低了水产养殖户的灾害损失风险。多种涉海金融业态的协同发展、相辅相成，从资源配置和风险承担等方面共同支持了涉海企业的稳步发展。

三是海洋金融机构服务专业化。目前，多个城市以银行为主导建立了海洋特色金融服务中心，以个性化、专营化为战略支点优势，优化整合海洋领域金融资源，为涉海部门、企业和机构提供股、债、贷等一站式综合金融服务。例如，浦东发展银行于 2015 年在青岛设立了国内首家海洋金融专营机构——蓝色经济金融服务中心，已累计为千家涉海企业提供超过 200 亿元的各种融资服务，制定出台了 61 个相关任务课题，有效推动了青岛市海洋新旧动能转换。兴业银行于 2020 年在青岛市建立海洋产业金融中心，依托“政＋银＋企”平台和海洋供应链融资等特色产品，探索绿色金融在海洋领域的应用，已服务超过 200 家涉海企业，总计融资余额 120 亿元，助力完善海洋经济

的绿色发展机制。海洋特色金融服务中心的成功实践,打通了海洋金融的服务渠道和合作壁垒,践行了“一带一路”的离在岸跨境联动,为我国海洋经济腾飞注入了活力。

四是多种涉海金融业态集群发展初步形成。在我国海洋经济发展示范区工作如火如荼开展的背景下,一大批沿海地区的金融机构开始发挥各自优势,与当地政府、涉海企业和科研单位达成战略合作。初步建立了具有集聚效应的联动合作平台和互动机制,构建了多层次、高密度、广参与的海洋经济金融服务体系。具体表现为:一是海洋产业基金呈现集聚化趋势。例如2020年9月2日,前海中船股权投资基金管理有限公司与多家机构共同签署并发布了深圳首只海洋产业基金集群基金,目标募集金额达100亿元,助力深圳、青岛等全球海洋中心城市的建设,强化海洋发展网络的中枢功能。二是区域内多种涉海金融业态集聚,最直接的发展成果就是海洋金融中心的建立。海洋金融中心充分发挥集聚扩散、创新服务的核心功能,未来必将成为涉海金融发展的重要增长极。目前,广东省围绕自贸试验区主战场建设,积极配置粤港澳大湾区的海洋金融生产要素,致力于将深圳市培育成具有国际辐射带动作用的海洋金融中心,扩大海洋金融服务半径。

总之,海洋金融通过总量增加和产品优化打造“金融蓝海”,为不同产业、不同规模、不同生命周期的海洋企业提供了一揽子涉海金融产品和服务。在导向精准、服务多元、机构专业、运营集约方面,取得了突破性进展,提振了海洋金融的有效需求和结构供给,为新发展格局下的我国海洋经济高质量发展提供了重要推动力。

二、海洋金融研究现状

当前海洋经济正在成为我国经济发展的重要增长极,处于转型升级的关键时期。海洋金融通过资本导向、产融结合等机制支持海洋经济增长,成为海洋经济高质量发展的重要引擎,进而引起了学者们的广泛关注。对国内外海洋金融相关文献进行分析和整理,研究主题可以归纳为以下三类:一是海洋金融产品设计研究;二是金融发展与海洋经济增长间的影响研究;三是金融发展对海洋产业结构升级的驱动研究。

(一)海洋金融产品设计研究

在投资数额、投资周期和投资风险等方面,不同的海洋产业,甚至是同一产业在不同发展阶段，均会表现出不同的需求。因此需要较为完整的海洋金融产品体系来满足涉海企业细化的金融需求，提高金融精准滴灌海洋实体经济的效率。基于此，学者们克服了传统产品无法满足涉海主体需求的弊端，设计了多种海洋金融产品及其衍生品，主要涉及海洋信贷产品设计、海洋保险产品设计、海洋基金产品设计、直接融资产品设计等。

一是海洋信贷产品设计。货币政策通过银行信贷等渠道，有助于改善我国海洋产业发展不均衡的现象。作为涉海企业最基本的传统融资工具，海洋信贷主要以海洋资产抵质押、再贴现再贷款、银团贷款、助保金贷款等形式，为海洋经济蓬勃发展提供重要支持。但由于海洋产业投资存在高风险、长周期等缺陷，银行投资海洋企业的积极性并不高，导致信贷融资在海洋金融中的占比依旧偏低，仍有大量海洋企业无法通过信贷渠道满足其自身的融资需求。考虑这一现实背景，王春昕等提出探索以海洋矿产资源开发权、海洋知识产权等海洋无形资产为抵押品，旨在更好地为涉海企业提供差异化融资服务、拓宽信贷渠道，促进海洋经济协调发展。另外，针对海洋生态保护活动中的资金约束问题，WINNIE 考虑将碳信用作为国际海洋保护区潜在的融资工具。

二是海洋保险产品设计。不少学者基于渔业保险和航运保险的现状开展研究，他们发现现有保险产品在风险共担方面还存在不足，仍然面临自然灾害和环境污染带来的新挑战。因此，有学者认为应构建政府和市场共担风险的保险合作模式，发挥各自的比较优势，创新性地提出了“半强制性商业保险运营模式”和“PPP 合作模式”，为解决以上问题提供了有效参考。同时，王东春还提出天气指数保险、关于水产品的指数期货和价格指数保险等衍生品工具，用于管控海洋渔业风险。另外，海洋保险行业的相关制度和法律也亟待构建与完善，以加快海洋工程环责险等环保类创新保险产品的普及应用。

三是海洋基金产品设计。生态环保方面，郭永清等考虑创设可持续运营基金来保护长江水生生物。关于海洋新兴产业支持方面，纪建悦等针对海洋创新型药物的研发，阐述了设立“蓝色药库”产业投资基金的必要性。

我国海洋经济市场的逐步扩大，吸引了国内外广大投资者的目光，直接融资在海洋金融中的占比也不断加大。蓝色债券作为一种直接融资工具，目前其发展模式主要参考了以海洋为主题的绿色债券。赵昕等研究了绿色

债券在海洋经济中的应用，为蓝色债券的设计提供了一系列具有参考性的建议。此外，为综合考量涉海上市企业价值，赵锐等开发编制了我国第一个海洋经济股票综合评价指数“蓝色 100”，并为 2020 年深圳交易所发布的“国证蓝色 100 指数”提供了重要参考。从资本市场角度反映海洋经济发展景气度，对海洋指数衍生产品和其他金融创新具有重要意义。

（二）金融发展与海洋经济增长间的影响研究

目前国内外学者针对金融发展与海洋经济发展之间的关系开展了大量研究，由最初探析金融发展与海洋经济增长的关系，深入到金融对海洋经济增长、海洋经济效率的区域性差异影响，并衍生出以海洋金融中心为代表的海洋金融集聚现象的相关探索，形成了较为成熟的研究脉络。

首先，金融发展支持海洋经济增长的影响作用逐渐明晰。在我国海洋经济发展缓慢的早期阶段，学者们通过分析金融与海洋经济的互动关系，发现信贷工具和股票市场对海洋经济的支持作用并不显著。2010 年，我国海洋经济进入快速发展阶段，海洋经济发展出现了明显的金融缺口，且呈现逐年增大的态势。在此背景下，赵昕等从微观、中观和宏观三个层面入手，构建了金融支持海洋经济的评价指标体系，检验并分析了蓝色金融对海洋经济增长的贡献情况。王华等通过实证也证实金融能明显驱动海洋经济增长。进一步，SONG 等发现金融发展在中国海洋经济增长中存在门槛效应，两者之间存在“U”形关系，即金融发展只有在超过一定水平后才会促进海洋经济增长。此外，不少学者发现金融发展对海洋经济增长的促进作用还存在明显的区域性差异。例如，SU 等从金融供给数量的角度出发，分析发现金融发展对我国东部海洋经济圈的促进作用较为明显，而其余大多数省份还未建立起明确的金融与海洋经济增长的供需联系，也有学者分别从金融支持效率、海洋经济效率的角度解释了这一结论。特别地，赵昕等从海洋绿色发展效率的角度出发，发现外国直接投资对海洋绿色经济效率存在负向影响，但考虑空间特征因素后，能够显著提高海洋绿色经济效率。

其次，这种区域性差异产生的海洋金融集聚现象得到了学者们的广泛关注。赵昕等运用空间计量技术发现区域整体金融发展水平会抑制海洋经济增长。但与之相反，修禹竹等、李志伟则通过实证研究，得出区域金融发展水平与金融集聚程度对海洋经济增长具有正效应的结论。可以看出金融集聚对海洋经济增长的影响发生了转变，不同时期下金融集聚对海洋经济发展的影响效果是不同的。而作为金融集聚的重要表现和发展产物，海洋金融中心的发展路径、区位选择和发展模式也成为当下海洋金融领域研究的热点，相关研究结论为更好发挥海洋金融中心集聚功能提供一定的理论参考。

（三）金融发展对海洋产业结构升级的驱动研究

产业结构升级是金融促进海洋经济高质量发展的重要传导机制，不少学者从产业发展角度出发，探索了金融发展对海洋产业结构升级的影响作用。

首先是金融发展与海洋产业结构升级间的影响作用。周昌仕基于金融发展理论，揭示了资金约束缓解有利于促进海洋产业转型的内部机理；徐建军采用金融规模、金融结构和金融效率 3 个指标来衡量金融发展水平，证实了这 3 个指标对海洋产业结构优化的长期推动作用，同时也发现金融效率在短期内的促进作用并不显著。在以上“金融对海洋经济发展的单向促进作用”研究结论的基础上，邢苗等进一步探讨了金融发展与海洋产业结构升级间的双向促进作用，实证检验发现金融发展与海洋产业结构的耦合关系具有稳健性，即二者之间存在紧密关联进而相互推动。此外，也有学者发现金融能有效引导海洋产业的绿色转型。ORESTIS 等提出基于出口信贷计划的融资模式，有利于支持渔船的减排技术改造，实现海洋运输的绿色航运。谭春兰等、徐胜等通过构建计量模型和评价指标体系，验证了绿色信贷对海洋经济绿色转型的驱动效应，指出绿色信贷通过资金投向、资金支持和资金聚集等途径推动了海洋产业的绿色转型。

其次是包含金融在内的多种因素对海洋产业结构升级的协同效应。学者分别探索了金融支持与技术进步、海洋环境规制等因素对海洋产业结构转型升级的共同影响，发现金融对海洋产业结构的作用会受到其他因素的削弱。具体来讲，金融支持与海洋环境规制可共同促进海洋产业结构升级，但二者的交互效果有限；甚至在技术进步的影响下，金融深化会阻抑海洋产业结构优化。

（四）海洋金融研究述评

通过梳理和回顾海洋金融相关文献，可以看出已有文献在以下方面取得了丰富的成果。第一，关于海洋金融产品的现有研究。考虑海洋产业的

需求，学者们在海洋信贷、保险、基金等产品基础上，提出了一系列抵押品、指数保险、环保类基金、海洋股指等创新金融产品。但当前海洋金融产品还存在较大的发展空间，需要不断创新和丰富才能实现海洋资源的优化配置。第二，关于金融发展与海洋经济发展间的关系研究。现有文献分别从海洋经济增长和海洋经济效率两个视角来衡量海洋经济发展，均得到相似的结论，即金融发展对海洋经济发展的促进作用呈现"U"形演变，且存在时空差异。基于此以海洋金融中心为代表的海洋金融集聚现象成为当下海洋金融领域的研究热点。第三，关于金融发展与海洋产业结构升级间的影响研究。表明金融与海洋产业结构升级间存在双向促进作用，但金融与其他要素对海洋产业结构升级的协同作用却并不显著，具体来讲，技术进步、环境规制等因素会削弱金融对海洋产业结构升级的促进作用。

基于国内外海洋金融文献的总结，发现以往研究还存在以下不足，未来可进一步探讨。具体表现在：第一，缺乏对海洋金融产品体系及其风险防范措施的系统研究。目前关于海洋金融产品研究主要围绕涉海保险、海洋信贷、海洋基金等传统融资工具，对海洋融资租赁、蓝色债券等产品及衍生品的特征和发展模式研究不足。随着我国海洋直接融资的比重增加，各类海洋金融产品运用的过程中可能引发的风险及防范还需进一步探讨。第二，忽略了金融集聚与海洋产业结构升级之间的互相影响，对金融集聚引发的溢出效应的关注较为匮乏。金融集聚对海洋产业结构升级是否还有正向影响；随着大数据技术的发展，海洋产业发展的经济效应、政府政策引导和现代技术水平是否也会对金融产业集聚产生驱动作用；金融集聚效应又会如何影响海洋科技技术的溢出和信息共享。这些问题都值得进一步地讨论和分析。第三，对金融支持海洋经济发展的作用机制研究还不够深入。尽管已有研究证实了金融在促进海洋经济增长、支持海洋产业转型过程中扮演重要角色，但金融对海洋经济发展的影响还受到其他因素的影响。金融如何通过与人力、资本、技术、资源的互动和交互影响，传导到海洋经济发展的各个维度，其微观作用机理和路径设计研究仍需更多关注。

三、展望

在近 10 年里，海洋金融从供给数量增加，到产品多元化，再到服务科学化，取得了一系列不菲成就，对海洋经济发展的助力作用不容小觑。学术界也针对海洋金融展开了一系列的研究，给海洋金融的发展提供了很多好的建议。但是就目前来说，海洋金融发展仍面临着一些挑战：海洋金融产品单一，难以满足海洋产业日渐增长的资金需求；海洋金融服务分布仍较为零散，难以支撑区域内海洋产业的集群化发展；规范化的海洋专营金融机构尚未成立，难以提供全方位的涉海金融服务等。面对以上挑战，实现海洋金融的全面协调发展仍有很长一段路要走，具体而言可以从以下几个方面努力。

（一）深化资本市场融资功能

从海洋金融产品来看，银行信贷仍是支持海洋经济发展的主要金融产品，而直接融资渠道的资金投放量相对较少。通过股权融资上市的涉海企业寥寥无几，以助推海洋经济发展为目标的蓝色债券市场也尚处于起步阶段。

受自然因素制约，海洋经济发展具有天然脆弱性，海洋产业投资周期长、风险大，这也导致了债券、股权入场海洋经济的谨慎性，使得海洋经济发展面临资金较为匮乏的局面。因此，需要根据海洋经济的独特发展特点，借助现有的多层次资本市场，进一步挖掘其海洋融资功能，为海洋经济发展提供更为充足的资金。一是在股票市场上，鼓励各涉海企业选择符合自身实际情况的主板、中小板以及创业板等市场上市，通过股票市场进行融资。二是在债券市场上，推动蓝色债券市场健康有序发展，探索一条适合我国海洋经济特色的债券发展之路。三是在基金市场上，针对每一类别海洋产业，建立相应的产业发展基金，为海洋产业发展提供更具针对性的金融服务。四是在融资租赁市场上，鼓励涉海金融租赁公司拓展船舶、海洋工程等租赁市场，发展特色海洋融资租赁服务。

（二）打造海洋金融服务聚集区

从海洋金融集聚的现状来看，已有许多学者讨论了金融集聚对海洋经济发展的影响，在理论上证实了其对海洋经济增长的促进作用。但现实中海洋金融服务聚集区仍未形成，难以从整体上形成合力，为区域内海洋产业的发展提供系统化的金融支持。

从海洋金融服务需求来看，海洋产业发展集群化的特点，对海洋金融提出了新的要求。因此，需要打造海洋金融服务聚集区，为区域海洋发展提供系统化的金融服务，以应对区内海洋产业多样化的金融需求。一是加快海洋中心城市试点建设，围绕海洋中心城市，构建集海洋产业投资平台、资本

流动平台以及海洋金融运营平台于一体的综合性平台。二是发挥基金的主导作用，探索国家海洋信托基金、中国海洋产业投资基金以及南海共同开发基金的创设之路。三是搭建海洋金融智库，从国内外引进海洋金融专业人才，为海洋金融服务聚集区创新金融产品、融资方式以及海洋金融的发展提供智慧支撑。四是建设海洋金融信息化平台，加强区域内外的资源和信息共享，鼓励涉海金融机构协同发展，均衡金融资源分布。

（三）建立海洋专营金融机构

从海洋金融机构来看，虽然以各家银行为主导分别建立了针对不同海洋产业的特色金融服务中心，但这些服务中心都仅是银行下设的一个部门，难以为海洋领域提供全面、精准的金融服务。

海洋经济不同于陆域经济，在以陆域经济为主的金融体系下，海洋金融发展会受到一定的限制。而且，伴随着国家对海洋事业的大力支持，海洋经济在整个国民经济中的地位不断提升，对金融支持海洋经济发展方式的针对性和精细性也提出了更高的要求。因此，需要建立海洋专营金融机构，为涉海领域提供全方位的金融服务。从国内视角来看，鼓励海洋银行、海洋保险机构以及海洋基金公司等海洋专营金融机构成立，创新并开发专门针对海洋金融融资需求的产品，使资金供需结构、规模相一致。从国际视角来看，加快国际海洋开发银行的创设步伐，引入国际性金融机构来支持海洋经济发展，从总体上降低海洋经济发展的资金成本。

文章来源：原刊于《海洋经济》2021 年第 5 期。

我国“蓝色药库”产业投资基金发展研究

■ 纪建悦，张霞

论点撷萃

建设中国“蓝色药库”，不仅能够提高我国海洋资源的开发利用层次，保障海洋生物医药产业的高质量发展，而且能够通过推动我国现代海洋创新药物的研发为我国海洋经济发展注入新的活力，带动海洋生产总值的增长。但与此同时，“蓝色药库”在发展的过程中也面临着资金供给缺口大的问题，仅仅依靠生物医药企业自身的资金投入难以解决。以美国为首的发达国家通过风险投资实现高新技术产业快速发展的成功经验，为我国通过设立产业投资基金促进“蓝色药库”产业发展提供了启示。

“蓝色药库”能够推动我国海洋生物医药产业高质量发展。“蓝色药库”深入发展能够提高我国对海洋资源的开发利用层次，加快利用深远海和极地蕴藏的丰富而独特的生物资源，促进药物先导化合物的发现，提高海洋药物研发质量。“蓝色药库”深入发展能够摆脱我国海洋生物医药产业过去以仿制药生产为主的局面，带动我国海洋创新型药物的研发热情，加快海洋创新型药物的成功上市，促进我国海洋生物医药产业高质量发展。

“蓝色药库”能够加快海洋产业结构转型升级，带动相关产业实现快速发展。“蓝色药库”进一步开发能为海洋经济发展注入新的活力，带动海洋生物医药这类海洋新兴产业的深入发展，加快转变过去多投入少产出的粗放型产业发展模式，提高海洋经济发展的质量和效率，带动海洋产业不断优

作者：纪建悦，中国海洋大学经济学院教授，中国海洋发展研究中心研究员；
张霞，中国海洋大学经济学院硕士

化，促进海洋产业结构转型升级。深入发展“蓝色药库”将会促进我国海洋科技、海洋教育等相关产业迅速发展，推动我国海洋产业结构优化升级，带动海洋经济发展成为我国国民经济新的增长点。

“蓝色药库”的进一步发展能够加快推动海洋生物医药产业成为我国海洋经济支柱产业，是实现我国海洋强国战略目标的重要举措。因此，“蓝色药库”产业投资基金设立对于支持我国“蓝色药库”的发展尤为重要。

一、引言

我国海域面积辽阔，大陆海岸线长 1.84×10^{4} 千米，宽阔的大陆架、丰富的水体营养培育了种类繁多、数量丰富的海洋药用生物资源。据统计，目前在我国海域管辖范围内已经记录了20278种海洋生物，其中已探明的可用于海洋药物研发的海洋生物达1000多种。海洋中蕴藏的丰富药用资源推动了“蓝色药库”计划的提出。2016年，中国工程院院士管华诗倡导发起中国“蓝色药库”开发计划。该计划旨在利用国际一流水平的海洋科研力量，更加充分、全面、高效地提高对海洋药用资源的开发与利用水平，带动我国海洋生物医药产业的崛起。2018年6月12日，习近平总书记在视察青岛海洋科学与技术试点国家实验室时，高度赞扬了管华诗院士提出的打造中国“蓝色药库”的梦想，并热切回应称“这是我们共同的梦想”。建设中国“蓝色药库”，不仅能够提高我国海洋资源的开发利用层次，保障海洋生物医药产业的高质量发展，而且能够通过推动我国现代海洋创新药物的研发为我国海洋经济发展注入新的活力，带动海洋生产总值的增长。但与此同时，“蓝色药库”在发展的过程中也面临着资金供给缺口大的问题，仅仅依靠生物医药企业自身的资金投入难以解决。以美国为首的发达国家通过风险投资实现高新技术产业快速发展的成功经验，为我国通过设立产业投资基金促进“蓝色药库”产业发展提供了启示。

我国在产业投资基金方面的研究起步较晚，开始于20世纪末期，现正处于由起步向深入研究跨越的阶段。王成瑶认识到国外战略性新兴产业投资基金在促进新兴产业发展与升级的重要作用，在充分借鉴国外经验的基础上，对我国战略性新兴产业发展从法律制度建设、资金来源渠道、政府发挥基础性作用等方面提出建议，以期更好发挥我国战略性新兴产业投资基金的作用。田新华肯定了陕西政府投资引导基金能更好地撬动社会资金参与战略性新兴产业,加速产业的转型升级。韩凤芹等为尽快落实设立国家海洋产业投资基金,更好促进海洋经济发展,从理论和现实需求层面强调了落实建立海洋产业投资基金的紧迫性。陈磊从产业投资基金可以降低实体经济杠杆率、充分发挥资本乘数效应、为实体经济发展提供管理服务和淘汰市场中落后产业四个方面肯定了产业投资基金在促进实体经济发展时发挥的积极作用。杨蛟提出围绕区域资源禀赋建设符合地方发展的政府引导产业投资基金将是实现区域制造业转型升级的重要举措。尽管目前国内学者对产业投资基金支持实体经济、战略性新兴产业发展等方面做了大量研究,但是尚缺少专门针对以“蓝色药库”为代表的海洋生物医药产业方面的产业投资基金研究。

二、相关概念的界定

(一)“蓝色药库”

1. “蓝色药库”的含义

“蓝色药库”自 2016 年提出以来,已有的研究主要侧重在利用海洋中蕴藏的丰富药用资源进行海洋药物研发层面。但是海洋药物要成为治疗人类疾病的良药,除了药物研发阶段之外,还必须包括成果转化以及产业化生产等过程。因此,对“蓝色药库”含义的理解不能仅仅从研发角度出发。本文认为“蓝色药库”是以海洋创新型药物的研发为导向,通过利用海洋生物和海洋矿物中存在的有效天然活性物质为基础进行海洋生物医药研发,依托海洋科技创新平台、国际一流的海洋生物医药技术和科研人才对生物医药研究成果进行转化,最后通过海洋生物医药企业产业化生产提供满足人类需要的创新型海洋药物的集合。

2. 我国建设和发展“蓝色药库”的重要性

“蓝色药库”为人类治疗疑难病症带来了新希望。20 世纪以来,人类疾病谱发生了重大改变,在抵抗恶性肿瘤、心脑血管疾病以及病毒感染性疾病等对人体健康构成严重威胁的恶性疾病时,陆地现有资源渐渐显露出其自身局限性。而海洋生物长期生存在海洋特有的低温高压、高温高压、高盐、强辐射等极端环境下,也逐渐合成一些具有不同于陆地生物的特殊化学结

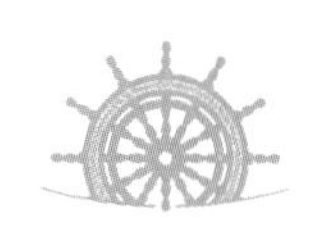

构和生物活性的物质。研究发现,海洋生物活性物质普遍显现出抗病毒、抗炎症、心血管活性等重要功能,这些重要发现为解决人类疑难病症带来了新希望。2019年11月2日,中国海洋大学管华诗团队、中国科学院上海药物研究所和上海绿谷制药联合研发的治疗阿尔茨海默病新药GV-971获批上市。该药的成功上市,填补了多年来抗阿尔茨海默病领域无新药上市的空白,意味着人类面临阿尔茨海默病不再束手无策,为众多阿尔茨海默病患者带来了希望。GV-971的成功上市也向人类展示了"向海问药"具有无限的潜力和开发空间。开发建设中国"蓝色药库"是保障人民健康持续发展的关键。

"蓝色药库"能够推动我国海洋生物医药产业高质量发展。"蓝色药库"深入发展能够提高我国对海洋资源的开发利用层次,加快利用深远海和极地蕴藏的丰富而独特的生物资源,促进药物先导化合物的发现,提高海洋药物研发质量。近年来,尽管我国海洋生物医药产业发展迅速,但同生物医药业一样,我国海洋生物医药业也存在明显的短板,自主创新能力严重不足,缺乏拥有自主知识产权的海洋创新型药物。目前,已成功上市的13种海洋药物大都与我国无关。这导致我国生物医药业处于价值链末端,产品附加值小,产业发展质量不高。而我国"蓝色药库"开发的重点任务聚焦于对海洋创新型药物的研发,以海洋药物成功上市推广为目标。"蓝色药库"自提出以来在加快海洋创新型药物研发方面显示出巨大的发展潜力。目前,"蓝色药库"开发计划新药开发项目已达40余项,包括抗肿瘤药物等一批新药将陆续申请临床批件,另外青岛现已启动"蓝色药库"聚集开发模式,将进一步加快转化海洋生物医药研究成果,促进海洋药物的成功研发。因此,"蓝色药库"深入发展能够摆脱我国海洋生物医药产业过去以仿制药生产为主的局面,带动我国海洋创新型药物的研发热情,加快海洋创新型药物的成功上市,促进我国海洋生物医药产业高质量发展。

"蓝色药库"能够加快海洋产业结构转型升级,带动相关产业实现快速发展。"蓝色药库"进一步开发能为海洋经济发展注入新的活力,带动海洋生物医药这类海洋新兴产业的深入发展,加快转变过去多投入少产出的粗放型产业发展模式,提高海洋经济发展的质量和效率,带动海洋产业不断优化,促进海洋产业结构转型升级。此外,"蓝色药库"作为高新技术产业的典型代表,其发展需要当前最先进的海洋生物工程技术和高层次的涉海科研人员为支撑。“蓝色药库”深入发展会带动我国海洋科学技术不断更新，实现我国深海探测开发等技术的持续创新，提高生物医药企业自主创新意识。同时“蓝色药库”也将带动我国生物医药企业与科研高校的密切合作，增强产学研合作，鼓励高校培养更多高质量涉海医药科研人才。因此，深入发展“蓝色药库”将会促进我国海洋科技、海洋教育等相关产业迅速发展，推动我国海洋产业结构优化升级，带动海洋经济发展成为我国国民经济新的增长点。

（二）产业投资基金

产业投资基金是一种专业化、机构化、组织化管理的创业资本，是定位于实业投资的一种专家管理型资本，主要为资金投入大、投资期限长、有巨大发展潜力的新兴产业提供资本支持，同时提供专业基金管理和参与经营决策等增值服务。产业投资基金与企业风险共担、利润共享，专注于投资对象未来的发展前景，为很多具有重大发展潜力的新兴中小企业发展带来了希望。

“蓝色药库”产业投资基金是为解决“蓝色药库”发展中面临的资金短缺问题而设立的由专业基金管理机构提供经营管理服务的权益性资产投资，主要为“蓝色药库”药物成果转化及产业化生产等阶段提供充足的资金支持。

三、产业投资基金对“蓝色药库”发展的必要性分析

从产业自身特点来看，“蓝色药库”是高投入、高风险、长周期的项目，对资金投入保障要求非常高。无论是海洋医药研发阶段、研究成果转化阶段还是产业化生产阶段，都需要耗费大量的人力物力财力。以国际首个来源于海洋的抗肿瘤药物“曲贝替定”的研发为例，“曲贝替定”从着手研究到投入市场化生产经历了临床前研究，Ⅰ期、Ⅱ期、Ⅲ期临床试验，提交新药申请，批准上市等诸多环节，花费了近40年时间，这期间需要持续大量的资金投入。公开数据表明，研发一种新药平均需要花费约十亿美元，任何一个环节的失败都会导致前功尽弃。目前，我国在建设“蓝色药库”的过程中面临着资金投入短缺的困境，海洋创新药物转化严重受阻。

从融资方式看，传统投融资方式不适用于“蓝色药库”的建设。银行信贷资金尽管成本较低，但主要是针对风险较小、有稳定现金流的产品，提供资金时往往需要具备高信用评级和有效抵押品，主要适合于上市后进入生

产销售的阶段，对当前我国“蓝色药库”的建设作用不大。财政直接投资主要适用于具有公共产品性质的科研领域，对于处于中后期的科研成果转化、产业化阶段，由于受财政预算约束，且存在资金规模有限、代理纠纷等问题，财政资金直接参与海洋生物医药的产业化并不合适。因此，“蓝色药库”顺利开展迫切需要创新资金的投融资方式。

从实践经验看，产业投资基金是保障“蓝色药库”发展的最佳选择。调查显示，当前世界上主要沿海国家发展海洋生物医药产业的资金来源，大多数依赖于私募股权投资。美国作为世界上海洋生物医药产业发展的龙头，投资基金对其海洋生物医药的发展起到了至关重要的作用。在我国，产业投资基金作为具有中国特色的私募股权基金，它的目标定位主要集中于资金投入大、投资期限长、有巨大发展潜力的新兴产业。

“蓝色药库”的进一步发展能够加快推动海洋生物医药产业成为我国海洋经济支柱产业，是实现我国海洋强国战略目标的重要举措。因此，“蓝色药库”产业投资基金设立对于支持我国“蓝色药库”的发展尤为重要。一方面，它能够充分发挥政府的引导作用，鼓励更多的社会资本参与“蓝色药库”建设；另一方面，“蓝色药库”产业投资基金的设立符合国家经济发展战略的实施，可以解决在构建中国“蓝色药库”项目方面投融资难的困境，缓解企业投资的压力，加快海洋生物医药的成果转化和产业化进程。

四、我国“蓝色药库”产业投资基金发展现状及存在的问题

（一）我国“蓝色药库”产业投资基金发展现状

“蓝色药库”自提出以来，在海洋创新型药物研发等方面取得的突出成就得到了政府和医药企业越来越多的关注。同时，为了确保“蓝色药库”深入发展不受资金短缺的制约，我国已有机构设立了专门的产业投资基金，为“蓝色药库”发展提供全方位的资金链支持，保证“蓝色药库”产业化发展各阶段的顺利对接。2018 年，青岛市率先设立了我国首支“中国蓝色药库开发基金”，该基金由政府引导资金和社会融资基金共同组成，基金总规模达 50 亿元，首期 2 亿元。“中国蓝色药库开发基金”对“蓝色药库”的各个发展阶段包括早期研发、产业化生产及后期市场化营销等提供全面的资金支持，确保发展的每一阶段都有相应的资金支持，保证了“蓝色药库”发展资金链供应

的及时性。“中国蓝色药库开发基金”为推动“蓝色药库”的深入发展提供了广阔的资金支持平台，自基金设立以来，政府层面也出台相应的政策鼓励“蓝色药库”产业投资基金的设立。2019 年 6 月 15 日青岛市政府印发了国内首个聚焦海洋创新型药物的政策——《支持“蓝色药库”开发计划的实施意见》，进一步带动了国家和地方科研机构、药物企业的投资热情，为“蓝色药库”产业的顺利发展提供了更多的融资机会。

（二）我国“蓝色药库”产业投资基金存在的问题

基金数量少、规模有限。“蓝色药库”自提出以来，成立的专门用于“蓝色药库”发展的产业投资基金数量非常有限。目前，仅有青岛海洋生物医药研究院与青岛高创科技资本运营有限公司共同组建的“中国蓝色药库开发基金”这一支产业投资基金。由于该基金属于地方性产业投资基金，存在基金规模小、引导作用弱等问题，其基金首期只有 2 亿元，无法从根本上解决“蓝色药库”发展过程中存在的资金供给不足、建设所需资金受限等问题。

专业基金管理人才和机构欠缺，基金运营效率较低。“蓝色药库”产业投资基金需要由专门的基金管理机构和人才负责运行，但由于我国产业投资基金起步较晚，产业投资基金所需的专业基金管理机构和人才在数量和质量上都存在很大的欠缺。专业基金管理机构和人才的不足导致我国“蓝色药库”产业投资基金的运行缺乏专业化指导，致使基金无法实现合理运用，基金的使用效率受损，阻碍“蓝色药库”产业投资基金顺利运营。

基金退出渠道狭窄，缺乏有效退出机制。“蓝色药库”作为高新技术产业的典型代表，其资金投资一般具有投资期限长、风险较大的特点，需要建立合理有效的退出机制保证产业投资基金的及时退出。但是现有的产业投资基金在退出渠道上并没有突破传统的产业投资基金退出方式，造成我国“蓝色药库”产业投资基金在退出时面临较大的阻碍。产业投资基金无法顺利退出，会降低投资者的投资热情，导致投融资规模受到影响。

五、我国“蓝色药库”产业投资基金发展的对策建议

（一）采用政府引导基金形式，吸引社会资本参与

“蓝色药库”产业投资基金可采用政府引导基金的形式设立，采取“政府出资”与“市场化出资”相结合的方式，即政府层面适度出资，发挥政策示范

效应，增加有实力的企业、大型金融机构等社会资本的投资信心，充分发挥财政杠杆的作用，吸引社会资金的参与。针对“蓝色药库”这类发展风险较大、投资回报周期较长的项目，以政府引导资金的形式参与设立“蓝色药库”产业投资基金，一方面可以带动社会资本参与保证“蓝色药库”发展过程中具有长期持续的资金投入和充足的基金来源，另一方面可以避免基金使用过程中因缺少监管造成的基金闲置现象，提高基金运行的效率。

（二）建立母基金—子基金运行机制，带动“蓝色药库”不同领域发展

采用母子基金运行模式。主要是由政府主导出资设立政策性母基金，同时采用股权投资的方式，与社会资本共同设立子基金，达到充分发挥财政资金的杠杆作用和引导作用的目的，最大可能的吸引社会资本参与，拓宽投资基金的来源渠道，优化基金的治理结构，保证有充足的资金支持海洋药用资源研发，加快海洋药物成果转化和产业化阶段的进程。

针对不同领域设立子基金。使每一子基金对接某一类海洋药物的专项研究，可以实现专业化运作，提高其市场化程度，提升基金运营效率。

针对海洋生物医药产业的不同阶段采用不同的资本组合形式。对于处于相对早期的海洋药物，其风险相对较大，政府引导基金投入的比例可以相对较高；对于处于相对后期的，政府引导基金投入的比例可以相对较低。

（三）制定国家“蓝色药库”发展规划，设立“蓝色药库”项目库

实体经济是金融发展的基础，好的投资项目是产业投资基金的前提。制定国家“蓝色药库”发展规划，可以针对海洋生物医药产业目前所处的市场和竞争环境确定未来一段时期“蓝色药库”发展目标及各阶段工作重点，使“蓝色药库”发展的每一个阶段都能在规划的指导下顺利实施。而“蓝色药库”项目是保证“蓝色药库”产业投资基金运行的前提，“蓝色药库”项目的优劣是决定“蓝色药库”产业投资基金能否发挥重要作用的关键。

对海洋生物医药产业项目进行具体分类。将海洋生物医药产业项目按照性质、风险和收益状况进行分类，挖掘出优质的、具有投资潜力的项目，将其纳入“蓝色药库”项目库，确保产业投资基金优先使用于优质项目。

政府应充分发挥政策、信息的优势，将具有投资潜力且有重要引导作用的项目纳入“蓝色药库”项目库，及时更新项目库，保证具有投资潜力的项目及时得到资金支持。

创建“蓝色药库”项目申报网站。积极动员组织全国相关科研机构、相关企业自行填报符合条件且有融资需求的海洋生物医药项目，确保“蓝色药库”项目库能最大限度地涵盖所有优质投资项目，提升海洋药物研发的速度与质量。

（四）完善“蓝色药库”产业投资基金退出机制，拓宽基金的退出渠道

目前，常见的产业投资基金退出方式有股权转让、项目清算和资产证券化。产业投资基金能否顺利退出，不仅关系到前期的投资收益能否实现，还关系到后期的再投资能否顺利进行。

建立“蓝色药库”成果交易平台。与一般产业不同，“蓝色药库”的研发及产业化过程环节众多，周期较长，因此其投资基金一般实施里程碑式运作。建立蓝色药库成果交易平台，完善价值评估体系，及时实现将相关专利及成果进行转让，为蓝色药库产业投资基金的顺利退出提供支撑。

健全产业投资基金运行的相关法律法规体系。制定“蓝色药库”产业投资基金运行的配套法律制度，规范制约投资基金的健康使用，防范投资风险，保证产业投资基金退出渠道的顺畅。

促进多层次资本市场的发育完善。健全产权交易制度，给予地方性交易市场一定的自主权，同时加快构建包括场外交易、柜台交易和证券交易市场等多形式、多层次的成熟的资本市场，引导产业投资基金实现多元化渠道退出。

（五）打造基金管理人才队伍，重视基金管理机构建设

产业投资基金的运营需要专业化的投资管理机构和人才，我国在海洋生物产业投资基金运营方面起步较晚，基金运营能力偏弱。因此，拥有一流的专业基金管理机构和专业人才就成为我国海洋生物产业投资基金顺利运营的关键。

加大对“蓝色药库”产业基金专业人员的培养。一方面通过组织专业的培训课程加大对现有投资基金从业人员的技能培训，并加强对美国、日本和新兴国家先进投资和基金管理经验的学习，定向输出投资基金高端管理运营人才，提高其业务能力；另一方面积极开展与高校合作，可以通过学校聘请相关专家到校兼课或推动在校大学生参与相关课题研究等形式为产业投资基金的运营培养应用型、复合型基金从业人才。

积极引进经验丰富的国外优秀人才。通过制定具有优惠政策和优质服务的人才引进计划、大力推进柔性引才政策或者直接通过在境外举办大型人才推介会等活动,吸引海内外高素质从业人才参与投资基金建设和运作。

积极推动国际合作。可以通过与优秀国外海洋生物医药产业投资基金管理公司进行交流合作,引进国外先进的基金管理公司在我国开展业务,同时推动有条件的企业到海外设立研究中心,从而实现国内外优秀基金管理人才共享和流动。

文章来源:原刊于《海洋经济》2020年第4期。

我国现代海洋渔业园区经营模式与机制建设研究

■ 冯多，赵万里

论点撷萃

现代海洋渔业园区的建立与发展为我国海洋渔业生产变革开辟了新模式，这种生产模式具有集中连片、规划有序、设施完善、技术先进、管理科学的特征，兼具生态系统封闭性与开放性双重性质。近年来，我国一批省级海洋渔业示范园区纷纷落地并取得不同程度的进展。然而，我国现代海洋渔业园区发展建设尚处于探索阶段，在资源开发利用、经营模式转变、体制机制创新等方面存在许多问题。从发展现状看，有的地区发展快，有的地区发展缓慢。创新经营模式和体制机制对我国现代海洋渔业园区进一步发展具有重要意义。

现代海洋渔业园区的建立是对渔业生产方式一次新的历史变革，这种变革带来了渔农村利益关系的调整。渔业生产技术变迁推动了渔农村经济的快速发展，但在经济快速发展过程中积累的社会矛盾也日益增多。这些矛盾集中表现在养殖生产者与捕捞生产者，渔业用海者与非渔业用海者，渔业资源开发与生态环境保护等方面。如何协调各方面关系，缓解社会矛盾已成为现代海洋渔业园区进一步发展建设的棘手问题，而要解决这些问题，经营模式与体制机制创新至关重要。

综观国外现代海洋渔业园区建设，大体可以分为以下四种类型：以韩国为代表的海洋牧场园区，以越南为代表的工厂化养殖园区，以新加坡为代表

作者：冯多，大连海洋大学经济与管理学院教授；
赵万里，大连海洋大学经济与管理学院教授

的休闲渔业园区，以日本为代表的科教渔业园区。目前我国现代海洋渔业园区主要涵盖以下七种类型：海洋渔业综合园区、标准池塘养殖园区、工厂化养殖园区、休闲渔业园区、浅海设施养殖园区、海洋牧场园区和渔港经济园区。

根据国内外工业园区发展模式及目前现代海洋渔业园区经营状况，我国现代海洋渔业园区可以采用龙头企业主导型、专业合作社主导型、科研单位主导型、政企联合主导型 4 种经营模式。

现代海洋渔业园区的建立与发展为我国海洋渔业生产变革开辟了新模式，这种生产模式具有集中连片、规划有序、设施完善、技术先进、管理科学的特征，兼具生态系统封闭性与开放性双重性质。近年来，我国一批省级海洋渔业示范园区纷纷落地并取得不同程度的进展。然而我国现代海洋渔业园区发展建设尚处于探索阶段，在资源开发利用、经营模式转变、体制机制创新等方面存在许多问题。从发展现状看，有的地区发展快，有的地区发展缓慢。创新经营模式和体制机制对我国现代海洋渔业园区进一步发展具有重要意义。本文在分析现代海洋渔业园区产生机理的基础上，汲取工业园区的发展经验，分析我国现代海洋渔业园区经营发展模式，并提出现代海洋渔业园区体制机制创新的政策建议。

一、现代海洋渔业园区产生机理

（一）技术变迁产生基始力量

在海洋渔业发展过程中，渔业劳动力、渔业用海海域、金融资本、渔业企业家等生产要素起到重要作用。随着渔业科技发展和知识产权制度的建立，生产要素的内涵日益丰富，科学、技术、管理、信息作为相对独立的要素投入生产，在现代渔业生产建设中发挥重大作用，使渔业生产要素结构方式发生变化。技术变迁对海洋渔业发展的影响具有两面性。一方面，海洋生态环境修复技术、海洋生物基因工程技术、海洋生物遗传育种技术、现代海水养殖技术等改善鱼类生境条件，使渔获量有所增长；另一方面，现代捕捞技术造成某些地区近海渔业资源衰竭，渔业资源量锐减。当前，国际社会强烈要求旨在限制提高捕捞效率的技术进步，呼吁有利于渔业资源增殖、资源养护的新技术的发展，呼吁渔业生产方式的改进。渔业具有种群繁殖受生态最大承载量制约的特点，单位土地生产率的提高必然要通过规模化、集约化的生产方式来实现，这就要求现代渔业生产必须大力探索工厂化养殖、水体集约利用、分层混养等技术的创新和推广。工厂化养殖基地、海洋渔业生产示范区的发展为现代海洋渔业园区建立提供了物质与技术基础。现代渔业示范园区是合众科研的平台，多方位采用现代渔业科技促进园区发展是示范园区的关键动力。

（二）制度变迁提供决定力量

随着我国渔业政策的调整，20 世纪 80 年代后，渔业养殖产量超过捕捞产量，海水养殖业快速发展。由于少数养殖生产者对海域公共资源的占有利用而剥夺了其他人（尤其是捕捞渔民）的权利，致使渔农村发生许多社会问题，群众上访事件增多，某些地方政府迫于压力对养殖用海申请一律不批准，从而使海域资源不能得到合理开发利用，降低了海域资源配置效率。刘舜斌和徐培琦指出，从利益分配角度看，公共资源配置制度的不合理，使大批传统渔民失去捕鱼的权利，渔民内部分化不断加剧，贫富差距日益加大。养殖生产者生产范围扩大了，财富增多了，而捕捞生产者作业范围缩小了，生计问题艰难了。“吾不患寡而患不均”的思想作用下，一些渔民看到身边的同行暴富而眼红。从产权制度角度看，渔业用海海域具有准公共品的特征，存在“公地悲剧”问题。分散式的渔业用海格局阻碍海域资源的优化配置，由于海洋具有流动性、开放性、生态脆弱性等特征，分散式的用海方式不利于渔业生产外部性问题内部化，不利于海域资源统一规划布局，不利于政府部门监管。刘勤认为当前渔业制度安排与渔业资源的性质以及渔民的心理和行为的不相匹配成为我国渔业管理制度现存诸多问题的症结所在。创新渔业生产制度安排，化解渔业生产社会矛盾，为海洋渔业生产制度变迁提供了推动力。

（三）现代海洋渔业园区的产生

基于海洋渔业发展过程中引发的种种社会问题，园区化的生产方式和运营模式受到广泛关注。20 世纪 90 年代，随着世界工业水平的提高和科技进步，海洋渔业生产范围逐渐扩大，生产方式变革速度加快，各地相继出现了一批工厂化养殖示范基地、海洋渔业生产示范区等。技术变迁为现代海

洋渔业园区建立提供一种基始力量，随着生产的发展，制度变迁越来越起到决定性作用。近年来，海洋渔业资源公平配置、退养还海、渔业资源节约集约利用、加大捕捞渔民就业安置力度等的社会呼声越来越高。现代海洋渔业园区对优化渔业产权配置结构，节约集约利用海洋渔业资源，推动捕捞渔民转产安置等发挥重要作用。渔业制度变迁降低了渔业生产的交易费用，使大规模研发投入成为可能，进一步推动了渔业生产的技术创新。现代海洋渔业园区迎合了渔业技术变迁与制度变迁的演进方向，一种新的生产方式应运而生。

二、我国现代海洋渔业园区发展现状及问题分析

（一）发展现状

2013 年国务院颁布了《关于促进海洋渔业持续健康发展的若干意见》（国发〔2013〕11 号），提出鼓励渔民以股份合作等形式创办各种专业合作组织，引导龙头企业与合作组织有效对接，鼓励龙头企业向渔业优势产区集中，培育壮大主导产业，加快建设一批现代渔业示范区。该意见颁布后，沿海各省区市加快现代渔业园区发展建设步伐，相继创建一批省级现代渔业示范园区。现代渔业园区等级可大致划分为国家级、省级、市级和区县级。国内至今尚未有国家级现代渔业园区，但相当多数量国家级现代农业园区中包括较大比重的渔业生产功能（王楠，2019）。目前，我国现代海洋渔业示范园区以山东、浙江、广东、福建以及江苏等全国海洋经济创新发展示范区为带动，遍及沿海省区市，投建数量不断增加，基础设施逐步完善，各层次人才队伍建设得到加强，园区建设资金逐步提高。以山东省为例，2014 年省级现代渔业园区确定 77 个，其中标准鱼塘养殖园区 14 个、工厂化养殖园区 25 个、休闲渔业园区 35 个、浅海设施养殖园区 2 个、渔港经济园区 1 个。目前我国现代海洋渔业园区已形成综合型、专项型等多种类型。

（二）面临的主要问题

第一，规划设计不足，资源整合力度不够。现代海洋渔业园区建设涉及政府、龙头企业、渔村集体、金融部门、科研院所等多个部门的协调、沟通与合作。目前各地海洋渔业多以行业管理、部门管理为核心，往往造成管理上的重叠、冲突和空白，出现技术和产品开发无规划、无方向、无重点等短板缺

项问题。我国海域使用权交易市场发展滞后，海域使用流动性差，海水养殖开发利用条块分割，难以集中整合。由于力量分散，资源分散、经费分散，部门和地区之间沟通与资源共享性差，产学研联动机制欠缺，高校、科研院所参与不够，影响了优势资源合理配置和利用。另外，高层次人才储备不足，研发投入不足，科技人才激励机制有待完善，资源和成果共享机制有待改进。

第二，园区建设缺乏特色，建设模式单一。某些园区建设缺乏海域自然因素、区域社会因素等实际情况考虑，往往一哄而上，部分园区建设成为另一个地方模式的照搬，缺乏明显特色，未能把自己的创新元素融入进去，导致模式单一、单调乏味（平瑛等，2014）。还有一些园区发展定位不明确，以为规模越大越好、经营领域越全越好、产业链条越长越好，利用国家政策先入为快，形成假大空的建设局面。目前，我国现代海洋渔业园区经营模式较为单一，多以个体承包经营为主。在这种模式下，公共海域成为少数承包者的财富之源，群众集体利益难以实现，部分地方群众赶海亲海的权利亦被剥夺。

第三，管理不够科学，体制机制呆板僵化。政府管理部门、龙头企业、渔村集体与社会群体利益协调存在障碍。某些龙头企业有投资现代海洋渔业园区的需求，但受政府海域审批的制约，难以获得海域资源；渔村集体有海域资源，但缺少建设资金；社会资本因海洋渔业投资风险大而很少进入。如何协调政府、龙头企业与渔村集体的关系，合理开发利用海洋资源，提高海域资源利用效率，形成一种社会公平、利益共享的运行机制，亟待需要体制机制的创新。另外，我国海洋渔业园区开发建设过程中产学研深度协同创新机制不活，在政策研究、法规制定、规划编制、咨询评价、标准制定、技术攻关和产品推广等方面，科研机构参与不够。再者，财政与金融协调推动机制和支持方式有待创新，园区建设融资多以银行贷款为主，融资渠道单一。

（三）深层次矛盾分析

现代海洋渔业园区的建立是对渔业生产方式一次新的历史变革，这种变革带来了渔农村利益关系的调整。渔业生产技术变迁推动了渔农村经济的快速发展，但在经济快速发展过程中积累的社会矛盾也日益增多。这些矛盾集中表现在养殖生产者与捕捞生产者，渔业用海者与非渔业用海者，渔业资源开发与生态环境保护等方面。随着我国近海渔业资源的快速下滑，

养殖渔民获利多了，而捕捞渔民获利少了，甚至出现生计困难等问题，养殖生产者与捕捞生产者收入差距逐渐扩大。由于我国各地渔业用海管理制度不尽相同，有的地区海域使用权可以批复给个人，有的地区则只批复给集体，所以海域使用受益对象不同，一些地区少数个人致富，一些地区则集体共同富裕。另外，多元用海角逐过程中渔业用海者与非渔业用海者矛盾增大，渔业用海产生的环境问题及空间资源挤占问题引起群众的不满，加大了社会矛盾，整合海域资源、退养还海的社会呼声日渐高涨。在海洋资源开发利用过程中，某些利益团体存在较大的机会主义动机，利用国家惠农惠渔政策暗箱操作，出现了套利行为。如何协调各方面关系，缓解社会矛盾已成为现代海洋渔业园区进一步发展建设的棘手问题，而要解决这些问题，经营模式与体制机制创新至关重要。

三、我国现代海洋渔业园区经营模式构建

（一）主要建设类型

综观国外现代海洋渔业园区建设，大体可以分为以下四种类型：以韩国为代表的海洋牧场园区，以越南为代表的工厂化养殖园区，以新加坡为代表的休闲渔业园区，以日本为代表的科教渔业园区。目前我国现代海洋渔业园区主要涵盖以下七种类型：海洋渔业综合园区、标准池塘养殖园区、工厂化养殖园区、休闲渔业园区、浅海设施养殖园区、海洋牧场园区和渔港经济园区。

（二）工业园区模式借鉴

常绍舜指出，从系统论的角度看，产业园区具有系统的开放性、自组织性、复杂性、整体性、关联性、结构性、动态平衡性、时序性等特征。基于系统论的原理，现代海洋渔业园区与工业园区有许多共性，但与工业园区相比，现代海洋渔业园区原发性更浓、生态意义更显著、开放性更强。现代海洋渔业园区的经营模式可以借鉴国内外一些成熟工业园区的发展经验，运用工业化思维管理渔业，走规模化、标准化、产业化之路。从世界范围来看，工业园区是19世纪末作为工业化国家一种规划、管理、促进工业开发的手段而出现的，世界工业园区发展经历了由降低地区基础设施成本、刺激经济发展到追求经济、社会和生态环境协调发展的演进过程。中国的工业园区发展起

步较晚，建设经验相对不足，存在良莠不齐、较大分化的现象。目前，国内大型工业园区经营模式可分为行政协调型、行政管理型、公司管理型、政企合一型和政企分开型五种经营模式，见表1。

表1　工业园区主要经营模式及特点

类型	管理主体	典型案例	优点	缺点
行政协调型	政府	北京中关村	有利于政府的宏观调控，有利于区域宏观发展规划	管委会权限小，不利于创新和试验，存在相互推诿现象，管理工作效率低
行政管理型	管委会	成都青羊工业园区	管委会有较大的管理权限，避免相互扯皮，管理工作效率高	容易脱离区域整体发展规划
公司管理型	企业	海尔工业园	管理体现集中化和专业化，管理效率高	行政协调能力不强，缺乏管理的权威性
政企合一型	政府＋企业	南通工业开发园区	既发挥政府的行政职能，同时又发挥公司的经济杠杆功能	政府对公司干预过多，公司发展动力不足，过多依赖政府
政企分开型	企业	苏州工业园区、青岛高新园区	体现"小政府、大企业"的原则，政府与企业相互促进、相互配合	公司有可能与政府职能部门产生矛盾或产生相互推诿的现象

（三）经营模式构建

根据国内外工业园区发展模式及目前现代海洋渔业园区经营状况，我国现代海洋渔业园区可以采用以下四种经营模式。其一，龙头企业主导型。这种模式一般采用"公司＋基地＋农户"或"公司＋合作社＋基地＋农户"的形式，龙头企业充当经营主体。园区资金来源主要靠企业自有资金和银行贷款。这种经营模式的优点是园区机制灵活，管理高效，技术研发能力强，市场开拓经验丰富；缺点是土地整合有难度，公益性科技推广、技术培训等活动难以保障，投融资机制较为单一，融资较为困难。其二，专业合作社主导型。这种模式一般采用"合作社＋基地＋农户"或"合作社＋公司＋基地

＋农户”的形式，合作社充当经营主体。园区资金来源主要靠合作社。这种经营模式的优点是园区用地争端少，利益紧密结合，充分调动了渔民的生产积极性；缺点是自身实力较弱，管理水平不高，融资及风险投资机制缺失，与技术依托单位关系松散，市场开拓能力不强。其三，科研单位主导型。这种模式一般采用“科研单位＋基地＋农户”的形式，科研单位充当经营主体。园区资金来源主要靠政府财政。这种经营模式的优点是普及推广渔业科技教育，公益性较强，属于典型的“样板工程”“窗口工程”；缺点是土地为划拨性质，不利于园区的融资，经营能力有限，经济效益意识不强。其四，政企联合主导型。这种模式一般采用“政府＋公司＋基地＋农户”的形式，政府与企业充当经营主体。园区资金来源主要靠政府政策引导资金和社会投资。这种经营模式的优点是政府与企业合作紧密，充分发挥计划与市场两只手的功能，政府财政投入导向功能明显，利于引导社会资本投入，产生投入资金的放大效应；缺点是容易产生政府对企业的过多干预，出现政府既当运动员又当裁判员的情况。

四、我国现代海洋渔业园区机制建设对策

（一）改革产权机制

积极培育海域使用权交易市场，形成市场化的产权交易模式。创新产权制度安排，建立归属清晰、权责明确、流转顺畅的海域使用权流转制度。完善产权流转机制，通过有偿转让、股份合作、使用权拍卖、出租、出让、抵押等多种方式，促进海域使用权流转。借鉴我国农业土地承包责任制的做法，实行渔业所有权和渔业经营权两权分离制度，根据渔业生产及经营方式的多样化形式，实行多种途径和方式的渔业资源产权化模式（秦志强，2013）。合理配置海洋渔业园区初始产权，明晰产权主体关系，优化产权配置结构。

（二）改革经营机制

鼓励渔民以股份合作等形式参与园区经营，建立与渔业合作组织的有效对接机制。建立现代海洋渔业园区创新联盟，加快建设园区特色新型智库，创新高校、科研院所与园区的技术合作机制。以信息技术为手段，提升园区科学管理水平，实施“互联网＋现代渔业”行动计划，推进现代信息技术在园区生产、经营、管理和服务领域的应用。完善现代海洋渔业园区经营制

度，鼓励多种经营模式共同发展，支持龙头企业通过兼并、重组、收购、控股等形式组建大型渔业企业集团，全面提升园区生产组织化水平。

（三）改革管理机制

建立海洋渔业行政主管部门“三单”管理模式，即针对海域审批与执法事项所建立的权责清单，包括负面清单、责任清单、权力清单。增强海洋主管部门在海洋执法、海洋资源保护、海洋综合开发的管理能力。建立现代海洋渔业园区标准化管理体系，加大园区公益性设施建设力度。黄修杰等提出借鉴发达国家现代农业园区管理经验，通过中介机构发挥作用，避免政府和社会在决策上的干扰。推进园区市场化运营，拉动区域海洋渔业消费，带动区域相关产业融合发展，创新发展。借鉴国内外海洋渔业园区建设经验，做好长远规划，研究不同发展阶段下的建设特点，改进管理方式。

（四）改革科技机制

以现代科学技术、现代物质装备、现代产业体系为支撑，大力推进科技创新与应用，促进科研成果产业化运营。以市场为导向，创新科技投入机制，支持高校科研院所联合民间商业资本增加海水养殖科研费用的支出，探索构建“多元投入、风险共担、利益共享”的新型海水养殖科技研发体系（卢昆，2016）。加强科技人才队伍建设，努力发挥科技在现代海洋渔业园区发展中的支撑和引领作用。建立合理的用人机制和激励机制，鼓励和促进人才的创新活动，做好人才储备，优化人才结构，尤其要注重复合型人才的培养和高层次人才的培养、选拔、引进。建立现代海洋渔业园区科技创新平台，建立以企业为主的产学研用战略联盟，推进科技型渔业组织发展。加强教育与培训，发挥推广机构、科研机构优势，开展渔民基本技能培训，培育现代渔业园区管理人才。提升技术开发能力，围绕海洋生物资源增殖技术、海洋生态环境保护与修复技术、水产良种培育与高效健康养殖技术、水生生物病害监控与预防技术、水产品冷链物流与加工技术、水产品质量安全防控与追溯等关键技术开展联合技术攻关。

（五）改革财政机制

一是建立国家和省级海洋渔业示范园区专项资金，设立海洋渔业园区发展政府基金，主要用于园区发展经费补助、公共服务平台建设等，着力支持重大关键技术研发、重大创新成果转化等。二是建立稳定的财政投入增长机制，加强企业资金与财政资金的结合，科学制订海洋渔业示范园区财政激励政策具体实施方案，采取贷款贴息、无偿补助、股权投资、债权投资等多种扶持方式，对技术研发、产业化、重大项目、产业集群等环节进行多方面支持。三是探索将国家战略性新兴产业相关财政扶持政策运用于现代海洋渔业园区建设，通过股权投资、奖励、补助、贴息、资本金注入、财政返还、税收减免等多种方式加大扶持力度。

（六）改革融资机制

一是拓宽投融资渠道。建立以政府投资为引导，社会资本广泛参与的多元化投资机制。鼓励外商投资现代海洋渔业园区，提高外资利用质量。鼓励企业或个人等各类民间资本参与组建风险投资机构，完善风险投资退出机制，鼓励和支持有条件的渔业企业上市融资。鼓励有条件的企业根据国家战略和自身发展需要在境外以发行股票和债券等方式融资。二是优化投资软环境。在政务、政策、法规、市场、服务等方面改善和提升投资软环境，提高政府服务水平。引导银行对园区创新发展示范工程和项目的信贷支持，提高园区资本运营能力，提高资源资产保值增值能力。三是完善银行贷款担保机制。引导各类金融机构建立针对现代海洋渔业园区的信贷体系和保险担保联动机制，促进知识产权质押贷款等金融创新。引导各级银行等金融机构加大现代海洋渔业园区投融资担保力度，在渔业园区开展专利权、股权、商标权等新型权属质押贷款业务。四是设立风险投资基金。以国家政策性资金、地方财政资金、银行资金及社会资金共同组现代海洋渔业园区成果转化风险投资基金，通过风险投资鼓励和促进技术成果转化。努力探索 PPP（"Public-Private Partnership"）模式在现代海洋渔业园区建设上的应用，推进制度性创新和市场运营创新，通过竞争性手段引入社会资本投资。

文章来源：原刊于《中国渔业经济》2020 年第 2 期。

海洋生物医药产业集聚“新”模式：一个理论模型及应用

■ 白福臣，刘辉军，张苇锟

论点撷萃

海洋生物医药产业作为战略性新兴产业，其发展对调整我国海洋产业结构，提升我国海洋科研水平具有重要推动作用。海洋生物医药产业作为以海洋生物资源开发利用为基础而发展的产业，近些年来在国家政策支持下发展迅速，但由于技术、资金以及相关科技人才等缺乏，我国海洋生物医药产业发展状况依然不尽如人意。产业集聚化具有降低企业生产成本、产生技术溢出效应等优点，从而推动产业规模经济效益的产生，促进企业竞争以及推动技术创新。产业集聚化发展是解决我国海洋生物医药产业发展瓶颈，推动其进一步发展壮大的重要且必要之举。

海洋生物医药产业形成集聚不仅与资金、技术、人才等基本要素相关，也与制度环境、地理环境、市场环境以及发展机遇相关，这些因素组合共同构成海洋生物医药产业集聚因素。作为重要战略性新兴产业，其集聚是以基本构成要素为基础，制度环境、市场需求、区位条件以及机遇等构成因素相互作用，相互促进而形成。海洋生物医药产业的特殊性决定了该产业集聚形成不同于其他产业，大多是以基本因素、区位条件、市场需求、机遇以及制度环境各因素相互作用而形成的。

海洋生物医药产业的集聚模式与以往其他产业单一因素集聚的模式不

作者：白福臣，广东海洋大学管理学院教授；
刘辉军，广东海洋大学管理学院硕士；
张苇锟，华南农业大学经济管理学院博士

同，海洋生物医药产业由于具有资源难以获得、资源保存要求高、研发技术难度大、研发周期长和研发成本高等特点，使得该产业集聚不仅对资源、资金、人才和技术的要求高，而且需要良好的制度环境作为该产业集聚的外部支撑，需要较好的市场需求作为资金周转的保证，同时需要较好的区位条件作为该产业集聚形成的客观条件，这五大因素综合在一起，相互作用，构成了海洋生物医药产业集聚的“新”模式。

目前我国关于海洋生物医药集聚的研究较少，海洋生物医药产业是我国战略性新兴产业，是我国国民经济发展中的重要部分，当前我国海洋生物医药产业发展尚不成熟，因而探讨海洋生物医药产业集聚较为重要且迫切，这一领域尚有很多问题值得研究。

一、问题提出与文献回顾

海洋生物医药产业作为战略性新兴产业，其发展对调整我国海洋产业结构，提升我国海洋科研水平具有重要推动作用。2013 年国务院印发《海洋生物发展规划》，指出我国应加快海洋生物资源开发，加强海洋生物资源利用。海洋生物医药产业作为以海洋生物资源开发利用为基础而发展的产业，近些年来在国家政策支持下发展迅速，但由于技术、资金以及相关科技人才等缺乏，我国海洋生物医药产业发展状况依然不尽如人意。产业集聚化具有降低企业生产成本、产生技术溢出效应等优点，从而推动产业规模经济效益的产生，促进企业竞争以及推动技术创新。产业集聚化发展是解决我国海洋生物医药产业发展瓶颈，推动其进一步发展壮大的重要且必要之举。我国学术界就海洋生物医药产业和产业集聚化发展做了不少研究，部分学者也研究了海洋生物医药产业集聚问题。

（一）海洋生物医药产业研究

经过几十年的开发和研究，我国在海洋药物研究上取得了较大突破，同时随着国家鼓励和支持海洋生物医药产业发展规划和政策的出台，我国对海洋生物医药产业发展投入不断加大，10 余年来我国海洋生物医药产业发展迅速，产业增加值、岗位就业人数等快速增长。刘睿等对江苏省海洋生物医药发展现状进行研究，指出江苏省是海洋大省，海洋生物资源丰富，近些年在政府资金扶持和政策支持下，江苏海洋生物医药产品研发和产业化进程较快。白福臣等运用钻石模型分析了影响湛江市海洋生物医药产业竞争力的因素，提出发展海洋生物医药产业需要加强人才培育、加大资金和政府政策支持。海洋生物医药产业发展离不开海洋生物资源、资金、人才、技术以及政府政策等相关要素，而相关要素配置的优劣影响海洋生物医药产业发展速度和进程。付秀梅等建立了海洋生物医药产业发展驱动要素概念模型和 PLS-SEM 模型，通过实证分析了人才、资金、技术等要素配置对海洋生物医药产业发展的作用机理，并从要素配置角度提出促进我国海洋生物医药产业发展的政策建议。

（二）产业集聚发展研究

彭澎等从协同学理论视角出发研究了高新技术产业集聚的主要影响因素，研究结果表明，区位、市场、人才、机遇以及产业特性和企业家等是影响高新技术产业集聚的主要因素。集聚能促进新能源、生物医药和环保节能等战略性新兴产业创新网络和创新能力的提升。但不同部门产业集聚、同部门不同产业集聚以及同产业不同区域集聚对区域创新均具有差异性，在利用产业集聚推动区域创新的具体实践中应考虑产业异质性影响。王欢芳等运用区位熵指数法测度了我国 2010—2015 年包装产业集聚水平，研究结果表明由于地区经济发展水平、资源地区分布结构、产业联动程度以及前期产业基础等差异，我国不同区域包装产业集聚水平也差异明显。

（三）海洋生物医药产业集聚发展研究

海洋生物医药产业集聚能汇集涉海人才、资金、海洋科技等优势，推动海洋生物医药产业更好更快发展。虽然当前我国在山东、浙江、广东等沿海地区也逐渐形成海洋生物医药产业集聚区，但我国海洋生物医药产业集聚发展尚未成熟，国内学术界就海洋生物医药产业集聚化发展研究也较少，就如何发展海洋生物医药产业集聚问题，黄盛等认为集聚区域选择、人才引进和培养、领军企业的培育、企业和科研机构合作以及产业园区建设在海洋生物医药产业集聚中发挥着重要作用。

综上，我国学术界针对海洋生物医药产业研究主要集中于发展现状分析、作用机理和发展机遇以及发展趋势预测等方面。关于产业集聚发展，主要从产业集聚影响因素、产业集聚对创新的发展影响以及产业集聚评价等视角出

发开展研究，有关海洋生物医药产业集聚发展研究较少，且相关研究主要分析海洋生物医药产业集聚发展对策，对海洋生物医药产业集聚模式研究不足。基于此，本研究从海洋生物医药产业集聚因素构成出发，分析我国海洋生物医药产业集聚特征，并以此为基础构建一个适合我国国情的海洋生物医药产业集聚“新”模式，并具体应用于广东海洋生物医药产业集聚发展研究中，以期为我国海洋生物医药产业集聚发展提供新的理论模型，促进我国海洋生物医药产业发展。

二、海洋生物医药产业集聚因素构成及特征

海洋生物医药产业形成集聚不仅与资金、技术、人才等基本要素相关，也与制度环境、地理环境、市场环境以及发展机遇相关，这些因素组合共同构成海洋生物医药产业集聚因素。

（一）海洋生物医药产业集聚因素构成

1. 基本要素

资源、人才、技术、资金是产业集聚形成的基本要素，海洋生物医药产业集聚的形成也离不开相应的资源、人才、技术和资金的支持。丰富的海洋生物资源是产业集聚形成的重要因素之一，且海洋生物资源保存和运输的不便以及高运输成本决定了海洋生物资源状况是海洋生物医药产业集聚需首要考虑的因素。但海洋生物医药产业作为战略性高新技术产业，其高新技术属性决定了其发展壮大需高技术和高技术人才密集。就此而言，海洋生物医药产业集聚不仅需要依赖丰富的海洋生物资源，而且需要一定的海洋科技人才和较高的资源提取与研发技术。同时，资金是企业发展的重要组成部分，对企业而言，资源采购、技术研发以及人才聘请均离不开资金的支持，海洋生物医药产业这样一种对资源、技术和人才要求极高的产业，雄厚的资金是其集聚发展中重要因素构成。海洋生物医药产业集聚的形成像其他产业集聚一样，需综合考虑资源、人才、资金、技术各要素组合情况，但就海洋生物医药产业对海洋生物资源的依赖性而言，海洋生物资源状况是我国海洋生物医药产业集聚需要考虑的首要因素。

2. 制度环境

制度基础观理论认为企业战略选择不仅受到产业条件和企业现有资源影响，而且受国家经济制度影响。产业集聚地选择、产业集聚发展水平等不

仅与要素资源相关，也与国家以及产业集聚地的制度环境相关，这种制度环境包括政策环境、制度环境、法律环境以及社会规范。国家或产业集聚地经济发展政策、相关制度、法律、社会规范对产业集聚的形成和集聚水平产生重要影响。国家对某些产业的支持政策或将政策向某地倾斜，将给产业集聚发展带来更优质的资金、技术和人才，较易形成产业集聚或给已形成集聚的产业发展带来更好的机遇，从而提高产业发展水平。如我国 2013 年起在上海、天津、广东等地建立自贸区，自贸区制定的人才引进和企业入驻优惠政策给自贸区内产业集聚带来了政策便利，促进了自贸区内高新技术产业集聚和发展，也必将给广东海洋生物医药产业的发展带来更优质的资金和人才。再如粤港澳大湾区的提出和建成也能集合广东、香港、澳门三地人才、资金、技术等优势，促成广东省海洋生物医药产业集聚和发展。制度环境是指国家制定的一系列促进经济发展的相关制度，如负面清单制度在促进自贸区产业集聚中也发挥着引进高新技术产业和吸引人才的作用。而国家法律环境是产业集聚的保障，法律环境在产业集聚中也起着举足轻重的作用。此外，社会规范也能影响产业集聚发展。我国海洋生物医药产业主要靠海而建，而我国沿海地区基本都是改革开放的前沿阵地，其思想更为先进，对人和产业的包容性也较内陆地区更强，因而更能吸引外地人才的进入，为海洋生物医药产业集聚带来人才和技术支持。

3. 市场需求

市场环境分为国内市场和国外市场，其之所以构成产业集聚发展的因素之一，是因为一个产业的正常发展需以产品顺利销售为支撑，国内外的市场状况影响产业发展。国内外市场环境好，产业便健康有序发展，反之则不然。海洋生物医药产业作为新兴产业，其产品多为医疗或保健品，且此种新保健和医药产品因海洋生物资源获取难度大，以及海洋生物药品研发时间长，对技术和人才要求高。由于成本高，产品价格也较之陆地生物资源制品高，因而此等医疗和保健用品在发达地区市场需求较好。以此观之，海洋生物医药产品在我国东部经济发达地区以及发达国家市场需求较好，海洋生物医药产业选择我国沿海地区作为集聚区能利用沿海经济发达地区的当地市场以及便利的海上运输降低产品成本。

4. 区位条件

经济发展离不开一定的区位条件。区域公共产品的有效供给和邻近资

源获取的难易程度与产业集聚密不可分。本研究认为产业集聚所需的区域公共产品主要为基础设施、邻近资源、自然资源以及生活环境。基础设施主要包括交通、电力、通信、物流中心等产业集聚发展所需的基本设施。邻近资源是指海洋生物医药产业集聚地周围可利用的高校、科研院所、科研平台、教育培训机构以及关联高新技术产业。自然资源主要指产业集聚发展所需的原材料可获取性。生活环境是指产业集聚引进的高新技术人才及其家属生活所需的环境条件。海洋生物医药产业集聚同其他产业发展一样需要交通、电力等完善的基础设施和产业发展的基本原材料,同时该产业涉海特性决定了其发展需要涉海类高校和科研院所的人才、科技和科研平台的支持,其高新技术产业的特性决定了其发展需要引进高新技术人才以及关联高新技术产业。

5. 机遇

当前我国海洋生物医药产业集聚发展的机遇主要是国内粤港澳大湾区的提出和建立,以及 2017 年《"一带一路"建设海上合作设想》(以下简称《设想》)提出与"21 世纪海上丝绸之路"沿线国家加强海洋资源开发合作。粤港澳大湾区将集聚广东、香港、澳门三地人力、物力和财力以及良好基础设施,为海洋生物医药产业集聚带来利好条件。《设想》提出加强与"21 世纪海上丝绸之路"沿线国家海洋经济发展合作,为海洋经济的发展带来交通、人才、技术等便利。

6. 五大构成因素之间的关系

资源、资金、技术和人才是所有产业集聚形成最基本的要素,这些要素也是海洋生物医药产业集聚形成的基础。制度环境因素作为产业集聚的因素之一,能在较大程度上影响一个区域资金、人才和技术的集聚。区域内丰富的海洋生物资源能给国家相关政策和制度的出台带来一定的方向性,同时国家在某区域上的利好政策和制度能给该区域海洋生物医药产业的发展带来充足的资金、良好的技术以及大量的优秀人才,给海洋生物医药产业的集聚带来有利要素条件。市场需求之所以作为产业集聚的基本因素之一,是因为产业发展最终目的是赢利,同时也是产业资金周转的来源,而充足的周转资金和赢利是以产品顺利销售为前提的,因此,要保障产业充足的周转资金,促进产业的集聚,良好的市场环境也是重要因素之一。区位条件是资金、技术、人才和资源等要素来源的保障,良好的区位条件,能有效保障海洋生物医药产业集聚所需的资金、人才、技术等资源。机遇是来源于外部力量的推动，与国家的制度环境息息相关，海洋生物医药产业集聚的机遇不仅来自国家出台的一系列促进海洋生物医药产业发展和推动该产业集聚的政策，也来自国家在沿海地区出台的一些经济发展规划。总而言之，基本要素、制度环境、市场需求、区位条件和机遇五大产业集聚的构成要素息息相关，互相影响。

（二）海洋生物医药产业集聚特征

1. 海洋生物资源获取便捷性

当前，我国山东、浙江、福建以及广东等沿海省区市海洋生物医药产业发展形势较好，发展速度较快，产业集聚逐渐形成。山东省逐渐形成以青岛高新区为代表的海洋生物医药产业集聚区。2017 年随着浙江自贸区的挂牌成立，舟山群岛新区海洋产业集聚区也随之建立，海洋生物医药产业将成为海洋产业的一部分集聚于该区，形成海洋生物医药产业集聚区。2018 年 9 月福建成立海洋生物医药产业创新联盟，该联盟以产品高端、企业集聚、产业链条化和区域特色化为主线，致力于服务福建省海洋生物医药产业发展。广东省在广州、深圳以及湛江等粤西地区均形成了有关海洋生物医药产业集聚区。我国山东、浙江、福建以及广东等省区市海洋生物产业集聚势头如此强劲，主要原因是这些省份均为沿海地区，海洋生物资源丰富，拥有海洋生物医药产业集聚的资源优势，该产业集聚于此具备天然的资源获取便捷性。

2. 海洋科技与人才集聚性

海洋生物医药产业发展对科技和人才要求较高，因而其产业集聚形成需要一定的海洋科技和人才支撑。纵观我国当前海洋生物医药产业已形成集聚或逐渐形成集聚的地区，均拥有一定的科技和人才支撑。山东、浙江、广东除各拥有山东大学、浙江大学、中山大学等“985”高校之外，各省均设立一所涉海类高校，分别为中国海洋大学、浙江海洋大学和广东海洋大学，这三所海洋大学为三省海洋经济的发展培养涉海人才，提供海洋科研平台和海洋科技支持，福建省也拥有厦门大学、福州大学、自然资源部第三海洋研究所等高校和研究所，为福建省海洋生物医药产业的发展带来了人才、科技支持和相应的科研平台。

3. 国家政策推动性

海洋生物医药产业作为战略性高新技术产业，与其他以劳动力、交通条

件或资源条件形成集聚的一般产业不同，因其研发周期长、投资大、风险大的特点，海洋生物医药产业发展需要国家政策推动。作为新经济增长点，我国从中央到地方政府均给予海洋生物医药产业发展一定程度的重视，这加速了海洋生物医药产业的发展和集聚。国家层面，2016年财政部联合国家海洋局为开展海洋经济创新发展示范工作，推动海洋生物、海水淡化等产业创新和集聚发展，印发了《关于"十三五"期间中央财政支持开展海洋经济创新发展示范工作的通知》，提出为海洋经济创新和集聚发展提供资金支持。地方政府层面，2016年山东青岛颁布《青岛市促进医药产业健康发展实施方案》，将促进产业集聚发展作为主要任务之一，明确提出将崂山海洋生物特色产业园打造成国内一流的海洋生物医药产业基地，建设国家海洋生物医药特色产业化基地等；烟台市发布《关于促进医药健康产业创新发展建设国际生命科学创新示范区的实施意见》，汇集了众多人、财、物等，促进了烟台海洋生物医药产业集聚；2016年广东省也发布实施《广东省促进医药产业健康发展实施方案》，将提升广东生物医药产业集群水平作为发展目标之一。近几年，各沿海城市均出台促进海洋生物医药产业发展相关政策，推动了海洋生物医药产业发展和集聚。

三、海洋生物医药产业集聚"新"模式的构建：一个理论模型

通过对海洋生物医药产业集聚的构成因素和特征分析可知，基本要素是海洋生物医药产业集聚形成的基础因素，其中海洋生物医药资源是海洋生物医药产业集聚最基本的要素构成。区位条件中基础设施、邻近资源、海洋生物资源、生活环境是影响海洋生物医药产业集聚的外部环境。区位条件对基本要素的人才、技术和资源产生影响，区位条件中的交通条件也影响市场需求。国家政策、法律等制度环境一方面给海洋生物医药产业集聚提供资金、人才和技术等支持，另一方面也会促进市场需求，国家对外开放政策或者加强与其他国家的经济发展联系，将给海洋生物医药产业带来海外市场需求。产业集聚的机遇均来自国家政策、制度的推出以及我国的国际合作。海洋生物医药产业集聚的机遇主要是我国粤港澳大湾区的提出和建立，以及我国提出的建立3条"蓝色经济通道"，大湾区的建成和"蓝色经济通道"有利于整合国内外海洋生物医药产业技术和人才以及国外投资，满足海洋生物医药产业发展的基本要素构成。事实上这种机遇也是在国家政策和

制度的推动下产生的，这种机遇也会给海洋生物医药产业的发展带来市场需求。总的来看，海洋生物医药产业作为重要战略性新兴产业，其集聚是以基本构成要素为基础，制度环境、市场需求、区位条件以及机遇其他构成因素相互作用，相互促进而形成。为此，本研究构建了海洋生物医药产业集聚理论模型(图 1)。

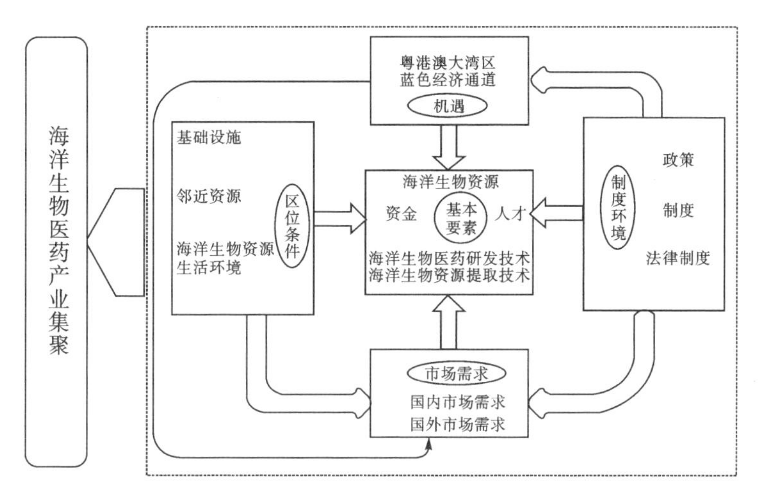

图 1　海洋生物医药产业集聚理论模型

四、理论模型应用：广东省海洋生物医药产业集聚“新”模式

海洋生物医药产业的特殊性决定了该产业集聚形成不同于其他产业，从上述构建的海洋生物医药产业集聚理论模型可知，海洋生物医药产业集聚形成大多是以基本因素、区位条件、市场需求、机遇以及制度环境各因素相互作用而形成的，广东海洋生物医药产业集聚兼具各种因素优势，以广东海洋生物医药产业集聚发展为例，分析海洋生物医药产业集聚“新”模式的具体运作机制。

(一)海洋生物医药产业集聚“新”模式运行机制

海洋生物医药产业的集聚模式与以往其他产业单一因素集聚的模式不同，海洋生物医药产业由于具有资源难以获得、资源保存要求高、研发技术难度大、研发周期长和研发成本高等特点，使得该产业集聚不仅对资源、资金、人才和技术的要求高，而且需要良好的制度环境作为该产业集聚的外部

支撑，需要较好的市场需求作为资金周转的保证，同时需要较好的区位条件作为该产业集聚形成的客观条件，这五大因素综合在一起，相互作用，构成了海洋生物医药产业集聚的“新”模式。因此，在这种“新”模式的推动作用下，近些年来广东省海洋生物医药产业集聚快速发展，形成了以广州和深圳为核心的海洋生物医药制品产业集聚群，以湛江为核心的粤西海洋生物育种与海水健康养殖产业集聚，且在国家政策推动下，广东省海洋生物医药产业集聚将继续快速发展，朝着更成熟的方向前进，广东省海洋生物医药产业集聚的运行机制正体现了产业集聚“新”模式。

(二)基本要素：以丰富的海洋生物资源为基础

广东省海洋生物资源丰富是广东省海洋生物医药产业集聚形成的基础条件。广东省海域广阔，海岸线长度位居全国第二，海洋生物资源丰富，此外，海水捕捞和海水养殖业发达，海水养殖面积与海洋养殖产量均位居全国第三。广东省作为我国沿海省份之一，拥有得天独厚的海洋生物资源优势，这种优势在全国仅次于辽宁省和山东省，广东省具备海洋生物产业集聚的资源优势，此优势正是成为海洋生物医药产业集聚于广东发展的重要基础条件。

(三)区位条件：以高校、科研院所为依托

高校与科研院所是发展海洋生物医药产业不可或缺的依托条件。海洋生物医药产业属高新技术产业，其发展不仅需要丰富的海洋生物资源，也需要一定的高新技术、人才和科研平台。广东拥有华南理工大学、中山大学、华南师范大学、广东海洋大学等多所高等学府，并建有中国科学院南海海洋研究所、海洋生物技术重点实验室、广东省海洋工程装备技术研究所等海洋技术装备以及海洋生物技术研究所或实验室，其中广东海洋大学作为全国四所海洋大学之一，承担着培养涉海专业技术人才和管理人才的重任，这些为广东省海洋生物医药产业带来了较好的人才和技术，同时也为该产业集聚提供了良好的海洋生物医药技术研发平台。

(四)制度环境：以国家针对性政策和相关制度为推动力

2012年财政部与国家海洋局联合下发的《关于推进海洋经济创新发展区域示范的通知》中将广东省和深圳市作为发展海洋创新经济的示范区域，海洋生物医药产业是示范区域重点发展的可选领域之一，产业化发展为支持重点之一，这一政策的推出为广东省海洋生物医药产业的发展和集聚提供了支持。广东自贸区的挂牌成立和负面清单制度的实施，为广东省海洋生物医药产业的集聚带来政策红利，给其产业集聚带去资金、技术和人才以及良好的产业集聚基础设施。为充分发挥生物医药产业集群优势，2018年广州市发布《广州市生物医药产业创新发展行动方案》，旨在推动广州市生物医药产业创新发展，促进该产业向规模化、集聚化发展；同年广州市政府办公厅发布《广州市人民政府办公厅关于加快生物医药产业发展的实施意见》，建设生物医药产业园区和生物医药产业生产基地，推动生物医药产业集聚发展作为该意见实施的目标之一。

（五）市场及区位条件：以优越的地理位置要素为重要条件

广东省经济发达，资金雄厚，人才集聚，市场广阔，同时陆海空交通发达，是海洋生物医药产业集聚形成的良好区位选择。广东省经过几十年的发展，拥有海洋生物医药产业发展所需的资金条件，且因其发达的经济汇集了众多国内外优秀人才，同时因其经济发达，海陆空交通均较为发达，便于海洋生物医药产品的销售，市场广阔。总而言之，资金、高校、市场以及交通优势条件是广东省海洋生物医药集聚可利用的重要条件。

（六）机遇因素：紧紧抓住发展机遇

当前广东省海洋生物医药产业集聚在国家政策和制度推动下已获得初步发展，呈现快速发展态势。广东省海洋生物医药产业发展不仅具备优良资源、市场、区位和人才优势，也拥有较好的发展机遇。广东省海洋生物医药产业集聚发展当前拥有两大机遇。第一大机遇为粤港澳大湾区的建设。粤港澳大湾区建设主要有七大合作领域，包括基础设施建设、科技创新发展、现代产业体系、国际合作、市场一体化、宜居宜业宜游的优质生活圈建设、重大合作平台建设，良好的基础设施建设能为海洋生物医药产业集聚提供外在基础条件，科技发展以及现代产业体系建设将为海洋生物医药产业集聚提供人才和技术，市场一体化发展将为海洋生物医药产业集聚提供良好市场环境和资金条件。第二大机遇为我国提出的三大“蓝色经济通道”。“蓝色经济通道”的建成必给广东海洋经济发展带来资金、技术、人才和市场机遇，也将促进广东省海洋生物医药产业的集聚。此外，广东自贸区的发展，以及其他相关促进海洋生物产业发展的政策均是广东省海洋生物医药产业集群发展的优良机遇。

五、结论与展望

海洋生物医药产业集聚不同于其他产业集聚，其形成与资金、技术、人才等基本要素有关，但也需考虑制度环境、市场需求、区位条件和发展机遇等方面因素。本研究在分析海洋生物医药产业集聚构成因素的基础上，指出我国海洋生物医药产业集聚具有海洋生物资源获取便捷性、海洋科技与人才集聚性以及国家政策推动性的特征，进而构建了一个海洋生物医药产业集聚的理论模型，并以广东省海洋生物医药产业为例，分析了在该理论模型下广东省海洋生物医药产业集聚“新”模式实现路径。为以丰富的海洋生物资源为基础，以高校、科研院所为依托，以国家针对性政策和相关制度为推动力，以优越的地理位置为重要条件，紧紧抓住发展机遇的我国海洋生物医药产业集聚提供了理论依据。目前我国关于海洋生物医药集聚的研究较少，海洋生物医药产业是我国战略性新兴产业，是我国国民经济发展中的重要部分，当前我国海洋生物医药产业发展尚不成熟，因而探讨海洋生物医药产业集聚较为重要且迫切，这一领域尚有很多问题值得研究。

(1)进一步完善海洋生物医药产业集聚理论模型。当前我国学术界较少针对海洋生物医药产业集聚的理论模型进行研究，更多的是直接研究海洋生物医药产业集聚的发展现状、存在问题并提出发展对策，而理论模型研究能为海洋生物医药产业集聚发展提供理论依据，这是研究产业集聚形成的基础内容，今后的研究中可通过实证研究完善该理论模型。

(2)展开海洋生物医药产业集聚度的测度和影响问题研究。在当前阶段，可运用区位熵等方法研究广东、山东、浙江等省份海洋生物医药产业集聚水平，以比较哪个省份集聚度更高，并通过影响因素研究找出影响各省份该产业集聚度的主要因素，趋利避害，进而推动我国海洋生物医药产业集聚更好更快发展。

(3)海洋生物医药产业集聚的效应分析。良好的集聚效应是产业集聚发展的主要目的，运用何种方法测度海洋生物医药产业集聚效应，以及海洋生物医药产业集聚产生了何种效应也是今后研究海洋生物医药产业需重点关注的问题。

文章来源：原刊于《海洋开发与管理》2021 年第 3 期。

海洋碳汇

研发海洋“负排放”技术支撑国家碳中和需求

■ 焦念志

论点撷萃

对于碳中和而言，减排（减少向大气中排放 CO_2）和增汇（增加对大气 CO_2 的吸收）是两条根本路径，但当前世界各国的关注点集中在减排措施上，而对增汇手段重视不足。作为碳排放大国和发展中国家，中国在尽可能减排的同时必须想方设法增汇来减轻减排的压力，即研发负排放的方法与途径。

在中国、美国、印度、俄罗斯 4 个最大碳排放国当中，中国是第一个提出碳中和日程的国家。中国的这一重大举措无疑会带动其他碳排放大国加快减排进程。在不断向碳中和目标迈进的过程中，中国将有机会增进与其他国家的相关交流与对话，进一步提升国际影响力；同时，在中国领先的减排和增汇领域与其他发展中国家展开经济技术合作，将实现互惠互利、合作共赢，推动人类命运共同体的构建。

以往的增汇主要靠陆地的植树造林。由于农田稀缺和未来人口增长对粮食的需求矛盾不断凸显，单靠陆地植被增汇已无法满足全球碳中和需求。海洋是地球上最大的活跃碳库，并且海洋储碳周期可达数千年，从而在气候变化中发挥着不可替代的作用。因此，海洋负排放潜力巨大，是当前缓解气候变暖最具双赢性、最符合成本—效益原则的途径。

自然条件不仅赋予了中国海域巨大的碳汇潜力，也给我们提供了实施多种负排放的空间。但单靠自然海洋碳汇不足以实现碳中和，必须研发海洋负排放方法技术。如果得以实施，则可成倍增加海洋碳汇储量。目前，国

作者：焦念志，中国科学院院士，厦门大学海洋与地球学院教授

际上海洋碳汇研发最多的是海岸带蓝碳，即红树林、海草、盐沼等类似陆地植被的碳汇形式。然而，我国海岸带蓝碳总量有限，无法形成碳中和所需的巨大碳汇量，因此必须开发其他负排放途径。

工业革命以来，人类活动大量排放 CO_2，导致气候变化加剧，引发一系列环境和社会问题，威胁着人类社会可持续发展。应对气候变化已超越科技领域，成为国际政治和经济中的热点问题。2020 年 9 月 22 日，国家主席习近平在第 75 届联合国大会一般性辩论上提出中国“努力争取 2060 年前实现碳中和”的宏伟目标。这是中国向全世界做出的郑重承诺，彰显了大国责任，提升了我国的国际影响力。据气候行动追踪组织（CAT）预测，中国碳中和目标将使全球在 21 世纪的升温减少 0.2℃～0.3℃。中国碳中和战略关乎全球气候变化，举世瞩目。然而，中国从碳排放峰值到碳中和的过渡期只有 30 年时间，短时间内实现碳中和目标需要牺牲传统经济和付出巨大的代价。美国波士顿咨询公司估计，中国需要在传统行业上投入 90 万亿～100 万亿元人民币才能实现“2060 年碳中和”的目标。对于碳中和而言，减排（减少向大气中排放 CO_2）和增汇（增加对大气 CO_2 的吸收）是两条根本路径，但当前世界各国的关注点集中在减排措施，而对增汇手段重视不足。作为碳排放大国和发展中国家，中国在尽可能减排的同时必须想方设法增汇来减轻减排的压力，即研发负排放的方法与途径。其实，负排放在发达国家也已成为必要的行动，2019 年美国国家科学院、美国国家工程院和美国国家医学科学院联合发表了《负排放技术与可靠的碳封存：研究议程》（*Negative Emissions Technologies and Reliable Sequestration：A Research Agenda*）报告。显然，负排放是实现碳中和的必由之路。

一、全球碳中和日程及对海洋碳汇的认识

目前，全世界已有 85 个国家提出碳中和目标，包括 27 个欧盟国家、58 个非欧盟国家。这些国家的碳排放占全球排放超过 40%。其中，有 29 个国家明确了碳中和时间表。不丹已经实现碳中和；挪威、乌拉圭将在 2030 年实现碳中和；芬兰、奥地利、冰岛、瑞典分别将在 2035 年、2040 年、2040 年、2045 年实现碳中和。还有 20 多个国家计划 2050 年实现碳中和；其中，英国、德国、法国、西班牙、丹麦、匈牙利、新西兰等国家以法律形式加以保障。在中

国、美国、印度、俄罗斯 4 个最大碳排放国当中，中国是第一个提出碳中和日程的国家。中国的这一重大举措无疑会带动其他碳排放大国加快减排进程。在不断向碳中和目标迈进的过程中，中国将有机会增进与其他国家的相关交流与对话，进一步提升国际影响力；同时，在中国领先的减排和增汇领域与其他发展中国家展开经济技术合作，将实现互惠互利、合作共赢，推动人类命运共同体的构建。

早在 2014 年，《联合国气候变化框架公约》第 20 轮缔约方会议(COP20)上，中国政府首次表示 CO_2 排放量在 2016—2020 年间将控制在每年 100 亿吨以下，并将在 2030 年左右达到峰值。按当时的排放走势，达峰时中国的 CO_2 排放量最高可达 150 亿吨/年；而就当前的走势看，达峰时将约为 113 亿吨/年。即便是以达峰时排放为 113 亿吨/年为依据，如果要在达峰后“保持排放稳中有降”，可考虑保持目前 2/3～1/3 的排放量，意味着中国每年还有 40 亿～80 亿吨的 CO_2 当量需要依靠替代能源或者负排放来中和。据美国科学家估计，即便充分利用了替代能源，中国达峰后每年仍有 25 亿吨的负排放缺口。因此，要实现碳中和目标，必须同时采取减排和增汇措施。

以往的增汇主要靠陆地的植树造林。由于农田稀缺和未来人口增长对粮食的需求矛盾不断凸显，单靠陆地植被增汇已无法满足全球碳中和需求。海洋是地球上最大的活跃碳库，海洋碳库是陆地碳库的 20 倍、大气碳库的 50 倍。海洋每年吸收约 30%的人类活动排放到大气中的 CO_2，并且海洋储碳周期可达数千年，从而在气候变化中发挥着不可替代的作用。因此，海洋负排放潜力巨大，是当前缓解气候变暖最具双赢性、最符合成本—效益原则的途径。

国际社会日益认识到海洋碳汇的价值和潜力。过去几年里，保护国际(CI)和政府间海洋学委员会(IOC)等联合启动了“蓝碳动议”(The Blue Carbon Initiative)，成立了碳汇政策工作组和科学工作组，发布了《政策框架》《行动国家指南》《行动倡议报告》等一系列海洋碳汇报告。美国国家海洋和大气管理局(NOAA)从市场机会、认可和能力建设、科学发展 3 个方面提出了国家海洋碳汇工作建议。印度尼西亚在全球环境基金(GEF)的支持下实施了为期 4 年的“蓝色森林项目”(Blue Forest Project)，建立了国家海洋碳汇中心，编制了《印尼海洋碳汇研究战略规划》。此外，肯尼亚、印度、越南和马达加斯加等国已启动盐沼、海草床和红树林的海洋碳汇项目，开展实

践自愿碳市场和自我融资机制的试点示范。

二、中国海域自然碳汇潜力

中国领海面积约 300 万平方千米，纵跨热带、亚热带、温带等多个气候带。其中，南海毗邻“全球气候引擎”西太平洋暖池；东海跨陆架物质运输显著；黄海是冷暖流交汇区域；渤海则是受人类活动高度影响的内湾浅海。中国海域有长江、黄河、珠江等大河输入，外邻全球两大西边界流之一的黑潮。这些自然条件不仅赋予了中国海域巨大碳汇潜力，也给我们提供了实施多种负排放的空间。

中国海岸带蓝碳的碳汇总量相对较小；其中，红树林、盐沼湿地、海草床有机碳埋藏通量为 0.36 $Tg\ C \cdot a^{-1}$，海草床溶解有机碳（DOC）输出通量0.59 $Tg\ C \cdot a^{-1}$。相比之下，开阔海域碳汇量要大得多。据初步估算：中国陆架边缘海的沉积有机碳通量为 20.49 $Tg\ C \cdot a^{-1}$（陆源有机质向中国陆架边缘海输入的碳汇为 17.8 $Tg\ C \cdot a^{-1}$）；东海和南海向邻近大洋输送有机碳通量分别为 15.25～36.70 $Tg\ C \cdot a^{-1}$和 43.39 $Tg\ C \cdot a^{-1}$；中国大型养殖藻类的初级生产力（即固碳量）约 3.52 $Tg\ C \cdot a^{-1}$，移出碳通量 0.68 $Tg\ C \cdot a^{-1}$，沉积和 DOC 释放通量分别为 0.14 $Tg\ C \cdot a^{-1}$和 0.82 $Tg\ C \cdot a^{-1}$；此外，通过实施人工上升流工程可以使得养殖区域增加固碳 0.09 $Tg\ C \cdot a^{-1}$，结合海藻养殖区实施可获碳汇量在 3.61 $Tg\ C \cdot a^{-1}$以上。

综上，中国海域储存及向大洋输出碳量约为 100$Tg\ C \cdot a^{-1}$，相当于每年 342 $Tg\ CO_2$。显然，单靠自然海洋碳汇不足以实现碳中和，必须研发海洋负排放方法技术。如果得以实施，则可成倍增加海洋碳汇储量。

三、中国海洋负排放研发的基础与储备

中国科学家提出的“海洋微生物碳泵”（MCP）理论阐释了微生物转化有机碳、生成惰性溶解有机碳（RDOC）的储碳机制。MCP 突破了经典理论中依赖颗粒有机碳沉降和埋藏的经典理论，解开了储存于海洋水体中巨大溶解有机碳库的成因之谜，被 *Science* 评论为“巨大碳库的幕后推手”。2008 年，国际海洋科学研究委员会（SCOR）专门设立了 MCP 科学工作组。2015 年，北太平洋海洋科学组织（PICES）和国际海洋考察理事会（ICES）再设 MCP 联合工作组以促进科学与政策的连接。2016 年，中国科学家在著名国

际学术品牌——美国"戈登研究论坛"领衔发起创建海洋碳汇永久论坛。2019年,在联合国政府间气候变化专门委员会(IPCC)发布的《气候变化中的海洋和冰冻圈特别报告》(SROCCC)中纳入了MCP理论,以及相关的陆海统筹减排增汇和海水养殖区人工上升流增汇等"中国方案"。

在国内,早在2011年笔者提出的《研发海洋碳汇 保障经济发展》建议就获得国家发展和改革委员会"'十二五'建言献策表彰大会优秀提案一等奖"。2013年,首届中国科学院"跨学部科学与技术前沿论坛"就以"陆海统筹研发海洋碳汇"为主题。同年,国内30多个涉海科研院校及相关部委和企业成立了以基础研究引领、涵盖政、产、学、研、用的全国海洋碳汇联盟(COCA)。2014年,COCA推出"中国蓝碳计划"。2015年,"海洋碳汇"被纳入中共中央国务院印发的《生态文明体制改革总体方案》。2017年,"海洋碳汇"被遴选为中国科学院旨在打造国际学术品牌的首届"雁栖湖会议"的主题。2020年11月,在海洋生态经济国际论坛上,COCA发布了《实施海洋负排放,践行碳中和战略倡议书》;12月,召开"海洋负排放支撑碳中和"专题研讨会;同月,我国相关涉海大学在政府有关部门支持下成立了"海洋负排放研究中心""碳中和创新研究中心"等机构。至此,我国开展海洋负排放技术研发的条件已经具备。

四、中国海洋负排放研发的对策与建议

目前,国际上海洋碳汇研发最多的是海岸带蓝碳,即红树林、海草、盐沼等类似陆地植被的碳汇形式。然而,我国海岸带蓝碳总量有限,无法形成碳中和所需的巨大碳汇量,因此必须开发其他负排放途径。

(一)实施陆海统筹负排放生态工程

陆源营养盐大量输入近海,不仅导致近海环境富营养化、引发赤潮等生态灾害,而且使得海水中有机碳难以保存。尤其是陆源输入有机碳(约占陆地净固碳量的1/4,约0.5 Gt)大部分都在河口和近海被转化成CO_2释放到大气中,导致生态系统中生产力最高的这类海区反而成为排放CO_2的源头。如何将其恢复到汇,是一项艰巨的任务,必须陆海统筹。

基于MCP理论,针对中国近海富营养化情况,在陆海统筹理念指导下,合理减少农田的氮、磷等无机化肥用量(目前我国农田施肥过量、流失严

重)，从而减少河流营养盐排放量，缓解近海富营养化。在固碳量保持较高水平的同时减少有机碳的呼吸消耗，提高惰性转化效率，使得总储碳量达到最大化，即谋求生物泵(BP)与 MCP 总量最大化。相应地，建立和完善对近海储碳的评价体系，尤其是在储碳指标中不仅要考虑沉积埋葬的有机碳，而且要纳入以往漏掉的 MCP 产物——惰性溶解有机碳(RDOC)。RDOC 不仅增加近海碳汇，而且可随海流输出到外海。如果到达深海则可实现长期储碳——深海 RDOC 年龄达 4000～6000 年。对自然环境中无机氮与有机碳相关性的统计分析表明，在包括土壤、河流、湖泊、水库、河口、近海、陆架海和大洋在内的各种环境中两者之间都呈负相关趋势。这表明，如果环境中有过的营养盐，有机碳就难以储存。在河流、近海及外海的营养盐添加实验也证实了这一结论。

据国家统计局数据，过去 50 年里我国化肥施用量增加了近 30 倍。尤其是改革开放初期，化肥产能大增，化肥施用量从 20 世纪 50 年代初的每年不足 100 万吨爆发式地增长到 70 年代末的每年 1 亿吨，增长了近 100 倍。此后进入稳定增长期，从 1980 年的 1.2 亿吨增长至 2015 年创纪录的 6 亿吨，增长了近 8 倍。由于农业施肥量普遍高于农作物的实际需要，过量的肥料随雨水冲刷进入河流，最后输入近海，这是目前我国河口近岸海洋富营养化的主要原因。而富营养化的后果除了众所周知的“赤潮”之外，近 10 年来我国近海还发生了“绿潮”，其规模达到了惊人的程度(图 1a)，所造成的环境压力和经济损失可想而知。一个鲜明的对比是加拿大东北部某森林河口的情景(图 1b)。单从水色看，后者水质似乎很差，若按我国化学需氧量(COD)国家标准判断应属超Ⅴ类水；然而，这是一个误区。事实上，这种森林河流水质并不差，营养盐含量很低，溶解氧充足，鳗鱼生活得很好(图 1c)。看上去似乎有害的颜色实际上是富含有机质的表象，就像人们日常喝的茶水一样。在环境条件不变的情况下这些有机质可以长期保存、形成碳汇，其浓度超过 1000 μmol/L，储碳量是我国海区海水有机碳浓度的 10 倍以上。显然，陆海统筹减排增汇是一项成本低效益高的海洋负排放途径。

在新认识、新理论指导下，以大江大河为主线，结合本地实际情况因地制宜采取有效措施，量化生态补偿机制，可望一举多得。通过制定有关的方法、技术、标准、规范，科学量化生态补偿机制，践行“绿水青山就是金山银山”理念，促成驱动经济与社会可持续发展的“国内大循环”新模式。

(a)中国近海富营养化诱发的“绿潮”造成一系列生态环境问题；
(b)加拿大东北部近河口的褐色水貌似污染，其实是储存了大量有机碳；
(c)鳗鱼在加拿大东北部富有机质的河口褐色水中正常生活

图1　中国和加拿大近海环境条件与水质比较(两个极端案例)

（二）研发缺氧/酸化海区的负排放技术

海水缺氧、酸化已经成为全球近海普遍存在的严重环境问题，直接导致渔业资源退化、生物多样性下降，生态系统可持续性发展面临风险。针对这些问题，我国科学家提出了利用厌氧条件实施负排放的原理和技术方案，通过建立基于微生物碳泵、生物泵和碳酸盐泵原理的综合负排放途径，可望在实现增汇的同时，缓解环境问题。其主要原理是在缺氧、酸化的环境里，通过施加矿物、增加碱度，提高自生碳酸盐产量，并与有机碳一起埋葬，实现综合储碳增量的效果。这其中的一个关键调节机制是碱度，碱度可缓冲海洋碳酸盐平衡体系在自然或人为扰动下的变化，特别是海水酸化。增强海洋碱化的方法有多种。例如 1 mol 的橄榄石可螯合 4 mol 的 CO_2。微生物厌氧代谢与碳氮硫循环耦联互馈作用是海洋生态系统中大量碳沉积的重要机制，可望再现地球历史上曾经出现过的大规模海洋储碳。

（三）实施海水养殖区综合负排放工程

我国拥有世界上最大的海水养殖产业，是海洋经济的重要组成部分。为了减少对自然资源的捕捞压力，保障人民群众所需的动植物蛋白和食品，今后还要进一步发展海水养殖业。不仅我国是这样，随着全球人口的增长和资源的进一步匮乏，全球对水产品的需求也在不断增长。我国的成功经验可以向其他国家推广。然而，由大规模养殖带来的生态负荷和环境压力，特别是养殖区海底有机物污染，以及由此带来的氮磷营养盐、无机碳、溶解氧供需错位，构成生态风险，引发的富营养化、缺氧、酸化问题亟待解决。

IPCC 最近发布的《气候变化中的海洋与冰冻圈特别报告》中，纳入了我国科学家建议的“基于生态系统内部调节理念的人工上升流举措”，可望应对大规模养殖带来的生态负荷和环境压力，解决营养盐、无机碳、溶解氧供需错位问题。也就是，通过太阳能等清洁能源驱动的人工上升流可把养殖海区底部富营养盐的水带到上层水体，供给养殖海藻光合作用所需营养盐。与此同时，这个过程把底部高浓度营养盐缓慢释放出来，可避免风暴潮等突然扰动引发的赤潮等生态灾害。此外，补偿性水体混合把表层富含氧气的水带到深层，可缓解底部缺氧的问题。在科学评估、统筹海水养殖容量及其对海洋碳汇贡献的基础上，研发兼顾环境与经济的优化养殖增汇模式，可望打造可持续发展的健康养殖模式和海洋负排放综合工程样板[图 2 中的“③养殖区上升流增汇生态工程”]。

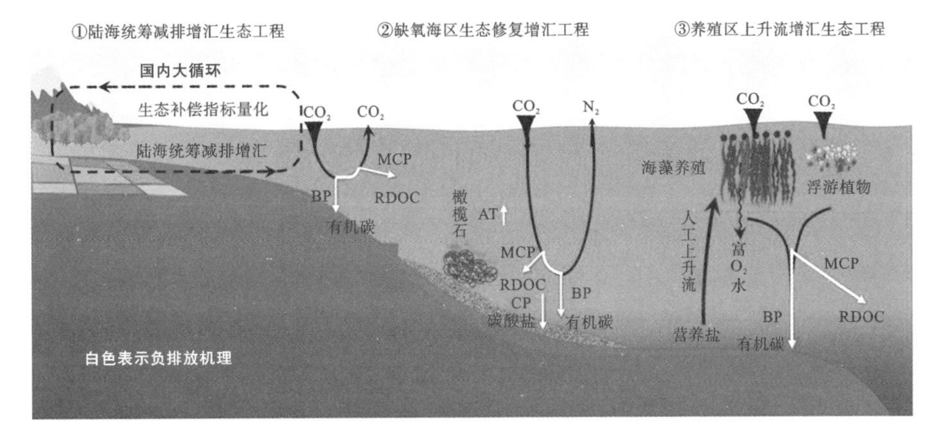

AT,碱度;BP,生物泵;MCP,微生物碳泵;CP,碳酸盐泵;RDOC,惰性溶解有机碳

图 2　海洋负排放生态工程案例示意图

(四)研制海洋碳汇标准体系

国际上研究最多的海洋碳汇组分是看得见、摸得着的红树林等海岸带蓝碳,但由于其总量有限,除了生态系统服务功能之外,难以起到应对气候变化的作用。真正能影响气候变化的其他海洋碳汇成分,因为涉及地球系统各圈层之间碳量传输,包括大气层、水圈、生物圈、岩石圈等,需要不同学科之间的整合研究,才能建立起行之有效的监测技术、评估方法和标准体系。迄今,国际上尚无对海洋碳汇计量的统一规范和标准。制定海洋碳汇标准体系是摆在我们面前的一个重要任务。

中国碳市场是全球配额成交量第二大的市场,但海洋碳汇标准体系仍是空白。因此,需要组织整合海洋负排放相关的不同学科交叉融合,加快海洋碳中和核算机制与方法学研究,建立海洋碳指纹、碳足迹、碳标识相应的方法与技术、计量步骤与操作规范、评价标准,建立健全海洋碳汇交易体系。

(五)引领海洋负排放国际大科学计划

中国科学家发起的海洋负排放国际大科学计划(ONCE)得到国际同行积极响应和国际科学组织(ICES-PICES)批准。截至 2019 年底,已有 14 个国家的代表科学家签约实施 ONCE。2020 年已有若干 ONCE 同行获得所

在国/所在地区资助。欧盟已经资助了德国科学家领衔的716万欧元的研究项目。中国应尽快实施ONCE大科学计划、建立和完善应对气候变化的海洋负排放科学规划和工程技术体系，通过ONCE推出中国领衔制定的海洋碳汇/负排放有关标准体系，为全球治理提供中国方案。

文章来源：原刊于《中国科学院院刊》2021年第2期。

中国海洋碳汇交易市场构建

■ 谢素美,罗伍丽,贺义雄,黄华梅,李春林

论点撷萃

海洋作为全球最大的二氧化碳吸收汇,是高质量发展战略要地,是碳循环的重要组成部分,海洋碳汇已成为全世界减缓和适应气候变化的重要战略。为实现海洋碳汇对低碳经济和可持续发展的推动作用,必须充分发挥市场机制的作用。研究构建海洋碳汇交易市场并将海洋碳汇纳入全国碳交易市场,不但是推动落实《中共中央 国务院关于完整准确全面贯彻新发展理念 做好碳达峰碳中和工作的意见》关于碳汇交易精神的重要举措,而且是助力推动人与自然和谐共生的重要抓手。

海洋碳汇是缓和气候变化,保证人类经济社会可持续发展的重要手段。充分开发利用海洋碳汇功能,对中国实现碳达峰、碳中和目标具有重要的推动作用。随着全球自主减排和碳中和目标的推进,海洋碳汇在多方面迎来良好的发展环境:政府层面高度重视并持续推动,企业层面紧跟市场并创新发展,碳交易市场层面积极实践,碳排放配额需求增长态势强劲。

发展海洋碳汇是中国生态文明建设的重要抓手,是助力中国实现碳达峰、碳中和战略目标的有力支撑。将海洋碳汇纳入碳市场进行交易,是推动中国碳市场交易体系构建完善的必要环节,这不仅有利于高效减排增汇这一最终目标的实现,同时还可以形成新的经济增长点。

作者:谢素美,国家海洋局南海规划与环境研究院、南京师范大学海洋科学与工程学院高级工程师;
罗伍丽,国家海洋局南海规划与环境研究院助理工程师;
贺义雄,浙江海洋大学经济与管理学院、南方海洋科学与工程广东省实验室(珠海)副教授;
黄华梅,国家海洋局南海规划与环境研究院正高级工程师、副总工程师;
李春林,浙江海洋大学经济与管理学院助理研究员

中国海洋碳汇交易市场需要内外双驱动力。一方面,海洋碳汇交易市场的供需需要外在的政策与法制保障;另一方面,各种激励手段是交易开展的内生动力,能促进资本在市场内流动,从而创造更多供需。海洋碳汇交易市场的客体是海洋碳汇服务产品,各地应结合自身的资源特点与优势进行产品开发,从而实现市场产品的多元化。为保障海洋碳汇交易市场能够持续、有效地运行,还需要系列保障措施的配合:加强组织领导,完善体制机制;加强顶层设计,完善制度体系;深化科学研究,提高技术水平;注重人才培养,强化智力支持。

海洋作为全球最大的二氧化碳吸收汇,是碳循环的重要组成部分。2009年,联合国发布相关报告,确认了海洋在全球气候变化和碳循环过程中的重要作用,自此,海洋碳汇开始被逐步认可并得到重视。目前,海洋碳汇已成为全世界减缓和适应气候变化的重要战略。

为实现海洋碳汇对低碳经济和可持续发展的推动作用,必须充分发挥市场机制的作用。2021年7月1日,自然资源部在对十三届全国人大四次会议第6443号建议的答复中提到要“推动构建海洋碳汇交易机制”。但目前关于海洋碳汇的研究,自然科学以外的研究领域主要集中于开发的意义与作用、开发措施、计量与价值核算等方面,尚无关于如何体系化地建立海洋碳汇交易市场的具体研究。本文结合发展海洋碳汇市场交易的优劣势分析,从海洋碳汇交易市场的构建原则、模式选择、发展路径、要素设计、运行机制及保障措施等方面,综合分析探讨中国海洋碳汇交易市场的构建问题和策略。

一、海洋碳汇的减排作用与发展环境

(一)海洋碳汇的减排作用

参考联合国政府间气候变化专门委员会(Intergovernmental Panel on Climate Change,IPCC)等的研究,海洋碳汇是通过海水的溶解度泵以及红树林、盐沼、海草床、渔业资源、微生物等海洋生态系统的生物泵(含碳酸盐泵),吸收二氧化碳等温室气体,并将其固定和储存的过程、活动和机制。范围上涵盖了海岸带、湿地、沼泽、河口、近海、浅海和深海等区域。

海洋是碳循环过程中重要的参与者，吸收二氧化碳的能力约为陆地系统的20倍，尽管海洋中的植物生物量只占陆地的0.05%，但每年循环的碳量与陆地上的几乎相同。据2009年联合国环境规划署（United Nations Environment Programme，UNEP）、粮农组织（Food and Agriculture Organization，FAO）和教科文组织政府间海洋学委员会（Intergovernmental Oceanographic Commission，IOC）等联合发布的《蓝碳：健康海洋对碳的固定作用——快速反应评估报告》估算，地球生物所吸收的碳中有55%由海洋生物所吸收，在全球范围内基于海洋的增汇方案，可在2030年每年减少近40亿吨二氧化碳当量的排放，到2050年每年减少约110亿吨。可以说，海洋碳汇是缓和气候变化，保证人类经济社会可持续发展的重要手段。充分开发利用海洋碳汇功能，对中国实现碳达峰、碳中和目标具有重要的推动作用。

（二）海洋碳汇的发展环境

随着全球自主减排和碳中和目标的推进，海洋碳汇在多方面迎来良好的发展环境，以下主要从政府、企业与碳交易市场3个方面进行阐述。

1. 政府层面高度重视并持续推动

2010年，联合国教科文组织政府间海洋学委员会、世界自然保护联盟（International Union for Conservation of Nature，IUCN）和保护国际基金会（Conservation International，CI）联合发起了“蓝碳倡议”，该倡议旨在通过海洋生态修复和可持续性地利用海洋动植物来放缓全球变暖的进程。其后，“蓝碳倡议”政策工作组陆续发布了《蓝碳政策纲要》第1版和第2版，确立了蓝碳保护发展的5个目标。《联合国气候变化框架公约京都议定书》（以下简称《京都议定书》）于2011年6月开始将红树林生态修复再造纳入其规定的清洁机制当中。同年，联合国气候变化公约缔约方第17次会议将海洋碳汇作为主要议题之一进行了讨论，并联合发布了《海洋及沿海地区可持续发展蓝图》报告。该报告从建立全球性海洋碳汇市场和海洋碳汇专项基金、制定统一的海洋碳汇评估和监测标准、海洋碳捕获和碳储存信用额度进入国际规制框架等角度规划了海洋碳汇保护和发展的道路。目前相关理念以项目的形式在经济和技术水平较为发达的国家和地区开展，如在阿联酋推行的“蓝碳技术评估项目”、美国佐治亚州的“蓝碳市场交易计划”等。

近年来，中国对海洋碳汇开发工作的重视程度逐步提高，从不同层面采

取了一系列行动。《中共中央 国务院关于加快推进生态文明建设的意见》《关于完善主体功能区战略和制度的若干意见》等文件对发展海洋碳汇做出部署，并先后发起"21世纪海上丝绸之路'蓝碳计划'倡议"和"全球蓝碳十年倡议"等提议。除此之外，中国还以地方试点等形式，围绕核算与方法学、碳汇交易项目建设、交易服务平台设立、质押抵押、碳储量基础调查等方面内容，在深圳、湛江、海口、三亚、厦门、威海等沿海城市进行了积极探索和实践，为未来充分开发海洋碳汇奠定了坚实基础。

2. 企业层面紧跟市场并创新发展

目前，国际上越来越多的企业或出于社会责任和公关需求，或为了建立自身不同于其他竞争者的绿色形象而自愿进行气候承诺。2020年全年，全球范围内进行净零碳排放承诺的公司数量增加了1倍，截至2020年底，已达到1100多家(项)。例如，美国苹果公司承诺，到2030年达到碳中和，并实现产品的生产、流通和使用环节各环节的零排放，这意味着其要将目前每年2510万吨的碳排量消减为零。为此，苹果公司正在全球范围内投资基于自然的解决方案，以进行碳清除。

同时，一些行业组织的需求也不容忽视。2016年10月，国际民航组织(International Civil Aviation Organization，ICAO)第39届大会就建立全球市场机制以减少国际航空二氧化碳排放达成一致意见，建立了全球第一个行业减排市场机制——国际航空全球碳抵消和减排机制(carbon offsetting and reduction scheme for international aviation，CORSIA)，以实现2020年后国际航空净排放零增长的目标，并推出可帮助航空公司履行气候承诺的航空碳交换系统(aviation carbon exchange，ACE)。ACE的碳抵消计划，包括生态系统保护等项目。包括海洋碳汇项目在内的核证减排标准(verified carbon standard，VCS)、黄金标准(gold standard，GS)和中国的国家核证减排量(Chinese certified emission reduction，CCER)项目体系被批准成为CORSIA认可的合格减排项目体系。随着全球碳减排任务的不断推进，海洋碳汇在促进碳中和方面的作用将日益凸显。

3. 碳交易市场层面积极实践，碳排放配额需求增长态势强劲

目前，中国碳交易市场主要有两类基础产品：一类为碳排放配额，另一类为CCER项目。就中国现行碳价而言，整体呈现偏低状态。自全国碳交易市场成立以来，碳价格虽已有多次上涨，但尚未超过60元/吨。而参考国

际市场，欧盟碳价格近期已突破了50欧元/吨，二者差距明显。同时，目前国内碳减排的边际成本在100元/吨左右，欧盟则高达150～180欧元/吨。可以预料，中国企业碳减排的边际成本必然呈现不断升高的趋势，此外结合欧盟的“碳关税”政策，这就会使得中国的碳价水平在长期将呈现上行态势。

其次，作为用来鼓励减排的重要补充机制，现在中国CCER市场存量规模仅有5000多万吨，而按照率先纳入全国碳交易市场的电力行业年配额约为40亿吨，其5%的抵消比例测算所需的CCER抵销量约为2亿吨/年，因此CCER市场总体处于供不应求状态。

综上，当前的市场压力势必会促进对海洋碳汇的开发利用，改变目前主要以林业等碳汇为主的自然资源碳汇交易局面，进而通过发挥海洋优势助力中国实现碳达峰、碳中和目标。2021年6月8日，自然资源部第三海洋研究所、广东省湛江市红树林国家级自然保护区管理局、北京市企业家环保基金会（SEE基金会）举行了“广东湛江红树林造林项目”碳减排量转让协议签约仪式，北京市企业家环保基金会购买了该项目签发的首笔5880吨二氧化碳减排量，用于中和机构开展各项环保活动的碳排放，这一实例很好地说明了海洋碳汇的发展潜力和趋势。

二、中国发展海洋碳汇市场交易的SWOT分析

发展海洋碳汇是中国生态文明建设的重要抓手，是助力中国实现碳达峰、碳中和战略目标的有力支撑。将海洋碳汇纳入碳市场进行交易，是推动中国碳市场交易体系构建完善的必要环节，这不仅有利于高效减排增汇这一最终目标的实现，同时还可以形成新的经济增长点。作为被研究者和管理者最广泛使用的战略分析工具之一，SWOT分析是对内外部环境的各方面内容进行归纳和概括，进而分析组织的优势（strength）和劣势（weakness）、面临的机遇（opportunity）和挑战（threat）的一种方式，这里采用SWOT分析方法综合判断海洋碳汇市场交易发展的内外部环境及各方面条件。

（一）优势

1. 海洋碳汇日益受到广泛关注和重视

党的十八大以来，党中央、国务院高度重视海洋碳汇发展。一方面，做

出“建立增加森林、草原、湿地、海洋碳汇的有效机制”“探索开展海洋等生态系统碳汇试点”“探索建立蓝碳标准体系和交易机制”等一系列决策部署，将海洋碳汇明确纳入国家战略，并在《自然资源部办公厅关于建立健全海洋生态预警监测体系的通知》等文件中明确“实施海洋碳汇监测评估”等具体安排。另一方面，自然资源部在答复张荣等31位全国人大代表提交的《关于我国抢占海洋碳汇国际制高点的建议》时，提出将积极开展“加强顶层设计，加大科技支撑力度，开展全国海洋碳汇监测、调查和评估，加快蓝碳交易机制探索实践，深化国际合作”等工作。海洋碳汇在应对气候变化和改善生态环境等方面的作用日益受到重视，海洋碳汇是实现“双碳”目标的重要途径之一已达成广泛共识。

2. 碳交易理论研究和实践探索为推动海洋碳汇交易奠定了重要基础

中国从2011年10月开始探索碳排放权交易，2021年7月正式启动全国碳交易市场，地方碳交易试点形成了总量可控、交易完整的碳排放交易市场体系，健全了政府在碳排放监测、报告和核查方面的能力。目前为止，中国已探索出较为成熟的配额分配、管理和交易履约机制，碳市场会计核算准则、配额分配方案、管理条例等制度也相继出台。此外，在碳中和战略背景下，国内沿海城市也在积极探索、加速推进海洋碳汇市场交易工作。总体而言，经过碳交易市场多年的试点实践，试点范围内的碳排放总量和强度保持双降趋势，年度交易量规模在逐步扩大。据中国碳排放交易门户网站上统计，截至2021年9月底，全国碳市场碳排放配额(carbon emission allowances，CEA)累计成交量为1764.9万吨，累计成交额为8亿元，CCER总成交量近3亿吨，全国碳交易市场减排成效显现。可以说，已有的碳交易实践为海洋碳汇的市场化交易提供了重要依据，其发展经验对推动中国海洋碳汇交易市场发展意义重大。

3. 丰富的海洋碳汇资源为海洋碳汇市场交易提供了物质基础

中国海洋生态系统多样、海洋生物资源丰富，是世界上少数几个同时拥有海草床、红树林、盐沼三大海岸带生态系统的国家之一，670万公顷的滨海湿地是海洋碳循环活动极其活跃的区域。同时，中国海水养殖产量常年居世界首位，贝类和大型藻类吸收了大量二氧化碳，按林业碳汇计量方法，中国海水贝藻类养殖对二氧化碳减排的贡献相当于每年造林50万公顷。可以说，中国海洋碳汇可利用空间远超森林、草地、耕地等陆地碳汇空间，可交易的海洋碳汇基数庞大。

（二）劣势

1. 海洋碳汇交易仍处于探索阶段，海洋碳汇交易市场体系不完善

总体而言，中国海洋碳汇工作开展时间较晚，当前市场主要集中在林业碳汇项目方面，涉及海洋碳汇的项目极少，与海洋碳汇交易相关的规范、技术、标准等亦尚未成体系。尽管厦门、深圳、威海等沿海城市已率先开展海洋碳汇交易试点相关工作，但因缺乏实践经验，尚未建立与国际接轨的计量、监测评估体系以及第三方认证、注册等体制机制，海洋碳汇项目如何开发、实施、交易、管理以及如何全面测算、监管、核证等一系列问题还没有形成明确、公认的解决方法，国内已有的《海洋碳汇核算指南》等地方性海洋碳汇方法学尚未获得国家发改委等部门的确认和发布。全国首个海洋碳汇交易项目——广东湛江红树林造林项目由于与林业碳汇项目交易较为接近，红树林产权权属相对清晰，该项目难以形成全国通用可行的制度方案，国家层面的海洋碳汇交易制度顶层设计尚属空白。

2. 碳交易市场金融化程度较低，海洋绿色金融发展基础不足

充分发挥金融手段的作用，有利于提高碳交易市场的流动性，有利于通过激活碳汇助推生态产品价值实现。但现实情况是，目前中国此方面尚存在产品不足、市场参与度低、融资渠道狭窄、投资周期长且成本高等问题。碳交易市场的交易配额来自政府分配，地方试点的政府配额分配较为宽松，而排放企业端承担因交易带来的风险意愿不高，选择持有配额而不进入交易市场的可能性较大。同时，投资机构缺少配额、市场上可流通的配额较少等原因导致碳交易市场机制无法发挥作用，碳金融市场也就无从发展。尽管碳交易试点地区及部分金融机构陆续开发了碳债券、碳基金、碳排放权抵押等金融产品，但市场仍以现货交易为主，碳金融衍生品等金融工具的使用十分有限。从碳市场的流动性角度来看，地方试点阶段因为缺乏投资机构和金融产品的参与，部分区域市场还出现了较为明显的控排企业履约期集中交易、非履约期交易不活跃的现象，进而抑制了市场的流动性。因此，上述情况的存在就导致中国海洋碳汇交易市场建设缺少相应的实践经验，海洋绿色金融发展尚缺乏坚实基础。

3. 相关法律体系建设不完善，海洋碳汇市场交易缺乏强制力保障

目前，中国对碳交易市场的监督管理依据主要来自部门规章制度及规范性文件，缺乏更高层级的制度安排。同时，还没有建立完善的碳排放控制制度，企业履约的强制力尚不够强，对利益相关方的约束力也不足。此外，对海洋等生态环境补偿的体制、机制、能力等建设也不完善。这些问题导致目前海洋碳汇交易市场发展的保障还不充分，不能为海洋碳汇的交易双方提供健全良好的交易环境。

（三）机遇

1. 实现“双碳”目标为发展海洋碳汇市场交易提供时代机遇

2021 年以来，习近平总书记在多个重要场合强调把碳达峰、碳中和纳入生态文明建设整体布局，呼吁“共同构建人与自然生命共同体”，并提出“十四五”时期要提升生态碳汇能力，有效发挥森林、草原、湿地、海洋、土壤、冻土的固碳作用，强调了各类生态系统及其相互关联的整体对全球碳循环的平衡和维持作用。目前，中国正在制定碳达峰行动计划，部分省市已率先开始制订相关行动方案，积极制定减排目标与对策，如上海出台 2025 碳达峰行动方案，北京、广东、天津等多个省市也都明确提出“十四五”期间的碳排放达峰目标与计划，可以说生态文明建设已迈入将降低碳排放作为重点战略方向的新阶段。在这一大环境下，把握时代机遇，良性开展碳减排，必将促进海洋碳汇及其市场交易的发展。

2. 全国碳交易市场建设为推进海洋碳汇市场交易提供国家政策机遇

2021 年 7 月 16 日，全国碳交易市场正式开始上线交易。《碳排放权交易管理办法（试行）》《碳排放权登记管理规则（试行）》《碳排放权交易管理规则（试行）》《碳排放权结算管理规则（试行）》等政策文件颁布施行后，全国碳排放权登记、交易和结算的规则等得到了明确，同时随着覆盖行业范围的扩大，全国碳交易市场必将快速发展。这对推动海洋碳汇市场交易活动的发展将具有重要的推进作用。

3. 碳市场价格波动为引致海洋碳汇的市场交易需求提供市场机遇

近年来，由于欧盟碳市场配额紧缩，碳排放权价格从 2018 年开始持续上升，2021 年 5 月已上升至 53.24 欧元/吨。2021 年 3 月，欧洲议会通过欧盟碳边界调整机制（Carbon Border Adjustment Mechanism，CBAM）的决议，即“碳关税”的征收。一旦2023年这一政策正式施行，欧盟将对进口商品的含碳量进行征税。基于该政策制定的根据欧洲碳价与各国碳价的差值计算碳关税的机理，各国的碳价均有望上涨。特别是随着中国碳交易机制的日趋成熟及中国碳中和目标的不断推进，国内碳排放的总量控制就越严格，使得市场的碳排放权供给数量下降，碳排放权价格将呈现与欧盟国家一起保持持续上涨的趋势。碳价过高将导致高碳企业负担过重，不利于组织生产。在碳汇产品替代效应下，与海洋相关的个体、非政府组织或碳汇需求者对于海洋碳汇及相关产品将具有更高的投资意愿，进而有利于激发国内对海洋碳汇市场交易的开发需求。

（四）挑战

1. 碳价格呈现明显的非市场化特点

碳交易作为推动气候治理的一项市场化政策工具，应由交易主体形成价格，提供减排的灵活性，从而得以缓解经济发展中存在的能源增长需求与减排降碳压力并存的现实矛盾。现阶段，中国的碳交易仍以政府为主导，而市场调节作用相对较弱，导致源于政府行政命令下的定价过程的透明性相对较低，不但会造成碳价格的不合理波动，而且会给参与海洋碳汇市场交易的企业等组织的风险管理带来不确定性，降低其参与其中的积极性与主动性。

2. 成熟公认的标准和方法学难以确立

目前，林业碳汇等的核算方法已比较成熟，而海洋碳汇尚未得到国际碳交易机制的普遍认可，相应的碳计量等标准和方法学的研究与实践的基础较薄弱。同时，中国海洋碳储量和通量的全面调查数据十分缺乏，再加上海洋碳汇的形成与运动过程更为复杂，影响“碳”的其他海洋碳汇成分涉及地球系统的其他圈层，需要不同学科之间的整合研究，获取准确的数据及建立科学有效的计量模型难度较大，因此在确立符合海洋碳汇自身特点的方法学方面会面临很大挑战。

3. 海洋碳汇的产权权属尚未明晰

中国《海洋环境保护法》《海域使用管理法》《物权法》等并未对海洋碳汇的权属进行明确规定，同时海洋碳汇交易依托的特定海域等也不属于私法上的财产权利客体，而是属于公法管辖的范畴，国家享有对海洋资源的支配

权和管理权。这就使得短期内很难清晰划定海洋碳汇交易各主体之间权利行使的边界,导致海洋碳汇无法成为私法上财产权利的客体,从而会对其在市场上的顺畅流转产生影响。此外,按照物权法定原则,碳排放权能否作为控排企业有权处置的资产,目前还尚无法律做出明确规定,这在一定程度上给海洋碳汇交易带来了不确定性。

三、中国海洋碳汇交易市场模式的构建策略

(一)碳交易市场的组成逻辑与底层机制

作为碳价的市场化反映手段,碳交易市场是实现碳中和的一大重要政策工具。全球来看,碳交易市场可划分为基于配额总量的碳排放权交易市场以及基于项目制的碳信用市场。两者的主要区别在于基准的设定和是否有上限限制。碳信用市场又进一步分为双边信用机制、国家/地区内的信用机制、自愿碳标准(包括核证减排标准和黄金标准)以及《京都议定书》下的清洁发展机制(clean development mechanism,CDM)和联合履行机制(joint implementation,JI)等。其中 CDM 项目由发达国家在发展中国家实施,JI 项目是在均有减排承诺但履约成本不同的国家之间开展。从碳交易买方的角度来看,碳交易市场又可划分为强制市场和自愿市场。碳排放权交易市场为强制属性,目前发展最为成熟的是欧盟碳排放权交易体系(EU-ETS)。自愿性碳市场主要由无减排承诺的企业出于社会责任和维护公共关系等动机购买碳信用额,同时也是碳排放权交易体系的重要补充机制。

(二)海洋碳汇交易市场的构建原则

1. 与碳交易市场保持一致原则

总体看,中国的碳交易市场分为一级市场和二级市场。其中,一级市场是发行市场,二级市场是交易市场。一级市场创造碳排放权配额和项目减排量两类基础资产。前者的交易对象主要是控排企业获配的碳排放配额;后者的交易对象主要是通过实施项目削减温室气体而取得的减排凭证。作为碳交易市场组成的一部分,海洋碳汇交易市场也要按此进行设立。考虑中国碳交易市场中的碳排放配额尚未有涉及海洋的内容,本文的探讨主要围绕减排类项目进行。

2. 可持续发展原则

可持续发展原则指海洋碳汇交易模式的构建应在最大程度上保护海洋生态环境系统不受损害的前提下进行，通过碳汇交易实现海洋资源、环境与经济的协同发展。

3. 准入标准化与信息透明化原则

准入标准化原则指海洋碳汇交易市场应当有明确的准入准则，以保障交易的有序进行。同时，对交易市场的各类信息，应及时、准确地披露，以减少因信息不对称引起的问题。此外，信息的透明化还可以避免市场垄断的发生，有利于保证交易参与者之间的公平竞争，从而实现海洋碳汇资源的最优配置。

（三）海洋碳汇交易市场的模式选择

当前，随着社会的发展，经济问题日益尖锐复杂。为保证经济政策的实施效果，就必须充分考虑相关的社会依据和社会条件，即探究经济和社会的相互关系以及经济运行过程中经济因素和非经济因素相互作用的一般规律。因此，本文从经济社会学角度，对中国海洋碳汇交易市场的模式选择进行探讨。

在经济社会学中，关于国家和市场关系的一个重要理论维度认为，作为市场主体重要组成部分的企业间的关系是高度不稳定的，呈一种无序竞争的状态。在这种情况下，市场就需要建立某些规则从而使企业对相互之间的竞争关系有一个比较确切的把握，但市场自身没有产生规则的权威，因此这只有通过国家（或政府）来实现。基于此，借鉴杭州市临安区“农户森林经营碳汇交易体系”、广州市花都区公益林碳普惠项目等的成功经验，本研究认为中国海洋碳汇交易市场的构建应采取“市场＋政府”的模式，即在海洋碳汇交易市场中，碳汇供给者（卖方）向市场提供海洋碳汇及相关产品，碳汇需求者（买方）通过市场竞争的手段购买所需产品，政府在此过程中作为监管者保证交易的有序进行（必要时刻还可以进行宏观调控，稳定市场供需等）。以此为基础，中国海洋碳汇交易的市场组织架构主要应包括市场交易载体，即海洋碳汇项目；交易市场要素，即交易主体、客体与交易媒介；交易市场环包括价格、供给与风险等在内的市场运行机制，以及政策保障机制等（图 1）。

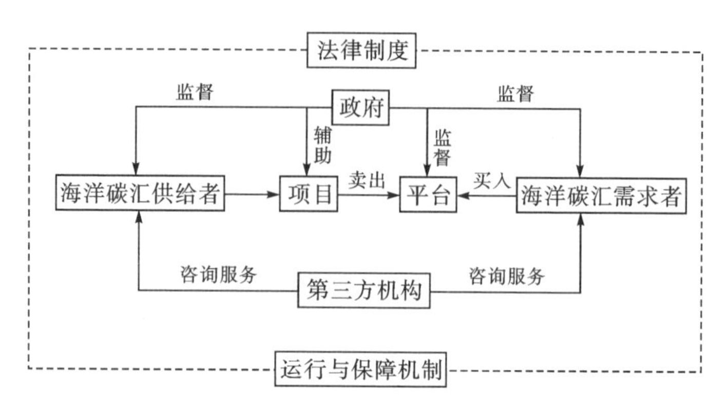

图 1　中国海洋碳汇交易市场架构

同时，考虑中国目前的碳交易活动中，市场的刺激作用尚未得到充分体现，社会主体尚缺乏足够的积极性，从而难以实现以更低的社会成本达到实际减排目标的现实情况，在海洋碳汇交易中，政府应出台相关政策，鼓励控排企业等组织积极投资参与海草、海藻、珊瑚礁、红树林生态系统修复等活动，以此抵消部分减排量，不仅能为超排企业提供合规、低成本的履约路径，而且也能为海洋项目低碳运营筹集资金，从而更好地实现项目的生态价值和经济价值。

（四）海洋碳汇交易市场的驱动力及发展路径

中国海洋碳汇交易市场需要内外双驱动力。一方面，海洋碳汇交易市场的供需需要外在的政策与法制保障；另一方面，各种激励手段是交易开展的内生动力，能促进资本在市场内流动，从而创造更多供需。

同时，借鉴欧盟等地区的国际经验及中国碳交易市场的经验，海洋碳汇交易市场应采取分阶段发展的路径安排。基于已有的碳交易市场试点基础，优先在上海、深圳、广州等城市，选择红树林、海草床等较为成熟的海洋生态系统开展先行先试工作，重视试点地区的实践经验，提炼和总结运行中遇到的问题及解决方案，并根据不同区域的自然情况，选择合适的交易对象，开发更多的交易项目，逐步扩大市场涵盖的空间与地理范围。在发展的初始阶段可以主要由政府驱动，过渡阶段逐步引入市场要素，在成熟阶段则由市场主导驱动。

其中，用于市场交易的海洋碳汇项目需关注对碳排放组织的碳排放源减少或碳汇增加等方面的成效，具体形式可以包括海洋可再生能源项目、红树林碳汇项目等。项目的设计开发要注重海洋碳汇量核算的方法学，以及碳汇项目的注册和数据核查等工作。此外，项目的设计还应秉持多效益、多水平、多方参与的原则。多效益指项目需要关注经济效益与社会效益、生态效益的协调发展；多水平指对项目的大小可以不做统一规定，项目可以是某一地区、国家甚至是国际级别；多方参与即项目应吸纳不同的参与者或利益相关者，从而提高项目的实施效率。

（五）海洋碳汇交易市场的要素设计

完善的交易市场有三大要素——交易主体、交易客体和交易媒介。海洋碳汇市场的交易本质是合同交易，交易主体有碳汇供给者（卖方）、需求者（买方）和其他参与者。供给者通过出售海洋碳汇获取收益，拥有收取回报的权利并承担交付碳汇产品的义务，需求者通过支付费用购买海洋碳汇，拥有碳汇产品的所有权和支付成本的义务，双方活动通过交易媒介实现。下面分别对三要素内容进行详细设计。

供给者作为海洋碳汇的卖方，其范围可以十分广泛，包括不具有减排义务但拥有海洋碳汇额度的供给者与既具有减排义务又拥有海洋碳汇额度的供给者。此外，还有市场投资者，从储蓄者手中购买海洋碳汇卖给需求方。

需求者作为市场的买方可以是实施强制减排的组织（ICAO）、自愿参与减排的公司与市场投资者等。

除此之外，交易过程还要有其他参与者，如政府、海洋碳汇中介机构及第三方机构。从政府角度出发，其应积极鼓励海洋碳汇的储存，提供资金、技术、政策和引导，规范市场交易，保证交易市场的稳定发展。具有市场影响力的中介机构，能够主动积极地寻找可靠买方，促进市场的高质量发展。第三方机构也是海洋碳汇市场的重要组成部分，如咨询机构可以为供需双方提供市场交易信息、预测风险和未来的发展趋势等。

海洋碳汇交易市场的客体是海洋碳汇服务产品，各地应结合自身的资源特点与优势进行产品开发，从而实现市场产品的多元化。

从全球范围来看，中国仍是 CDM 的主要供给国，在全球碳交易市场上的话语权仍较小，这与西方发达国家占有碳交易市场主动权的情况存在较大差异；同时海洋碳汇尚处于发展的初始阶段，因此中国海洋碳汇交易市场媒介的重要组成部分——交易平台的建设应突出以下 3 个要点：①统一且有

效。应当按照明确统一的标准设计出海洋碳汇交易的合约，对相关内容如计量单位、核算方法、货币单位和项目期限等都有着统一的标准，同时该标准还要与国际相关标准进行对接，以促进中国在此领域的国际影响力及与国际市场的合作。②应体现中国海洋碳汇的特色。交易平台的构建应充分考虑中国海洋资源环境的特色情况，发挥出其整体储备的最大潜力。③需提供完善的信息网络服务系统。构建全面的海洋碳汇信息网络服务系统，有利于宣传相关政策法规及技术规范，为海洋碳汇供给者、需求者及投资者提供实时供求信息，整合海洋碳汇交易相关的支持性服务，从而降低市场交易风险及交易成本，引导海洋碳汇交易市场规范发展。

(六)海洋碳汇交易市场的运行机制

供求机制是市场主体间的链接，是交易市场得以运行的基础；价格机制能反馈市场信息、引导市场流向，是市场运行的核心调节者；风险机制反映着市场交易的盈亏状况、安全程度；投融资机制则决定交易资金来源，影响着市场交易的活跃度，是市场发展的重要动力。在4种机制的共同作用下市场实现均衡，即资源得到优化配置。为建立良好的海洋碳汇交易市场，对4种机制设计如下。

1. 供求机制

CDM等项目获得的碳信用价格和产量主要取决于供给和需求的均衡水平。鉴于此，从供给方面出发应提高海洋碳汇供给者竞争力与供给能力，项目初期可在资金、技术、政策等方面给予支持。在需求方面应建立相应机制，增加对海洋碳汇的需求，如做好项目风险分析等工作，提升其市场认可度，从而提高海洋碳汇的吸引力；同时，还要通过第三方机构等多元主体寻求更多交易机会，积极做好市场开拓等工作。

2. 价格机制

商品的交易需要通过价格发挥作用，建立完善的价格机制，可以真实反映市场供需，从而实现资源的优化配置。海洋碳汇的价格影响因素主要涉及海洋资源环境的自然情况、项目经营情况与定价方法、国内外市场情况、能源价格情况、相关政策情况等方面。因此，对海洋碳汇交易价格机制的设计，应充分、良好地体现这些因素，从而确保科学合理地反映海洋碳汇的产品价值。

另一方面，价格机制还需依据交易平台的特点进行设计，从而合理连接海洋碳汇的供给者与需求者，并保障市场能够发挥最大效用。

3. 风险机制

海洋碳汇交易的主要风险包括自然风险、市场风险、政策风险等。建立良好的风险机制能有效规避交易过程中的多项风险，建议从 3 个方面建立风险机制：①做好风险分析等工作，建立良好的风险预警机制。确立海洋碳汇交易的具体风险因素组成，分析不同因素的影响机理，制订好风险预警方案，建立有效的风险预警机制。②完善市场要素，做好稳定发展工作。确保交易制度的明晰化、标准化，从而降低交易过程的不确定性，同时建立规范、完善的法律体系，保障买卖双方各自的利益。此外，还要做好海洋资源环境维护等方面工作，从而促进市场的稳定发展。③发展海洋碳汇保险相关业务，依靠保险市场降低风险的影响程度。

4. 投融资机制

海洋碳汇项目的实施过程需要大量资金的投入，同时充分发展市场交易，全面体现海洋碳汇价值也需要金融市场的深度匹配。因此，只有建立良好的投融资机制，才能保证充足的资金供给，推动海洋碳汇交易市场可持续发展。

要大力发展海洋碳汇的期货、信贷、基金等产品业务，设计好完善的政府、企业、金融机构等投融资渠道，并注重海洋碳汇金融市场的高效运行，从而保障海洋碳汇金融的成效。

（七）海洋碳汇交易市场的支撑机制

1. 监测、报告、核查机制

为确保海洋碳汇项目相关数据的真实性和准确性，需要对海洋碳汇的实际情况进行动态监测、及时报告、有效核查，在综合评估的基础上，适时建立常态化的联动机制。

2. 登记记录机制

登记记录机制主要目的是准确记录海洋碳汇的流转过程，主要功能包括随时反馈各卖方持有的海洋碳汇种类和数量，跟踪记录每一个海洋碳汇的产生、交易、流转等过程信息。可以考虑由政府部门建立海洋碳汇交易登记数据库系统，并与交易主体、交易平台等链接。此外，进行登记记录也有

助于营造海洋碳汇交易体系的诚信环境。

四、中国海洋碳汇交易市场运行的保障措施

为保障海洋碳汇交易市场能够持续、有效地运行，还需要系列保障措施的配合。分别从组织领导、顶层设计、科学研究和人才培养等4个方面提出举措。

（一）加强组织领导，完善体制机制

加强组织领导，将海洋碳汇交易纳入国家和地方发展规划，发挥中央、地方、企业在海洋碳汇交易市场中的不同作用，在海洋碳汇交易试点、规划、评审等方面加强政策支持和引导。制订海洋碳汇交易总体方案和行动计划，明确海洋碳汇交易全链条各部门职责、监管机制、奖惩举措，明确近期、中期、远期工作目标，明确中央、地方、企业各自的责权利。有效发挥政府对海洋碳汇交易价格的宏观调控和指导作用，确保海洋碳汇交易价格维持在合理区间。逐步推进海洋碳汇交易项目纳入规范化的管理机制中，从而扩大海洋碳汇交易的市场规模，保障海洋碳汇权属主体获得相应回报。

同时，与国内其他碳汇交易发展基金等合作，多措并举培育海洋碳汇交易市场。各地可以根据当地的海洋碳汇市场需求情况和市场发育情况进行海洋碳汇交易试点，不断完善海洋碳汇项目的申报、经营、核证等程序。另一方面，可以建立中央和地方层面的海洋碳汇交易协调领导小组或专项工作领导小组，明确牵头部门和责任部门工作职责和任务分工，建立多部门协同协调工作机制，动态推动各项工作取得实质性进展，并在资金、人才、政策等方面提供政策支持，为推动海洋碳汇交易规范有序、公开透明、健康可持续发展提供多重保障。

（二）加强顶层设计，完善制度体系

推进海洋碳汇交易立法，在国家有关碳汇交易制度设计和条款设置方面，明确海洋碳汇交易的法律定位和配套保障措施。在摸清中国海洋碳汇家底的基础上，根据中国碳中和总体目标制订海洋碳汇交易总体方案，明确海洋碳汇交易市场导向，建立并加强相应的制度建设，探索与碳排放交易的相关制度的有机结合。坚持政府主导、多方参与、市场运作的原则，构建健康发展，兼顾经济效益、社会效益和生态效益相统一的交易市场，制定出台

海洋碳汇开发及交易管理暂行办法或规则，明确海洋碳汇交易目标、任务分工及评估核算、考核监管等标准体系以及市场主体、交易类型、交易规则、交易机构、监管责任等。

借鉴林业碳汇交易可复制、可推广的制度体系、配套措施、实践经验，逐步建立具有海洋特色的碳汇交易制度体系。总结地方实践经验，逐步搭建海洋碳汇全国交易平台，建立与海洋碳汇交易配套的体制机制。并与财政或金融部门建立联动机制，建立健全海洋碳汇交易的金融财税政策、专项配套基金，不断引导企业和资本进入海洋碳汇交易领域。根据中国国情和各地海洋碳汇分布及碳交易市场活跃度，明确海洋碳汇项目的开发、申报、审核、交易等工作的管理办法，构建海洋碳汇核算方法和制度体系。同时，针对海洋碳汇形成和交易等环节中可能出现的问题，探索建立并不断完善海洋碳汇交易中的各项管理和监测制度。

（三）深化科学研究，提高技术水平

进一步加强对海洋碳汇的科学研究工作，系统组织开展海洋碳汇基础研究、战略研究和实践探索，建立具有中国特色的海洋碳汇大数据综合管理平台。加强海洋碳汇交易决策咨询，深入开展海洋碳汇核算技术和方法学等的研究与相关标准制定的探索，支持开展海洋绿色金融研究和海洋碳汇产权权属管理研究。对制约中国实现海洋碳汇交易市场化的重大科技问题，可以通过加强自然资源部相关科研单位与相关科研院所和高校的合作与交流等方式，协作共进，联合攻关。

鼓励并推动中国相关机构和人员加强与有关国际组织、国家、机构等在交易机制、方法学、碳汇潜力挖掘等方面的合作交流，不断提升中国海洋碳汇相关的技术水平和能力。同时，还要注重加强与国内林业碳汇等其他类型碳汇交易机构、人员等的合作交流与研讨，积极探索关于海洋碳汇市场构建、交易等方面的技术、方法、人才的合作交流，推动海洋碳汇交易市场的建设。

（四）注重人才培养，强化智力支持

建立政产研学用人才联合培养机制，培养集海洋、金融、管理等多种专业知识于一身的专精尖人才和跨学科人才。利用校企合作等方式共同推动海洋碳汇交易人才理论研究水平和实践能力的不断提高，并在全国范围内

组织开展多层次、大范围、多领域、多主题、多样化的培训活动，提高海洋碳汇交易领域不同层次人才的能力和水平。

另一方面，在海洋碳汇方法学研究等方面，建立“揭榜挂帅”机制，并通过加大资金支持力度，以指令性任务、科研基金项目、业务项目等多种方式激励具有实力的科研院所和高校积极开展相关理论和实践研究，为海洋碳汇市场交易的顺利开展提供智力支持。

五、结论

海洋是高质量发展战略要地，研究构建海洋碳汇交易市场并将海洋碳汇纳入全国碳交易市场，不但是推动落实《中共中央 国务院关于完整准确全面贯彻新发展理念 做好碳达峰碳中和工作的意见》关于碳汇交易精神的重要举措，而且是助力推动人与自然和谐共生的重要抓手。本研究以助力实现碳中和为目标导向，以海洋碳汇交易市场构建为切入点，梳理了海洋碳汇的减排作用与发展环境，分析了中国发展海洋碳汇交易的优劣势以及机遇和挑战，提出了海洋碳汇交易市场模式的构建策略以及市场运行的保障措施。对海洋碳汇交易市场的构建进行了初步探讨。随着碳中和目标和共建地球生命共同体理念的不断推进，相信关于中国海洋碳汇交易市场的理论研究和实践探索将不断丰富、完善、全面、系统。

文章来源：原刊于《科技导报》2021 年第 24 期。

中国滨海湿地的蓝色碳汇功能及碳中和对策

■ 王法明，唐剑武，叶思源，刘纪化

论点撷萃

滨海湿地是由沿海盐沼湿地和红树林组成的湿地生态系统。由于受到海水周期性潮汐淹没的影响，滨海湿地的碳汇功能强大，是降低大气二氧化碳浓度、减缓全球气候变化的重要途径。有效地评估滨海湿地的碳汇能力、固碳潜力和生态系统服务功能，是制定减排增汇措施的重要手段，也是各国政府制定应对气候变化行动计划的理论依据，更是我国实现碳中和目标的重要基础。

滨海湿地是全球变化的敏感区和脆弱区，其固碳功能如何响应人类活动和环境变化是当前蓝碳研究的热点。总体上，我们对滨海湿地这一蓝碳生态系统的碳储量、速率、过程机制和生态系统服务功能尚缺乏足够的了解，目前尚缺乏对中国滨海湿地固碳功能的系统模拟预测。

滨海湿地具有很强的生态系统服务功能和碳汇价值，也具有很强自身恢复力。尽管面临人类活动干扰、海平面上升和气候变化等不利因素，全球滨海湿地的总面积在21世纪末仍会有一定程度的增加，其总的固碳能力，特别是碳埋藏速率会进一步增强。由于我国滨海湿地的沉积速率较高，如果没有人为对自然岸线的破坏和干扰，其在21世纪末的总面积仍会有较大比

作者：王法明，中国科学院华南植物园研究员；
唐剑武，华东师范大学河口海岸学国家重点实验室、崇明生态研究院教授；
叶思源，中国地质调查局青岛海洋地质研究所研究员；
刘纪化，山东大学海洋研究院副教授

例增加，整体的碳汇和生态系统服务功能也会进一步增强。但我国目前滨海湿地的总面积有限，过去几十年海岸带地区的滩涂围垦、鱼虾养殖、城市化及工业化等土地开发活动导致滨海湿地面积急剧减少，其固碳功能和碳汇潜力下降。因此，如何有效恢复滨海湿地，增加湿地面积，减少对湿地周围自然岸线的破坏，提高其自然恢复能力，增强现有滨海湿地的生态系统服务功能，对我国滨海湿地蓝碳功能的恢复和提高具有重要意义。

当前，我国急需加强滨海湿地的科学研究，保护其生态系统结构与服务功能的完整性，停止破坏性的滨海湿地开发活动，避免其蓝碳功能的快速损失，推进滨海湿地的生态恢复工作，重建和新建滨海湿地生态系统，恢复并增强其蓝碳功能，在保护自然的同时受惠于碳汇增益，让滨海湿地蓝碳为我国的碳中和战略做出更大贡献。

滨海湿地是由沿海盐沼湿地和红树林组成的湿地生态系统。由于受到海水周期性潮汐淹没的影响，滨海湿地的碳汇功能强大，是降低大气二氧化碳(CO_2)浓度、减缓全球气候变化的重要途径。这些滨海湿地与海草床等生态系统所固存的碳被称为海岸带“蓝碳”(blue carbon)。“蓝碳”是与陆地植被的“绿碳”相对而言的。海洋每年从大气中净吸收(进出通量之差)大约2.3 Pg C，而陆地生态系统大约净吸收了2.6 Pg C。传统上，海洋蓝碳被认为主要通过物理溶解度泵(大气CO_2溶解到海水里)、生物泵(植物通过光合作用吸收和转化CO_2并沉积到海底)，以及海洋碳酸盐泵(贝类、珊瑚等海洋生物对碳的吸收、转化和释放)在不同时间尺度实现储碳。根据联合国的评估，全球海洋活体生物所固持的碳有一半位于海岸带的蓝碳生态系统。滨海湿地作为一类重要的海岸带蓝碳生态系统，具有巨大的碳吸收能力，属于“基于自然的解决方案”的实践范畴，是重要的基于海洋的气候变化治理手段之一；在减缓温室气体排放的同时，滨海湿地可以给沿海国家乃至全球带来经济和社会效益。研究表明，滨海湿地每平方千米的年碳埋藏量预计可达0.22 Gg C，相当于3.36×10^5 L汽油燃烧所排放的CO_2。因此，有效地评估滨海湿地的碳汇能力、固碳潜力和生态系统服务功能，是制定减排增汇措施的重要手段，也是各国政府制定应对气候变化行动计划的理论依据，更是我国实现碳中和目标的重要基础。

一、滨海湿地的蓝碳固碳功能及机制

滨海湿地生态系统相比于陆地生态系统的优势在于极大的固碳速率，以及长期持续的固碳能力。陆地生态系统随植物的不断生长和土壤有机质的累积，其植物和土壤呼吸释放的碳会持续增加。因而，其固碳能力在几十年到百年尺度上会达到饱和。达到饱和点后，植物通过光合作用吸收的碳与系统内植物、微生物和动物呼吸释放的碳会达到平衡，从而导致系统净固碳能力趋于零。滨海湿地中植物的凋落物会沉积到土壤中，但是与陆地生态系统不同的是：海水潮汐往复能够极大减缓这些沉积有机质的分解；随着海平面的上升，滨海湿地中沉积物不断增加并被埋藏到更深的土层，客观上不利于有机质的降解，因而这些沉积物中的碳能够在百年到上万年尺度上处于稳定状态而不会释放回大气中，从而实现稳定持续的储碳。此外，与淡水湿地相比，由于海水中大量硫酸根离子的存在，能够有效抑制滨海湿地中的甲烷（CH_4）排放。滨海湿地的这些特性相对于陆地生态系统固碳具有明显的优势，其单位面积的碳埋藏速率是陆地森林系统的几十到上千倍。故而长期来看，滨海湿地生态系统比陆地生态系统具备更强的固碳能力和生态系统服务功能，是应对人类目前所面临的气候变化问题的重要资源。

滨海湿地固碳功能主要体现在其垂直方向的沉积物的碳埋藏速率和水平方向通过潮汐作用与海水中的无机碳（DIC）、溶解有机碳（DOC）和颗粒有机碳（POC）的交换（图 1）。全球尺度上，盐沼湿地面积约为 6.23×10^4 km^2，红树林面积为 14×10^4 km^2。根据滨海盐沼湿地和红树林的全球分布，结合过去在海岸带地区的有机质沉积速率的研究，Wang 等初步估算了全球尺度上盐沼湿地和红树林的碳埋藏速率约为 53.65 $Tg\ C\cdot a^{-1}$，换算成 CO_2 当量为 196.71 $Tg\cdot a^{-1}$。这一数据相当于人类活动每年排放量的 0.6%。如果从单位面积碳埋藏速率估算，滨海湿地蓝碳系统的碳埋藏速率是陆地生态系统固碳速率的 15 倍、海洋生态系统固碳速率的 50 倍左右。因此，滨海湿地蓝碳系统的碳埋藏速率很高。此外，此数值仅为垂直方向碳埋藏速率，其水平方向通过潮汐作用与海洋的交换过程也有大量的碳以 DIC、POC 和 DOC 的形式输入海洋，这部分受方法学制约鲜见报道。但已有个别研究结果显示：滨海湿地通过潮汐输入海洋中的无机碳远超其沉积有机碳。因此，滨海湿地的实际年固碳能力，远超通过传统碳埋藏所估算的速率。

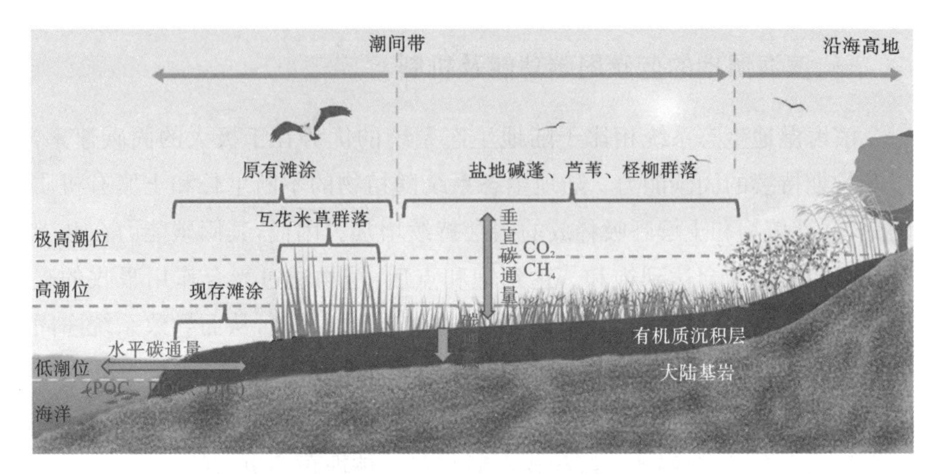

图1　中国滨海湿地主要生态类型的相对地理分布及其储碳机制

二、国际滨海湿地蓝碳研究热点

自 2011 年以来，国际上有关海岸带蓝碳生态系统固碳能力的研究逐渐成为热点；国内近几年亦有多个蓝碳研究项目在开展。Macreadie 等总结了蓝碳研究的 10 个重要问题，其中涉及滨海湿地蓝碳功能的问题的有 9 个，分别是：①气候变化如何影响蓝碳系统的碳累积？②人类干扰如何影响蓝碳系统的碳累积？③蓝碳生态系统的分布及其时空格局如何？④有机和无机碳循环过程如何影响碳排放？⑤如何估算蓝碳系统中碳的来源？⑥影响蓝碳系统中碳埋藏速率的因子有哪些？⑦蓝碳系统和大气的温室气体交换速率如何？⑧如何减少蓝碳估算中的不确定性？⑨管理措施如何维持并提升蓝碳固碳功能？这 9 个问题既是当前滨海湿地蓝碳研究的热点，也是未来的主要研究方向。

总体上，我们对滨海湿地这一蓝碳生态系统的碳储量、速率、过程机制和生态系统服务功能尚缺乏足够的了解。以美国为例，尽管“蓝碳”这一概念是由美国科学家最先提出，但其研究人员对美国滨海湿地的蓝碳固碳速率的了解依然比较缺乏——已有的报道多集中在滨海湿地的碳储量，而对其碳通量和生态系统服务功能缺乏系统的总结。为了弥补这一缺失，中国研究人员利用滨海湿地碳沉积数据和美国湿地调查数据，系统估算了美国当前国家尺度上的滨海湿地蓝碳系统碳埋藏能力；并利用联合国政府间气候变化专门委员会(IPCC)的气候模型预测数据和全球滨海湿地面积的模拟数据,建立了固碳速率与气候因子的经验模型,前瞻性提出:全球滨海湿地蓝碳系统的碳埋藏能力到21世纪末将持续增加。这是首次在国家(美国)和全球尺度上对滨海湿地蓝碳碳埋藏速率的系统估算与预测。遗憾的是,目前尚缺乏对中国滨海湿地固碳功能的系统模拟预测。

滨海湿地是全球变化的敏感区和脆弱区,其固碳功能如何响应人类活动和环境变化是当前蓝碳研究的热点。一方面,人类活动导致的生境破坏、环境污染极大地影响了滨海湿地的健康,从而影响其固碳功能。近几十年来,人口迅速增长和经济快速发展的需求使全球海岸带地区的土地利用发生着剧烈的变化。全球滨海湿地的碳汇功能和碳库储量在过去1个世纪显著降低。人为活动和环境变化,包括围垦、填海造陆、海堤建设等人为干扰,以及营养盐输入增加、气温升高等环境要素变化等,都将导致滨海湿地碳汇功能持续下降。以美国为例,由于人类活动的增加导致其滨海湿地面积比工业革命前下降超过50%。近些年,由于人类对滨海湿地生态系统碳汇功能的认识,如何保护滨海湿地资源,以及有效恢复受损湿地,已成为恢复生态学领域的重大科学问题。在滨海湿地恢复过程中,碳循环会发生重大变化,有效的生态恢复会降低湿地CH_4排放,促进植物生长,从而提高有机质沉积速率,进而提高湿地的固碳和生态系统服务功能。除了人类活动导致的土地利用变化,在全球气候变化的背景下,滨海湿地受到富营养化、气温升高、海平面上升的多重压力,导致植物的生长与演替过程的变化,尤其是改变了与碳循环相关的生产与分解过程,最终影响其固碳功能。来自美国盐沼湿地的长达10年氮肥增加模拟实验证实:海水中氮元素的增加会导致盐沼湿地退化,进而导致其碳汇功能降低。海平面上升是影响滨海湿地碳汇功能的另一个重要因素。通常,海平面上升会增加有机质的沉积;但是,当海平面上升速率超过滨海湿地沉积速率时,这些湿地会逐渐被海水淹没,导致其持续固碳功能的丧失。

三、中国滨海湿地的碳汇功能

中国拥有1.8×10^4 km的大陆海岸线,超过2×10^6 km^{2}的大陆架,分布着各种湿地类型。本文重点关注了盐沼、红树林和滨海滩涂湿地。

（一）盐沼

盐沼湿地具备很强的固碳能力，其沉积物的碳埋藏速率平均约为 168 g $C \cdot m^{-2} \cdot a^{-1}$。盐沼湿地是我国滨海湿地中面积最大的海岸带蓝碳生态系统类型，但因分类学差异导致其在总面积的统计多寡不一。Zhou 等估计我国盐沼湿地的面积为 1207～3434 km^2；根据联合国环保署认可的全球盐沼湿地遥感数据，我国盐沼湿地的面积为 5448 km^2；叶思源 2017 年的调查数据显示我国有植被覆盖的滨海湿地和潮滩的总面积达 9862 km^2。然而，Mao 等制作的最新的中国国家尺度湿地遥感图发现盐沼湿地面积仅为 2979 km^2。我国的盐沼湿地主要分布在环渤海湾、江苏省沿岸和长江口等地，在南方热带亚热带区域也有部分分布（表 1），其主要植被包括芦苇、盐地碱蓬等耐盐植物，以及互花米草等（图 1）。其中，互花米草是源自北美盐沼湿地的外来种，具备较强的适应性和耐受能力，是北美盐沼湿地的主要植被类型。我国在 20 世纪 80 年代广泛引种互花米草，用于滨海地区促淤造陆和保滩护岸等生态工程，但也导致其入侵光滩湿地、威胁本土植物和水鸟栖息地等生态问题。截至 2015 年，我国互花米草湿地面积达 546 km^2，比 1990 年扩张了 502 km^2，主要分布在江苏、浙江、上海和福建等地。这些新扩张的互花米草湿地主要侵占了原有的滨海滩涂，占比达 93%。

Wang 等利用盐沼湿地遥感数据并结合滨海湿地碳埋藏速率的实测数据，估算了我国盐沼湿地的碳埋藏速率为 1.19 $Tg\ C \cdot a^{-1}$。这一数据大于过去估算的数值 0.26～0.75 $Tg\ C \cdot a^{-1}$，以及最近 Fu 等估算的 0.16 $Tg\ C \cdot a^{-1}$，主要原因是其采用的我国盐沼湿地面积（5448 km^2）较其他数据源大。本文采用较为保守的湿地面积（2979 km^2）计算，我国盐沼湿地年碳埋藏能力约为 0.50 $Tg\ C \cdot a^{-1}$（表 1）。

（二）红树林

红树林主要生长在热带和亚热带的海岸潮间带上，在全球尺度上红树林的总面积约为 1.4×10^5 km^2，大于盐沼湿地的 6.23×10^4 km^2。全球红树林每年沉积物碳埋藏速率约为 38.3 $Tg\ C \cdot a^{-1}$，这一数据远大于盐沼湿地的 12.6 $Tg\ C \cdot a^{-1}$。同时，红树林还可以向邻近海域输出 21 $Tg\ C \cdot a^{-1}$ 的 POC 和 24 $Tg\ C \cdot a^{-1}$ 的 DOC。因此，红树林被认为是固碳最有效的海岸带蓝碳生态系统。

表 1　2015 年中国沿海各省份滨海湿地各类型的分布及其碳埋藏速率估算

省份	面积(km^2)				碳埋藏能力($Gg\ C \cdot a^{-1}$)			
	盐沼	红树林	滩涂	合计	盐沼	红树林	滩涂	合计
辽宁	974.73	0.00	0.01	974.73	162.78	0.00	0.00	162.78
河北	103.47	0.00	83.05	186.51	17.28	0.00	13.95	31.23
天津	189.69	0.00	0.00	189.69	31.68	0.00	0.00	31.68
山东	421.34	0.00	342.08	763.42	70.36	0.00	57.47	127.83
江苏	465.98	0.00	62.77	528.75	77.82	0.00	10.55	88.36
上海	602.66	0.00	109.81	712.47	100.64	0.00	18.45	119.09
浙江	76.60	1.06	217.40	295.06	12.79	0.21	36.60	49.60
福建	51.21	8.27	282.85	342.34	8.55	1.60	48.54	58.70
广东	53.61	92.05	348.07	493.73	8.95	17.86	64.19	91.00
广西	8.98	112.51	697.32	818.81	1.50	21.83	133.94	157.27
海南	15.67	36.30	50.31	102.28	2.62	7.04	9.37	19.02
台湾	15.41	7.36	180.75	203.53	2.57	1.43	31.89	35.89
香港	0.02	1.04	0.02	1.09	0.00	0.20	0.00	0.210
澳门	0.00	0.00	0.07	0.07	0.00	0.00	0.01	0.010
总和	2979.36	258.60	2374.51	5612.47	497.55	50.17	424.96	972.68

注:面积数据来源于 Mao 等湿地制图,碳埋藏速率来源于 Wang 等

我国红树林位于全球红树林分布的北缘,主要分布在广东、广西、海南和福建等省份。Wang 等估算了全球红树林的平均碳埋藏速率是 194 $g\ C \cdot m^{-2} \cdot a^{-1}$,而我国红树林的总碳埋藏速率约为 0.05 $Tg\ C \cdot a^{-1}$,这一数据与过去的其他研究相差不大,远小于我国盐沼湿地的碳埋藏速率,主要原因是我国现存红树林的面积过小。根据红树林面积遥感数据,2010 年我国红树林面积为仅为 171 km^2。但这一数值存在较大争议,Mao 等通过遥感制图得到的 2015 年全国红树林的总面积为 259 km^2。根据国家林业和草原局的最新数据,我国红树林在过去 10 多年得到快速恢复,2020 年总面积已经有 289 km^2,其中超过 70 km^2 为近期新造和恢复的红树林。但即便按照最近的红树林面积数据,我国当前红树林面积也仅为历史上最高值(约为 2500 km^2)的 1/10 左右,恢复空间巨大。

（三）滨海滩涂

滨海滩涂也是重要的海岸带生态系统类型，其主要包括泥质滩涂（mudflat）、沙滩和基岩海岸等3种类型，其中泥质滩涂具有相当强的碳埋藏能力。我国滨海滩涂的面积依据不同的遥感数据差异比较大。Mao等制作的国家尺度湿地分布图显示我国2015年泥质滩涂的总面积为2374 km^2，略低于我国的盐沼湿地总面积；而最近的卫星遥感显示我国滨海滩涂（含泥质滩涂、石滩、沙滩及部分浅海）的面积在5379～8588 km^2之间。这些差异主要是由卫星影像的来源和拍摄频率所致。总体上，我国滨海滩涂的面积很大，甚至超过盐沼湿地和红树林的总面积之和，且以泥质滩涂为主，其沉积物埋藏速率高，具有很强的固碳潜力。这些滩涂沉积物埋藏碳的主要来源是周边的盐沼湿地和红树林的碳输入，以及海水中的POC和矿质结合碳组分的沉积，因此理应被纳入滨海湿地蓝碳碳汇计量体系。已有研究表明，泥质滩涂的沉积速率和碳埋藏能力与周边的盐沼湿地和红树林相当。我们根据最保守的滨海泥质滩涂的分布面积及其周围盐沼和红树林碳埋藏速率的数据，估算出我国滨海滩涂的碳埋藏速率下限约为0.42 Tg C·a^{-1}，这远高于我国红树林的碳埋藏能力，且仅次于盐沼湿地（表1）。

此外，我国的滨海滩涂面临互花米草的入侵问题，在过去30多年间，近467 km^2的滩涂演变为互花米草为主的盐沼湿地（图1）。相对于周边的盐沼湿地和红树林，滨海滩涂的生态系统净生产力比较低，仅为前者的10%～20%。互花米草入侵滩涂后不仅增加植物生物量和有机凋落物的输入量，而且其致密的植被可以减缓水流，加速沉积物的累积，提高沉积速率。此外，互花米草在滨海滩涂的定植吸收了大量的氮、磷等营养盐，能够减少陆地营养盐向近海富营养化海区的输入，提高近海初级生产力。总体上，互花米草入侵滨海滩涂其碳汇总量反而是增加的；若仅从碳汇视角看，这有利于我国滨海湿地生态系统固碳能力进一步提高；然而，其综合生态系统服务功能，仍需进一步评估。

四、发展方向及政策建议

滨海湿地具有很强的生态系统服务功能和碳汇价值，也具有很强自身恢复力。尽管面临人类活动干扰、海平面上升和气候变化等不利因素，全球滨海湿地的总面积在21世纪末仍会有一定程度的增加，其总的固碳能力，特别是碳埋藏速率会进一步增强。由于我国滨海湿地的沉积速率较高，如果没有人为对自然岸线的破坏和干扰，其在21世纪末的总面积仍会有较大比例增加，整体的碳汇和生态系统服务功能也会进一步增强。模型预测的结果显示，我国滨海盐沼和红树林湿地的碳埋藏能力在21世纪末可望增加到1.82～3.64 Tg C・a^{-1}。

但我国目前滨海湿地的总面积有限，过去几十年海岸带地区的滩涂围垦、鱼虾养殖、城市化及工业化等土地开发活动导致滨海湿地面积急剧减少，其固碳功能和碳汇潜力下降。1975—2017年，我国天然湿地衰退率为53.9%。因此，如何有效恢复滨海湿地，增加湿地面积，减少对湿地周围自然岸线的破坏，提高其自然恢复能力，增强现有滨海湿地的生态系统服务功能，对我国滨海湿地蓝碳功能的恢复和提高具有重要意义。

当前，我国急需加强滨海湿地的科学研究，保护其生态系统结构与服务功能的完整性，停止破坏性的滨海湿地开发活动，避免其蓝碳功能的快速损失，推进滨海湿地的生态恢复工作，重建和新建滨海湿地生态系统，恢复并增强其蓝碳功能，在保护自然的同时受惠于碳汇增益，让滨海湿地蓝碳为我国的碳中和战略做出更大贡献。因此，我们建议后续滨海湿地蓝碳科学研究和管理政策需着重加强下述4个方面。

(1)建立海岸带生态系统野外观测研究网络。在全国范围内选择典型的海岸带生态系统，建立野外观测研究站，并纳入国家野外科学观测网络。通过多站点的联网观测，深入认识滨海湿地生态系统结构与服务功能，阐明其碳埋藏速率和温室气体排放的时空变化格局及其机制，并对滨海湿地中固碳能力较强的群落类型开展系统研究。

(2)系统量化和预测我国滨海湿地蓝碳固碳功能。通过模拟人类活动和气候变化，结合地理信息系统和土地遥感数据，建立模型预测未来不同气候变化情景下蓝碳功能及其变化趋势，阐明我国滨海湿地对未来气候变化和人类活动的响应和适应机制，提高对我国滨海湿地蓝碳增汇机制的科学认识和对其未来碳汇强度的预测能力，突出其综合生态系统服务功能。

(3)对外来种建立的滨海湿地开展系统研究。趋利避害，综合评估滨海湿地中外来种的生态风险和负排放效应；在合适的地区合理利用外来种恢复和新建盐沼湿地和红树林。

(4)构建滨海湿地生态系统服务功能综合研究示范区。通过系统了解影响滨海湿地固碳功能的关键驱动因子，制定滨海湿地修复的法规和标准，研发相应的固碳增汇技术，在示范区建立适于不同滨海湿地的生态管理对策，实践我国滨海湿地生态系统服务功能最大化的生态管理方案。

文章来源：原刊于《中国科学院院刊》2021年第3期。

海水养殖践行“海洋负排放”的途径

■ 张继红，刘纪化，张永雨，李刚

论点撷萃

全球气候变化是当今人类社会可持续发展所面临的最严峻挑战之一。二氧化碳等温室气体的过度排放加剧了全球气候变化，致使全球气温升高、海平面上升、海水酸化和极端天气频发等，给人类的生产、生活及生存所带来的负面影响与日俱增。中国经济正处于高速增长阶段，我国目前已成为全球 CO_2 排放总量最多的国家，仅靠减少排放量难以实现控制 CO_2 排放的目标。因此，在减排的同时加强增汇是实现碳中和目标的必然途径。

随着海洋蓝碳逐渐进入人们的视野，渔业生物的碳汇功能也受到关注。“碳汇渔业”正是在这种背景下提出的发展渔业经济的新理念。中国是世界上最大的海水养殖国家，养殖贝类、藻类等带来的渔业碳汇的研究已经在中国开展了十几年。但是，关于贝藻类养殖的负排放的科学原理、过程机制、计量方法及增汇途径等研究目前依然欠缺。

我国作为海洋大国和海水养殖第一大国，发展海洋渔业碳汇潜力巨大。第一，海洋自然条件优越，空间资源优渥。第二，海洋生物资源丰富。我国海水养殖种类丰富、营养层次多样，而且随着良种培育技术的提高，每年不断有新品种问世，这使得筛选高效固碳养殖品种、建立多种形式的增汇模式成为可能。第三，海水养殖技术成熟。目前，我国海水养殖产业已形成了新品种培育—苗种繁育—增养殖技术—收获加工整个产业链。海水养殖既可

作者：张继红，中国水产科学研究院黄海水产研究所研究员；
刘纪化，山东大学海洋研究院副教授；
张永雨，中国科学院青岛生物能源与过程研究所研究员；
李刚，中国科学院南海海洋研究所副研究员

提供大量优质蓝色海洋食物，又能着力于“海洋负排放”，是双赢的人类生产活动，未来有望成为发展潜力巨大的“可产业化的蓝碳”。

在加强养殖固碳机理、计量方法和碳足迹研究的基础上，增强生物泵和微生物碳泵的活动，将提高近海及河口养殖区固碳增汇的能力，促进“海洋负排放”。

全球气候变化是当今人类社会可持续发展所面临的最严峻挑战之一。二氧化碳(CO_2)等温室气体的过度排放加剧了全球气候变化，致使全球气温升高、海平面上升、海水酸化和极端天气频发等，给人类的生产、生活及生存所带来的负面影响与日俱增。温室气体控制已成为重大国际问题。作为负责任的大国，2020 年中国做出了 2030 年碳达峰和 2060 年碳中和的承诺。然而，由于中国经济正处于高速增长阶段，这使得我国目前已成为全球 CO_2 排放总量最多的国家，仅靠减少排放量难以实现控制 CO_2 排放的目标。因此，在减排的同时加强增汇是实现碳中和目标的必然途径。

蓝碳(blue carbon)，也称海洋碳汇，是利用海洋活动及海洋生物吸收大气中的 CO_2，并将其固定在海洋中的过程、活动和机制。海岸带的红树林、滨海沼泽、海草床等海洋生态系统及浮游植物是海岸带蓝碳的主力军，近海(含海水养殖区)、开阔大洋及深海中可长久储存的碳具有更大的蓝碳储量。海洋作为地球上最大的碳库，碳储量约为 39 万亿吨，每年约吸收排放到大气中 CO_2的 30%。海洋的巨大负排放潜力，成为国际研究热点，同时促进了蓝碳研究的发展。保护国际(CI)、世界自然保护联盟(IUCN)、政府间海洋学委员会(IOC)和联合国教科文组织(UNESCO)等国际组织通过与各国政府的合作，在全球范围推广蓝碳的政策与科学研究。随着海洋蓝碳逐渐进入人们的视野，渔业生物的碳汇功能也受到关注。“碳汇渔业”正是在这种背景下提出的发展渔业经济的新理念。中国是世界上最大的海水养殖国家，养殖贝类、藻类等带来的渔业碳汇的研究已经在中国开展了十几年。虽然从蓝碳的广义概念上，我国将养殖贝藻类列入蓝碳范畴，海洋微生物碳泵(MCP)理论及养殖区增汇的潜在路径于 2019 年纳入了联合国气候变化专门委员会(IPCC)《气候变化中的海洋和冰冻圈特别报告》的负排放方案。但是，关于贝藻类养殖的负排放的科学原理、过程机制、计量方法及增汇途径等研究目前依然欠缺。

2020年12月召开的中央经济工作会议将“做好碳达峰、碳中和”工作列入2021年要抓好的八大重点任务之一。做好碳达峰、碳中和工作，对我国实现经济行稳致远，全面建设社会主义现代化国家具有深远意义。基于此，本文试以海水养殖在“海洋负排放”中的战略地位作用为视角，阐释渔业碳汇的研究进展、存在问题和可能影响，提出践行“海洋负排放”的技术途径和对策建议。希望能为我国践行碳中和承诺、积极参与全球碳排放治理提供参考和借鉴。

一、海水养殖在“海洋负排放”中的战略地位和作用

（一）以非投饵型的贝藻为主是中国海水养殖的特点

中国是海水养殖大国，养殖生物以不投饵、低营养级的大型藻类和滤食性贝类为主，养殖结构相对稳定。与世界上其他国家相比，中国的海水养殖具有养殖产量高、规模大、养殖种类繁多、多样性丰富、营养级低、生态效率高的特点。例如，2019年中国海水养殖的产量为2065万吨，以非投饵型的大型藻类（254万吨淡干）和滤食性贝类（1439万吨）为主，非投饵率占海水养殖总产量的80%左右；并且，养殖生物的营养级范围为2.24～2.27，远低于世界发达国家（如欧洲国家）和其他发展中国家（如东南亚国家）。联合国粮食及农业组织（FAO）2020年公布的数据汇编显示，2018年我国的海水贝类、藻类养殖总量和总产值均居世界首位。中国水产养殖结构特点符合现代发展的需求，不仅提供了优质蛋白，还解决了居民吃鱼难的问题，更为农民增收和渔业结构调整做出了重要贡献。同时，这种养殖结构也对减排CO_2、缓解海域富营养化发挥积极作用。

（二）“海洋可移除的碳汇”：海水养殖贝藻生物量碳

海洋初级生产是海洋光合生物利用光能将CO_2同化为有机物的过程。作为初级生产者，大型藻类是海洋碳循环过程的起始环节和关键部分。大型藻类通过光合作用将海水中的无机碳转化为有机碳，同时吸收营养盐以构建自身的结构物质。海藻对溶解CO_2的吸收可以降低CO_2分压，打破水体的碳化学平衡，加速大气CO_2向海水溶入；再者，海藻生长过程对营养盐的吸收可以提高养殖海区表层海水pH值，进一步降低CO_2分压，促进并加速了大气CO_2通过碳酸盐平衡体系向海水中扩散，二者均起到了积极的碳

汇作用。

滤食性贝类可通过钙化和摄食生长利用海洋中的碳，增加生物体中的碳含量；但是，考虑到碳的储存周期，这部分生物体中的碳无法长久封存。据统计，我国每年通过收获贝类可以从海水中移除近 200 万吨的碳，相当于植树造林约 50 万公顷。

（三）“可产业化的蓝碳”：我国未来发展海洋渔业碳汇潜力巨大

我国作为海洋大国和海水养殖第一大国，发展海洋渔业碳汇潜力巨大。①海洋自然条件优越，空间资源优渥。我国有近 300 万平方千米的主张管辖海域，15 米等深线以内的浅海滩涂面积约 1240 万公顷，20～40 米水深的海域面积约 3700 万公顷，而目前我国海水养殖面积仅为 204 万公顷，未来海水养殖的空间潜力巨大。②海洋生物资源丰富。我国海水养殖种类丰富、营养层次多样，而且随着良种培育技术的提高，每年不断有新品种问世，这使得筛选高效固碳养殖品种、建立多种形式的增汇模式（如轮养、间养、空间立体养殖、多营养层次综合养殖）成为可能。③海水养殖技术成熟。目前，我国海水养殖产业已形成了新品种培育—苗种繁育—增养殖技术—收获加工整个产业链。海水养殖既可提供大量优质蓝色海洋食物，又能着力于“海洋负排放”，是双赢的人类生产活动，未来有望成为发展潜力巨大的“可产业化的蓝碳”。

二、海水养殖的碳汇效应研究进展与问题

（一）养殖生态系统的碳汇效应

海洋贝类通过滤食、呼吸、钙化、生物性沉积等过程对浮游植物、颗粒有机碎屑、海水碳酸盐体系、沉积埋藏等碳的生物地化循环过程影响很大。养殖贝类主要可通过两种方式利用海洋中的碳：一种方式是通过钙化直接将海水中的碳酸氢根（HCO_3^-）转化形成碳酸钙（$CaCO_3$）贝壳，另一种方式是通过滤食水体中的颗粒有机碳（包括浮游植物、微型浮游动物、有机碎屑、微生物等）合成自身物质，增加生物体中的碳含量。而未被利用的有机碳则通过粪粒和假粪粒的形式沉降到海底，加速了有机碳向海底输送。因此，我们不仅可以通过收获养殖贝类从海水中移除碳，还可以通过养殖贝类的生物泵和碳酸盐泵从海水中移除碳。但是，超负荷的贝类养殖会对浮游植物产

生下行控制作用，影响初级生产力；而且，贝类钙化是个双向的复杂过程。因此，关于养殖贝类的碳汇效应需要从整个生态系统来考量，有待进一步研究以提供充分的科学证据。

(二)渔业碳汇机理研究亟待加强，以科学考量渔业碳汇效应

碳足迹(carbon footprint)研究亟待加强，以科学考量渔业碳汇效应。例如，大型藻类光合作用具有很强的吸收固碳能力，但如果不及时收获，成熟的藻类将会很快腐烂分解，固定的碳又返回海水中，在微生物的进一步作用下甚至重新返回大气。因此，大型藻类在收获后可以作为食品、饵料、饲料及工业原料，延长碳的释放过程；并且可以作为低碳强度的产品替代高碳强度的产品或者生物质能源。

藻类的养殖有可能成为长期的碳汇。在藻类生长过程中产生的碎屑有机碳，可以通过传统食物链成为其他生物的食物来源，或者通过直接的沉降作用最终沉积埋藏于海底或被输运到深海中。另外，大型藻类在生长过程中释放的溶解有机碳(DOC)和颗粒有机碳(POC)，可以在微食物环作用下，进入食物网或形成惰性有机碳(RDOC)而长期驻留在海水中。

当前，基于营养盐调控的人工上升流已被纳入 IPCC 报告。可见，以养殖贝藻为主的渔业碳汇的形成机制，已经涉及传统的溶解度泵、碳酸盐泵、生物泵及近年提出的微生物碳泵，是一个极为复杂的过程。养殖贝藻带来的渔业碳汇从最初的"可移除碳汇"到 POC 的沉积埋藏和水体 RDOC 形成等研究的不断深入(图 1)，使人们认识到只有弄清渔业碳汇机理、量化过程，才能最终给出科学的计量方法，从而推动渔业碳汇的碳补偿、碳交易、碳市场。

(三)全球气候变化对海水养殖的影响

海水养殖具有"海洋负排放"的巨大潜力，同时，全球气候变化也反作用于海水养殖产业。全球气候变化对海水养殖影响的研究依然存在诸多的未知量和不确定性，表现出 2 个显著的特征：①全球变暖和极端天气的频率和程度增加。全球变暖导致的升温会改变养殖贝藻生物的代谢过程(如生长、呼吸等)，在改变其体内物质净累积的同时也改变其品质，最终影响其对碳的固定与存储，以及碳汇功能，而极端天气(如台风)对海水养殖的破坏效应更是难以估计。②海水酸化。海水酸化可以影响初级生产者体内的生物大分子(如脂肪酸)、次级代谢产物(如苯酚类)、生源要素(如碘)等生化组分的

含量和比例，也可以改变初级生产者的群落结构和生物组成，从而影响海洋食物网中物质和能量从初级到次级生产者及更高营养级的传递，引发食物链效应。这种上行效应会影响海产品的品质，甚至危及人类健康。净现值估价法分析结果显示，海水酸化对中国贝类产业经济的潜在影响巨大，未来100年内中国贝类产业经济将可能面临142亿～11500亿美元的现值损失，损失程度与海水酸化程度相关。

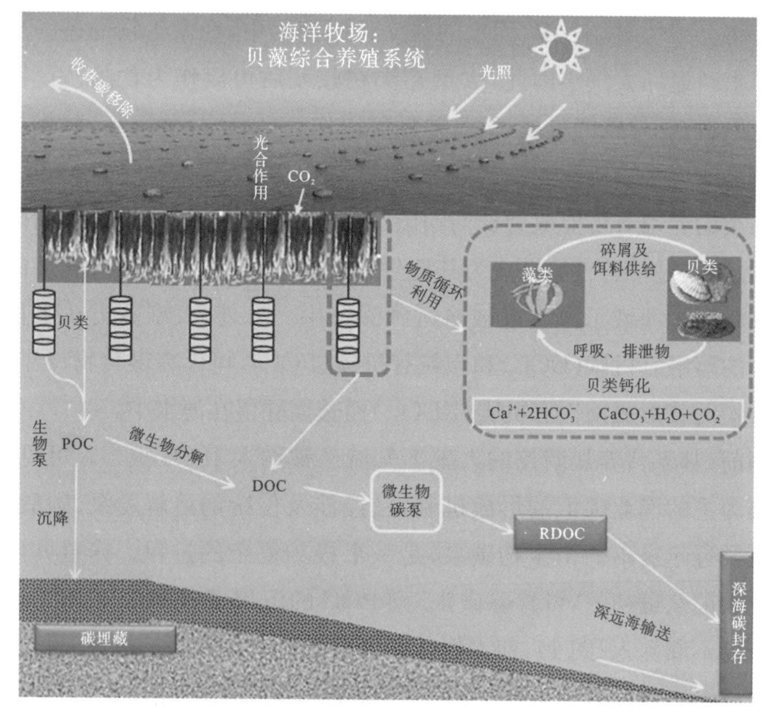

图1　通过养殖大型藻类和贝藻综合养殖进行“海洋负排放”的示意图

三、践行“海洋负排放”的技术途径

养殖环境的碳汇途径主要包括通过生物泵过程形成的POC在养殖区沉积环境中的埋藏、通过微生物碳泵过程形成的RDOC，以及输入深海的碳封存。在加强养殖固碳机理、计量方法和碳足迹研究的基础上，增强生物泵和微生物碳泵的活动，如人工上升流、贝藻综合养殖、海洋牧场等，将提高近海及河口养殖区固碳增汇的能力，促进“海洋负排放”。

拓展养殖空间，提高养殖单产。养殖贝藻的可移除碳量与单位面积养殖贝藻的产量和单位生物体内的碳含量呈正相关，因此提高单位面积的产量和筛选个体碳含量更高的贝藻是提高碳汇量的途径。通过筛选高固碳率的养殖品种、改进养殖技术和养殖模式等方式，合理、高效利用养殖海域，可提高单位面积的产量，进而提高单位面积的可移除碳量。同时，突破贝藻常规生长环境（如适温范围等），选育适温范围更广的品系、拓宽特定物种的生长空间、增加养殖面积，是实现养殖增汇的另一有效途径。

完善养殖容量管理制度，促进海水养殖绿色发展。基于养殖生态容量进行标准化养殖，以保障贝藻养殖的稳产和高产。过去海水养殖规模盲目扩增，超负荷养殖，严重破坏了养殖水环境，使得病虫害加剧、赤潮等灾害事件频发。这不仅不能增加养殖产量，还严重危及了养殖业的可持续发展。基于养殖容量管理制度，形成结构优化、密度适宜、功能高效的养殖生态系统，才能实现海水养殖的绿色发展。

推广多营养层次综合养殖模式。多营养层次综合养殖模式（IMTA）不仅实现了碳的有效循环利用，加速了生物泵的运转，使各个营养层级生物的碳汇能力得到充分发挥，进一步提升了养殖系统对 CO_2 的吸收利用能力；此外，通过 IMTA 可以减轻甚至消除养殖过程对环境的压力，有利于养殖系统稳定地可持续地产出。在比例合理的贝藻混养体系中，藻类不仅能够吸收贝类代谢所释放的氮、磷等营养物质，还可以吸收贝类呼吸释放出的 CO_2；贝类生长过程中则可以通过滤食浮游植物及藻类碎屑和凋落物等，一方面可以净化水质、增加水体光照，为藻类生长提供更多的能量；另一方面可以防止浮游植物与藻类竞争营养盐，有利于养殖藻类的生长和碳累积。在贝藻相互作用的过程中，整个综合养殖系统中的碳汇功能相比单品种养殖实现了很大程度的提高。

实施人工蓝碳"蓝碳牧业"（海洋牧场）工程。通过人工鱼礁等工程技术，复建原有种群和群落，推动传统渔场、海洋牧场资源恢复。以"蛎礁藻林"工程为例：以人工块体为附着基恢复浅海活牡蛎礁群，建立以活牡蛎礁为基底的野生海藻场，形成野生贝藻生态系统，拓展蓝碳富集区，同时为海洋生物提供栖息地，建立稳定长效的生态系统碳汇区。

实施海洋人工上升流增汇工程。在大型海藻高密度养殖区，养殖密度过大会造成上层水体内营养盐极度缺乏，无法满足海藻快速生长的需求，甚至会引发海藻在春季的大量死亡；与此同时，在养殖区海藻无法生长的底层

水体中氮、磷较为丰富，却得不到有效利用。通过施用人工上升流技术将深层水体中过剩的营养盐输送到上层水体，可以充分满足海藻等光合固碳、生长对营养盐的需求。适宜的营养盐浓度不仅可提高海藻产量，还可提高生物泵与微生物碳泵的综合效应，从而增加近海碳汇。人工上升流作为一种地球工程系统，可以持续地将真光层以下的深层高营养盐海水带至真光层。这个过程不仅会提升总的上层营养盐浓度，也会调整因生物生长利用、释放所引起的氮、磷、硅、铁等比例的失衡，有利于藻类及浮游植物光合作用，增大渔获量和养殖碳汇，还可以增加生物泵效率的方式增加向深海输出的有机碳量。中国的人工上升流系统研制处于国际先进水平，已设计并制备了一种利用自给能量、通过注入压缩空气来提升海洋深层水到真光层的人工上升流系统，并取得了较好的海试效果。

文章来源：原刊于《中国科学院院刊》2021 年第 3 期。

碳中和背景下保护和发展蓝碳的法治路径

■ 韩立新，逯达

论点撷萃

我国日益重视蓝碳在应对气候变化和改善海洋生态环境等方面的作用，认识到增加海洋碳汇是实现碳中和与有效缓解全球气候变暖的手段之一。在保护和发展蓝碳方面，我国作了一系列重要政策部署。然而，在蓝碳保护领域，我国相关法治建设仍存在欠缺。加强蓝碳保护法治建设可以从蓝碳保护法律体系、蓝碳监管执法体系、蓝碳司法体系以及蓝碳守法体系等方面入手，构建蓝碳保护法治路径。

为了形成较为完备的保护和发展蓝碳法治体系，需从相关法律体系、监管执法体系、司法体系、守法体系角度出发。首先，构建保护和发展蓝碳法律体系，这是实现蓝碳立法专门化的需要，也是实现蓝碳法治化的基础。其次，完善保护和发展蓝碳执法监管体系，相关部门可通过蓝碳生态系统污染与破坏行为的行政规制、蓝碳交易市场的监管、蓝碳生态监管与海洋生态监管的协调等措施对蓝碳进行执法监管。第三，健全保护和发展蓝碳司法体系。最后，要形成良好的保护和发展蓝碳守法体系。

全球气候变化是当今人类社会共同面临的巨大挑战。因此，人类应共同应对气候变化，构建人类命运共同体，实现经济社会可持续发展。而海洋是地球上最大的碳库，在应对气候变化方面具有举足轻重的作用。我国应积极发展蓝碳事业，拓展面向海洋的蓝色碳汇空间，增强我国在国际应对气

作者：韩立新，大连海事大学法学院教授；
逯达，大连海事大学法学院博士

候变化领域的话语权。在法治领域,加强保护与发展蓝碳法治路径的探索,建立符合我国国情的蓝碳法治体系。此外,探索保护和发展蓝碳的有效路径,加强科技、教育、经济、财政等领域的支撑,形成全方位、多层次、立体化保护和发展蓝碳治理体系。

为了应对全球气候变化,我国承诺争取2030年前实现碳达峰和2060年前实现碳中和。为了实现碳达峰、碳中和,我国针对性地作了一系列政策部署。《中华人民共和国国民经济和社会发展第十四个五年规划和2035年远景目标纲要》提出努力争取2060年前实现碳中和,积极采取相关政策和措施。国务院于2021年2月发布的《关于加快建立健全绿色低碳循环发展经济体系的指导意见》将实现碳中和作为发展绿色低碳经济的目标之一。国家发展和改革委员会、国家能源局于2021年7月发布的《关于加快推动新型储能发展的指导意见》指出将实现碳中和作为发展目标,新型储能成为能源领域实现碳中和的关键支撑之一。教育部于2021年7月发布《高等学校碳中和科技创新行动计划》,目的是为实现碳达峰、碳中和目标提供科技支撑和人才保障。在实现碳中和背景下,应加强相关实现路径研究,为应对气候变化做出贡献。

我国日益重视蓝碳在应对气候变化和改善海洋生态环境等方面的作用,认识到增加海洋碳汇是实现碳中和与有效缓解全球气候变暖的手段之一。在保护和发展蓝碳方面,我国作了一系列重要政策部署。《生态文明体制改革总体方案》指出要建立增加海洋碳汇的有效机制。《中华人民共和国国民经济和社会发展第十三个五年规划纲要》提出加强海岸带保护与修复、实施湿地修复工程与“蓝色海湾”整治工程。《“十三五”控制温室气体排放工作方案》提出了探索开展海洋等生态系统碳汇试点。中共中央、国务院《关于完善主体功能区战略和制度的若干意见》提出探索建立蓝碳标准体系及交易机制。在蓝碳交易领域,广东湛江红树林造林项目于2021年6月交易完成,系我国首个蓝碳交易项目。另外,《中共中央、国务院关于加快推进生态文明建设的意见》《全国海洋主体功能区规划》《“一带一路”建设海上合作设想》等政策文件均提出加强海洋碳汇建设。我国先后提出“21世纪海上丝绸之路蓝碳计划”“全球蓝碳十年倡议”,充分利用蓝碳应对气候变化。然而,在蓝碳保护领域,我国相关法治建设仍存在欠缺。加强蓝碳保护法治建设可以从蓝碳保护法律体系、蓝碳监管执法体系、蓝碳司法体系以及蓝碳守法体系等方面入手，构建蓝碳保护法治路径。

一、全面理解“蓝碳”

（一）“蓝碳”：海洋生物捕获的碳

作为碳捕获的一种，“蓝碳”指的是海洋生物捕获的碳。实现碳中和既可以从减少碳排放入手，也可以从加强碳的捕获来实现。由化石燃料、生物燃料和林木燃烧产生的“褐碳”和“黑碳”是造成全球气候变暖的最大元凶。因此，实现能源转型及完成能源清洁化是实现碳中和目标的有效手段。加强碳捕获的途径主要包括“绿碳”和“蓝碳”。经过光合作用吸收并储存在植物与土壤里的碳称为“绿碳”，是缓解全球气候变化的重要途径。“蓝碳”是由联合国环境规划署、教科文组织、粮农组织及政府间海洋学委员会于2009年发布题为《蓝碳：健康海洋对碳的固定作用——快速反应报告》（以下简称《蓝碳报告》）中提出的，是海洋生物捕获的碳。《蓝碳报告》指出在世界上每年通过光合作用捕获的碳，55%由海洋生物捕获。一些国家将蓝碳纳入吸收温室气体清单的提案，如澳大利亚于2015年在“联合国气候变化大会”上，宣布了澳大利亚国际和国内气候变化战略新框架，包括蓝碳国际伙伴关系以及将蓝碳纳入澳大利亚国家温室气体清单的提案。而我国现阶段，陆地增加碳汇已被纳入国家战略规划并取得一定的成效，而海洋增加碳汇正处于起步与探索阶段。

（二）保护和发展蓝碳的保障：加强海洋生态保护

健康的红树林、海草床及盐沼等海洋生态系统是保护和发展蓝碳的基础与保障。蓝碳包括红树林、海草床、盐沼以及海洋微型生物等捕获的碳。而加强红树林、海草床、盐沼等海洋生态系统的保护是海洋生态环境保护的重要方面。为了有效保护海洋生态系统，《中华人民共和国海洋环境保护法》（以下简称《海洋环境保护法》）明确了加强保护红树林、滨海湿地、海岛等具有典型性、代表性的海洋生态系统，对于具有经济、社会价值但遭到破坏的海洋生态系统，进行整治和修复，其体现了污染防治与生态建设并重，这与保护和发展蓝碳不谋而合。因此，保护和发展蓝碳需要健康的海洋生态系统作为保障，而加强海洋生态保护有利于蓝碳的保护与发展。

海岸带生态保护是保护和发展蓝碳的关键。海岸带生态系统蕴藏着巨大的碳库，其固碳量远远高于深海的固碳量，是蓝碳的重要组成部分。其中，“盐沼、红树林和海草床等生态系统具备很高的单位面积生产力和固碳能力”，其碳汇能力分别是亚马孙森林碳汇能力的10倍、6倍和2倍，是海岸带蓝碳的主要贡献力量，在实现碳中和与应对全球气候变化方面发挥着重要作用。海岸带植物生物量虽然只有陆地植物生物量的0.05%，但每年的固碳量却与陆地植物大体相当。海岸带蓝碳生态系统可以有效去除大气中的二氧化碳。海岸带生态系统凭借光合作用将二氧化碳以有机物的形式固存，从而去除大气中的二氧化碳。红树林、盐沼和海草牧场富余的有机碳产量埋藏在沉积物中，可存千年，是一种强大的自然碳汇。然而，人类活动和气候变化带来的海平面上升、气温升高等一系列效应对海岸带蓝碳生态系统造成了严重破坏，影响蓝色碳汇。保护和发展海岸带蓝碳既要加强对现有海岸带蓝碳生态系统区域保护和管理，又要修复受损的海岸带蓝碳生态系统。

保护和发展蓝碳将有效改变现有海洋生态保护的模式，实现从点状保护向全面保护转变。蓝碳生态系统关系着海洋生态系统的健康和稳定，是我国生态文明建设的重要内容，也是建设美丽中国的重要载体。发展蓝碳将催生海洋生态工程、生态养殖、生态旅游等新型产业发展，将创造出更为宜居优美的生存环境，促进经济可持续发展，实现海洋生态保护与发展海洋经济的协调。

（三）保护和发展蓝碳的目的：应对全球气候变化

全球气候变暖已成为事实。据联合国政府间气候变化专门委员会（IPCC）第六次评估报告第一工作组报告《气候变化2021：自然科学基础》显示，自1850年以来，全球地表平均温度已上升约1℃，并提出从未来20年的平均温度变化来看，全球温升幅度预计将达到或超过1.5℃。该报告提出除非立即、迅速以及大规模地减少碳排放，否则将升温限制在接近1.5℃或甚至是2℃将难以实现。虽然其他温室气体和空气污染物也能影响气候，但二氧化碳仍然是导致全球气候变化的主要元凶。

为了应对全球气候变化，国际社会制定了一系列国际条约。气候问题与其他环境问题不同，无论是气候变化灾难的发生，还是碳减排效应的发生，都具有全球性特征。因此，相较于其他环境问题，应对全球气候变化的全球合作是极为迫切的。当前，有关应对气候变化的国际条约主要由联合国气候大会组织下开展，形成了以《联合国气候变化框架公约》及其议定书、协议为主的框架。于1992年通过的《联合国气候变化框架公约》作为应对全球气候变化的主要国际公约，其目的是控制温室气体排放，促进全球气候相对稳定。《联合国气候变化框架公约的京都议定书》《巴厘岛路线图》《哥本哈根协议草案》《德班协议》等都是国际社会为了应对全球气候变化而制定的国际规范性文件。《巴黎协定》明确提出将全球平均气温升幅控制在工业化前水平以上低于2℃，争取控制在1.5℃以内。

保护和发展蓝碳有助于减缓气候变化带来的负面影响。海洋是全球最大的碳汇体，发展蓝碳增加海洋碳汇是实现《巴黎协定》温控目标的重要途径之一。蓝碳生态系统具有有效提高沿海地区适应气候变化不利影响的能力。发展蓝碳不占用耕地资源，且碳汇渔业可以通过减碳增汇的方式提供优质的食物，符合《联合国气候变化框架公约》所提出的确保粮食生产免受威胁并促进经济可持续发展的目标。

二、保护和发展蓝碳与实现碳中和主要体现的法理

（一）实现环境权角度下理解保护和发展蓝碳

环境权，是指自然人享有在良好生态环境中生存和发展的权利。环境权具体包括清洁空气权、采光权、宁静权、清洁水权、眺望权等。环境权主体具有代际性，即环境权不仅关注当代公民的环境利益，还关注后代人的环境利益。环境权是公共性与个体性的有机统一，其具有公共利益性，但可以为个人享有并由个人行使。环境权具有全球属性，因某些生态环境破坏而引发的后果在时间和空间上具有持续性，导致环境问题不只是与某个或某些国家公民利益息息相关，而是与全人类环境利益关系密切。因此，个人享有的环境利益需要国家在国内、国际相关主体之间调整、协调，如应对气候变化，必须加强国际合作才能实现，否则各国公民的环境权无法得到根本保障。

保护和发展蓝碳与公众实现环境权休戚相关。首先，保护和发展蓝碳最终目的是给人们提供一个气候相对稳定的生存与发展环境，这与实现环境权具有一定契合性，属于实现环境权的一个方面。其次，保护和发展蓝碳

与实现碳中和是对人们气候生态利益的保护，而实现环境权则是对公共生态利益的保护。环境权保护的是环境要素与环境生态系统为人们提供的生态利益，而气候环境要素被包含其中。再次，保护和发展蓝碳具有非排他性，需要加强合作共享，这与环境权的非排他性与共享性特征相契合。由于海洋、森林、大气等环境要素对全人类开放且不可或缺，环境权所保护的生态利益具有非排他性和共享性。为了实现碳中和与应对气候变化，推动将蓝碳纳入全球气候变化治理体系，革新全球气候治理理念和完善并发展蓝碳的制度体系，实现保护和发展蓝碳全球合作机制。总之，保护和发展蓝碳目的是为人们提供气候适宜的生存与发展环境，保障公众实现环境权。

（二）维护环境公平与正义

环境公平，是指人们享有生活在环境适宜而不受不利环境伤害的权利，包括代内公平、代际公平和种际公平等。环境公平将人作为价值主体，要求环境破坏的责任与环境保护义务相对应。在环境法律、法规和政策的发展、实施和执行方面，环境公平要求所有人均被公平对待和有效参与其中。实现环境公平可以通过加强环境公平的法治建设、构建环境公平的制度体系、推动生态文明建设和促进国际环境公平等方式来实现。气候环境公平属于环境公平的一方面，亦可从上述方式来实现。

应对全球气候变化有助于实现气候环境代内公平与代际公平。首先，国际社会在应对气候变化方面存在气候环境代内不公平现象。由于大气的温室气体容量属于公地，本应由温室气体排放者所承担的治理责任和支付费用转由其他国家和其他社会成员承担，责任的被迫转嫁，造成了社会成员间在利用大气温室气体容量方面存在严重的不公平。其次，若当代人不能及时采取有效措施缓解全球变暖，国际社会同样会存在气候环境代际不公平现象。本应由当代人承担的治理责任却转嫁给后代人来承担，使得当代人与后代人在利用大气的温室气体容量方面存在严重的不公平现象。由于应对气候变暖是一个复杂而长期的过程，随着全球气温的持续上升，后代人治理全球气候变化的投入也相继增加。因此，为了实现气候环境代内公平与代际公平，应充分考虑当代人和后代人的气候环境利益，加强保护蓝碳生态系统，合理开发利用蓝碳资源，防治蓝碳生态污染，满足当代人与后代人对相对稳定气候环境的需求。

正义属于一种形式上的平等，即属于同一范围或同一阶层的人受到同样的对待。正义是一种体制，需要用法治来维护。美国法学家庞德认为，正义意味着一种体制，满足人类对享有某些东西或实现各种主张的手段，使大家尽可能在最少阻碍和浪费的条件下得到满足。正义可以分为分配正义、矫正正义等。分配正义关注的是社会成员或群体成员之间权利、权力、义务和责任配置的问题；而当一条分配正义的规范被一个社会成员违反时，此种情境下矫正正义便开始发挥作用。气候环境正义亦是如此，即人类平等地享有在气候相对稳定的环境中生存的权利；为了实现气候环境正义，应加强相关法治建设，满足人类对气候适宜环境的追求；气候环境分配正义同样关注社会成员或群体成员气候环境权利、权力、义务与责任配置，尤其是气候环境责任分配需符合公平、正义原则；若法律主体存在违法排放温室气体或不承担应对气候变化的义务等情形，矫正正义便能发挥作用。

保护和发展蓝碳有助于实现气候环境正义。保护和发展蓝碳作为应对气候变化的手段之一，能促进气候环境正义的实现，保障人类在气候相对适宜的环境中生存。为了实现气候环境正义，发展蓝碳与应对全球气候变化应加强国际合作，原因有：首先，从"公地悲剧"理论角度，大气的温室气体排放容量作为环境公地，任何人都可以进入，任何人都无法阻止资源浪费和破坏行为；其次，蓝碳是应对全球气候变化、生物多样性保护和可持续发展等全球性治理热点问题的汇聚点，发展蓝碳符合《联合国气候变化框架公约》《生物多样性公约》等多项国际公约的基本原则；再次，国际社会对蓝碳的作用和重要性已经达成共识，意识到保护和发展蓝碳是应对全球气候变化的有效途径，能够保障人们生存环境气候适宜，进而推动实现气候环境正义价值。

（三）环境法学中的环境利益理论

在学界，环境利益的概念尚未形成统一认识。从本质上来看，环境利益是环境对人类的有用性，是人们享有环境的天然功能。环境利益的实现方式之一是防治环境损害。保障环境利益的重任主要由环境法来完成，而环境法律的本质特征表现在对环境利益的直接、积极保障。保护和发展蓝碳是为了维护气候环境利益、维护气候环境公共利益，与保护生态环境利益密不可分。

1. 维护气候环境利益

保护和发展蓝碳是应对全球气候变化的重要手段，也是维护气候环境利益的有效途径之一。蓝碳是利用海洋活动及海洋生物吸收大气中的二氧化碳，并将其固定、储存在海洋中的过程。因此，保护和发展蓝碳的目的是为人们提供气候相对稳定的生存环境，维护气候环境利益。

2. 维护环境公共利益

环境公共利益具有主体抽象性、利益普惠性、内容不确定性、易受侵害性等特征。气候环境利益作为环境公共利益的一种，亦有上述特征：享有气候环境利益的主体具有不确定性；气候环境利益是由人类所共享，具有非排他性；气候环境利益内容存在变数且难以确定；气候环境利益较为脆弱，易受到侵害。因此，保护气候环境利益需要充分考虑环境公共利益，避免出现"公地悲剧"。

3. 与保护生态环境利益密不可分

保护和发展蓝碳不仅可以保护气候环境利益，而且可以保护其他相关生态环境利益，如红树林生态系统保护、盐沼生态系统保护等。保护和发展蓝碳不仅可以为人类生活提供物质资源，还可以为人们提供舒适的气候环境。总之，保护和发展蓝碳与保护生态环境利益休戚相关。

三、保护和发展蓝碳的法治路径选择

为了形成较为完备的保护和发展蓝碳法治体系，从相关法律体系、监管执法体系、司法体系、守法体系角度出发，提出保护和发展蓝碳的法治路径建议。

（一）构建保护和发展蓝碳法律体系

目前，我国关于保护和发展蓝碳的法治建设仍处于起步阶段。在现有法律体系中，保护和发展蓝碳没有直接的法律规定，但可参考《海洋环境保护法》及《中华人民共和国环境保护法》（以下简称《环境保护法》）、《中华人民共和国大气污染防治法》（以下简称《大气污染防治法》）等法律。与一般环境保护法律规定不同，保护和发展蓝碳法律在立法目的、调整方式、调整对象等方面具有自身特点。因此，构建保护和发展蓝碳法律体系是实现蓝碳立法专门化的需要，也是实现蓝碳法治化的基础。从行政法、私法、社会法维度出发，构建保护和发展蓝碳法律体系。

1. 行政法维度：实现保护和发展蓝碳行政法律体系化、专门化

我国可以采用应对气候变化综合型立法模式，将应对气候变化的基本目标和原则、管理机构、相关制度、法律责任等内容统一纳入一部法律之中。进而建立以“应对气候变化法”为主导，以《中华人民共和国行政处罚法》（以下简称《行政处罚法》）《中华人民共和国行政许可法》《中华人民共和国行政强制法》《中华人民共和国行政复议法》《重大行政决策程序暂行条例》等为支撑，以《环境保护法》《海洋环境保护法》《大气污染防治法》《中华人民共和国森林法》《中华人民共和国自然保护区条例》《中华人民共和国防治海岸工程建设项目污染损害海洋环境管理条例》（以下简称《海岸工程环境管理条例》）《中华人民共和国海岛保护法》《中华人民共和国渔业法》（以下简称《渔业法》）《碳排放权交易管理办法（试行）》等为重要依托，以其他有关法律、法规、规章以及国际条约为重要补充的保护和发展蓝碳行政法律体系。为了实现保护和发展蓝碳行政法律体系化，从立法理念、行政法主体、行政行为、行政程序、行政监管以及相关蓝碳行政法律制度等角度出发，建立蓝碳行政法规制体系。

其一，立法理念：生态保护与环境义务。保护和发展蓝碳立法内容与一般生态保护立法内容具有一定的共通性。蓝碳生态系统保护是蓝碳立法关注的重点，包括红树林、海草床、盐沼等海洋生态系统保护。环境法中的环境义务主要表现为：通过规定环境义务性规范与违反这些义务规范需要承担相应的不利后果，以达到限制和约束对生态环境产生损害的人类活动。我国《环境保护法》《海洋环境保护法》《大气污染防治法》等环境法律均采用了环境义务理念为立法主线。将环境义务作为保护和发展蓝碳行政立法理念，规定法律主体保护蓝碳的法律义务以及违反这些义务的不利法律后果。

为了应对气候变化与保证蓝碳保护法律更加专门化和精细化，我国应制定“应对气候变化法”，填补立法空白。将生态保护与环境义务理念作为“应对气候变化法”的立法理念，注重法律主体需承担应对气候变化与保护蓝碳的义务，形成以环境义务为主线的蓝碳保护行政法规制模式。

其二，行政法主体：行政主体与行政相对人。保护和发展蓝碳行政法主体包括行政主体和行政相对人。对于行政法主体的称谓，《中华人民共和国行政诉讼法》（以下简称《行政诉讼法》）第二十五条表述为“行政行为的相对

人”,可以得出“行政相对人”是“行政行为”针对或指向的“相对人”。同样,“行政主体”不是“行政相对人”的主体,而是“行政行为”的主体。如果要成为保护和发展蓝碳行政法的法律主体,必须满足参与蓝碳保护行政关系和该行政关系受法律调整两个条件。可以将保护和发展蓝碳的行政主体定义为依法履行保护和发展蓝碳行政职能,可以独立完成保护和发展蓝碳行政任务,能依法做出影响行政相对人权利与义务的行政行为,并承担相应法律后果的组织。而保护和发展蓝碳行政相对人可以定义为行政主体针对保护和发展蓝碳做出的行政行为影响其权益的组织和个人。

其三,行政行为:环境行政行为是环境行政法律秩序的核心,可以分为具体行政行为和抽象行政行为。因此,强化保护和发展蓝碳行政行为的规制是蓝碳行政法律体系建设的重要方面。保护与发展蓝碳具体行政行为可以定义为具有保护和发展蓝碳行政职权的机关、组织及其工作人员,与行使蓝碳行政职权有关的,对公民、组织的权益产生实际影响的行为以及相应的不作为。而其抽象行政行为是为了保护和发展蓝碳,在有关蓝碳规制领域确有必要且不违背法律法规的情况下,蓝碳行政机关可以制定针对不特定的人和事并可以普遍适用的规范性文件。为了实现保护与发展蓝碳具体行政行为法治化,在“应对气候变化法”中,明确规定蓝碳行政机关针对有关违法行为可以采取的具体行政措施包括:对于违反法律法规规定排放污染物的组织,造成或者可能造成蓝碳生态系统污染破坏,可以对有关设施、设备、物品采取查封、扣押等行政强制措施;对污染蓝碳生态的行为,责令限期改正、罚款等措施,拒不改正的,责令停产整治;对于实施严重污染蓝碳生态行为的组织,责令停业、关闭等措施;没收违法所得等。

其四,行政程序:行政法治实现的保障。正当行政程序对行政机关行政权力起到事中控制的作用,相对于立法的事前控制和司法事后控制更加直接有效。因此,为了实现蓝碳行政法治化,构建通过正当行政程序约束权力的机制是行政行为科学性、合理性的保障。保护和发展蓝碳行政程序正当性的制度设计包括:政府蓝碳信息公开和告知机制;决策者保证中立性;听取意见或者听证制度;蓝碳行政决策说明理由;将专家论证、合法性审查、风险评估、公众参与和集体讨论决定作为重大事项行政决策的必经程序;相关蓝碳行政执法环节和步骤;有关蓝碳保护的行政指导、行政调解、行政资助、行政合同、行政服务、行政奖励。

注重权利制约权力的作用。拓宽公民参与蓝碳保护行政事务的渠道是权利制约权力的有效途径。公众参与制度是公众通过发表意见、评论、表明利益诉求等方式参与并对公共政策和公共治理产生一定影响的制度，其实质是一种协商性民主。后工业社会环境下的行政管理者对公共事务的管理是开放合作的，需和其他社会治理主体加强合作，履行治理公共事务的职责。因此，为了充分保障公民参与蓝碳行政监管，应加强公众参与制度建设。具体公众参与制度包括：制定环境行政管理领域公众参与详尽的适用细则，维护公众的环境参与权，同样适用于蓝碳保护领域；加强蓝碳保护行政信息公开；拓宽公众参与蓝碳行政决策与监管的渠道等。将公民环境权法定化亦是权利制约权力的途径之一。赋予公民可运用公民环境权达到限制和抵御国家权力可能带来环境侵害的目的。通过法定程序保障公民充分参与保护与发展蓝碳行政监管当中，以此达到维护公民程序性环境权的目的。蓝碳保护程序性环境权主要包括蓝碳行政公众参与决策权、蓝碳事务参与权、公众蓝碳知情权、公众监督权等。

其五，行政监管：建立健全蓝碳监管机制。蓝碳监管机制的内容包括蓝碳监管的主要立法内容和蓝碳监管内容。为了实现蓝碳监管机制法治化，在"应对气候变化法"中，应规定蓝碳监管主体、监管方式、监管程序、监管责任、公众参与监管机制、监管范围等事项。蓝碳监管内容主要包括：对蓝碳生态有影响的项目，应当依法进行环境影响评价；建立排污许可制度，按照规定在蓝碳保护区域设置排放口；实施海草床、红树林、盐沼等典型蓝碳生态系统碳储量调查评估；建立和完善蓝碳污染损害评估制度；蓝碳生态系统修复制度；拓宽公众参与蓝碳监管的民意渠道；蓝碳生态区域定期检查制度等。

其六，保护和发展蓝碳的主要行政法律制度，包括新建项目蓝碳生态环境影响评价制度，保护和发展蓝碳规划制度，对严重污染蓝碳生态的工艺、设备和产品实行淘汰制度，蓝碳保护区域相关企业污染物与温室气体排放报告制度和政府蓝碳生态系统污染源清单编制制度，海洋蓝碳交易机制，尝试综合性生态补偿机制运用于蓝碳保护领域。

新建项目蓝碳生态环境影响评价制度。在蓝碳生态保护和应对气候变化方面，"应对气候变化法"应规定蓝碳保护事前预防制度，评估新建项目对蓝碳生态环境的影响，设定相关项目蓝碳保护的门槛。因此，将《中华人民

共和国环境影响评价法》(以下简称《环境影响评价法》)中有关建设项目环境影响评价制度应用于蓝碳保护领域,达到事前预防蓝碳生态污染破坏的效果。参照《环境影响评价法》,将新建项目蓝碳生态环境影响评价制度实行分类管理,分为可能造成重大环境影响、可能造成轻度环境影响、对环境影响很小等3类。新建项目蓝碳生态环境影响评价制度可分为建设项目规划和实施后两个阶段,对可能造成的蓝碳生态环境影响进行分析、预测和评估,提出预防或者减轻措施并进行跟踪监测。

保护和发展蓝碳规划制度。在我国提出实现碳达峰、碳中和的背景下,充分认识到保护和发展蓝碳对实现碳中和的重要作用,科学合理规划保护和发展蓝碳的近期及中长期措施和预期目标,为应对全球气候变化提供中国方案。为了保护与修复蓝碳生态系统,生态环境部门应制定蓝碳科学技术、人才支撑、政策法规、保护和发展蓝碳的试点工作以及与海洋生态保护衔接的方案。制定政府、企业、公民等主体保护与发展蓝碳的具体措施,形成长效蓝碳保护行动规划机制。

对严重污染蓝碳生态的工艺、设备和产品实行淘汰制度。建立严重污染蓝碳生态的工艺、设备和产品黑名单,逐步淘汰老旧且严重破坏蓝碳的生产工艺、设备与产品。建立实行淘汰制度不仅有利于应对全球气候变化,而且有利于红树林、海草床、盐沼等海洋生态系统的保护。

蓝碳保护区域相关企业污染物、温室气体排放报告制度和政府蓝碳生态系统污染源清单编制制度。在蓝碳保护区域,建立相关企业污染物与温室气体排放报告制度有利于生态环境部门实时了解蓝碳污染重要来源,并据此做出科学合理的行政决策。相关企业将污染物与温室气体排放的具体数据报告到监管机关后,蓝碳监管机关将这些数据整理汇总,进而编制蓝碳生态系统重要污染源清单,形成蓝碳生态系统污染源大数据分析机制,为科学行政提供数据支撑。

海洋蓝碳交易机制。海洋蓝碳交易领域主要涉及渔业碳汇与沿海生态系统碳汇。在沿海生态系统蓝色碳汇领域,国际社会相关的规范性文件包括国际碳减排核证机构出台的《沿海湿地创造方法学》和《潮汐湿地和海藻地修复方法学》(2014年)、联合国环境规划署制定的《沿海蓝碳的碳储存与排放因子计算方法手册》(2014年)、联合国政府间气候变化专门委员会出台的《国家温室气体排放清单湿地增补指南》(2014年)等。包括美国在内的一些国家也在蓝碳交易领域出台了一系列政策与法律。然而，在蓝色碳汇交易领域，我国相关法律制度建设处于空白。因此，我国应加快海洋蓝碳交易法律制度构建，其制度设计主要包括：引入蓝碳项目环境影响评价制度，原因是蓝碳项目为了应对全球气候变化以及实现最优经济生态价值，可能忽略相关项目实施损害其他环境效益；制订蓝碳的核算与核证方案，可以在不同沿海地方进行试点，沿海地方政府制定本地区的蓝色碳汇核算标准，如广西于 2016 年制定的《红树林生态系统固碳评估章程》；建立蓝碳产品交易与市场监管机制，通过专门机构进行蓝碳市场运行管理，监管市场准入、碳抵消信用产品的公平竞价等，推动建立蓝碳市场信息披露规则。

尝试综合性生态补偿机制运用于蓝碳保护领域。于 2014 年修订的《环境保护法》首次将生态补偿制度纳入其中，为综合性生态补偿机制运用于蓝碳保护领域奠定基础。建立蓝碳生态补偿机制的主要内容应包括：加强蓝碳储量的监测、蓝碳价值评估及蓝碳领域固碳增汇技术运用，规定蓝碳补偿主体、监测评估、补偿对象、资金来源、补偿方式、补偿标准、监管考核等。

2. 私法维度：健全蓝碳保护私法规制体系

《中华人民共和国民法典》（以下简称《民法典》）中的绿色原则与分编的绿色条款以及形成的绿色规则共同组成“绿色规范”体系。《民法典》是我国蓝碳保护私法规制主要法律依据，其规定的绿色原则、规则为私主体参与生态保护提供法律依据。其中，作为《民法典》调整民事活动与民事关系的基本原则，绿色原则具有价值引领功能、法律教化功能与裁判指引功能。而绿色规则是通过“绿色物权”一系列制度确立对环境私益与公益的双重保护；通过“绿色合同”规则规定合同履行需要尽到的环保义务；通过“绿色责任”进一步提升环境污染违法成本。《民法典》的绿色条款本质上是私主体需要遵守法律规范，并不能认为其具有环境公法性质。因此，相关民事主体实施民事活动仍需遵循意思自治原则，但要履行生态环境保护的注意义务。在蓝碳保护领域，私主体从事民事活动须尽到蓝碳生态保护的注意义务，尽量减少温室气体的排放，保护蓝碳生态环境。

为了加强蓝碳私法保护，我国应加强《民法典》绿色条款的解释工作以及如何与其他环境保护法律的衔接，提高《民法典》适用于蓝碳保护领域的效用，形成蓝碳私法规制适用体系。

其一，为了明确蓝碳私法保护外延，应加强《民法典》绿色条款的解释工

作。以习近平生态文明思想为引领，发挥绿色原则引领环境法律规制的作用，把握立法原意与精神，实现《民法典》效用最大化。解释《民法典》绿色条款可以通过归纳总结近期法院审判有关环境案件的实践经验，整合最高人民法院制定的有关环境公法保护与环境私法保护的司法解释，实现从实践探索到理论归纳，进而出台贴合实践的相关司法解释。如《民法典》在合同履行过程、生态损害民事赔偿、用益物权人行使权利、设立建设用地使用权等方面仅仅规定的是原则性规范，需要结合司法实践与立法原意出台司法解释。在蓝碳私法保护领域，私主体在履行相关合同应尽到哪些蓝碳生态保护的注意义务，在蓝碳生态保护区域设立建设用地使用权需明确尽到哪些环境保护义务以及违反国家规定造成生态环境损害的修复与赔偿如何适用于蓝碳保护领域等都需要作进一步的解释适用。

其二，为了实现蓝碳保护公法与私法的有效衔接，制定司法解释实现《民法典》绿色条款与环境公法的衔接与适用是关键。然而，对于《民法典》绿色条款与环境公法的衔接问题，我国至今尚未出台有关司法解释进行明确。出台该司法解释不是改变上位法的实质性内容，而是解决有关环境保护私法与公法衔接与适用问题。在蓝碳保护领域，对现行有关蓝碳生态保护的法律进行系统梳理，并按照从"功能协同"到"权利协同"的思路构建蓝碳保护民事权利体系，实现蓝碳生态公法保护与私法保护的有效衔接。如在蓝碳生态保护区域设立建设用地使用权之时，司法解释可以规定《民法典》的调整外延和相关民事主体需明确尽到哪些环境保护义务，规定哪些情形由相关环境公法规制。事实上，由于《民法典》本质上是私法，其调整的是私主体的民事活动与民事关系，《民法典》的绿色条款是私主体从事民事活动之时所需要尽到的环境保护注意义务，并非是具有公法性质的条款。如绿色原则条款规定的"民事主体从事民事活动"表明受该条款调整的主体和客体具有民事属性，不能对该条款进行公法上的评价。因此，若民事主体从事民事活动造成了蓝碳生态污染破坏，有关违法行为仍受到环境公法的规制。

其三，"应对气候变化法"中蓝碳保护条款对《民法典》绿色规则的回应。《中华人民共和国土壤污染防治法》第九十六条，《中华人民共和国固体废物污染环境防治法》第五、一百二十三条，《大气污染防治法》第一百二十五条等条款中均规定了环境污染造成他人人身与财产损害的应依法承担不利后果，而所依照的法律为民事或刑事有关规定。在蓝碳保护领域，“应对气候变化法”应注重个人参与蓝碳保护的作用，明确个人蓝碳生态保护义务以及违反蓝碳保护法律规则所要承担的民事责任，以此回应《民法典》的绿色条款。

3. 社会法维度：建立健全蓝碳保护社会法保障体系

对于社会法的概念，学界与实务界未形成共识，但社会法是调整政府与社会之间及不同社会部分之间的法律，其最终目的在于保障民生，提升大众幸福感。社会法的价值取向为追求公平正义，重点内容为改善民生，根本目标为实现社会和谐。近些年的社会法主要突出国家与社会承担帮扶义务，履行教育促进、社会维权、社会扶持等社会性质的义务。鉴于我国已有社会法体系和未来规划，社会法体系是劳动法、社会保障法和特殊群体权益保障法等方面法律体系的总和。如今，我国已经制定了《社会救助暂行办法》《自然灾害救助条例》《中华人民共和国清洁生产促进法》等社会性质的法律法规。然而，于蓝碳保护领域，我国仍未出台相关社会性质的法律法规。为了保障民生、人民福祉，我国应建立蓝碳保护社会法体系，加强蓝碳保护宣传教育立法、保护与发展蓝碳项目促进立法等。

其一，蓝碳保护宣传教育立法。为了加强蓝碳保护宣传教育，可以以部门规章的形式出台蓝碳保护宣传教育法。蓝碳保护宣传教育法的主要内容包括：一是立法目的为应对全球气候变化，保护蓝碳生态环境，利用蓝色碳汇的作用，提高人们蓝碳保护意识，实现全民低碳生活；二是蓝碳保护宣传主体为生态环境部门、环境保护公益组织、官方媒体、基层自治组织等；三是蓝碳保护宣传内容主要有蓝碳对气候变化的作用、蓝碳包括哪些海洋生物碳汇、全球气候变暖带来的危害、企业与个人蓝碳保护的具体措施、低碳生活的形成方式等；四是蓝碳保护宣传方式应多样化，包括开设蓝碳保护课程，设计并推广蓝碳宣传标语，有关媒体宣传等。

其二，保护与发展蓝碳项目促进立法。我国制定了《环境保护法》《海洋环境保护法》《海岸工程环境管理条例》《渔业法》等法律法规，可作为保护红树林、盐沼、海草床等生态系统的法律依据。但对于保护和发展蓝碳项目促进领域，我国尚未出台相关法律法规。因此，为了保护和发展蓝碳及应对气候变化，保护和发展蓝碳项目促进立法势在必行，其立法目的是应对全球气候变化，发展蓝碳项目，利用海洋碳捕获的高效作用，实现经济效益和生态

效益。保护和发展蓝碳项目规划和实施主体主要是政府、企业等。保护和发展蓝碳具体项目包括海洋生态渔业、红树林生态旅游区建设、盐沼生态保护区建设、海草床生态经济建设等。

（二）完善保护和发展蓝碳执法监管体系

2018 年国务院机构改革，组建生态环境部，将应对气候变化和碳减排职责统归到生态环境部。现阶段，全国各省级单位均成立了以省级行政首长为组长的应对气候变化领导小组，建立了省内部门分工协调机制。保护和发展蓝碳作为应对气候变化的重要途径之一，其监管执法机关主要是生态环境部门。据相关法律规定，相关部门可通过蓝碳生态系统污染与破坏行为的行政规制、蓝碳交易市场的监管、蓝碳生态监管与海洋生态监管的协调等措施对蓝碳进行执法监管。

1. 蓝碳生态系统污染与破坏行为的行政规制

生态环境部门可以通过行政处罚、行政强制执行、行政监督检查等方式对蓝碳生态系统污染与破坏行为进行行政规制。其一，行政处罚。行政处罚主体主要是生态环境部门；处罚对象是对蓝碳生态系统实施污染与破坏行为的企业与个人；处罚方式包括对有关设施、设备、物品采取查封、扣押等行政强制措施，对污染蓝碳生态的行为责令限期改正、罚款等措施；行政处罚的处罚程序可以参照《行政处罚法》《环境行政处罚办法》以及“应对气候变化法”等法律、法规和规章。其二，行政强制执行。环境行政强制执行是环境行政管理相对人故意不履行环境义务之时，环境行政机关采取的必要强制措施。当行政管理相对人不执行蓝碳保护义务或者不履行蓝碳污染处罚决定之时，生态环境部门可采取法律明确规定的强制措施。具体包括对蓝碳生态造成污染的设施强行拆除、强行停产、强制关闭等；因蓝碳污染破坏行为处罚款但期限内无正当理由未缴纳，可采取强制扣缴等措施。其三，行政监督检查。行政监督检查主要针对的是守法与环境执法监督检查。在蓝碳生态保护区域，对重点企业和重点污染源进行定期监督检查，对行政处罚决定的执行情况进行定期抽查。

2. 蓝碳交易市场的监管

讨论监管蓝碳交易市场之前，需明确建立蓝碳交易市场的可行性。在碳排放权交易领域，全国碳排放权交易已于 2021 年 7 月 16 日正式开市。然而，我国现阶段还未建立蓝碳交易市场。其重要原因是蓝碳的产权未得到明晰。蓝碳产权能否买卖交易以及对其行使抵押、质押的权利，作为特殊的财产权利标的物，蓝碳产权属于“用益物权”还是“准物权”，学界存在较大争议。我国正处于蓝碳交易市场试点阶段，并积累了一定经验。2021 年 6 月，广东省湛江市红树林造林项目交易完成，系我国首个蓝碳交易项目，其符合核证碳标准（VCS）和气候社区生物多样性标准（CCB）。建立蓝碳交易市场监管体系可以从以下着手：其一，蓝碳交易的初始分配与交易方式。目前，碳排放权初始分配包括无偿和有偿，而碳排放权交易包括交易和拍卖。蓝碳交易亦可采取上述初始分配和交易方式。其二，蓝碳交易监管机制的立法确认。于“应对气候变化法”之中，规定建立蓝碳交易市场及相关监管机制，原则性规定蓝碳保护的相关事项。尝试出台蓝碳交易监管机制的部门规章，专门规定蓝碳交易实体性和程序性条款，作为蓝碳交易市场的主要法律依据，为出台全国统一碳排放权交易监管法律法规奠定基础。其三，蓝碳交易监管机制的内容。监管机构可以由行政机关专门设立机构担任，也可授权其他组织担任。为了蓝碳交易更加市场化和避免行政过多干预，可以授权有资质的组织作为蓝碳交易市场的监管机构。监管内容主要包括蓝碳项目的市场准入、实物交割、碳抵消信用产品的公平竞价等。此外，为了蓝碳交易过程透明化，应建立健全蓝碳市场信息披露制度。

3. 蓝碳生态监管与海洋生态监管的协调

《海洋环境保护法》规定为了对特殊海洋生态区域进行严格保护，于生态环境敏感区、重点海洋生态功能区和脆弱区等海域划定生态保护红线。《海洋环境保护法》规定的重点海域排污总量控制制度、引入新物种严格科学论证制度以及防治海岸工程建设项目对海洋环境的污染损害等均适用于蓝碳生态保护区域。这一系列海洋生态保护制度为蓝碳监管划定了界限，在制定蓝碳监管法律法规之时，应避免跨越生态红线，避免蓝碳建设项目对海洋环境的污染损害，引入蓝碳新物种应严格进行科学论证，实现海洋生态价值、应对气候变化的环境利益和经济利益的协调。

（三）健全保护和发展蓝碳司法体系

健全保护和发展蓝碳司法体系首要解决有关蓝碳案件可诉性问题，进而提出建立健全蓝碳案件诉讼机制的建议。

1. 有关蓝碳案件可诉性分析

建立健全保护和发展蓝碳司法体系的首要问题是需讨论有关蓝碳案件的可诉性。有关蓝碳案件主要包括直接针对蓝碳生态破坏提起诉讼、蓝碳交易纠纷产生的诉讼以及有关蓝碳的行政诉讼等。其一，直接针对蓝碳生态污染破坏提起诉讼。蓝碳生态污染破坏案的诉讼标的为海洋生物的蓝色碳汇功能受到减弱，其诉讼目的是缓解全球气候变暖。显然蓝碳生态污染破坏诉讼维护的是全球气候环境利益，属于公共利益的一种。因此，蓝碳生态污染破坏诉讼应当认定为环境公益诉讼的一种。其二，蓝碳交易纠纷产生的诉讼。此时，蓝碳交易纠纷主要发生在私主体之间，维护的是私主体的利益。由于将蓝碳当成一种商品进行交易，此种诉讼应当认定为民事诉讼。其三，有关蓝碳的行政诉讼。有关蓝碳的行政诉讼主要包括一般行政诉讼和行政公益诉讼。关于前者，《行政诉讼法》规定，法院受理公民、法人或非法人组织认为行政机关的行政行为侵犯了其合法权益的诉讼。此时，蓝碳监督管理机关的行政行为侵犯的具体法律主体的合法利益，不涉及公共利益，属于一般行政诉讼。关于后者，参照《行政诉讼法》关于一般行政公益诉讼的规则，检察院有权提起，但需要履行前置程序。此时，蓝碳监督管理机关的行政行为侵犯的是国家利益和社会公共利益。

2. 建立健全有关蓝碳案件诉讼机制

其一，蓝碳损害民事公益诉讼。参考一般环境公益诉讼制度规定，将蓝碳损害民事公益诉讼制度规定在“应对气候变化法”之中。具体制度包括：原告主体范围为行使蓝碳生态监督管理权的机关以及依法在设区的市级以上人民政府民政部门登记，专门从事环境保护公益活动连续5年以上且无违法记录的环境公益组织；蓝碳损害民事公益诉讼的索赔范围为损害发生到修复完成期间的生态服务功能损失、生态环境功能永久性损害的损失、损害调查评估费、清污费、修复费用、防止损害发生和扩大的费用等；蓝碳生态污染损害民事公益诉讼程序可参照《中华人民共和国民事诉讼法》等法律法规；行使蓝碳生态国家监督管理权的机关诉权可主要由设区的市级生态环境部门行使。其二，蓝碳交易纠纷产生的私益诉讼可参照一般民事诉讼的规定。其三，有关蓝碳的行政公益诉讼。检察机关应当积极发现蓝碳监督管理机关违法行为和不作为，为了维护国家利益和社会公共利益，提出检察建议，当蓝碳监管机关不履行职责时，人民检察院应当依法提起蓝碳行政公益诉讼。

3. 蓝碳民事、行政公益诉讼与一般海洋生态环境民事、行政公益诉讼的协调

蓝碳公益诉讼与海洋生态环境公益诉讼避免不了出现适用与协调问题,需要应对与解决。首先,蓝碳损害民事公益诉讼与一般海洋生态环境民事公益诉讼的协调。由于蓝碳吸收二氧化碳的载体是红树林、盐沼、海草床等海洋生态系统,当这些海洋生态系统受到污染破坏时,蓝碳也受到损害,海洋生态环境公益诉讼适用于该海洋生态环境损害案件,而蓝碳民事公益诉讼也同样适用于该案,这时如何协调二者之间的关系是需要解决的。值得注意的是,二者不存在案件重复处理问题,因为诉讼标的和诉讼目的均不重合。其解决方案为将蓝碳民事公益诉讼与海洋生态环境民事公益诉讼合并审理,将原告适格范围尽量一致,二者索赔范围分别计算索赔。其次,蓝碳行政公益诉讼与一般海洋生态环境行政公益诉讼的协调。同理,二者相关诉讼标的和诉讼目的均不重合,检察机关可分别针对蓝碳损害和一般海洋生态环境提出检察建议,蓝碳监督管理机关不履行职责时,向人民法院提起诉讼。解决方案为同样将二者合并审理,两者索赔范围分别计算索赔。

(四)形成良好的保护和发展蓝碳守法体系

环境守法主体包括政府、企业、其他组织、公民等。而在保护和发展蓝碳领域,我们主要讨论与蓝碳保护密切相关的政府、企业和公众。

1. 政府及其官员守法机制

其一,将包括蓝碳保护在内的生态环境法律法规纳入其守法范围。有关政府机关及其工作人员在行使权力过程中要遵循有关蓝碳保护法律规范,减少蓝碳污染和破坏,开展绿色低碳政府评价。其二,确保有关蓝碳行政的程序化、法治化以及透明化。为了实现蓝碳行政的合法化与正当化,加强蓝碳行政政务信息公开,发挥社会监督的作用,确立蓝碳行政决策的公众参与机制。其三,政府蓝碳保护守法要注重生态环境部门公务人员守法。在生态守法层面,加强生态守法的有效途径之一是将生态保护守法作为政府职责的一部分,建立跨行政区、跨部门生态环境守法协作机制。于蓝碳保护领域,负有监管职责的生态环境部门应当将蓝碳保护作为其职责之一,积极建立跨区域以及与其他部门蓝碳守法的合作、协调机制。强化生态环境

部门服务行政，积极指导公民和企业蓝碳保护守法也应是生态环境部门的职责之一。其四，生态环境部积极制定蓝碳守法导则。我国环境保护守法导则主要涉及环境治理技术指南、环境法律与政策要求、企业内部的环境管理制度等。为了保障相关主体蓝碳守法，制定蓝碳生态区域治理技术指南、蓝碳保护法律与政策要求、相关企业内部的蓝碳保护管理制度以及公众蓝碳守法具体途径等。

2. 企业守法机制

引导并形成良好的蓝碳企业守法机制可以从加强行政监管、经济激励、企业自律以及社会监督等方面着手。其一，加强行政监管，促进企业守法。通过加强保护和发展蓝碳立法、实施、检查和各种行政措施相配合，达到监控企业破坏蓝碳生态的目的，从而促使企业成为蓝碳保护的守法者。运用行政权强制企业成为良好的守法者是环境法的传统途径，也是我国最为主要的监管企业守法的方式。其二，通过经济激励手段促进企业守法。经济激励手段主要包括税收优惠、技术援助、绿色信贷、财政补贴、环保奖励等。运用经济激励手段，推动企业主动提供保护和发展蓝碳的守法积极性，激发企业承担蓝碳保护环境责任。其三，企业自律守法。加强企业蓝碳保护意识宣传教育，建立企业内部蓝碳保护制度体系，积极进行蓝碳保护相关培训。其四，社会监督。社会监督包括环保组织、社会媒体以及公众等主体的监督。在蓝碳保护领域，环保组织、公众、媒体等主体应积极行使监督权利，运用外部监督的督促作用，推动企业主动规范有关蓝碳的行为以及积极承担蓝碳保护的社会责任。

3. 公众守法机制

公众主体可能成为蓝碳生态系统的破坏者，也可能成为蓝碳生态系统的守护者。若公众主体要成为积极的蓝碳守法者，政府与社会需对公众进行积极引导和教育，培养公众自身环保意识。健全公众蓝碳保护守法机制可以从以下方面入手：其一，加强蓝碳保护相关法治宣传教育，达到引导、教育公众积极守法的目的；其二，政府和环保公益组织积极组织蓝碳保护的公益活动，借助媒体、网络等平台宣传蓝碳保护守法实践方式；其三，公众通过积极参与蓝碳保护立法、行政决策、公益诉讼等活动，深入了解蓝碳保护的重要性和法治路径，进而提高蓝碳守法意识，做一个积极的守法者。

全球气候变化是当今人类社会共同面临的巨大挑战。因此，人类应共同应对气候变化，构建人类命运共同体，实现经济社会可持续发展。而海洋是地球上最大的碳库，在应对气候变化方面具有举足轻重的作用。我国应积极发展蓝碳事业，拓展面向海洋的蓝色碳汇空间，增强我国在国际应对气候变化领域的话语权。在法治领域，加强保护与发展蓝碳法治路径的探索，建立符合我国国情的蓝碳法治体系。此外，探索保护和发展蓝碳的有效路径，加强科技、教育、经济、财政等领域的支撑，形成全方位、多层次、立体化保护和发展蓝碳治理体系。

文章来源：原刊于《西北民族大学学报(哲学社会科学版)》2022 年第 1 期。

海洋碳汇发展机制与交易模式

■ 赵云，乔岳，张立伟

论点撷萃

相比于陆地生态系统的碳汇作用，海洋生态系统的碳汇具有碳循环周期长、固碳效果持久等特点。然而，海洋碳汇计量相比于陆地生态碳汇计量难度更大。另外，海洋碳汇大部分发生在国际公共海洋领域。由于以上原因，海洋碳汇的发展在各国环境政策中被长期忽视。建立海洋碳汇促进与保障政策体系，将海洋碳汇纳入国际气候变化主要议题中将成为全球碳减排计划中的重要新思路，其将会对大气环境与海洋生态产生长远而积极的影响。

海洋碳汇需要将碳的吸收建立在健康海洋生态基础之上，相比于陆地生态系统，海洋生态系统的健康性评估难度更大，生态系统规律更具有隐蔽性，生态系统遭到破坏的程度更显著，许多区域的海洋生态系统正在快速萎缩甚至消失。随之而来的是海洋生态系统碳汇作用减弱，而且速度已经在显著加快。海洋碳汇的发展模式需要以海洋生态修复为基础，以可持续发展为目标，并结合海洋科技与产业的现状，构建一体化海洋环境治理体系。

我国是一个经济快速增长的发展中国家，还有大量基础建设与产业建设尚待完成，碳排放压力依然较大；同时，我国又是一个大国，需要在涉及全人类的环境问题上承担大国责任，因此需要将减少碳排放与增加碳汇作为我国实现碳达峰、碳中和目标的两个主要途径。海洋碳汇作为近年来发展迅速的研究方向，其巨大潜力与我国的地理结构决定了我国发展海洋碳汇

作者：赵云，山东大学国际创新转化学院助理研究员；
乔岳，山东大学国际创新转化学院教授；
张立伟，山东大学国际创新转化学院副研究员

能够显著提高我国的减排潜力。在动态性技术与产业能力视角下，以增强我国海洋碳汇能力为目标，将海洋碳汇市场与已有的碳配额市场结合起来，以市场化手段激励我国海洋碳汇相关主体在技术、生产等环节，积极寻求新方式增加海洋碳汇，从而实现环境与经济效益的双赢局面。

进入21世纪以来，随着经济的不断发展与人类活动的扩张，生态环境保护正在面临巨大的挑战，气候变化问题已经成为人类面临的共同难题，而其中二氧化碳等温室气体排放所导致的全球变暖是决定人类未来发展命运的首要问题。我国作为碳排放大国，在国际气候变化治理中发挥着重要的作用，经济发展需求与较大的减排压力使得我国需要在碳排放领域，与全球各国一同探索在新时代、新技术条件下的特色道路。

碳中和的途径可以分为两个主要的方向：①通过能源替代、技术升级、关闭产能等方式减少碳的排放；②通过生物或人工直接捕获空气中二氧化碳的方式，减少大气中的温室气体总量。在经济高速增长的背景下，相比于直接减少碳排放，采用适当手段固定二氧化碳的替代性方案对维持经济持续发展更加具有适用性。在固定二氧化碳的方案中，相比于人工物理方法，采用改造生态系统的方式实现碳汇具有安全、稳定、高效的特点；其中，基于生态系统的碳汇又可以分为森林碳汇、湿地碳汇和海洋碳汇等模式。

相比于陆地生态系统的碳汇作用，海洋生态系统的碳汇具有碳循环周期长、固碳效果持久等特点。例如，海洋浮游植物占地球光合净初级生产力的45%以上。然而，海洋碳汇计量相比于陆地生态碳汇计量难度更大。在陆地上光合作用最活跃的贡献者以长生命周期的大型植物（平均10年）为主，但在海洋中发挥主要作用的是短生命周期的微生物（典型时间为1周），因此海洋碳汇的过程相比于森林碳汇具有更强的动态性。另外，海洋碳汇大部分发生在国际公共海洋领域。由于以上原因，海洋碳汇的发展在各国环境政策中被长期忽视。建立海洋碳汇促进与保障政策体系，将海洋碳汇纳入国际气候变化主要议题中将成为全球碳减排计划中的重要新思路，其将会对大气环境与海洋生态产生长远而积极的影响。

一、人类社会面临的碳达峰、碳中和挑战

人类活动对全球变暖的影响首次确认于1990年联合国政府间气候变化

专门委员会(IPCC)发表的《第一次评估报告》,其直接推动了《联合国气候变化框架公约》(UNFCCC)的缔结及1997年《京都议定书》的签订。在该议定书中,二氧化碳等温室气体排放的问题被明确提出并论证了碳排放与气候变化间的关系,从此碳排放问题作为人类需要面临的共同问题成为国际政治与经济发展的焦点问题。IPCC《第五次评估报告》指出,气候变化已经对人类健康与安全造成了影响,碳排放带来的社会与经济损害已经不再是未来的预期而是正在发生。在此基础上,各国对减少碳排放达成了不同程度的共识,但是在全球范围内却难以形成一个温室气体减排协议。碳排放问题不仅仅是环境保护问题,更涉及经济发展权问题与国际关系博弈。

由于经济发展阶段与全球分工的特殊性,我国已经成为碳排放大国,人均碳排放已经与欧盟国家接近(图1),实现碳排放减排目标成为我国承担大国责任的重要体现。为此,2020年9月22日,中国国家主席习近平在第75届联合国大会上宣布,中国二氧化碳排放力争于2030年前达到峰值,努力争取2060年前实现碳中和。但是我国正处于经济快速增长时期,碳排放的直接约束将显著影响我国工业化转型与经济建设的进程,处理碳排放与经济增长间的关系成为我国经济能够实现长期稳定增长的关键。已有学者研究表明仅仅依靠减少碳排放在基准模式下难以实现2030年碳达峰。在全球疫情的背景下,我国2020年国内生产总值(GDP)达到101.5万亿元人民币,依然实现了2.3%的增长;其中,第二产业增加值占比达到37.8%,较2019年呈上升趋势,工业增长在稳定经济增长中发挥了重要作用。与此同时,国际能源署(IEA)发布《2019年全球二氧化碳排放情况》显示我国碳排放有所上升但比较缓和,二氧化碳排放达到约98亿吨。我国针对经济发展现状与国情,先后制定了《"十二五"控制温室气体排放工作方案》《"十三五"控制温室气体排放工作方案》,将"增加生态系统碳汇"作为低碳产业体系的重要组成部分,以森林碳汇为主要方向的同时也指出"探索开展海洋等生态系统碳汇试点"。

我国海洋碳汇潜力巨大,在近海的生态系统中,红树林、海草、盐沼等以不到0.5%的海床覆盖面积,构成了海洋沉积物中50%甚至更多的碳储存量。从全球来看,海洋系统与大气系统的碳交换每年能够达到740亿吨;海洋固碳主要通过生物泵、溶解度泵、碳酸盐泵3种渠道实现,其中生物泵是指

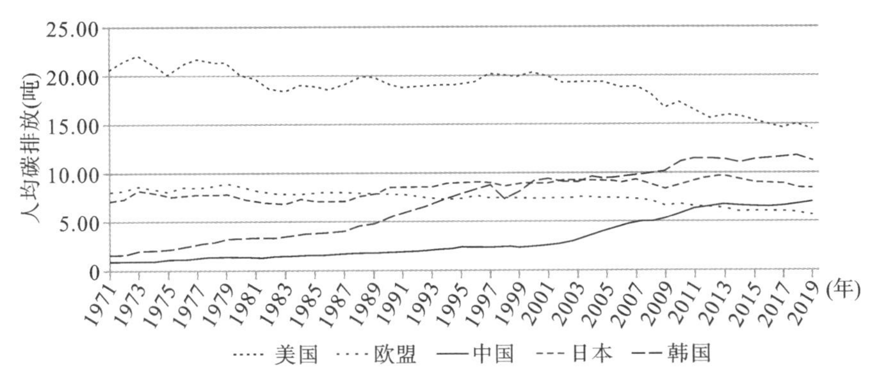

图 1　世界主要经济体人均碳排放变化趋势

根据国际能源署(IEA)数据整理

通过浮游植物等海洋生物将海洋表面的碳通过沉降作用带入深层海底并分解储存的过程。我国有 1.8 万千米大陆海岸线,海域面积广阔;其中具有丰富的海洋生态资源,因而充分利用海洋碳汇的供给能力可以为我国经济发展与生产建设提供足够的生态空间。

二、海洋碳汇的发展模式

海洋碳汇需要将碳的吸收建立在健康海洋生态基础之上,相比于陆地生态系统,海洋生态系统的健康性评估难度更大,生态系统规律更具有隐蔽性,生态系统遭到破坏的程度更显著,许多区域的海洋生态系统正在快速萎缩甚至消失。随之而来的是海洋生态系统碳汇作用减弱,平均每年有 2%～7%的海洋碳汇消失,而且速度已经在显著加快。海洋碳汇的发展模式需要以海洋生态修复为基础,以可持续发展为目标,并结合海洋科技与产业的现状,构建一体化海洋环境治理体系。

(一)陆海统筹减排增汇的协同机制

化石能源消耗的减少与替代是减少碳排放的传统路径,但是仅仅依靠减少排放难以实现可持续发展,与之相对的是通过修复生态环境主动增强自然生态对碳的吸收能力,从而使得人类活动与全球碳循环达到均衡可持续的状态。基于生态系统修复的碳汇主要源于陆地生态碳汇与海洋生态碳汇 2 个部分。陆地生态碳汇中森林碳汇已经被长期关注,2009 年 12 月的《联合国气候变化框架公约》第 15 次缔约方会议也明确承认了森林碳汇的作

用。通过估计陆地生态系统的净生产力(NEP)可以估计森林、草原等生态的碳汇作用。与陆地碳汇相比,海洋生态恢复所带来的碳汇效果评估依赖于对整体海洋情况的数据追踪与分析,其整体性强于陆地生态,森林碳汇与海洋碳汇在建设、评估与保障方面遵从显著不同的方式。

海洋碳汇与陆地碳汇增加的方式不同,但对全球碳减排都是不可或缺的。增加森林碳汇一般采用REDD、植树造林、“REDD+”等模式,都以森林覆盖与森林植被状态为目标进行主动建设,各种方式都显著依赖于陆地空间与区域生态的现状。由于人类活动与森林碳汇都处于陆地空间中,随着人类活动范围的扩大,森林碳汇的发展将受到空间的显著限制。在海洋碳汇建设中则不会存在与人类空间冲突的问题,因而对于海洋生态而言,主动修复与建设的潜力是巨大的。通过深入了解海洋生态的运行规律,可以充分发挥海洋生态的空间与整体性优势,且只需要修复海洋生态与碳循环的特定环节实现整个系统碳汇能力的显著提高。因此,需要协调推进森林碳汇与海洋碳汇,使得人类投入到减少碳排放中的努力能够始终处于边际效用最大化的状态。

人类活动导致海洋碳汇减少的主要方面在于海岸富营养化、填海造陆、海岸工程及海岸城市化等。增加海洋碳汇首先在于海洋生态的恢复,同时可以紧密结合海洋渔业的发展,通过恢复海洋生态同时实现物种多样性保护与减少碳排放的目标。从行动策略角度,增加海洋碳汇可以从消除富营养化污染、增加滨海湿地、改善海洋渔业结构、保护海床生态等方面对海洋生态进行恢复与重建,使其具有更强的固碳能力。

(二)以生态补偿为支点的多阶段海洋碳汇发展机制

全社会主动的海洋碳汇治理涉及海洋污染治理、海洋生态恢复、涉海养殖等多个方面,其关系到生产生活中从工业、旅游业到农业的不同环节。由于社会经济发展水平的差异,在不同的地区基于其本地自然条件特征需要实施方式不同、强度各异的海洋碳汇举措。由于海洋碳汇的系统复杂性,当前我国需要分阶段开展海洋碳汇治理,逐步实现海洋碳汇的平稳、有序发展,获取更高国际碳排放话语权与影响力。

1. 以生态补偿为主的启动阶段

围绕海洋碳汇增加的每个路径,强化顶层设计,合理布局资源投入。在海洋碳汇发展初期，由于各参与方对海洋碳汇的认识不足，凝聚共识成为海洋碳汇启动的关键支撑。在海洋碳汇已经成为国际生态保护科研领域共识的条件下，面向增加海洋碳汇变化的主要因素，将生态补偿分别投入到科研、生态保护和生态信息监控体系建设 3 个方面。①以科研为牵引，逐步厘清海洋碳汇的发生机理、涉海活动与海洋碳汇间关系，同步实现对海洋环境和海洋碳循环的认识，从而推动国内海洋碳汇研究引领全球科技前沿，为海洋碳汇的发展奠定理论基础。②围绕现有海洋生态保护体系，将海洋碳汇纳入生态保护指标范畴，合理支配生态保护资源，吸引科研机构、工业企业、养殖户、服务机构等全社会海洋碳汇相关主体积极参与。

2. 以生态补偿为基础、以碳汇交易为补充的成长阶段

把经济手段作为相关者利益关系调节的主要手段，逐步建立定向补偿与排放权置换交易相协同的海洋碳汇发展体系。在对海洋碳汇的直接相关主体进行生态补偿的基础上，为了吸引更多相关主体认识并参与海洋碳汇创造，建立海洋碳汇与碳排放权的置换机制，将多类碳排放主体连接到海洋碳汇市场中；增加参与海洋碳汇的社会资源，推动海洋碳汇监测技术、评估方法、生态修复技术、节能减排技术等多类技术同步发展，实现国际领先。

3. 面向全球治理的成熟阶段

需要实现海洋碳汇的国际化发展，将我国逐步成熟的海洋碳汇治理措施与建设方案向全球推广，取得国际碳排放话语权与影响力。在科研领域取得更多国际共识的基础上，逐步将海洋碳汇交易市场向全球开放，使得海洋碳汇交易体系拓展为国际化市场体系，让更多国际参与主体获得认可与利益保障，形成全球性海洋碳汇治理方案，制定计划并逐步实现全世界范围内的可持续碳排放框架。

（三）消除海洋污染实现减排增汇的生态修复

向海洋生态系统中排出的污染物在很大程度上破坏了原有的海洋生态，导致了当前海岸经常出现的富营养化等海洋生态的破坏性变化。减少海洋环境污染可以作为一种帮助海洋环境恢复，增加海洋生态碳汇能力的实施手段。海洋碳汇工程可以分解为若干个减少污染物排放的海洋环境保护工程。相比于海洋污染物的检测，海洋碳汇能力的恢复可能需要更长时间，但海洋碳汇工程实施后的效果具有可观的碳汇前景。

（四）滨海湿地保护与碳汇核算

由于滨海湿地所处位置与人类活动较为接近，容易受到人类活动的影响，滨海湿地的生态功能正在快速消失。通过建立专门政策保护现存的海草牧场、盐沼和红树林等滨海湿地的生态环境，充分发挥其碳汇作用，从整体角度来看，滨海湿地固碳能力可以达到 1500 $gC \cdot m^{-2} \cdot a^{-1}$，全国滨海湿地的碳汇能力可以超过 40 万吨。为了更加准确估计滨海湿地生态的碳汇能力，需要结合生态实际构成与特征进行一定时间的滨海湿地碳汇能力追踪，使得海洋湿地生态的变化规律与碳汇能力得到充分展现。

（五）养殖环境负排放增汇模式

海洋养殖业作为海洋产业的重要组成部分，是人类活动影响海洋生态的主要路径。相比于其他海洋产业，海洋养殖业对海洋资源的依赖更加显著。一般而言，海洋化工、运输等产业难以实现通过产业增长改善海洋生态，而海洋养殖业由于其自然属性，能够通过寻找海洋生态演化与海水养殖间的结合点，实现海洋生态优化与海洋养殖业间的平衡。从碳排放角度分析，通过发展贝类、藻类等水产品养殖，依靠其对浮游植物的吸收，捕获海水中的碳元素，并通过收获离开海洋的碳循环实现碳汇的作用；或者养殖海藻和海草作为能源植物，而实现环境优化、可持续的海洋能源供给。因此，海洋养殖业可能成为一种增加海洋碳汇的重要方式，并依靠其达到产业发展与碳汇共同目标。

三、海洋碳汇交易的制度探索

（一）海洋碳汇评估

发展海洋碳汇是增强我国碳实力的重要路径，是达成全球碳排放合作的技术性杠杆。从全球合作角度分析，为了实现整体碳排放的降低，需要参与减排的各方能够在排放权、发展权方面达成一致。其前提是碳排放安排能够符合各国的碳实力，而减排潜力是各国碳实力的关键组成部分。海洋碳汇能力的增强无疑将对我国的减排潜力产生显著的影响，因此率先启动对我国海洋碳汇现状与潜力评估是推动我国海洋碳汇持久有序发展的前提。

（二）市场化碳排放政策已形成广泛基础

碳交易实践为海洋碳汇的市场化治理提供了重要实施依据。碳排放交易系统(EST)是一类基于市场的节能减排政策工具，其遵循总量控制与交易的原则，以实现政府对各行业的碳排放总量控制。近年来，全球多个国家相继开始实施碳交易政策，市场化政策成为温室气体减排政策中的关键组成部分。自2005年全球首个碳交易市场在欧盟启动以来，国际碳市场规模不断扩大。基于国际碳行动伙伴组织(ICAP)的报告，全球共有20个正在运行的ETS，这些规模不同的碳交易系统涵盖1个超国家系统(欧盟)、4个国家系统、15个省或州系统及7个城市系统，覆盖27个司法管辖区。

自2011年开始，我国在北京、上海、深圳等多个地区开展碳排放权交易试点实践。2021年2月1日，由生态环境部发布的《碳排放权交易管理办法(试行)》正式实施；该办法对全国碳排放权交易及相关活动进行规范，明确了碳排放交易涉及的确权、登记、交易、管理等活动的运行机制，确定了2225家电力企业为重点排放单位。碳交易实践为碳汇的市场化提供了可参考的规则框架，使得海洋碳汇的市场化制度建设成为可能。

(三)海洋碳汇交易模式探索

碳汇交易是将能够产生碳汇的生态产品通过碳信用转换成温室气体排放权，以获得生态补偿的市场化手段。通过碳汇交易能够实现生态保护行为的货币化激励，并保障减排行为能够始终发生在边际效益最大的区域。相比于海洋碳汇，由于计量与评估较为简便，森林碳汇已成为《京都议定书》中代替二氧化碳减排的主要方式。根据《京都议定书》，发达国家可以通过技术援助、资金支持的形式在发展中国家建设森林碳汇项目。

目前，中国已获得联合国清洁发展机制执行理事会签发的清洁发展技术计划(CDM计划)项目共计1557项，在全球总的CDM计划项目签发量中占比最大。由于我国是发展中国家还无须承担强制碳汇帮扶任务，我国的减排交易实践主要以基于碳配合的交易为主。

海洋碳汇的作用已经在海洋微生物沉降、滨海湿地等多个方面形成国际共识。海洋碳汇与森林碳汇的交易是碳配额交易的一个重要补充。通过将海洋碳汇交易纳入碳排放交易体系，可完善国内碳排放交易市场，推动国内海洋碳汇能力建设，使我国碳实力得到进一步提高；进而，随着国际碳排放谈判格局的变化，将海洋碳汇交易推向国际范围。与碳配额交易的方式不同，海洋碳汇交易的基础需要建立在由国家推出的统一基金的基础上。

在配额交易中，交易主体为产生碳排放的生产企业。通过事先确定配额，企业基于各自生产中的排放情况，选择进行交易的价格与交易对象，而海洋碳汇的交易需要对相应项目实际产生效果进行较长时间的追踪并进行估计。由于海洋碳汇的发展方式自身就可以分为3种，交易的主体也需要相应分为3类：①原有的生产企业。这些企业对海洋的排放影响了海洋的碳汇，其通过减少排放可以促进海洋生态改善增加海洋碳汇，此类主体采用的方式同样是配额式的，交易规则类似于碳配额交易。②海洋环境管理主体。该类主体是为了保护滨海湿地、海床环境的监管单位，其发挥作用需要通过所保护生态恢复的效果来体现。通过计算生态系统的碳汇能力增加度量生态保护行动的碳汇总量，其基础在于对所保护生态系统的碳汇能力增长，交易应采取类似于CDM计划的方式进行。③海洋养殖主体。该类主体通过养殖产品的生物特性，增加海洋碳汇总量，此类主体的交易方式应该采用信用转让方式进行。将3类主体与当前碳排放市场中企业主体间碳配额的换算关系进行设计，构建起海洋碳汇市场交易的基本框架。但是，碳汇市场与碳配额市场间的"换汇"需要由一个具备信用的统一主体完成，所以需要建立统一的基金；然后，由该基金发起对3类主体的种子补贴，从而维持两个市场对碳排放的贡献，使相对价格能够维持在合理水平。

（四）交易平台构建

作为信息公示与价格商议的平台，海洋碳汇应在原有评价平台的基础上建立海洋碳汇交易平台。该平台可以由海洋碳汇统一基金作为支持方，完成市场信息的收集和披露的任务。在交易还未实现前，平台应将评估功能作为主要功能，从而在平台运行初期完成公信力建设；平台运行后，则需要维持评估功能。作为海洋碳汇效果与潜力的评价单位，由于海洋的连通性特征，平台需要有统一主体承担海洋碳汇计量中需要完成的一体化信息收集与统计工作。

四、启示与建议

我国是一个经济快速增长中的发展中国家，还有大量基础建设与产业建设尚待完成，碳排放压力依然较大；同时，我国又是一个大国，需要在涉及全人类的环境问题上承担大国责任，因此需要将减少碳排放与增加碳汇作为我国实现碳达峰、碳中和目标的两个主要途径。海洋碳汇作为近年来发展迅速的研究方向,其巨大潜力与我国的地理结构决定了我国发展海洋碳汇能够显著提高我国的减排潜力。在动态性技术与产业能力视角下,以增强我国海洋碳汇能力为目标,将海洋碳汇市场与已有的碳配额市场结合起来,以市场化手段激励我国海洋碳汇相关主体在技术、生产等环节,积极寻求新方式增加海洋碳汇,从而实现环境与经济效益的双赢局面。

(1)建立健全系统性的海洋碳汇监控、评价体系。加大国家对海洋碳汇基础研究的投入力度,通过机制设计,发挥地方各部门参与海洋碳汇监测的积极性;建立国家级海洋碳汇信息共享平台,将海洋碳汇监测设备融入海洋新型基础设施建设框架;实现多源数据联通在支撑海洋碳汇研究的同时,吸引国内外多方主体参与海洋碳汇的分析评价;发挥大国优势,关注海洋碳汇技术国际前沿,凝聚海洋碳汇国际共识。

(2)分阶段施策,逐步推动海洋碳汇成为碳排放治理的关键环节。在海洋碳汇发展的3个阶段中,环境保护部门应分阶段推进海洋碳汇交易。在以生态补偿为主的启动阶段,紧抓科学前沿;在以生态补偿为基础、以碳汇交易为补充的成长阶段,聚焦市场体系建设;在面向全球治理的海洋碳汇国际化发展阶段,充分发挥系统成果优势,以获得国际碳排放话语权,将海洋碳汇纳入国际碳排放治理重要环节。

(3)基于碳排放权交易探索海洋碳汇市场化治理路径。海洋碳汇发展需要社会各方主体的共同参与,市场化的海洋碳汇机制将使得参与各方获得更好经济效益。在现有碳排放权交易体系的基础上,通过交易平台建设完善监测体系,将规范量化后的海洋碳汇进行认证并纳入碳排放交易系统。在完善碳排放交易的同时,使得全社会充分认识海洋碳汇并积极参与,推动我国成为碳汇大国,加快实现我国的碳达峰、碳中和。

文章来源:原刊于《中国科学院院刊》2021年第3期。

海洋塑料污染

中国—东盟合作防治海洋塑料垃圾污染的策略建议

■ 李道季，朱礼鑫，常思远

论点撷萃

在当前背景下，海洋塑料垃圾和微塑料污染防治问题仍将是国际海洋环境合作的重点和热点，亚太地区是“公认”的污染热点地区，中国与东亚地区海洋防治合作的进展和成果不仅有利于加强中国与东盟国家的战略伙伴关系，还势必将向世界展示中国应对海洋塑料污染、保护海洋环境的能力，体现中国在应对国际环境热点问题上的责任担当。

因此，中国应当继续巩固和扩大其塑料垃圾治理方面取得的成果，积极推广塑料垃圾治理的“中国经验”；应当继续巩固和扩大已有的与东盟在开展海洋塑料垃圾和微塑料污染方面的国际合作机制，实施中国—东盟国家海洋塑料垃圾和微塑料污染治理方面的有效的和实质性的国际合作与行动。另外，通过中国和东盟在应对海洋塑料垃圾和微塑料领域里的合作，中国将为东盟海洋塑料垃圾和微塑料的污染治理提供技术、方法、经验支持和能力建设。与此同时，这也是传播和推广中国生活垃圾治理、塑料垃圾处置、政策管理、制度建设和塑料“循环经济”相关产业发展的经验和模式的良好时机，可以全面展现中国对消减海洋塑料垃圾和微塑料排放所做出的努力以及深度参与“全球治理”的决心和行动。

为了进一步落实中国—东盟环保合作战略，推进中国—东盟海洋垃圾防治友好交流与合作，建议尽快开展中国—东盟国家海洋塑料垃圾消减联

作者：李道季，华东师范大学河口海岸学国家重点实验室、华东师范大学海洋塑料研究中心教授；
朱礼鑫，华东师范大学河口海岸学国家重点实验室博士；
常思远，华东师范大学河口海岸学国家重点实验室助教

合行动，这不仅是中国和东盟合作参与海洋塑料污染“全球治理”的重要举措，也是落实中国《“一带一路”建设海上合作设想》和《中国—东盟战略伙伴关系 2030 年愿景》环境领域合作的重要抓手，对全球海洋环境治理极为重要。

自 20 世纪 50 年代塑料实现商业化生产以来，全球塑料产量呈现指数型快速增长。到 2018 年，全球塑料总产量达到了 3.59 亿吨。其中，大量的塑料因直接丢弃、固体废物管理体系不完善、自然灾害等多种原因进入海洋环境中，成为海洋塑料垃圾。初步估算，仅 2010 年进入海洋的塑料垃圾量就在 480 万至 1270 万吨。塑料垃圾（包括大型塑料垃圾和微塑料）已在全球各地海洋环境中被发现，对海洋生态系统造成了严重危害，并有进一步威胁人类健康的风险。目前，由海洋塑料垃圾引起的污染问题受到各国政府、科学界、媒体、企业及社会组织等利益相关方的广泛关注，已在联合国、二十国集团（G20）、东盟（ASEAN）、亚太经合组织（APEC）等中国深度参与的国际合作框架中成为重要的环境领域议题，有关应对计划或承诺均已制定，海洋塑料垃圾问题已被推升至全球治理层面。如 2019 年，G20 大阪峰会通过宣言，承诺到 2050 年将全球海洋塑料垃圾排放量减到零。

中国与东盟成员国是世界上最主要的塑料生产和消费国，也是塑料垃圾产出最多的地区。沿海人口密集，人数占全球沿海人口总数的 32%以上，被认为贡献了全球海洋中超过一半的塑料垃圾。为此，中国和东盟关于海洋垃圾问题在国际上面临巨大的压力，亟须携手合作采取有效的措施，从源头上全面治理和控制海洋垃圾。此外，作为当前海洋环境领域的主要热点问题，海洋垃圾具有跨地域、可见度高、来源相对明确等特点，这使其治理和应对已经从单纯的海洋环境问题上升为重要的国际环境问题。目前，中国与东盟在海洋塑料垃圾和微塑料领域中的合作不断展开，已召开了一系列具有区域和国际影响力的国际性会议，并领导开展亚太区域国家（包括东盟成员国）海洋微塑料研究。2019 年，联合国教科文组织政府间海洋科学委员会海洋塑料垃圾和微塑料区域培训与研究中心在上海成立，得到亚太区域国家的广泛拥护和支持，期待其成为中国海洋环境保护领域国际合作名牌，并发挥重大作用。近年来，《“一带一路”建设海上合作设想》《中国—东盟战略伙伴关系 2030 年愿景》和《中国—东盟环境保护合作战略（2016—2020）》等也都将海洋塑料垃圾污染应对问题作为环境领域的国际合作重点之一。

除中国外，挪威、美国和日本等也都已经开始与东盟开展相关的合作和行动。因此，我们必须进一步明确当前东盟在海洋垃圾防治方面的现状和趋势，充分结合中国在海洋垃圾监测、源头控制（如禁止洋垃圾进口、生活垃圾分类）、海洋塑料垃圾和微塑料研究、政策制定等方面取得的经验，进一步巩固和扩大中国与东盟在开展海洋塑料垃圾和微塑料污染方面已有的国际合作。

一、东盟海洋垃圾防治整体情况

（一）海洋垃圾成为东盟区域环境国际合作重点

近年来，海洋垃圾特别是海洋塑料垃圾污染问题逐渐受到东盟各国政府层面的关注，海洋垃圾的防治被列为东盟各国双边及多边环境合作的主要议程之一。东盟多次召开海洋垃圾国际会议商讨海洋垃圾污染应对策略和合作方向。

2017 年 11 月，东盟在泰国普吉岛召开的区域消减海洋垃圾大会，专门就该地区海洋垃圾问题展开讨论。2018 年 10 月，东盟先后在印度尼西亚召开 GIZ ASEAN 包装废弃物管理及海洋垃圾防治研讨会和第五届国际“我们的海洋大会”，同样关注海洋垃圾污染问题。同年 11 月，在新加坡举行的第 13 届东亚峰会中发表《关于消减海洋塑料垃圾的声明》，在日本举行的第 21 届东盟—中日韩领导人峰会上发表《海洋垃圾行动倡议》。2019 年 6 月，东盟十国领导人在泰国曼谷签署《关于消减海洋垃圾的曼谷宣言》并发布《东盟海洋垃圾行动框架》。《关于消减海洋垃圾的曼谷宣言》呼吁东盟各国要开展合作，减少海洋垃圾，制订相应的行动计划，并宣布将在印度尼西亚建立“东盟海洋垃圾知识中心”，用于收集东盟地区海洋垃圾污染信息、推动垃圾治理新技术研发、制定减少垃圾入海的应对措施等。此外，东盟还将在泰国建立分中心，用于监测湄公河流域垃圾污染，减少垃圾入海。2019 年 11 月，在泰国举办的第 35 届东盟峰会及东亚合作领导人系列会议将海洋垃圾列为重要议题，并再次强调各国携手应对海洋垃圾的紧迫性和必要性。

（二）积极参与国际组织合作框架，签署国际条约协定

东盟成员国还积极参与和海洋垃圾相关的国际组织合作框架，并签署相关的国际条约协定（表 1）。柬埔寨、印度尼西亚、马来西亚、新加坡、泰国和越南均参加了联合国环境规划署与东亚海协作体（COBSEA）海洋垃圾区

域行动计划，印度尼西亚还参与签署了G20海洋蓝色愿景，目标是在2050年前将新增海洋塑料垃圾量降为零。2007年，联合国环境规划署与COBSEA在印度尼西亚雅加达就东亚海域海洋垃圾问题召开研讨会，并初步形成COBSEA关于海洋垃圾的行动计划（COBSEA RAP MALI）。在会议基础上，2008年，COBSEA首次出版了东亚海域海洋垃圾的污染状况报告，这是较早的关于东盟地区海洋垃圾的报告。报告中提出东盟海岸海洋环境工作组可以为控制东盟国家海洋垃圾起到重要作用。2012年1月，在菲律宾马尼拉举办的《保护海洋环境免受陆上活动污染全球行动纲领》第三次政府间审查会议通过了《关于推动执行保护海洋环境免受陆上活动污染全球行动纲领的马尼拉宣言》，为2012年6月联合国可持续发展大会（"里约+20"峰会）上发起的"海洋垃圾全球伙伴关系（GPML）"奠定了基础。

表1　东盟涉海国家海洋垃圾相关国际公约签署情况

国家	UNCLOS	MARPOL Annex Ⅴ	《伦敦公约》及《伦敦协定》	巴塞尔公约修正案	COBSEA RAP MALI
文莱	√			√	
柬埔寨	√	√		√	√
印度尼西亚	√	√		√	√
马来西亚	√	√		√	√
缅甸	√	√		√	
菲律宾	√	√	√	√	
新加坡	√	√		√	√
泰国	√			√	√
越南	√	√		√	√

注：UNCLOS即《联合国海洋法公约》；MARPOL Annex Ⅴ为《防止船舶污染国际公约》附则五——禁止船舶排放塑料废弃物和垃圾的国际公约；巴塞尔公约修正案为2019年5月获通过的《控制危险废物越境转移及其处置巴塞尔公约》的修订案；COBSEA RAP MALI为联合国环境规划署与东亚海协作体（COBSEA）海洋垃圾区域行动计划。

此外，东盟还积极签署与海洋垃圾相关的国际公约，共同应对海洋垃圾污染（表1）。东盟十国均为《控制危险废料越境转移及其处置巴塞尔公约》缔约国，并均已签署了《联合国海洋法公约》；除文莱、老挝和泰国外，其余7

国还签署了《防止船舶污染国际公约》附则五——禁止船舶排放塑料废弃物和垃圾的国际公约；同时，菲律宾还是1972年签订的《关于防止因倾弃废物及其他事物所造成的海洋污染公约》（以下简称《伦敦公约》）和1996年通过的《〈关于防止因倾弃废物及其他事物所造成的海洋污染公约〉议定书》（以下简称《伦敦协定》）的公约缔约国。

（三）开展多渠道国际合作

目前，挪威、欧盟、美国、日本等均在东盟国家开展了一系列资助或合作项目，主要围绕塑料循环经济和固体废物治理能力提升两大主题，除提供资金支持外，还通过分享最佳实践、政策和商业模式帮助东盟国家形成解决海洋塑料和固体废物问题的本土方案。

2014年，意大利社会组织ACRA基金会在欧盟资助下投入逾130万欧元在柬埔寨发起"减少废弃塑料袋（2014—2017）"项目，在柬埔寨主要城市通过帮助消费者改变消费行为和行为习惯从而减少废弃塑料袋的产生。2015年，全球环境基金（GEF）拨款750万美元资助柬埔寨、菲律宾、越南、老挝和蒙古5国开展"改善废弃物管理"的五年项目。2019年，挪威政府与中国、印度、泰国、缅甸及越南5国合作开展"海洋塑料垃圾中的循环经济机遇（OPTOCE）"项目，从河流、沙滩等塑料垃圾污染"热点"地区拦截回收废塑料并在当地高能耗产业进行能源化利用。同年，欧盟投入900万欧元启动了"重新思考塑料——循环经济解决海洋垃圾问题"项目，旨在向可持续消费和生产塑料过渡，协助大幅减少海洋垃圾。项目的重点地区是中国、印度尼西亚、日本、菲律宾、新加坡、泰国和越南，但也争取间接支持湄公河区域和东盟其他地区的国家。此外，2019年5月，日本宣布将依托东盟·东亚经济研究中心（ERIA）成立塑料垃圾国际研究中心，加强同东盟各成员国合作。2019年7月，美国国际开发署（USAID）向菲律宾本土社会环保组织"地球母亲基金会"和"生态废物联盟"拨款2000万菲律宾比索（约合276万元人民币）以支持其在菲律宾的海洋垃圾控制项目，旨在"支持地方和国家层面的固体废物管理和水资源回收"，在18个月的项目期间，这笔资金将被用来建立30个"零废弃村庄"及调查马尼拉的塑料污染状况和固体废物清除效率等。

二、东盟海洋垃圾防治存在的挑战

东盟各成员国具有海岸线长、岛屿众多、水系繁多、降水量充沛的特点，并经常受到台风、海啸等自然灾害威胁。随着东盟各成员国的城市化进程不断加快、居民生活消费水平不断提升，人口增长、都市与工业的发展以及航运活动的增加等因素导致固体废物产生量迅速增长。同时，由于一次性塑料消耗量极大、固体废物处理体系普遍不完善、渔业及养殖业发达、治理政策体系存在漏洞等原因，大量塑料垃圾和固体废物进入海洋。据估算，印度尼西亚 80%的海洋垃圾来自陆地，而泰国的入海垃圾除了来源于陆上的未受管控的塑料废物，还包括大量直接丢弃进入海洋的垃圾。目前，虽然海洋垃圾已经在东盟引起了较大关注，但其海洋垃圾和固体废物污染防治仍然存在巨大的挑战。

（一）科学研究资源有限，对海洋垃圾情况了解不足

充足的科学数据是海洋垃圾治理和应对的基础与必要前提。然而，东盟各成员国相关科学研究十分缺乏，缺少垃圾分布、入海途径和来源等重要数据，对海洋垃圾和微塑料在区域海洋中的迁移、转化、归趋问题的认知十分有限。调查海洋垃圾状况所必需的海洋科学调查船、实验室分析仪器等基础设施和高水平的科研人员队伍也严重不足。海洋垃圾监测仍大量依靠公民科学、社会组织和海滩清理活动。以上缺陷导致东盟国家政府普遍缺少控制、监测和评估环境污染的项目与能力，无法迅速判断本国海洋垃圾情况，对其防治工作形成很大阻碍。

（二）固体废物处理基础设施非常缺乏，管理挑战大且存在漏洞

目前，东盟国家存在大量未受管控的露天堆场，同时缺少焚烧（能源化利用）、卫生填埋等无害化处理设施。以柬埔寨为例，随着柬埔寨人口增加和城市化进程不断加快，其固体废物产量正以每年 10%的速度不断增长。当前，柬埔寨普遍缺乏对城市生活垃圾的管理，也缺乏生活垃圾处理和处置的基础设施。除了废物收集者和一些当地社会组织收集的少量可回收材料外，其大部分废物未经任何处理就被倾倒在露天垃圾场。据统计，柬埔寨全国共有 72 个垃圾场。这些场所通常是没有围栏或覆盖物的露天堆场，并且缺乏管理或控制。此外，固体废物管理基础设施不足，缺少收集服务设施导致固体废物收集服务覆盖率低，乡镇及偏远岛屿的固体废物清运也存在很大挑战，非法倾倒固体废物案例也时有发生。以文莱为例，据估计，2018 年文莱总人口的 80%生活在沿海地区，约 10%的人口生活在河边的水上高脚

屋中，这些地区通常缺乏必需的固体废物处理基础设施，民众也缺少妥当处理固体废物的意识和教育。在文莱，垃圾填埋仍然是最常见的废物处理方法，且大多数垃圾填埋场通常不配备渗滤液处理或气体收集等无害化处理系统。

（三）一次性塑料制品消耗量极大，且管控方案存在争议

随着东盟区域固体废物产量的快速增长，废弃物中不可生物降解物质的含量迅速增多，而且其中来自一次性塑料包装的产量巨大。在菲律宾、印度尼西亚等发展中国家，由于贫困人口数量庞大，饮用水、卫生保障等基础设施仍不完善，塑料瓶装饮用水、塑料包装食物及塑料袋等消耗量极大，且存在刚性需求。

目前，东盟国家均已在国家或地方层面出台一次性塑料禁令，但在一次性塑料管控方面仍然存在许多争议。比如，新加坡目前仅要求企业在2020年报告中说明其塑料包装的用途并鼓励企业减少包装浪费，但对塑料袋禁令存在大量争议，主要集中在替代材质是否比塑料袋更环保、禁令能否根治塑料废弃物及禁令对于环境保护的实际效用等问题上，因而迟迟未出台塑料相关禁令。类似地，菲律宾国会目前已有的五项关于禁止一次性塑料的法案，至今均未获通过。

（四）成为“洋垃圾”新的输入地

自2018年1月中国“洋垃圾”禁令生效以来，马来西亚、泰国、越南等东盟国家成为固体废物跨境转移的重要目的地。据统计，仅2018年1—7月，马来西亚就进口了45.6万吨塑料废物，与2016年全年16.8万吨以及2017年31.6万吨的进口量相比，存在迅速增加的趋势。大量“洋垃圾”占用了其原有回收处理系统的大量产能，使本国大量垃圾无法得到回收利用，增加了进入海洋的可能。

（五）政府财政资源有限，缺少治理能力

海洋垃圾源头治理需要全面提升固体废弃物管理水平，所需财政预算较多，而政府普遍缺乏这方面的财政预算和固体废物无害化处理所必需的技术人才、设备等。就菲律宾而言，其法案主要由地方政府（LGU）进行具体落实，而根据各地政府的财政资源、人口、地理等因素不同，对政策的理解和执行常常存在偏差，已有行政法案的地区其遵守率也普遍较低。在印度尼西亚，地方政府财政拮据，导致国家层面的海洋垃圾防治政策在地方无法得到有效执行。

三、中国应对海洋塑料垃圾的对策和经验

一直以来,中国高度重视海洋塑料污染的防治和应对,并采取了一系列措施。在法律政策方面,中国很早就针对塑料垃圾污染防治制定了一系列源头管控的法律法规及政策措施,并不断对其加以增补和修订。近年来,随着中国生态文明建设的全面开展,中国全面禁止固体废物进出口和非法越境转移,开展“无废城市”建设试点,大力推行生活垃圾分类制度,加强塑料废弃物回收利用,推动环境无害化处置,进入环境的塑料垃圾数量已大幅减少,对中国从源头消减进入海洋的塑料垃圾发挥了极其重要的作用。同时,中国积极实行“河长制”“湖长制”,严禁将生活垃圾倾倒进入自然水体,并定期开展监测评价,加强沿海城市海洋垃圾污染综合防控示范,有效减少和应对进入环境中的塑料垃圾。此外,其还注重加强科学研究,为塑料治理和应对提供科学保障;积极强化公众参与,增强公众海洋垃圾污染防治的意识;积极参与国际合作,共同推进全球海洋垃圾和塑料污染防治。

具体来说,如2019年上海市颁布实施《上海市生活垃圾管理条例》,结合其独特的“水陆联运”垃圾运输体系和先进的垃圾综合处理利用设施,逐步实现生活垃圾的分类投放、分类收集、分类运输、分类处理,已取得了显著成效。中国这一系列强有力的环境政策和行动在全球范围内做出了源头治理的表率,在亚太和东盟一些国家极具示范意义。此外,2020年1月,国家发展改革委、生态环境部共同公布《关于进一步加强塑料污染治理的意见》,明确要求到2020年年底,中国将率先在部分地区、部分领域禁止、限制部分塑料制品的生产、销售和使用,到2022年年底,一次性塑料制品的消费量明显减少,替代产品得到推广。目前,中国各省(区、市)和国家相关部门都在制订塑料垃圾污染治理的具体实施方案和措施,这将持续加大其对海洋垃圾和塑料污染的防治力度。

因此,垃圾收集、处置、分类和循环利用的“中国经验”可为发展中的东盟各成员国的垃圾治理提供宝贵实践经验,为最终实现全球海洋塑料垃圾零排放的目标做出贡献。

四、中国与东盟海洋垃圾防治合作的总体设想

在当前背景下,海洋塑料垃圾和微塑料污染防治问题仍将是国际海洋

环境合作的重点和热点，亚太地区是“公认”的污染热点地区，中国与东亚地区海洋防治合作的进展和成果不仅有利于加强中国与东盟国家的战略伙伴关系，还势必将向世界展示中国应对海洋塑料污染、保护海洋环境的能力，体现中国在应对国际环境热点问题上的责任担当。

因此，中国应当继续巩固和扩大其塑料垃圾治理方面取得的成果，积极推广塑料垃圾治理的“中国经验”；应当继续巩固和扩大已有的与东盟在开展海洋塑料垃圾和微塑料污染方面的国际合作机制，实施中国—东盟国家海洋塑料垃圾和微塑料污染治理方面的有效的和实质性的国际合作与行动。另外，通过中国和东盟在应对海洋塑料垃圾和微塑料领域里的合作，中国将为东盟海洋塑料垃圾和微塑料的污染治理提供技术、方法、经验支持和能力建设。与此同时，这也是传播和推广中国生活垃圾治理、塑料垃圾处置、政策管理、制度建设和塑料“循环经济”相关产业发展的经验和模式的良好时机，可以全面展现中国对消减海洋塑料垃圾和微塑料排放所做出的努力以及深度参与“全球治理”的决心和行动。

五、中国参与东盟地区海洋垃圾防治合作的对策建议

为了进一步落实中国—东盟环保合作战略，推进中国—东盟海洋垃圾防治友好交流与合作，建议尽快开展中国—东盟国家海洋塑料垃圾消减联合行动，这不仅是中国和东盟合作参与海洋塑料污染“全球治理”的重要举措，也是落实中国《“一带一路”建设海上合作设想》和《中国—东盟战略伙伴关系 2030 年愿景》环境领域合作的重要抓手，对全球海洋环境治理极为重要。具体建议如下。

（一）加强政策交流对话与经验分享，开展联合政策研究

中国“洋垃圾”禁令实行三年以来，大量“洋垃圾”转向东南亚各国，使得其本就不甚完善的固体废物管理体系不堪重负，东南亚国家进入海洋的垃圾数量急剧增多，面临着极大的国际舆论压力。因此，结合中国在垃圾分类、循环经济、“无废城市”建设、无害化处理设施建设等方面取得的丰富经验，通过现有能力建设及技术转移渠道，开展经验教训与科技成果交流，帮助东盟国家摸索出一套适用于发展中国家的固体废物管理方案对于东盟国家应对海洋垃圾问题极具意义。

具体来说，可以通过加强对话交流，经验分享，科技、环境和人员交流，建立正式、高级别海洋垃圾治理合作机制及海洋环境交流活动。将中国和东盟国家领导人的重要共识转化为实际行动，推动海洋垃圾和海洋环境政策对话，并综合考虑被援助国的国情，尽快取得具体成果。

此外，还可以通过提供一定数额的无偿援助、由国家开发银行设立转向贷款等方式，助力东盟国家进一步完善固体废物管理基础设施，建设闭环的循环经济体系，防止塑料垃圾从陆地进入海洋。提供合作基金，支持举办中国—东盟海洋垃圾能力建设培训班、研讨会，并考虑设立专项奖学金，实施人才培养项目，落实《中国—东盟东部增长区合作行动计划(2020—2025)》中的环境保护目标。

（二）构建中国—东盟海洋垃圾研究、治理及科研能力建设的机制化交流平台

当前，东盟国家在海洋垃圾的科学研究及应对方面能力较为欠缺，技术落后，亟须支持。因此，建议通过中国—东盟海上合作基金等途径，支持中国—东盟相关单位联合申报海洋垃圾专题项目，扩大与东盟国家在科学研究和应对方面合作的广度和深度，深入研究探索海洋塑料垃圾(包括微塑料)相关的创新知识，研究制定普遍适用的海洋塑料垃圾(包括微塑料)监测分析方法及创新性和系统性的分析与解决方案，积极推动区域乃至全球的科研合作，促进知识共享、技术交流、能力建设，提升海洋塑料污染问题研究在观测、源汇过程、生态风险评估和管控应对等方面的水平和能力。针对当前的研究需求，利用已有的合作平台[如设立在中国上海华东师范大学的联合国教科文组织政府间海洋科学委员会(UNESCO-IOC)海洋塑料垃圾和微塑料区域培训与研究中心]，主要的合作研究方向应集中在制定中国—东盟标准化、统一的海洋塑料垃圾和微塑料监测与分析方法应用指南，开展中国—东盟海洋塑料垃圾和微塑料污染联合调查，确定东盟区域海洋塑料垃圾和微塑料的时空分布特征及入海通量，开展中国—东盟海洋塑料垃圾和微塑料污染生态风险评估，开展中国—东盟海洋塑料垃圾和微塑料热点评估，提出海洋塑料污染源头控制与消减管理对策以及打造中国—东盟科学研究机制化交流平台等方面。

（三）加强中国—东盟海洋塑料垃圾治理能力建设

中国已经拥有成熟的海洋塑料垃圾治理技术，并在相关研究和治理技

术方面走在世界前列。在海洋塑料垃圾治理方面中国和东盟可以在以下几个方面进行合作。

1. 废物管理和处置

海洋垃圾的重要成因之一是固体废物管理体系存在缺陷。通过加大创新,研发和推广新技术,最大限度地减少塑料废物,让塑料的回收和再利用更加容易,并利用废旧塑料创造价值。开展生活垃圾无害化处理和处置合作,选取并分享从城市到乡镇的生活垃圾治理案例。发展基础设施,收集和管理废物并加强回收。

2. 垃圾清理

清理塑料垃圾集中的区域,尤其是那些向海洋输送了大量陆地塑料垃圾的主要河流、海滩等。

3. 塑料全生命周期管理和循环经济

开展实施塑料全生命周期管理以及实施海洋污染防控计划;建立管理海洋塑料污染的市场机制,提高污染治理和生态保护的能力,提高对可循环材料的需求以及发展工业循环经济。

(四)开展中国—东盟海洋塑料垃圾和微塑料治理合作示范

传播和推广中国在海洋塑料垃圾和微塑料管控、城市生活垃圾分类处置和资源化利用等方面的政策及实施经验,开展中国—东盟海洋塑料垃圾和微塑料治理合作示范,发展友好城市伙伴关系,提高东盟塑料垃圾的回收处理及资源化循环利用水平,提高东盟及"一带一路"区域国家海洋塑料垃圾和微塑料污染问题应对能力和水平。

(五)加强公众参与和环境教育

支持和鼓励民间组织、企业参与东南亚海洋垃圾治理,开展民间合作,营造中国—东盟地区防治海洋垃圾的良好政策氛围,为进一步加强政府间合作打下民间基础。鼓励私营企业及民间组织开展广泛的技术交流和对外投资合作。开展海洋环境保护宣传,并组织开展公众清洁海洋塑料垃圾活动,提高公民的海洋环境保护意识。

文章来源:原刊于《环境保护》2020 年第 23 期。

欧盟参与全球海洋塑料垃圾治理的进展及对中国启示

■ 李雪威，李鹏羽

论点撷萃

欧盟在海洋塑料垃圾治理领域转型早、理念先进、执行力强，是全球海洋塑料垃圾多边治理的稳定支持力量，其经验被广为探讨。中国与欧盟的海洋治理理念存在差异，但双方都是多边主义的坚定维护者、全球治理的稳定参与者。分析欧盟参与全球海洋塑料垃圾治理的动因、路径、面临的挑战等情况对于中国推动海洋高质量发展、深度参与全球海洋治理以及构建海洋命运共同体都具有重要借鉴意义。

以海洋塑料垃圾治理为切入点参与全球治理，有助于中国与相关国家增进共识，淡化利益冲突，在实践中提升话语权和影响力，塑造良好形象，更顺畅地融入全球海洋治理体系。欧盟海洋塑料垃圾治理的制度建设、资金投入、公众参与均处于世界领先地位，同时注重通过多种途径参与并引领全球海洋塑料垃圾治理，值得中国学习和借鉴。中国应结合本国实际借鉴欧盟的经验，有效开展海洋塑料垃圾治理行动，扭转西方政客、媒体、学者对中国是海洋环境“破坏者”的蓄意刻画，树立中国作为海洋环境“积极保护者”的良好形象。

借鉴欧盟的海洋垃圾治理经验，我国可从国内、区域、国际三个层面入手，对海洋塑料进行治理。国内层面，尽快出台系统的针对海洋塑料的战略，动员各利益攸关方共同参与，从源头减少不可降解塑料的生产，并努力

作者：李雪威，山东大学东北亚学院教授；
李鹏羽，山东大学东北亚学院博士

提升公众对海洋塑料垃圾问题的重视，加快推进垃圾分类收集。区域层面，以负责任大国的形象领导中国周边的区域海洋治理机制，加强与东北亚国家、东盟的治理框架联动，推动周边国家在海洋塑料垃圾治理问题上的协商与合作。全球层面，积极参与海洋塑料垃圾的全球治理，严格履行国际公约设定的目标，在区域行动计划中积极作为，承担环境治理方面的国际义务，倡导“海洋命运共同体”“构建和谐的海洋秩序”的海洋治理理念，构建蓝色伙伴关系网络。

海洋塑料污染是当前最难解决的全球海洋治理议题之一。塑料因其质量轻、便于携带、生产成本低，被广泛应用于生产生活的各个方面。据统计，全球范围内每年生产的塑料达3亿吨，大量一次性塑料制品的使用及其他塑料制品的随意丢弃，造成每年至少有800万吨塑料垃圾进入海洋，占所有海洋垃圾的80%。海洋塑料垃圾不仅威胁着海洋生物的生存，还对食品安全、人类健康、沿海旅游业造成严重影响。作为石油的衍生品，塑料垃圾的焚烧过程会排放大量的二氧化碳，从而加速全球变暖。目前关于海洋塑料垃圾治理的研究，国内外学者多基于生态系统的研究方法，或集中于循环经济和回收技术的视角，近年来也逐渐着眼于国际关系行为体话语权和规则制定权的博弈。早在20世纪90年代，联合国就以“保护海洋环境免受陆源污染”为开端关注海洋垃圾问题。进入21世纪，联合国加快推进海洋垃圾治理步伐，在全球范围内倡导建立海洋垃圾治理全球伙伴关系，并将塑料垃圾列为全球重大环境问题。欧盟作为海洋环境治理的一支重要力量，积极响应联合国的号召，“利用其独特的‘规范性力量’，促进基于规则的海上善治”，旨在以欧盟价值观引领全球层面和区域层面的海洋治理。中国与欧盟海洋治理理念存在差异，但双方都是多边主义的坚定维护者、全球治理的稳定参与者。在逆全球化和单边主义甚嚣尘上、新冠肺炎疫情肆虐的当下，分析欧盟参与全球海洋塑料垃圾治理的动因、路径、面临的挑战等情况对于中国推动海洋高质量发展、深度参与全球海洋治理以及构建海洋命运共同体都具有重要借鉴意义。

一、全球海洋塑料垃圾治理的发展态势

现阶段全球海洋治理公约与行动计划层出不穷，各国也针对海洋塑料

加强立法，从国家和地方政府、相关企业到科研机构、社会公众等都被动员起来参与海洋塑料垃圾治理，但目前为止还未达成专门针对海洋塑料垃圾的国际协定。全球海洋塑料垃圾治理呈现出治理碎片化凸显且整合需求上升、多利益攸关方共同参与的发展态势。

(一)治理碎片化凸显且整合需求上升

目前，全球治理领域呈现出碎片化的趋势，海洋塑料垃圾治理领域亦然。

多个国际平台出台了多边环境法律规制、软法和自愿性承诺。各多边机构的治理措施有所重叠，对塑料垃圾的规制分散在涉及海洋污染的各种公约、文件之中而没有具有约束力的"塑料协定"。早期涉及海洋塑料垃圾的国际公约包括1972年签署的《防止废物倾倒及其他物质污染海洋公约》及其《1996年议定书》、1973年签署的《国际防止船舶造成污染公约》及其《1978年议定书》附则Ⅴ、1989年签署的《控制危险废物越境转移及其处置巴塞尔公约》(以下简称《巴塞尔公约》)及其修正案等。自1995年在联合国环境规划署倡导下通过《保护海洋环境免受陆源污染全球行动计划》(GPA)后，出台软法性文件成为21世纪海洋塑料垃圾治理的趋势。其中以联合国的倡导为主，包括2011年《檀香山战略——海洋垃圾预防和管理全球框架》、2012年"里约+20"峰会期间成立的"海洋垃圾全球伙伴关系"(GPML)、2018年国际海事组织"处理船舶产生的海洋塑料垃圾的行动计划"、2021年全球垃圾(治理)伙伴关系项目(The GloLitter Partnerships Project)等。在联合国框架外，2015年G7峰会确定了通过国际发展援助和投资防止塑料垃圾的总体原则，2017年G20汉堡峰会启动"全球承诺网络"(GNC)并出台《G20海洋垃圾行动计划》，2018年G7峰会签署《海洋塑料宪章》，争取到2030年实现塑料制品的100%再利用，2019年G20大阪峰会《大阪宣言》提出了到2050年将海洋塑料垃圾减为零的"蓝色海洋愿景"。

近年来，随着联合国的呼吁和各政府间国际组织的呼应，为减少世界海洋中的塑料污染，启动一项国际协议、加紧制定可量化减排目标的时机已经成熟。2015年9月，联合国可持续发展峰会上通过了《变革我们的世界：2030年可持续发展议程》(以下简称《2030年议程》)，为海洋塑料垃圾治理指明了方向。联合国环境大会是推动全球海洋塑料垃圾治理整合最权威的机制，2017年12月，第三届联合国环境大会(UNEA-3)出台的一份针对现有海洋塑料垃圾制度建设的评估文件，指出目前碎片化的治理方法不足以解决全球海洋塑料污染问题。会议期间还通过关于海洋垃圾和微塑料的第3/7号决议，决定设置不限成员名额特设专家组，呼吁就塑料和塑料污染达成具有法律约束力的国际协议。作为回应，2019年4月，在北欧理事会部长级会议上，北欧五国的环境部部长就推动“塑料协定”的出台达成了共识。2019年7月，加勒比共同体第40届政府首脑会议通过《加勒比海及共同体和共同市场圣约翰斯宣言》，呼吁“需要在全球、区域、国家和地方各级采取有利和连贯的政策、立法和监管框架、善政和有效执法”。2019年11月，非洲环境问题部长级会议上通过《关于采取行动促进非洲环境可持续性和繁荣的德班宣言草案》，承诺“支持应对塑料污染的全球行动……以更有效地参与塑料污染相关的全球治理问题，包括加强现有的协议，或制定一项新的全球塑料污染协议”。2021年2月，第五届联合国环境大会第一阶段会议(UNEA-5.1)上针对塑料协定进行了讨论，希望能建立一个政府间谈判委员会。第二阶段会议(UNEA-5.2)计划于2022年2月底举行，届时将进一步推进塑料协定相关的议程。

(二)多利益攸关方共同参与

联合国《2030年议程》强调了多利益攸关方参与的伙伴关系治理模式。全球海洋塑料垃圾治理需要多利益攸关方的共同参与，政府间国际组织、国家、非政府组织、企业和社会公众都发挥着自己独特的作用。

政府间国际组织起到引领作用，涉及全球海洋塑料垃圾治理的政府间国际组织主要指联合国环境规划署、国际海事组织等，它们提供议事平台，动员国家做出自愿性承诺，并推动专家组的建立、新公约的制定。国家起到主导作用，在国际上做出承诺、宣言，参与倡议、行动计划，在国内出台塑料政策和战略。根据联合国2018年12月出台的报告显示，截至2018年7月，已有127个国家进行塑料相关立法。非政府组织为海洋塑料垃圾治理提供科研和意识教育方面的帮助。荷兰“塑料汤”基金会(Plastic Soup Foundation)和世界自然基金会(World Wildlife Fund)，通过宣传游说、科学研究和获得媒体关注等策略进行议题扩散，通过展览、制作海报和传单、访问学校、参加宣传活动等方式对社会公众进行意识培养。全球塑料行业协会组成了全球塑料联盟(GPA)，并于2011年发布了《全球塑料协会海洋垃圾解决方案宣言》,旨在参与海滩清理、塑料科学研究、提高公众认识和教育活动。企业是塑料的生产者、流通者,国家政策的执行者,塑料产业、航运业、渔业、旅游业、造船业的具体行动关系着塑料治理的成效。社会公众是塑料的使用者,是塑料循环的终端,其行为习惯的改变对海洋塑料垃圾治理至关重要。1992 年的《里约环境与发展宣言》就指出要提高"公众参与"来实现可持续发展。只有动员所有利益攸关方,对塑料的设计、生产、消费、循环全生命周期进行规制,才能实现有效的海洋塑料垃圾治理。

通过对全球海洋塑料垃圾治理的现状分析可知,目前的努力方向主要包括:坚持海洋塑料垃圾的多边治理,关注治理资源与污染程度不匹配的区域;加强海洋塑料垃圾治理体系的整合,促成具有约束力的塑料协定早日达成;最大限度发挥国际组织和科研机构的作用,在意识培养和能力建设方面做出贡献;动员企业和社会公众更多地参与海洋塑料垃圾治理,通过循环经济带动塑料产业链所有利益攸关方的行为改变。

二、欧盟参与全球海洋塑料垃圾治理的动因和路径

在当前全球海洋塑料垃圾治理碎片化凸显且整合需求上升的态势下,欧盟参与全球海洋塑料垃圾治理主要受到强化其全球海洋治理领导地位、欧盟自身海洋塑料垃圾治理转型需求、主要出口对象国政策调整等因素的驱动。欧盟参与全球海洋塑料垃圾治理主要有全球主义路径和区域主义路径两大路径。

(一)欧盟参与全球海洋塑料垃圾治理的动因分析

1. 强化其全球海洋治理领导地位

20 世纪 80 年代末,欧盟取代美国成为全球环境治理的领导者。此后,欧盟在气候变化、生物多样性保护、废弃物的跨国界流动等议题上发挥着稳定的作用。海洋塑料垃圾治理涵盖环境治理和海洋治理,欧盟有信心通过环境议题将其领导地位扩大至海洋治理领域。欧盟在一系列官方文件中均表明其在全球海洋治理领域获得更大话语权和规范性权力的意图。2014 年,联合国环境大会实施了联合国成员的普遍会员制之后,实现了环境治理在全球层面的机制化。2015 年,联合国在其《2030 年议程》"目标 14"中提出要预防和大幅减少各类海洋污染,并指出"恢复全球可持续发展伙伴关系的

活力”,“以多利益攸关方伙伴关系作为补充”,“尤其注重满足最贫困最脆弱群体的需求”。欧盟标榜其愿景符合联合国的精神,响应联合国的呼吁、在联合国框架下实行多边主义进程一直是欧盟参与全球治理的主要路径之一。2016 年 11 月,欧盟委员会和欧盟国际海洋治理议程高级代表通过了《国际海洋治理:我们海洋的未来议程》,标志着欧盟将保护和可持续利用海洋发展到最高政治级别。因此,欧盟坚定地支持海洋治理领域的多边主义合作,与主要海洋伙伴建立蓝色伙伴关系,将自身和美国、日本等国家区分开来,塑造成为一支重要的结构性力量。同时,欧盟出台了《循环经济中的塑料战略》,整合了其区域内的海洋塑料垃圾治理,并利用其先进的塑料回收技术、充足的资金,为其他国家和地区提供支持和帮助,力图在这种能力建设中推广欧盟价值观,确立其领导地位。

2. 欧盟自身海洋塑料垃圾治理转型需求

欧盟拥有多片海域,从东北大西洋到地中海,从黑海到波罗的海,欧盟各成员国的经济发展和民众的生活都与海洋紧密相关。因此欧盟一直以来对海洋环境问题非常重视。从 20 世纪 70 年代起,欧盟就开始了区域海洋治理进程,但早期只是将塑料当作一种海洋垃圾来源,未开展专项治理,欧盟各成员国的塑料政策也标准不一,缺乏协调。此外,各国通过颁布塑料禁令来治理海洋塑料垃圾依然是末端治理。而海洋塑料垃圾治理应当从源头入手,以回收的方式完成闭环,朝更加可持续的经济发展模式迈进。2015 年 12 月,欧盟出台《循环经济行动计划》,加快了循环经济的脚步,并将海洋塑料垃圾作为其主要治理对象之一。2018 年 1 月,《循环经济中的欧洲塑料战略》的出台标志着欧盟将“绿色增长”应用到塑料领域。此后欧盟也在不停强化其绿色增长理念。2019 年 12 月《欧洲绿色协议》出台,强调到 2030 年,实现所有产品都可重复利用或可回收。2021 年 5 月 12 日,欧盟出台《空气、水和土壤的零污染行动计划》,设定了到 2030 年将海洋塑料垃圾减少 50%的目标,5 月 17 日出台《关于欧盟发展可持续蓝色经济新办法的政策文件》,提出通过降低塑料污染实现气候中和以及零污染的目标。可以看出,欧盟希望通过绿色增长理念驱动海洋塑料垃圾治理。

3. 中国和部分东南亚国家“洋垃圾”禁令的客观推动

长期以来,发达国家处理塑料垃圾的主要方式是将其越境转移到亚洲国家,由此发达国家也将环境成本转移到低标准国家和全球公域,导致一些

亚洲国家面临更加严重的海洋污染。欧盟每年产生约 2600 万吨塑料垃圾，在《循环经济中的欧洲塑料战略》颁布之前，约一半的塑料垃圾出口到处理能力低下的亚洲国家，中国一度是其主要出口国。还有大量塑料垃圾被排入海洋中，欧盟每年有 15 万至 50 万吨塑料垃圾流入海洋，造成了严重的海洋塑料垃圾污染。这种垃圾处理方式不可持续且对外部依赖性强。2017 年 7 月，中国出台《禁止洋垃圾入境推进固体废物进口管理制度改革实施方案》，严格禁止“洋垃圾”入境，引发了连锁反应。2018 年 6 月，泰国发布临时塑料禁令，并决定在接下来的两年间完全禁止塑料垃圾进口，越南也在同一个月内宣布禁止发放塑料垃圾进口许可证。2018 年 7 月，马来西亚也决定撤销塑料垃圾进口许可证。2019 年 5 月，《巴塞尔公约》修订案通过，将塑料纳入禁止越境转移的有毒物质清单中。主要进口国的政策变化和国际公约的规制都使欧盟不得不改变塑料垃圾处理方式。

（二）欧盟参与全球海洋塑料垃圾治理路径

全球海洋治理路径一般分为全球主义路径和区域主义路径，这两条路径间形成离散、冲突、合作、对称和模糊五种关系。欧盟参与全球海洋塑料垃圾治理也遵循这两条路径，且其全球主义路径与区域主义路径呈现出合作关系，指区域组织与全球核心机构的规范和原则相互联系，在具有共同或重叠利益的问题上相互借鉴。全球主义路径下，欧盟重视联合国的作用，推动全球海洋塑料垃圾治理的整合，积极发挥自身的领导力。区域主义路径下，欧盟进行了塑料垃圾治理的内部整合，强化多利益攸关方治理。

1. 全球主义路径下的欧盟海洋塑料垃圾治理

欧盟的全球主义路径基于对联合国治理规范和原则的回应。2017 年 12 月，联合国出台了关于海洋垃圾和微塑料的第 3/7 号决议，鼓励国家就此采取行动并且开展国际合作、出台国际响应方案和具有法律约束力的协定。决议通过后，2018 年 1 月欧盟立即响应并出台《循环经济中的欧洲塑料战略》，强调了海洋塑料垃圾治理关系到全球的共同利益，并指出“在新兴经济体建立健全的海洋垃圾预防和管理系统，对于防止塑料进入海洋至关重要”，表达了对相对落后的国家进行能力建设的意图。2019 年 3 月公布的《改善全球海洋治理：两年的进展》文件中提到，只有欧盟内外的一致性和伙伴关系才能促成有效的全球海洋治理，实现联合国可持续发展目标 14。在全球海洋治理上，欧盟将自己打造成为一个可靠的伙伴；推动区域和全球一致行动的最大投资者；海洋研究、监测的有力支持者和服务提供者；具有包容性和可持续前景的“蓝色经济”合作伙伴。

欧盟重视联合国环境规划署的核心地位，在其领导下推动塑料垃圾治理体系的整合。第一，欧盟重视对现有海洋塑料垃圾制度规范的维护。欧盟高标准履约，承担公约规定的责任和义务，并积极参与现有公约的修订、案文协调等工作。如为2019年《巴塞尔公约》修正案的通过做出贡献，以及参与东北大西洋、地中海、波罗的海和黑海区域行动计划的制定。第二，欧盟积极在环境会议上做出宣言和承诺。例如，2017年6月的联合国海洋大会上，欧盟强调了《联合国海洋法公约》作为全部海洋活动法律框架的重要性，并承诺针对海洋塑料垃圾采取行动。2017年10月，欧盟主办全球海洋治理的重要国际论坛“我们的海洋”第四次会议，会上塑料污染被确定为海洋的主要压力之一，欧盟做出了一系列自愿承诺，总投资仅次于美国。第三，欧盟在海洋塑料治理方面贡献科研力量，推动塑料协定的达成。应2014年第一届联合国环境大会的要求，欧盟于2016年提交一项海洋塑料垃圾和微塑料的研究，并于2017年提交国际海洋垃圾治理的第二项研究。为了响应塑料协定的谈判势头，2021年4月，北欧环境与气候部长理事会发布“强化全球科学与知识机构以降低海洋塑料污染”报告，提出要建立科学咨询机构，作为科学技术和政策之间的桥梁，为出台塑料协定提供数据和信息。2021年9月，厄瓜多尔、德国、加纳、越南共同发起“海洋垃圾与塑料污染”部长级非正式磋商会议，为第五届联合国环境大会第二阶段会议（UNEA-5.2）前的非正式磋商提供了一个平台。

欧盟积极发挥其领导力，通过主要大国协同领导模式（小多边模式）、建立双多边伙伴关系及与区域俱乐部互动的方式，推动海洋塑料垃圾的多边治理，调和治理碎片化带来的不平衡。

欧盟在主要大国协同领导模式下积极领导海洋塑料垃圾多边治理。欧盟主要在G7和G20框架下参与大国协同治理。2015年G7峰会首次在共同声明中提到打击海洋垃圾的行动计划，并确定了通过国际发展援助和投资打击塑料垃圾的总体原则。2017年的G20汉堡峰会上，主席国德国发起了《G20海洋垃圾行动计划》，通过自愿的全球承诺网络促进海洋垃圾治理政策的制定。2018年G7峰会上，欧盟提出并签署了《海洋塑料宪章》，而美国

和日本拒绝签字，遭到了环保组织的指摘。但在 2019 年的 G20 大阪峰会上，与会各国就"蓝色海洋愿景"达成共识，美日又转而参与其中，日本还于 2019 年出台了《塑料资源循环战略》，这种反复表明美、日将海洋塑料垃圾治理当作了环境外交的一种手段。相比其他国家摇摆的态度，欧盟则以其坚定的立场、先进的塑料治理经验成为稳定的领导力量。2020 年 9 月，欧盟委员会组织了关于"通过循环经济方法解决海洋塑料泄漏的措施"的 G20 在线研讨会。欧盟委员会和高级代表还准备建立一个欧盟国际海洋治理论坛，将致力于全球海洋问题的专家、民间社会代表、学者和决策者聚集在一起，讨论国际海洋治理当前和未来面临的挑战，并对未来的行动提出政策建议。

欧盟和重要的海洋伙伴建立双多边伙伴关系，推进海洋塑料垃圾治理议程设置。2016 年的《国际海洋治理：我们海洋的未来议程》中特别指出，欧盟委员会建议加强应对海洋垃圾的体制框架，例如，建立海洋垃圾治理全球伙伴关系。2018 年 7 月，欧盟与中国建立了蓝色伙伴关系，共同参与全球海洋治理，交流海洋塑料垃圾和微塑料的治理经验。2018 年 10 月，欧盟还与联合国环境规划署共同发起了全球塑料平台（Global Plastic Platform），这是联合国环境规划署、区域组织和各国政府之间的伙伴关系，旨在促进各国政府通过高层对话交流以可持续生产和消费方式防止塑料污染。2018 年 10 月，欧盟委员会与联合国教科文组织政府间海洋学委员会（IOC）、联合国环境规划署和其他国际伙伴发起"水族馆联盟运动"，提高公众对海洋塑料污染的认识。2019 年 7 月，欧盟与加拿大建立海洋领域的伙伴关系，承诺加强在海洋塑料垃圾治理中的合作。欧盟下一步计划和太平洋、印度洋和大西洋沿岸国家建立海洋伙伴关系，为改善区域海洋垃圾治理提供有针对性的支持。

欧盟对区域俱乐部进行能力建设。区域俱乐部指的是环境治理中，一些地理环境相似、环境利益诉求相同的国家组成的联盟。自 1994 年开始，欧盟派代表参与十年一度的小岛屿发展中国家国际大会，通过经济外交的方式帮助塑料污染严重的地区和小岛屿国家提升自身能力建设。欧盟通过资金和技术支持《巴巴多斯行动纲领》《毛里求斯战略》《萨摩亚途径》的实施，已经成为小岛屿发展中国家的主要伙伴。欧盟总共投入 5.9 亿欧元，促进与非欧盟国家在海洋治理方面的合作。通过欧盟—太平洋海洋伙伴关系方案为太平洋国家提供 1700 万欧元，通过 ECOFISH 项目为印度洋地区提供

2800万欧元，为这些地区实现海洋可持续发展提供帮助。2017年欧盟、南非和巴西建立全大西洋研究联盟，加强海洋生态系统评估和监测的合作。2018年的《循环经济中的欧洲塑料战略》中提到"欧盟委员会将促进欧盟66个最外围区域与加勒比、印度洋、太平洋和大西洋沿岸邻国在废弃物管理和回收等不同领域的合作"。2018年，欧盟在"我们的海洋"大会上宣布了一项900万欧元的项目，旨在提供欧盟采取的措施、政策和商业模式方面的经验，支持东南亚国家向塑料可持续发展转型。

2. 区域主义路径下的欧盟海洋塑料垃圾治理

欧盟在区域主义路径下的海洋环境治理起步较早，其区域海洋治理模式是世界其他区域参考和效仿的典型。2018年欧盟开启了海洋塑料垃圾治理的内部整合，并持续推动多利益攸关方治理转型，其海洋塑料垃圾治理经验也成为各国出台相关政策的重要参考。

欧盟建设完善的区域海洋治理规则，实现了几片海域的环境治理整合。在出台专门针对塑料的战略之前，海洋废弃物主要受区域海洋公约的约束。地中海区域早在20世纪70年代就建立了区域性公约和行动计划。1975年，16个地中海国家和欧洲共同体通过了《地中海行动计划》，1976年通过了第一个区域海洋公约《保护地中海免受污染公约》(以下简称《巴塞罗那公约》)，率先形成了"框架公约＋附加议定书"两个层次的公约模式，如今已经成为区域治理的代表。在黑海区域，1992年通过了《保护黑海防止污染公约》(又称《布加勒斯特公约》)，旨在预防、减少和控制区域内所有国家领海和专属经济区内的任何类型的污染，2009年通过《保护和恢复黑海战略行动计划》。在波罗的海区域，1992年通过了《保护波罗的海地区海洋环境公约》，对各种污染源进行规制，2015年通过了《波罗的海海洋垃圾区域行动计划》，建立起区域性的管理机构，目标是到2025年显著减少海洋垃圾，并防止对沿海和海洋环境的损害。在东北大西洋区域，1992年通过了《奥斯陆巴黎保护东北大西洋海洋环境公约》(以下简称《OSPAR公约》)，目标是"将这一海域的海洋垃圾大幅减少到其性质和数量不会对海洋环境造成危害的水平"，为了实现这一目标，相关国家于2014年制定了2014—2021年《海洋垃圾区域行动计划》，重点关注港口接收设施、垃圾捕捞、意识教育以及减少一次性塑料的使用。

欧盟制定综合性海洋管理政策，完成了一体化海洋环境政策整合。进

入21世纪后，欧盟逐渐将海洋治理纳入综合性海洋管理政策框架之中。在欧盟制定综合性海洋政策之前，已经有一些分散的政策对海洋废弃物进行监管。例如，共同渔业政策（CFP）对渔业进行监管，《欧盟水框架指令》控制向水中输入营养物质和化学品等。但这些政策功能比较单一，仅有助于保护海洋免受特定压力的影响，随后欧盟开始朝着制定综合性海洋政策的方向努力。2002年《关于在欧洲实施沿海区综合管理的建议》（2002/413/EC）、2005年的《欧盟2005—2009年战略目标》先后指出“要制定综合性海洋政策，在保护海洋环境的同时保持欧盟经济的可持续发展”，2006年、2007年欧盟相继出台《欧盟综合海事政策绿皮书》《欧盟综合海事政策蓝皮书》，强调需要“综合性、跨部门”的方法，并“在制定所有涉海政策时，在不同决策层面加强合作和有效协调”。2008年，欧盟出台了第一个专门保护海洋环境和自然资源的政策——《欧盟海洋战略框架指令》，该指令旨在全面解决过度捕捞、塑料垃圾、营养过剩、水下噪音等问题，要求欧盟成员国确保到2020年实现“欧盟海域的良好生态环境状态（GES）”，标志着欧盟范围内的海洋治理已逐步从“碎片化”转向“战略化”。《欧盟海洋战略框架指令》第一个实施周期报告于2020年通过，报告指出，欧盟的海洋环境保护框架是全球范围内最全面和最雄心勃勃的框架之一，该指令推动了周边国家的行为改变，非欧盟成员国也致力于实现良好的环境状况或同等水平，并认为欧盟已超越爱知目标中关于海洋保护区的要求。

欧盟出台专门的塑料战略，实现塑料政策整合。2015年12月，欧盟委员会通过了《欧盟循环经济行动计划》，将塑料垃圾治理确定为一个关键的优先事项，致力于“制定一项战略，应对整个价值链中塑料带来的挑战，并考虑到它们的整个生命周期”。2017年，欧盟委员会确认将重点关注塑料的生产和使用，并努力实现到2030年所有塑料包装可回收的目标。联合国通过决议后，2018年欧盟立即响应并出台《循环经济中的欧洲塑料战略》（以下简称《塑料战略》）。《塑料战略》将塑料由“末端治理”转变为“源头治理”，重视企业的作用，对一次性塑料和渔具、产品生产和使用中的微塑料、船舶产生的海洋垃圾做出规定。战略还提到“支持制定分类塑料废物和回收塑料的国际行业标准”，试图将欧盟标准外化为全球标准。2019年，欧盟颁布了《一次性塑料指令》，要求成员国全面禁用一次性塑料袋。在新冠肺炎疫情背景下，欧洲的塑料行业协会曾呼吁推迟执行《一次性塑料指令》，而欧盟态度坚决，2020 年 4 月，欧盟委员会环境事务发言人维维安·卢内拉（Vivian Loonela）对独立新闻机构“欧洲动态”（Euractiv）表示，“欧盟委员会的立场仍然是必须遵守欧盟法律的最后期限”，该指令于 2021 年 7 月正式生效。

欧盟重视各利益攸关方的共同参与，资助了一批海洋塑料垃圾相关的项目，促进海事和渔业部门、非政府组织、科研人员合作，以及对公众的意识培养。各片海域都有欧盟的资助。在地中海区域，通过“ACT4LITTER”项目调查塑料垃圾对海洋生物的影响，并提出了海洋保护区生态系统免受垃圾污染的措施建议。在东北大西洋区域，通过“Clean Atlantic”和“Ocean Wise”项目，提高监测、预防和清除海洋垃圾的能力。在波罗的海区域，“FanpLESSticSea”倡议旨在预防和减少微塑料造成的污染，“Blastic”项目则绘制垃圾来源和路径并支持监测。在黑海区域，“EMBLAS”项目支持整个黑海的监测计划，包括海洋垃圾；“MARLITER”项目支持有关海洋环境条件的数字地图，包括海洋垃圾移动模式。在北部海域和北极地区通过“循环海洋项目”帮助社区实现废弃渔具的循环利用。欧盟通过“欧盟第七研发框架计划”（FP7）与“地平线 2020”（Horizon 2020）资助了一系列海洋项目。欧盟认为预防是解决污染的唯一长期解决方案，注重发挥公众作为海洋治理行为体的作用，重视对公众的意识培养和行为习惯的改变，如欧盟通过“LIFE”项目发起了减少海洋塑料袋的认识运动、海洋垃圾智能清除和管理运动等。每年 9 月，欧盟都会组织一场提高认识的“欧盟海滩清理活动”（EU-BeachCleanup），在世界各地开展有特色的活动。

三、现阶段欧盟参与全球海洋塑料垃圾治理面临的挑战

尽管欧盟海洋塑料垃圾治理的理念和实践已经走在世界前列，但欧盟在全球主义路径和区域主义路径下参与全球海洋塑料垃圾治理均遇到了一些挑战。全球主义路径下，欧盟致力于推动的多边主义海洋塑料垃圾治理受到美国单边主义行动的影响，全球海洋塑料垃圾治理的整合任重道远。区域主义路径下，欧盟内部由于成员国的能力与意愿有所差别，各国参与海洋塑料垃圾治理的进度也不统一。此外，2020 年以来席卷全球的新冠肺炎疫情也给全球海洋塑料垃圾治理带来了特殊的挑战。

（一）美国单边主义行动制约欧盟海洋塑料垃圾治理的多边主义进程

作为欧盟的传统盟友，美国近些年在全球治理中的单边主义倾向使欧

盟利益和价值观受到冲击。美国在全球海洋塑料治理中的行动相对比较独立,影响了海洋塑料垃圾的多边治理进程,未能为欧盟在全球论坛中的议程设置提供支持。美国国会发布的一份报告显示,美国是世界上最大的塑料垃圾排放国,每年大约有800万吨的塑料垃圾被排放到海洋。美国还是塑料垃圾的最大越境转移国,仅在2021年1月,美国向发展中国家出口的塑料垃圾就高达2500万吨。与欧盟致力于对不发达国家进行能力建设不同,美国在海洋塑料垃圾治理中表现得不积极。2018年G7峰会上,美国未签署《海洋塑料宪章》,2019年5月,187个缔约国同意将"限制塑料垃圾贸易"加入《巴塞尔公约》,美国并未批准该公约,这使美国塑料垃圾出口"一旦进入公海,就成为犯罪行为",从而更加被隔离在现有的全球海洋塑料垃圾治理体系之外。美国难以对塑料垃圾采取有效行动的主要原因是塑料行业协会的反对。塑料产业对美国的经济至关重要,代表石油巨头、化工企业和塑料制造商的"美国化学委员会"(ACC)坚决反对限制塑料生产的政策。2021年11月18日,美国国务卿布林肯在联合国环境规划署举办的活动中表示,将参与2022年2月的联合国环境大会(UNEA-5.2)中关于全球塑料协定的相关讨论,这是美国首次对塑料协定表示支持态度。欧盟也在利用这个契机争取美国参与。

(二)欧盟基于规则的塑料垃圾治理理念缺乏支持

全球海洋塑料垃圾治理碎片化依然严重,治理仍是反应型的,而不是主动型的。虽然防止塑料垃圾的行动计划、倡议层出不穷,但至今塑料协定谈判进程仍然缓慢。欧盟倾向于制定较高的环境标准,并通过多边环境协定(包括具有法律约束力的标准)将其内部标准输出到国际社会,欧洲生产商在全球市场上与不受同等高环境标准约束的第三国生产商竞争。目前为争取全球塑料协定的达成,欧盟及其成员国进入冲刺阶段。2021年召开的第五届联合国环境大会第一阶段会议(UNEA-5.1)上未能达成有效结论,2021年9月,德国、厄瓜多尔、加纳和越南召集的海洋垃圾和塑料污染问题部长级会议上,120多个国家和组织表示支持制定全球塑料协定。欧盟主张塑料协定必须弥合现有公约、行动计划的缺陷,设置强大的目标和执行措施,并具有法律约束力。这就需要将塑料生产商纳入规制的范围内。然而美国、加拿大、日本等国希望利用现有机制解决海洋塑料垃圾问题,对是否应对原始塑料生产进行规制，以及该协议是否应具有法律约束力等问题还有疑问。部分发展中国家由于处理塑料垃圾和生产可再生塑料的技术有限，过于严格的塑料禁令可能加重这些国家的压力。因此，关于塑料协定谈判的内容、结构和谈判过程等问题仍未确定。欧盟希望在第五届联合国环境大会上建立一个政府间谈判委员会，专门就塑料协定进行谈判，旨在发挥联合国环境规划署的作用，弥合海洋塑料垃圾治理的碎片化，提供总体行动框架来帮助简化和协调所有利益相关者的工作。

（三）欧盟成员国参与海洋塑料垃圾治理的进度不统一

2021 年 7 月 3 日，《一次性塑料指令》正式生效，但欧盟成员国在执行方面态度不一。态度积极的国家包括法国、希腊、爱尔兰、瑞典、爱沙尼亚和马耳他，其已经完成《一次性塑料指令》向国内法的转化，有些国家甚至采取了额外的措施。法国是第一个制定战略以解决一次性塑料问题的欧盟成员国，2020 年初，法国通过了《法国循环经济法》，旨在到 2040 年禁止使用所有一次性塑料。但是，要实现这些雄心勃勃的目标，就必须为生产者设定具体措施和强制性配额，并为食品容器和杯子制定具体的减少消费目标。实施进度处于中间水平的国家包括德国、意大利、西班牙、葡萄牙等，仅将《一次性塑料指令》的一部分措施转化为国内法，还需要在塑料治理上投入更多努力。虽然德国关于塑料禁令产生了国内争论，利益攸关方认为应优先使生产者考虑采取自愿措施，而不是直接采取强制性国家计划，但德国还是于 2020 年 11 月批准了《一次性塑料指令》。还有一些不情愿采取措施或者一直在拖延的国家，包括波兰、捷克、斯洛伐克、罗马尼亚和保加利亚。这些国家大多不濒海，对于塑料垃圾对海洋的污染涉及自身利益较少，因此态度并不积极，需欧盟继续加大动员力度。

（四）新冠肺炎疫情使欧盟的海洋塑料垃圾治理难度增加

当前“软法化”的全球环境治理机制在应对突发性危机时效力不足。软法性治理机制依赖参与主体的自发动机，而不是自身提供的激励措施，因此在新冠肺炎疫情造成的突发性危机面前，各国政府参与环境治理的自发性动机减弱，治理资源向公共卫生治理倾斜，使环境治理受到影响。新冠肺炎疫情对海洋塑料垃圾治理的影响体现在三个方面。一是新冠肺炎疫情使各国的治理重点集中到公共卫生领域，客观上使海洋塑料垃圾治理的紧迫性

放缓，加大了未来的海洋塑料垃圾治理难度。二是持续至今的新冠肺炎疫情除了给公共卫生治理带来了巨大的难题，也为全球海洋塑料垃圾治理提出了新的挑战。目前欧洲许多国家在有计划地重新开放社会活动，民众用于个人防护的口罩、一次性手套等塑料制品激增，用于医疗卫生的大量塑料制品已经有一部分被错误丢弃流入海洋。一次性口罩由熔喷塑料制成，由于成分以及感染的风险，难以回收利用，一旦这部分塑料制品变成塑料垃圾，将会加大海洋塑料垃圾治理的负担。三是随着疫情外溢到贸易领域，石油需求量大幅萎缩，石油价格跌至历史低点，使生产原生塑料变得异常有利可图，原本在向循环经济发展的塑料产业链有倒退的风险。欧洲塑料回收商行业协会主席汤姆·埃曼斯（Tom Emans）表示，如果欧盟层面不采取行动，整个欧盟的塑料回收行业都有倒闭的危险。

四、欧盟参与全球海洋塑料垃圾治理经验对我国的启示

随着中国的海洋强国战略、“21 世纪海上丝绸之路”倡议、“海洋命运共同体”理念的提出，中国在全球海洋治理领域已经转变为深度参与。作为新兴大国，中国在海洋领域的积极进取引起传统海洋强国的危机感，也引发西方媒体的误读，使中国长期受到西方“污名化”宣传的不利影响。而以海洋塑料垃圾治理为切入点参与全球治理，有助于中国与相关国家增进共识，淡化利益冲突，在实践中提升话语权和影响力，塑造良好形象，更顺畅地融入全球海洋治理体系。欧盟海洋塑料垃圾治理的制度建设、资金投入、公众参与均处于世界领先地位，同时注重通过多种途径参与并引领全球海洋塑料垃圾治理，值得中国学习和借鉴。中国应结合本国实际借鉴欧盟的经验，有效开展海洋塑料垃圾治理行动，扭转西方政客、媒体、学者对中国是海洋环境“破坏者”的蓄意刻画，树立中国作为海洋环境“积极保护者”的良好形象。

（一）进一步整合国内的海洋塑料垃圾治理体系，提高社会公众的参与度

中国应发挥制度优势，将海洋塑料垃圾纳入海洋治理体系。欧盟已经形成了由决策机构、欧盟法院、各成员国政府以及社会公众共同构成的海洋治理体系。欧盟出台了《欧盟海洋战略框架指令》之后，关于海洋环境治理的法律法规都在此框架下进行，对欧盟冗杂的职能部门、繁杂的条约体系有了较好的协调和规制；《循环经济中的欧洲塑料战略》又将塑料产业链条的

各个部门联系起来，颁布了具体措施，加强了海洋塑料垃圾治理的针对性。中国同样面临类似的问题，海洋治理是一个多部门合作、多区域联动的综合性问题，国家工业、农业、渔业、环保、海事、住房等部门以及各省区市的辖区等均可以对于海洋垃圾问题出台规定，监管权和责任分配的不明确会影响相关部门之间有效协同。因此，中国应尽快出台综合性海洋治理政策，加强各部门的对话协商，制定中国的海洋塑料战略。

中国应加强各利益攸关方的参与，尤其是提高社会公众的参与度。在欧盟委员会的领导下，各成员国相继建立了海洋环境治理的对话框架，在对话框架内可以讨论欧盟整体及其成员国的环境治理规划、区域合作规划和长期战略。各利益攸关方，如利益团体、大中小企业、国际组织、社会公众等都可以在论坛内发表自己的意见。这种对话框架在对社会公众的意识培养上起到了很大作用。我国也应建立类似的对话框架，使各利益攸关方都能积极参与到海洋塑料垃圾治理中。此外，培育更多专业性的海洋环保社会组织，建立海洋环境保护意识教育体系，激发公众的海洋环保意识。通过多种途径动员公众参与保护海洋环境的行动，借助当前国内各大城市“垃圾分类”的热潮，做好垃圾的陆源控制，降低源头污染的情况。利用“世界环境日”“世界海洋日”等契机，对各年龄层的社会公众尤其是青少年开展海洋垃圾污染防治宣传。

（二）推动区域海洋塑料垃圾治理，强化区域海洋环境治理机制

中国周边的区域海洋项目发展和地区污染程度不成正比。欧盟的区域海洋管理体制是由“框架公约＋附加议定书”或“框架公约＋行动计划”构成的相对完善的治理机制，治理力度较强。相比之下，中国周边海域由于历史因素和领土纠纷等传统安全领域的问题复杂而尖锐，国家间互信难以建立，在海洋塑料垃圾问题上也存在互相推诿。因此在联合国环境规划署的18个区域海洋计划中，中国周边的西北太平洋、东亚海区域虽然属于联合国环境规划署直接管辖的行动计划，但没有像其他区域海洋项目一样达成具有法律约束力的公约。有效的海洋治理需要相关国家摒弃对岛礁争端、渔业纠纷等敏感问题上的冲突，从治理碎片化走向整合。鉴于达成公约的成本较高，现阶段中国应以强化现有合作机制为主，加强和东北亚国家、东盟的多边合作，强化区域海洋环境治理机制。

中国应推动东北亚国家构建"东北亚海洋圈",从低冲突的海洋环境保护领域入手,共建东北亚海洋命运共同体。具体来说可以利用西北太平洋行动计划、中日韩环境部长会议等机制加强对海洋塑料垃圾问题的探讨,建立东北亚区域全球海洋观测系统,举办"中日韩沿海城市共同应对塑料与微塑料污染的海洋生物多样性政策与社区实践"活动。中国出台"洋垃圾"禁令之后,发达国家将更多的塑料垃圾运往马来西亚、泰国、越南等国,使这些国家面临更大的压力。目前南海区域还未有专门的环境治理框架,中国应加强落实现有"软法"类文件对于海洋塑料垃圾的规制,与东盟加强双多边合作。在中国—东盟(10+1)机制下,落实《未来十年南海海岸和海洋环保宣言(2017—2027)》,通过中国—东盟海上合作基金、"海洋塑料垃圾地区知识中心"为东盟提供资金支持和数据知识共享。在东盟与中日韩(10+3)机制下,落实《海洋垃圾行动倡议》,提升东盟废物管理和处置、海洋塑料垃圾垃圾清理、塑料全生命周期管理等方面的能力,提高东盟国家应对海洋塑料污染问题的能力和水平。

(三)加强参与全球海洋治理多边合作机制,推动塑料协定的达成

维护现有的海洋塑料治理机制,并在联合国框架下形成一份新的塑料协定已经成为海洋塑料垃圾治理的共识。因此,中国同欧盟一道,维护多边合作机制,积极做出自愿承诺、高标准履约,并在新协定的缔结中发挥更大的作用,争取更大的话语权。中国在现有的海洋塑料治理机制中还有提升空间。中国参与了 2017 年的《G20 海洋垃圾行动计划》,2019 年的《APEC 海洋废弃物路线图》。在国际海事组织中,中国是 A 类理事国,可以利用国际航运领域的话语权,影响船舶产生的海洋塑料垃圾治理方面的规则制定和议程设置。由于疫情的持续,许多重要的国际会议推迟,中国有更充足的时间进行研究,争取在"我们的海洋"第七次会议、第二届联合国海洋大会上做出更多承诺,提出更多有建设性的海洋塑料垃圾治理建议。目前中国生物多样性保护与绿色发展基金会也正在积极关注并参与《巴塞尔公约》塑料废弃物伙伴关系(PWP)的相关项目。此外,中国也应利用北极理事会观察员国和南极条约组织协商国的身份,参与北冰洋和南极等国际公域的海洋塑料垃圾治理。2021 年 10 月,生物多样性公约第十五届缔约方大会在昆明召开,通过了"昆明宣言",展现了中国在保护海洋生物多样性方面的努力。

预期2022年上半年召开第二阶段会议上将对《2020年后全球生物多样性框架》进行审议，其中包括对塑料废弃物的规制目标。2021年11月，王毅在第二届“海洋合作与治理论坛”开幕式致辞中强调了多边主义海洋治理的重要性，并指出要坚持绿色发展，保护海洋环境。在2022年即将召开的第五届联合国环境大会第二阶段会议（UNEA-5.2）中，中国也应发挥更大的作用推动具有法律约束力的塑料协定达成，并在特设专家组中加大科研贡献。

（四）倡导中国的海洋治理观念，构建海洋垃圾治理全球伙伴关系

海洋塑料垃圾造成的污染是由全人类共同承担的，任何一个国家都不能置身事外。欧盟通过多种途径推动海洋塑料治理领域的国际合作，强化共同利益，并投入资金对发展中国家进行能力建设，塑造其“规范性力量”。中国与欧盟的海洋治理理念不同，中国不单方面谋求领导权，而旨在提高话语权和影响力，更好地成为全球海洋治理的建设者、海洋可持续发展的推动者，同样也应在参与全球海洋塑料垃圾治理时强化利益共享，成为沟通发达国家和发展中国家的重要协调者。一方面，中国坚持“海洋命运共同体”理念，在尊重多样性的前提下强调全人类的共同参与，倡导“共商、共建、共享”，从低政治领域加强合作，增强互信，避免阵营划分。另一方面，中国作为最大的发展中国家和新兴经济体，应坚持维护广大发展中国家和小岛屿国家的利益，对其能力建设提供支持和帮助。

目前中国在通过构建蓝色伙伴关系的方式参与全球海洋治理，共建蓝色“朋友圈”。中国应在蓝色伙伴关系中，呼应联合国环境规划署倡导的海洋垃圾治理全球伙伴关系，同各国加强海洋塑料方面的科技合作和信息共享，举办民间团体的宣传交流活动，推动包括各国政府、民间社会、私营部门的各利益攸关方深度参与海洋治理。自2017年正式提出倡议以来，中国已经同欧盟、葡萄牙、塞舌尔建立蓝色伙伴关系，在海洋塑料污染方面加强对话协商。今后中国也应积极同东盟、北极国家等“21世纪海上丝绸之路”沿线国，以及太平洋岛国等小岛屿国家构建蓝色伙伴关系，积极参与构建海洋垃圾治理全球伙伴关系。

五、结语

欧盟在海洋塑料垃圾治理领域转型早、理念先进、执行力强，是全球海

洋塑料垃圾多边治理的稳定支持力量，其经验被广为探讨。在欧盟内部的四片主要海域，波罗的海、地中海、黑海、北海都有比较成熟的区域治理体制，尤其是地中海海域创造性地以“框架公约＋附加议定书”的形式确定下来，被称为“巴塞罗那公约体系”。2008 年欧盟出台综合性海洋政策之后，欧盟不仅在域内加强了对海洋塑料垃圾的规制，也在域外积极参与海洋治理，加强欧盟一体化的同时在海洋领域推行欧盟标准。中国的海洋垃圾治理起步较晚，针对海洋塑料垃圾的相关法律法规比较分散，缺乏全国性的战略措施。

借鉴欧盟的海洋垃圾治理经验，我国可从国内、区域、全球三个层面入手，对海洋塑料进行治理。国内层面，尽快出台系统的针对海洋塑料的战略，动员各利益攸关方共同参与，从源头减少不可降解塑料的生产，并努力提升公众对海洋塑料垃圾问题的重视，加快推进垃圾分类收集。区域层面，以负责任大国的形象领导中国周边的区域海洋治理机制，加强与东北亚国家、东盟的治理框架联动，推动周边国家在海洋塑料垃圾治理问题上的协商与合作。全球层面，积极参与海洋塑料垃圾的全球治理，严格履行国际公约设定的目标，在区域行动计划中积极作为，承担环境治理方面的国际义务，倡导“海洋命运共同体”“构建和谐的海洋秩序”的海洋治理理念，构建蓝色伙伴关系网络。

文章来源：原刊于《太平洋学报》2022 年第 2 期。

海洋塑料垃圾污染国际治理进程与对策

■ 安立会,李欢,王菲菲,邓义祥,许秋瑾

论点撷萃

海洋塑料垃圾污染已引起全球的广泛关注,并被联合国环境大会和海洋大会列为亟待解决的重大环境问题之一。为消除海洋塑料垃圾与微塑料污染及其带来的各种环境危害和健康风险,各国政府采取了多种措施从源头减少塑料垃圾的产生,各国际和区域组织也在积极推进全生命周期管理塑料,分享最佳经验,预防塑料垃圾进入环境和汇入海洋。

全球塑料垃圾产生量随着全球塑料产量增加呈急剧增加趋势,还与各国经济发展水平有直接关系,总体上,经济发达国家人均塑料垃圾产生量远高于经济欠发达国家。

目前,各国政府、国际组织、非政府组织和社会公众一致认为保持现状无法解决海洋塑料垃圾污染问题,也是最不可接受的做法,并有以欧盟、挪威等为代表的区域组织和国家提议建立一个具有法律约束力的新的全球公约应对海洋塑料垃圾污染。尽管有部分国家对此明确表示反对,以及部分国家尚未表明立场,但仍有越来越多的国家表示支持。可以预见,在未来建立一个新的并具有法律约束力的国际公约应对全球海洋塑料垃圾污染将成

作者:安立会,中国环境科学研究院国家环境基准与风险评估重点实验室研究员;
李欢,中国环境科学研究院国家环境基准与风险评估重点实验室硕士;
王菲菲,中国环境科学研究院国家环境基准与风险评估重点实验室高级工程师;
邓义祥,中国环境科学研究院国家环境基准与风险评估重点实验室研究员;
许秋瑾,中国环境科学研究院国家环境基准与风险评估重点实验室、南京医科大学全球环境健康中心教授

为可能。

为加强塑料污染防治，我国国家发展改革委和生态环境部等部门相继联合印发了《关于进一步加强塑料污染治理的意见》《关于扎实推进塑料污染治理工作的通知》《“十四五”塑料污染治理行动方案》，积极推动塑料生产和使用源头减量，大力开展重点区域清理整治，有序推进环境友好型塑料替代材料的研发和使用，加强塑料全生命周期管理。与此同时，我国更需积极参与海洋塑料垃圾全球治理进程，始终坚持预防原则、三方共治原则、共同但有区别的责任原则以及各自能力原则，分享中国最佳实践，努力践行全球海洋生命共同体的可持续发展理念，为实现2030可持续发展议程目标贡献中国智慧。

海洋塑料垃圾污染已引起全球的广泛关注，并被联合国环境大会和海洋大会列为亟待解决的重大环境问题之一。早在1972年，Carpenter和Smith在北大西洋马尾藻海域西部表层水体发现了高达3500个/平方千米的塑料碎片，而大西洋沉积物中塑料添加剂（紫外线吸收剂）的污染水平早在20世纪60年代就呈急剧升高的趋势，也就说明早在60年前随着美国、日本等国家塑料的大量生产但缺少塑料等固体废物的有效管理，大量塑料垃圾进入海洋进而导致海洋塑料污染日益严重，但当时并未引起各国政府和社会公众的重视。25年后，随海洋洋流形成的5个巨型海洋塑料垃圾带在太平洋、大西洋和印度洋上被相继发现和证实，主要由塑料瓶、塑料袋、废弃渔网渔具以及各种塑料碎片等组成，由此引起全社会对塑料污染的关注和对塑料合理使用的思考。海洋塑料垃圾污染不仅会造成视觉污染影响旅游产业发展，堵塞船舶动力系统危害海洋航运安全，还会缠绕生物威胁海洋生物尤其濒危物种安全，并在环境中降解破碎后产生微塑料，进而对生物健康产生更持久的危害。Gall和Thompson研究指出，现有证据表明海洋塑料垃圾与微塑料已影响了全球500多种海洋物种安全。另外，近年在人体组织、排泄物尤其新生儿体内相继检出的微塑料，更是引起公众对塑料污染影响人体健康的广泛担忧。

为消除海洋塑料垃圾与微塑料污染及其带来的各种环境危害和健康风险，各国政府采取了多种措施从源头减少塑料垃圾的产生，各国际和区域组织也在积极推进全生命周期管理塑料，分享最佳经验，预防塑料垃圾进入环境和汇入海洋。为此，本文系统分析了全球塑料生产和垃圾产生特征，介绍了塑料垃圾入海情况，梳理了海洋塑料垃圾国际治理进程，并在此基础上提出我国应对建议，以期为推进我国海洋塑料垃圾污染防治和积极参与国际治理进程提供参考。

一、全球塑料垃圾产生量

全球塑料垃圾产生量随着全球塑料产量增加呈急剧增加趋势。据欧洲塑料协会(https://plasticseurope.org)统计，全球塑料产量从1950年的170×10^4 t激增至2019年的3.68×10^8 t，塑料累计产量高达92.33×10^8 t(图1)，并预测2050年全球塑料制品产量将达到24×10^8 t，是2019年塑料产量的6倍以上。尽管我国从2012年起是全球塑料生产量最多的国家，但在2000年以前美国塑料产量一直位居世界第一，其中1950—2000年美国累积塑料生产量占全球塑料生产总量的26.24%，支撑了20世纪各国对塑料材料的大量需求。

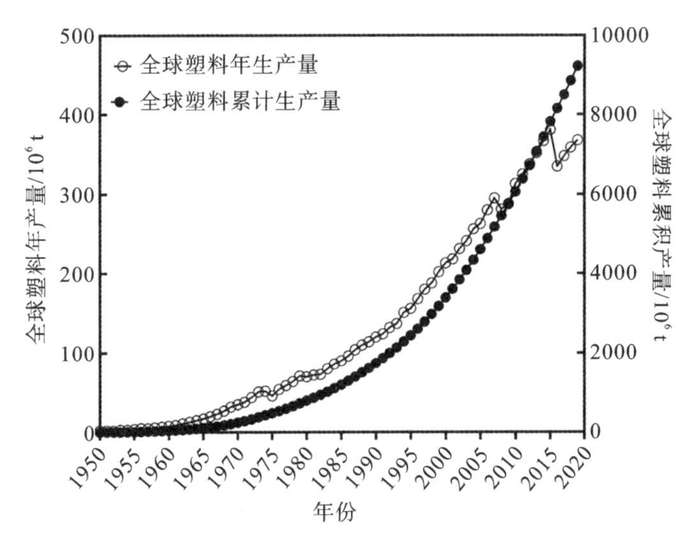

图1　1950—2019年全球塑料年产量和累积产量

在所有塑料制品中，有40%～45%的塑料制品使用周期较短，有效使用时间只有几天甚至几分钟，如塑料包装，从而导致塑料垃圾产生量也呈快速增加趋势。Geyer等研究结果表明，2015年用于包装的塑料制品生产量为1.46×10^8 t，但同年全球塑料包装产生的垃圾量就达到了1.41×10^8 t，即约

有 96.5%的塑料包装使用后就变成了垃圾而被丢弃，导致塑料垃圾总量的 46.6%来源于塑料包装。同样，Statista 的报告称 2018 年塑料包装产生的垃圾占塑料垃圾总量的 46%，与 2015 年的占比几乎没有变化，在一定程度上说明塑料包装是塑料垃圾主要来源的结论，因此塑料包装减量化也是未来塑料垃圾源头减量和资源化再生利用的重点领域。另外，尽管建筑、工业和电子塑料制品因使用寿命和周期较长，目前仅占塑料垃圾成分的较小比例，但随着各种塑料材料使用周期陆续到期，由此产生的塑料垃圾也将不容忽视。

全球塑料垃圾产生量还与各国经济发展水平有直接关系。据研究统计，美国、英国、科威特、德国、荷兰和爱尔兰等经济发达国家人均塑料垃圾产生量最高，其中科威特是人均塑料垃圾产生量最多的国家[0.69 千克/(人·天)]，美国也以人均 0.34 kg/d 的塑料垃圾产生量位于世界前列，而印度、莫桑比克等国家人均塑料垃圾产生量则仅为 0.01 kg/d。总体上，经济发达国家人均塑料垃圾产生量远高于经济欠发达国家。这是因为随着经济水平提高，消费者对生活品质包括食品安全和个人卫生防护的要求越来越高，尤其生活便利化驱动的快速消费模式更是加大了对一次性塑料包装的需求，导致用于包装的塑料占比一直处于较高比例，这也解释了塑料包装是塑料垃圾主要组成的产生原因。然而，尽管全球人均塑料产生垃圾量存在明显差别，但各国严重滞后的固体废物管理体系无差别的导致大量塑料垃圾进入环境，如 1980 年前各国产生的所有塑料垃圾几乎全部被丢弃进入环境，而循环利用和焚烧处置的塑料垃圾甚至可以忽略不计；随着各国对环境保护意识提高，在 1980 年以后用于焚烧和 1990 年以后被循环利用的塑料垃圾以平均每年 0.7%的趋势逐年增加。尽管如此，该研究认为目前仍只有不到 9%的塑料垃圾被回收，另有 12%被焚烧，而绝大部分(79%)被填埋或随意丢弃进入环境。

对于回收利用的塑料垃圾，2017 年之前中国一直是经济发达国家塑料垃圾的主要输出去向。据研究统计，仅 2016 年中国进口塑料垃圾就高达 734.7×10^{4} t，占当年全球塑料垃圾出口总量的 65%，占我国当年再生利用塑料的近 40%。日本、美国、德国、比利时、澳大利亚和加拿大 6 个经济发达国家每年向我国出口的塑料垃圾占我国塑料垃圾进口总量的 76%以上，其中约有 25%的塑料垃圾是通过我国香港的入境口岸进入我国内陆地区，因此在相当长的一个时期我国承担了全球塑料垃圾处理的额外责任，但也对我国生态环境造成了严重影响。随着我国在2017年实施严格的“禁废令”，结束了每年超过 1000×10^4 t塑料垃圾的进口历史，也迫使发达国家开始向东南亚国家转移塑料垃圾。随着2019年联合国环境署通过《巴塞尔公约》修正案，发达国家的塑料垃圾由出口被迫转向自行解决，进而也促使各国加大塑料垃圾源头减量和资源化再生利用，努力提高塑料的使用效率。

二、全球塑料垃圾入海量

海洋塑料垃圾的来源分为陆基来源和海基来源，并有研究推测80%以上的海洋塑料垃圾是陆基来源。与内陆国家和地区相比，沿海和海岛国家的塑料垃圾会因风暴潮、地震等自然灾害或通过河流更易进入海洋，如2011年日本东北部地震引发的海啸导致大量垃圾包括塑料垃圾进入太平洋海域。2015年Jambeck等研究指出，2010年全球有 480×10^4～1200×10^4 t塑料垃圾进入海洋，而沿海岸线50 km范围内陆域是海洋塑料垃圾的主要来源，并简单地根据人口密度和固体废物管理水平等基本要素，利用模型估算并指出我国是全球海洋塑料垃圾输入大国。2020年，Borrelle等根据塑料垃圾减少、废物管理和回收措施等多个要素，重新计算了全球173个国家2016年向环境排放塑料垃圾总量为 1900×10^4～2300×10^4 t，并基于科学数据计算得出中国人均塑料垃圾产生量仅是欧美等发达国家人均垃圾产生量的1/6，中国向水环境排放塑料垃圾总量明显低于俄罗斯、印度和印度尼西亚等国家，由此认为中国并不是向环境排放塑料垃圾最多的国家；同年《科学进展》(*SCIENCE ADVANCES*)发表研究也指出美国2016年人均塑料垃圾产生量高达130.1 kg，塑料垃圾年产生量4200万吨，占世界年产生塑料垃圾总量的17%，因此美国是全球塑料垃圾产生量最多的国家，并有超过50%的塑料垃圾出口到众多发展中国家。另外，有研究预测如不采取有力措施加强陆基塑料垃圾管理，每年流入海洋的塑料总量将从2016年的 1100×10^4 t增至2040年的 2900×10^4 t，届时海洋塑料垃圾赋存量将会是目前的4倍以上，甚至有报告预测到2050年海洋塑料垃圾重量将超过海洋鱼类资源量。尽管相关研究在发表之后得到了广泛关注并被大量引用，但不断有学者对其研究结果提出了质疑。Mai等以人类发展指数为主要预测因子估算了全球塑料河流入海通量，并通过模型计算2018年全球有 5.7×10^4～26.5×10^4 t塑料

垃圾通过1518条主要河流汇入海洋，并预测随着各国积极推进塑料垃圾治理，进入海洋的塑料垃圾量也将在2028年达到峰值，但每年仍有6.24×10^4～2.9×10^4 t塑料垃圾进入海洋。然而，有研究估算全球每年向海洋丢弃的废弃渔网就高达64×10^4 t，进而导致太平洋垃圾带中46%以上是各种渔业塑料垃圾。世界粮农组织（FAO）也在2019年报告中指出，全球每年约有5.7% 的渔网、8.6%的捕鱼器和29%的绳线被故意或意外遗失而进入海洋，因此海基来源塑料垃圾甚至超过了陆基来源。最近的一项研究称新冠肺炎疫情暴发后，全球193个国家和地区产生了840×10^4 t与疫情防护有关的塑料垃圾，其中有2.59×10^4 t进入海洋，增加了海洋塑料垃圾来源的不确定性。因此，全面掌握海洋塑料垃圾主要来源和入海途径，并科学估算塑料垃圾的入海通量，是当前亟待解决的科学难题之一，也是从根本上解决海洋塑料垃圾污染的科学基础。

在洋流、风力以及生物的作用下，海洋塑料垃圾会在水体、沉积物以及生物体中分配和累积，并逐渐发生老化破碎生成塑料碎片、微纳米塑料等，最终会被矿化和降解。Lebreton等利用全球1950—2015年塑料产量、排放到海洋中的塑料材质类型、传输路径和降解速率等参数建立了一个海洋塑料垃圾分布模型，预测在全球海滩、近海（水深小于200 m）和外海（水深大于200 m）累积的大块塑料垃圾量（>5 mm）达到了8200×10^4、15×10^4和100×10^4 t，而微塑料（<5 mm）也分别达到了4000×10^4、8×10^4和50×10^4 t。尽管该模型受技术和数据局限性存在很大不确定性，但在一定程度上仍可说明近岸海域尤其海滩是海洋塑料垃圾累积的主要区域。

三、海洋塑料垃圾国际治理进程

尽管早在1972年就有研究发现大西洋西北马尾藻海域出现大量的塑料碎片，并预测随着美国等国家塑料生产量的快速增加将导致更多的塑料垃圾进入海洋并危害海洋生态系统健康，但直到1995年海洋废弃物才被纳入《华盛顿宣言》，并逐渐引起全球社会各界的关注。国际海洋环境保护科学问题联合专家组（GESAMP）在2001年提出了海洋废弃物问题，进一步推动了联合国对海洋塑料垃圾的重视。随后，作为联合国系统内负责全球环境事务的牵头部门，联合国环境规划署（UNEP）也于2003年发起"海洋垃圾全球倡议"，并在2011年首次公开提出全球海洋塑料垃圾污染问题，随后在

2012 年推出了《海洋垃圾全球伙伴协议》，而同年召开的联合国可持续发展大会也在《我们想要的未来》中特别提及了海洋废弃物问题。2014 年，第一届联合国环境大会首次通过了“海洋塑料废弃物和微塑料”决议（UNEP/EA.1/6），联合国环境署（UNEP）也借此将海洋塑料污染列为近十年最值得关注的十大紧迫环境问题之一，并呼吁各国应在塑料和微塑料管理方面采取预防性措施。2016 年，第二届联合国环境大会通过了“海洋塑料垃圾和微塑料”决议（UNEP/EA.2/Res.11），要求对海洋塑料垃圾和微塑料的相关国际、区域和次区域治理战略与办法的有效性开展评估，查明可能的差距和备选办法，进一步从国际法和政策层面推动海洋塑料垃圾和微塑料的管理与控制。根据大会决议，联合国环境署组成咨询专家小组负责盘点全球海洋塑料垃圾与微塑料的治理措施和面临的障碍，评估各种措施的治理效力以及可利用的财务和技术资源等，最终形成三个备选方案提交至第三届联合国环境大会秘书处，一是充分利用现有治理和管理框架机制，二是审查和修改现有治理框架机制，并引入和增加行业管理规定，三是分两个阶段建立一个新的全球治理框架，最终目标是建立具有法律约束力的全球协议。在随后的第三届和第四届联合国环境大会相继通过了“海洋垃圾和微塑料（UNEP/EA.3/Res.7）”、“海洋塑料垃圾和微塑料（UNEP/EA.4/L.7）”和“治理一次性塑料制品污染（UNEP/EA.4/L.10）”决议（图 2），并成立由国际组织和非政府组织、各国科学家、企业代表等组成的海洋塑料垃圾与微塑料不限名额专家组努力推进相关工作，包括探索治理海洋垃圾和微塑料的所有障碍，确定国际、区域、次区域和国家等多个层面上的应对方案，评估不同应对方案对环境、社会和经济等多方面的影响，并审查不同应对方案的可行性和有效性。

除此之外，G20、G7、APEC 等区域和次区域组织也在积极推进应对海洋塑料垃圾污染，如 2017 年 G20 集团首次通过《G20 海洋垃圾行动计划》，提出了应对海洋塑料垃圾的 7 个优先关注领域；2019 年 G20 发布的《大阪宣言》承诺“到 2050 年新增海洋塑料垃圾到零”的蓝色海洋愿景，并在随后 2020 年的 G20 会议上再次重申了该目标，而 2021 年 G20 发布的《环境部长公告》提议以全生命周期管理塑料并减少非必要一次性塑料制品的使用（图 2）。

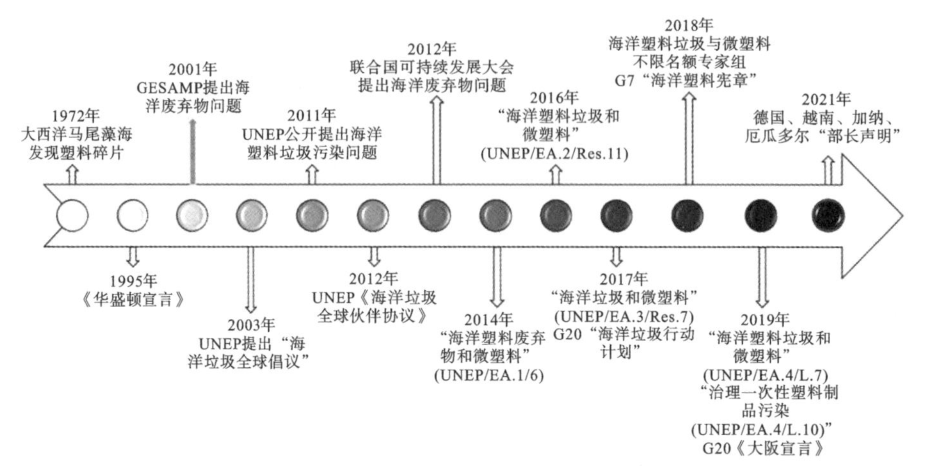

图 2　海洋塑料垃圾国际治理进程

在国家层面上，美国于 2015 年和 2018 年相继签署《无微珠水域法案》和《拯救海洋行动 2018》，德国要求自 2019 年开始重新分配塑料制品配额并要求减少塑料包装，英国政府承诺在 2042 年前消除所有可避免的塑料垃圾污染，意大利政府则通过“123/2017”法案要求必须使用符合“NIEN13432”国际标准的可降解塑料袋。2018 年，欧盟委员会正式发布“基于循环经济理念的塑料战略”(The EU strategy for plastics in a circular economy)作为应对塑料污染的纲领性文件，计划投资 3.5 亿欧元加快塑料产业研发进程，实现塑料生产和回收现代化，并于 2021 年发布《一次性塑料制品指南》推动从源头减少塑料垃圾产生。同时，欧盟还启动了“塑料再思考——循环经济应对海洋垃圾”项目，旨在通过循环包装减少快递行业产生的塑料包装垃圾。我国始终高度重视塑料垃圾污染问题，并采取了一系列有效措施持续推进治理。2001 年，国家经贸委首次印发《关于立即停止生产一次性发泡塑料餐具的紧急通知》(国经贸产业〔2001〕382 号)，国务院办公厅于 2007 年印发了《国务院办公厅关于限制生产销售使用塑料购物袋的通知》(国办发〔2007〕72 号)；2020 年，国家发改委和生态环境部相继联合印发了《关于进一步加强塑料污染治理的意见》(发改环资〔2020〕80 号)和《关于扎实推进塑料污染治理工作的通知》(发改环资〔2020〕1146 号)，随后再次联合印发《“十四五”塑料污染治理行动方案》，要求从塑料垃圾源头减量、科学合理发展替代产品、促进塑料废弃物回收、减少塑料垃圾填埋和泄露、加大塑料垃圾专项清理等塑料污染全链条开展治理，持续有效推进塑料垃圾污染防治。同时，我国近年相继启动了国家重点研发计划“海洋微塑料监测和生态环境效应评估技术研究”、“微塑料复合污染传输机理及阻断新技术”以及中国科学院学部咨询评议项目“我国塑料污染防治存在的问题与对策”等塑料与微塑料污染治理专项，有力推动了我国塑料垃圾污染防治。据 UNEP 统计，截止到 2018 年全球已有至少 82 国家和地区完全或部分禁用塑料袋、43 个国家和地区采取收费政策减少使用塑料袋、7 个国家和地区采取禁用和收费相结合方式控制塑料袋的使用，一次性塑料袋使用量和塑料垃圾产生量均呈显著下降。

目前，各国政府、国际组织、非政府组织和社会公众一致认为保持现状无法解决海洋塑料垃圾污染问题，也是最不可接受的做法，并有以欧盟、挪威等为代表的区域组织和国家提议建立一个具有法律约束力的新的全球公约应对海洋塑料垃圾污染。尽管有部分国家对此明确表示反对，以及部分国家至今尚未表明立场，但仍有越来越多的国家表示支持。2021 年 9 月，德国、加纳、越南和厄瓜多尔召开了四国部长级会议(图 2)，随后向第五届联合国环境大会秘书处提交了会议成果《部长声明》。该《部长声明》中明确提议成立政府间谈判委员会以推进塑料污染全球公约的制定，并希望能够在第六届联合国环境大会前对此达成一致意见，并得到了全球 50%以上国家、地区政府和国际组织代表的签名支持。另外，挪威等北欧五国环境与气候部长于 2019 年联合发布了《关于防止海洋塑料垃圾的新全球公约的必要性的北欧部长声明》，并于 2020 年 10 月由北欧部长理事会发布《防止塑料污染的新全球公约的可行要素》，也首次提出海洋塑料垃圾治理全球新公约要点，内容包括消除有问题和可避免的塑料产品、可持续塑料产品管理、可持续塑料废弃物管理和减少化学品危害的四个战略目标，以及制定塑料价值链上中下游的国际标准、国家承诺和支持性措施的三个核心机制。可以预见，在未来建立一个新的并具有法律约束力的国际公约应对全球海洋塑料垃圾污染将成为可能。

四、对策建议

为加强塑料污染防治，我国国家发展改革委和生态环境部等部门相继联合印发了《关于进一步加强塑料污染治理的意见》、《关于扎实推进塑料污染治理工作的通知》和《“十四五”塑料污染治理行动方案》，积极推动塑料生

产和使用源头减量，大力开展重点区域清理整治，有序推进环境友好型塑料替代材料的研发和使用，加强塑料全生命周期管理。与此同时，我国更需积极参与海洋塑料垃圾全球治理进程，始终坚持预防原则、三方共治原则、共同但有区别的责任原则以及各自能力原则，分享中国最佳实践，努力践行全球海洋生命共同体的可持续发展理念，为实现 2030 可持续发展议程目标贡献中国智慧。

（一）坚持预防原则

与海洋塑料垃圾末端清理相比，源头预防才是解决海洋塑料污染的根本途径，即通过经济手段和行政干涉相结合的措施，减少对塑料的过度消费和不必要使用，从而避免塑料垃圾过量产生，并通过完善固体废物管理体系和法律法规避免塑料垃圾进入环境。在循环经济 3“R”原则[减少使用(Reduce)，重复利用(Reuse)，回收利用(Recycle)]基础上，联合国环境署提出塑料垃圾源头预防还需引入更多“再思考(Rethink)”理念，并增加了“重新设计(Redesign)，拒绝使用(Refuse)和恢复使用(Recover)”，即“Reduce，Redesign，Refuse，Reuse，Recycle，Recover”，由 3“R”原则扩展变为 6“R”原则，并将 6“R”原则用于塑料全生命周期管理，延伸塑料材料和制品的产业链和价值链，进而全部覆盖塑料生产、消费和废物回收处置的上中下游，同时加强关键环节管理，预防塑料垃圾进入环境和汇入海洋。

（二）坚持三方共治原则

塑料材料为社会发展带来极大便利，显著提高了生活质量，极大节约了对木材和钢铁等自然资源的开发，有效保护了生态环境。但与此同时，塑料产品设计不完善、消费者的过度消费和政府不健全的塑料废弃物管理体系，最终导致大量塑料垃圾进入环境并长久存在，进而造成了严重的塑料污染，对生态系统和人体健康产生潜在风险。因此，社会各界应理性认识到环境塑料污染主要是使用和管理的问题，而不是塑料材料本身的问题。为此，塑料污染治理应坚持政府、生产企业和消费者三方共治原则，落实各方责任，突出各方义务。其中，政府应不断完善塑料废弃物的回收和再生利用的管理体系，提高塑料废弃物的管理水平，加强协调和引导责任；企业应不断提升塑料制品的设计和透明度，提升产品质量和附加值，转变线性消费为闭合循环模式，突出生产者责任；消费者应减少对塑料制品的过度消费和非必要使用，尤其减少一次性塑料制品的使用，增强生态环境保护意识，突出消费者的社会责任。

（三）坚持共同但有区别的责任原则

从海洋塑料垃圾国际治理进程来看，制定一项新的具有法律约束力的塑料污染国际公约已成为可能。这就要求我国在参与海洋塑料垃圾全球治理进程中，坚持社会发展的理念，厘清各国塑料生产消费历史和海洋塑料垃圾污染的发生发展过程，坚持共同但有区别的责任原则以及各自能力原则，督促各国基于国情实际履行各自职责和历史责任，在源头预防的基础上积极采取有效措施清理早期排放并在海洋中存在的各种塑料垃圾，避免塑料垃圾破碎对海洋生态系统造成更大危害。同时鼓励发达国家加大对发展中国家在经济和技术方面援助，共同推进全球海洋塑料垃圾治理和塑料污染防治。

文章来源：原刊于《环境科学研究》2022 年第 6 期。

全球海洋塑料污染问题及治理对策

■ 孙凯

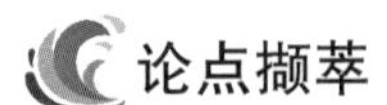

论点撷萃

海洋塑料污染问题在近年来日益突出，成为国际社会关注的焦点问题。由于塑料制品的大量生产和使用，尤其是一次性塑料制品的广泛使用，加上塑料垃圾的不当处置，大量被废弃的塑料制品最终都流向了海洋。海洋塑料污染问题是典型的“公地悲剧”问题，需要国际社会集体行动，实现海洋可持续发展的目标。

国际社会应形成一个应对全球海洋塑料污染问题的多主体共同参与的治理机制。在这个治理机制中，主权国家、国际组织、非政府组织、大企业等多层次的行为体通力合作，共同致力于实现海洋生态系统健康与可持续发展的目标。

多层次的行为体在应对全球海洋塑料污染方面可以发挥不同作用，这些不同层面的行为体共同行动，构建了一个国家政府与国际组织、非政府组织、企业等行为体相互协作的常态化机制，共同应对全球海洋塑料污染问题。

尽管新技术的发展不是应对海洋塑料污染的“万灵药”，但随着塑料循环利用技术的发展，生产可降解、环保型塑料产品技术的发展以及相关产品的广泛应用，传统的塑料垃圾将会减少，塑料对环境的影响也会降低，这也是应对海洋塑料污染问题的重要措施。另外，随着人们环保意识的提高，对一次性塑料制品的需求和使用会逐渐减少，也会从个人消费者的层面大大减少塑料垃圾的产生。

“海洋命运共同体”理念是中国参与全球海洋治理的指导思想，推动全

作者：孙凯，中国海洋大学国际事务与公共管理学院副院长、教授

球海洋治理理念的发展，也为海洋塑料污染问题的应对提供了新的思路。另外，中国积极参与“蓝色伙伴关系”的构建，也是中国践行“海洋命运共同体”的重要举措，是推动国际社会共同应对全球海洋问题的行动。只有国际社会共同行动起来，才能有效应对全球海洋塑料垃圾问题，给未来世代的人们留下一个健康、可持续的海洋。

健康的海洋生态系统，是海洋经济发展的基础，是海洋可持续发展的前提。人类社会开发和利用海洋进程的推进，造成了对海洋资源的过度开发和利用，以及对海洋环境的破坏和污染，这些都威胁着海洋生态系统的健康发展。其中，海洋塑料污染问题在近年来日益突出，成为国际社会关注的焦点问题。由于塑料制品的大量生产和使用，尤其是一次性塑料制品的广泛使用，加上塑料垃圾的不当处置，大量被废弃的塑料制品最终都流向了海洋。海洋塑料污染问题是典型的“公地悲剧”问题，需要国际社会集体行动，实现海洋可持续发展的目标。

一、全球海洋塑料污染问题十分严峻

塑料制品由于价格低廉、经久耐用、轻盈便捷等特点，自 20 世纪就被人们广泛使用。塑料制品自发明以来，大约生产了 83 亿吨塑料制品，其中仅有 9%的废弃塑料制品得到了循环使用。尽管部分塑料废弃物作为可循环垃圾被回收利用，但是由于管理不善以及意识不足等原因，塑料污染问题仍然遍及全球各地，海洋也未能幸免。

全球的各大海洋几乎都存在塑料污染问题，在海洋垃圾当中有 60%～90%都是塑料垃圾。美国的《科学》杂志最新研究发现，每年有大约 800 万吨大块的塑料垃圾以及 150 万吨的微塑料（直径小于或等于 5 毫米的塑料颗粒）垃圾流向海洋。初级微塑料主要来源于陆地上的生产生活之中，大约 98%来源于陆地，仅有 2%来源于海上的活动。海洋中的次级微塑料污染问题大部分来源于塑料垃圾的处理不当，包括塑料瓶、塑料吸管、塑料购物袋，以及海洋中的渔船、运输船舶以及油井等倾倒塑料垃圾以及废旧渔网的丢失或者遗弃等。

全球海洋塑料污染问题带来的危害是巨大的。由于全球海洋的连通性，海洋塑料垃圾随着洋流而在全球范围内流动，导致了全球海洋生态的污

染问题。因为塑料不能实现自然性降解，塑料污染一旦形成，在很长一段时间内都会对其所在之地的生态造成危害。漂浮在海面上的塑料垃圾还可能造成船只以及海洋生物的缠绕，被海洋生物误食吞咽下去的海洋塑料无法消化，对海洋生物来说是致命性的，成为海洋生物的“新型杀手”。另外，海洋微塑料的大量存在，也越来越多地聚集到海洋生物的体内，影响其健康发展，并且最终可能会通过食物链进入人体当中。除此之外，有研究表明，海洋塑料污染问题也会破坏海洋植物的生存，而这些海洋植物为地球提供了大约10%的氧气，因此海洋塑料污染问题甚至可能导致地球上的生命“窒息”而死。

二、应对全球海洋塑料污染问题需要坚持的原则

全球性的海洋塑料污染问题是典型的“公地悲剧”，为有效减缓和应对这一问题，需要所有参与者的集体行动，避免“搭便车者”，提升所有参与者遵守规则的意识。

其一，源头治理。要缓解海洋塑料污染问题，最根本的措施就是要减少塑料制品，尤其是一次性塑料制品的生产、消费和使用。近年来越来越多的国家采取限制甚至完全禁止使用一次性塑料购物袋以及其他相关的一次性塑料制品的措施，这从源头上大大减少了陆地和海洋中的塑料垃圾。需要对陆地上的塑料垃圾等废弃物进行有效的管理，将塑料垃圾等废弃物经过加工处理实现环境无害化。另外，需要加强塑料制品的循环再利用，并且研发可降解的塑料制品。

其二，过程管控。海洋塑料污染相当大的一部分来源于企业生产过程中对化纤物品的洗涤，以及汽车轮胎行驶过程中的磨损，这些微塑料经过陆地的排水系统最终流向了海洋。因此，需要并对工业生产过程中排放的含有微塑料的废水进行妥善处理，对于进入河流与海洋的废水和城市排水系统进行完善，减少进入海洋中的微塑料。

其三，国际合作。许多国家将海洋当成公共的排污场所和“垃圾收容站”，不受管制的海洋倾废加剧了海洋垃圾污染的问题。需要在联合国或者相关国际组织的协调下使各国对海洋塑料垃圾问题形成共识，并在共识的基础上促成国际社会采取集体行动，只有这样才能有效应对全球海洋塑料垃圾问题。由于不同国家处于不同的发展阶段，世界各国的塑料制品使用

量也存在很大的差异。例如科威特、德国、荷兰、爱尔兰和美国等，都是人均每天使用塑料制品较多的国家，这些国家人均塑料使用量是印度、坦桑尼亚、莫桑比克和孟加拉等国家的人均使用量的10倍以上。因此，在坚持国际合作原则的同时，也要充分考虑到不同国家的人均塑料使用量与塑料垃圾的产出等指标的不同，采取不同的措施和要求。

其四，可持续发展。可持续发展原则，是满足当代人需求的同时不危及后代人满足其需求能力的发展原则，同时也是应对海洋塑料垃圾问题需要坚持的重要原则。当代人无论是使用塑料制品还是对塑料垃圾进行处理，都应该坚持在满足当代人需求的同时，考虑到后代人的需求和利益的原则。为子孙后代着想，为了实现人类社会和海洋可持续发展的目标，任何"竭泽而渔"与"因噎废食"的做法都是不可取的。

其五，多主体共同参与。海洋塑料垃圾问题的有效治理，不仅要求主权国家采取严格的管制措施以及国际社会的集体行动，还要求其他相关行为体如国际组织、非政府组织、企业等行为体积极行动起来。联合国以及其他相关的专门性国际组织作为国际行动的协调平台，可以推动应对全球海洋塑料垃圾问题的国际合作；尤其是环保类的非政府组织在监督其他行为体的行为、塑造环境意识与推动国际共识的形成方面可以发挥独特的作用；一些大的公司尤其是跨国公司应该增强企业社会责任感，在塑料制品的技术创新方面积极探索，推出更为环保的产品以及加强对塑料垃圾处理技术的研发。

三、应对全球海洋塑料污染问题的国际机制

基于以上原则，国际社会应形成一个应对全球海洋塑料污染问题的多主体共同参与的治理机制。在这个治理机制中，主权国家、国际组织、非政府组织、大企业等多层次的行为体通力合作，共同致力于实现海洋生态系统健康与可持续发展的目标。

主权国家是国际社会最为重要的行为体，国际社会达成的一系列决议都需要国家政府在国内的落实与实施。近年来，越来越多的国家都意识到海洋塑料污染问题的严重性，除了积极参加和支持国际组织协调的系列倡议之外，一些国家政府在国内也采取了积极的政策，减少塑料物品的使用以及加强对塑料垃圾的管理措施。中国在2008年颁布并实施了"限塑令"，限

制生产、销售和使用一次性塑料购物袋。并在2020年对"限塑令"再次升级，进一步减少一次性塑料餐具、塑料包装品以及不可降解塑料制品的生产和使用。英国在2018年计划禁止塑料吸管等一次性塑料制品，加拿大的温哥华也率先通过禁令，禁止一次性塑料杯子、饭盒以及吸管等塑料制品的使用。印度由于人口众多且垃圾处理的基础设施不完善，也是塑料垃圾生产大国。印度在2019年就宣布禁止使用塑料袋、塑料杯子和塑料吸管等，并且宣布在2022年之前禁止所有一次性塑料制品的使用。但是由于不同国家的发展水平不同，环保意识也存在较大的差异，执行国际环境条约的能力也有所不同，所以在达成应对海洋塑料污染问题的国际环境条约时，也需要借鉴国际气候机制所秉持的"共同但有区别"原则的责任，充分激活并发挥发达国家以及有能力的大国在应对这些问题方面的责任和义务，其他国家也应采取能力所及范围内的实际行动，实现共同应对全球海洋塑料污染问题的集体行动。

在全球性的国际组织层面，联合国尤其是其系统内的相关机构，在应对海洋塑料污染问题方面推进了大量的活动。海洋是联合国通过的《2030可持续发展目标》中的重要领域，第14个目标就是专门针对海洋可持续发展。在2017年6月于纽约召开的联合国海洋大会上，也通过倡议号召各国尽快停止使用一次性塑料制品，研究与开发易降解的环保型替代品。为应对海洋塑料污染问题，充分唤起民众对海洋塑料垃圾问题的环保意识，联合国大会主席在2019年发起了"大张旗鼓，淘汰塑料"的全球性倡议。

区域性的国际组织也日益重视应对海洋塑料污染问题，近年来无论是七国集团(G7)还是二十国集团(G20)，都围绕应对海洋塑料污染问题采取了一系列行动。在2018年6月召开的G7峰会上，除美国和日本之外的英国、加拿大、法国、德国、意大利5国和欧盟签署了《海洋塑料宪章》的倡议，要求各国政府制定标准，增加塑料的再利用和再循环；承诺大幅度减少一次性塑料制品的使用，到2030年严禁使用一次性塑料制品，到2040年实现100%回收等具体数值目标和行动倡议。2019年在日本大阪召开的G20峰会，海洋塑料污染成为其重要议题，与会国达成"蓝色海洋愿景"，提出在2050年之前力争将海洋塑料垃圾"降为零"的宏大目标。

环境保护类的非政府组织一直以来就是环保领域的"先行者"，是国际社会环境意识提升的重要推动力量，并且在监督企业生产甚至监督国家履行国际条约方面进行了很多的工作。这包括专业性的环境保护非政府组织，以及拥有广泛群众基础以及众多成员的倡议性的环境非政府组织。研究型的智库类非政府组织，通过发布研究报告的方式唤起公众对海洋塑料污染问题的关注，并提供应对这些问题的对策。世界自然保护联盟(IUCN)作为世界上规模最大的环保非政府组织，一直以来专注于全球环境问题的研究与国际环境意识的培养。2017 年 IUCN 发布了《海洋里的初级微塑料》研究报告，对海洋微塑料问题进行了全面系统的评估，尤其对海洋微塑料的来源、影响以及应对措施等问题进行了深入的分析。

一些大企业拥有先进的技术与研发能力，在推进可循环的塑料制品与减少塑料制品的使用方面发挥了独特的作用。商品的塑料包装是塑料垃圾的主要构成，近年来一些环保意识较高的企业开始研发可降解的塑料包装，包括将回收的海洋塑料应用到生产中。戴尔公司在 2008 年就开始大量使用回收再循环技术来生产新产品，2017 年又推出了回收海洋塑料垃圾制成的新型塑料电脑包装盒。一些饮料公司也开发了新型的包装瓶，这些瓶子包含部分回收的海洋塑料。另外，越来越多的公司致力于减少塑料制品的生产和使用，或者致力于开发和使用可降解、环保型的塑料制品，在生产和消费的过程中将塑料对环境的影响降到最低。这些大型公司的理念和行动，也随着企业在全球的生产经营活动的开展而在全球范围内进行扩展，在实践中传播了先进的环保理念和生产方式，为减少塑料污染做出了积极的贡献。

四、全球海洋塑料污染治理机制建设的中国贡献

以上多层次的行为体在应对全球海洋塑料污染方面可以发挥不同作用，这些不同层面的行为体共同行动，构建了一个国家政府与国际组织、非政府组织、企业等行为体相互协作的常态化机制，共同应对全球海洋塑料污染问题。随着国际社会对全球海洋塑料垃圾问题关注度的提升，应对这一问题行动的国际共识也已经形成，一项应对全球海洋塑料垃圾问题的国际协议也有望在近期达成。在这一背景下，只要国际社会通力合作，积极地共同采取应对行动，海洋中的塑料污染会逐步得到改善。相关国家应加大关于塑料制品使用的政策法规以及监管力度，严格规范塑料及微塑料的使用和处理措施，从源头上控制塑料废弃物向环境输入，实现本国海洋微塑料污染有效治理的同时，更好地应对全球海洋治理形势的变化，共建海洋可持续

发展。国际社会共同的行动，不仅是指国家采取行动，也包括国际组织、非政府组织、跨国公司等多元主体，构建立体化、多层次应对全球海洋塑料污染治理的国际机制，将海洋塑料污染问题从源头进行治理，在过程中加强管控，国际社会共同协力，实现海洋可持续发展的目标。

尽管新技术的发展不是应对海洋塑料污染的“万灵药”，但随着塑料循环利用技术的发展，以及生产可降解、环保型塑料产品技术的发展以及相关产品的广泛应用，传统的塑料垃圾将会减少，塑料对环境的影响也会降低，这也是应对海洋塑料污染问题的重要措施。另外，随着人们环保意识的提高，对一次性塑料制品的需求和使用会逐渐减少，也会从个人消费者的层面大大减少塑料垃圾的产生。总之，全球海洋塑料污染问题的治理，需要各个层面的行为体行动起来，共同保护海洋的生态环境。

习近平总书记提出构建“海洋命运共同体”，指出“我们要像对待生命一样关爱海洋”。“海洋命运共同体”理念是中国参与全球海洋治理的指导思想，推动全球海洋治理理念的发展，也为海洋塑料污染问题的应对提供了新的思路。近年来中国非常重视应对塑料污染问题，在减少使用塑料购物袋和一次性塑料制品的同时，还在国家层面推动加强对海洋塑料污染问题的科学研究，并积极参与了多边或双边层面应对海洋塑料垃圾污染的国际合作行动，为全球海洋塑料污染治理做出了重要的贡献。另外，中国积极参与“蓝色伙伴关系”的构建，也是中国践行“海洋命运共同体”的重要举措，是推动国际社会共同应对全球海洋问题的行动。只有国际社会共同行动起来，才能有效应对全球海洋塑料垃圾问题，给未来世代的人们留下一个健康、可持续的海洋。

文章来源：原刊于《国家治理》2021 年第 15 期。

海洋微塑料污染的国际法和国内法协同规制路径

■ 张相君，魏寒冰

论点撷萃

海洋微塑料污染是基于技术进步和人类行为产生的当代问题，并同时表现在事实和法律层面。海洋微塑料污染在过去20余年已经成为严重的环境问题，研究已初步证实微塑料在对海洋生态、人类健康、滨海产业、深海洋底等方面的负影响，但到目前为止，规范这一问题的法律并不足以应对此问题。

海洋微塑料污染的严重性，决定了其会催生相关行为规范，而其中涉及生产经营者和消费者之间权利义务、沿海国之间权利义务，以及所有国家对公海微塑料治理的义务等，因此海洋微塑料污染问题须由法律调整。

海洋环境保护中国际法与国内法关系的理论发展以及以美国为代表的国际法在国内的适用实践发展表明，在海洋环境保护领域，国际法和国内法的关系更适合被确认为是一元。明确这种一元关系，整体上有助于确立国际法中强义务规范的优先地位，并促成国家实践基础上弱义务规范的发展。而且，明确这种一元关系，也有助于解决国际法和国内法的冲突并促成构建共同体。

实现国际法和国内法协同规制海洋微塑料污染是解决问题的必经之路。这种协同既需要体系性利用现有规则，更需要在明确海洋环境保护国际法和国内法一元体系前提下，推动制定专门性国际公约、推进缔结区域公约并形成区域合作机制、完善国内法。其中，尤为重要的就是缔结区域公约

作者：张相君，福州大学法学院国际法教研室主任、副教授；
魏寒冰，福州大学法学院国际法硕士

以及补阙和完善国内法。完善海洋微塑料治理法律体系是中国对建设海洋命运共同体所负有的责任，可为各国提供应对此问题的系统的法律框架，从而逐渐降低、减少并预防塑料污染，实现保护环境和可持续发展的目标。

海洋微塑料污染是基于技术进步和人类行为产生的当代问题，并同时表现在事实和法律层面。作为石化工业产品，廉价便利性使塑料成为许多消费品的“最佳介质”，不易降解性使其成为当下环境保护的痛点。2004 年，科学家正式提出这一术语，学界基本认可直径小于 5mm 的塑料颗粒构成微塑料。2010 年至今，自然科学界对海洋中的微塑料污染形成共识：塑料会进入水体，在水流和阳光作用下分解为微小颗粒，随着洋流扩散至公海甚至全球海洋系统，并长久地以微塑料形态留存于海洋；基于生态循环，微塑料又通过海洋生物进入人体并影响人体健康。2014 年，联合国环境规划署(UNEP)提出，海洋微塑料是当前面临的最紧迫的环境问题之一，每个国家和每个人都无法回避，中国也不例外。

一、当代海洋微塑料污染问题

(一)海洋微塑料污染的事实问题

研究已初步证实微塑料的四方面负影响。第一，对海洋生态的影响。研究估计 2050 年海洋中的塑料垃圾数量会超过海洋生物。一些滤食动物会因误食造成进食器官堵塞、形成机械损伤或假的饱食感，导致生长发育畸形，甚至死亡。第二，对人类健康的影响。微塑料会吸附有毒有害的化学物质，比如双酚 A(BPA)和邻苯二甲酸盐，其危害会通过食物链扩大并富集于人类，造成人体新陈代谢紊乱以及内分泌失调，一定程度上引发生殖障碍，甚至会促成癌症病变。第三，对滨海产业的影响。一方面，微塑料对鱼类等造成健康损害，降低捕鱼业商业价值；另一方面海滩和岸线上的废弃塑料会降低其娱乐价值，影响滨海旅游业。第四，微塑料最终会沉入深海洋底，降低海底沉积物的质量。

海洋微塑料污染的严重性，决定了其会催生相关行为规范；而其中涉及生产经营者和消费者之间权利义务、沿海国之间权利义务，以及所有国家对公海微塑料治理的义务等，因此海洋微塑料污染问题须由法律调整。

（二）海洋微塑料污染的法律问题

人类面临的新问题并非都会转化为法律问题。海洋中的微塑料污染，由于其法律主体意义上的来源难以明确，即无法明确是哪个沿海国、哪个法人或自然人的塑料进入了海洋，因此无法明确法律上的因果关系，即哪个主体负有控制或消减塑料入海的义务、负有清除海洋微塑料的义务，以及因此被侵权的国家和个人应该向谁主张损害赔偿；而且人类的最主要动物蛋白来源也可能受到污染进而引发更大风险。为了处理这种因果关系和控制风险，法律作为前瞻性和预防性行为规范应予以回应。

海洋微塑料污染既是中国国内法律问题，也是国际法上的问题。从中国的角度看，海洋微塑料污染之所以应受到国内法关注，一是因为中国在实现复兴过程中，向海发展是应有之义，建设海洋强国需要清洁美丽的内水和领海。如苏力教授所言：法律和制度须符合这一代中国人对社会和国家的想象以及情感需求。这一代中国人的想象和需求在于实现民族复兴、成就美好生活、建设美丽中国，基础则在于明确意识到的"生态文明建设是关系中华民族永续发展的千年大计"。二是因为现有法律在规制这一新型污染物上明显力有不逮。因此，为实现此千年大计，完善的海洋环境法律体系应基于陆海统筹治理目标，对微塑料污染从陆地防治和海洋防治两方面着手。从国际法层面看，中国在推动构建人类/海洋命运共同体、落实"21世纪海上丝绸之路"的倡议过程中，须重视海洋环境；中国要推动构建更公正合理的国际治理体系，也应关注海洋环境议题，包括新出现的海洋微塑料污染防治。

（三）海洋微塑料污染法学研究的学术评估

自然科学界在2010年后尤为重视海洋微塑料污染，社会科学尤其是法学界的回应有些迟滞。国外一些法学研究者关注了此问题，国内部分自然科学家从法学角度关注到此问题，法学界目前只有两篇学术论文和一篇硕士学位论文。自然科学研究承认此问题的严重性，承认现有降解技术尚不能实现对海洋微塑料的清除；法学研究承认现有法律在规制此问题上有疏漏，主要从国内法或国际法角度提出了规则完善建议。已有研究共同增进了学界对此问题的理解，并提示法律研究者关注和回应此问题。

笔者从国际法与国内法协同的角度进行研究，依据有三：第一，此问题并不限于一国政治边界，海洋微塑料污染以及由此导致的侵权会同时表现

为国际公法和国际私法关系，但其中的责任主体很难判断；尤其是当前国际贸易高频往来的背景下，一国生产经营者的塑料产品被另一国的消费者废弃并进入海洋、自一国进口的海洋生物体内的微塑料对另一国消费者造成累积性损害都是现实，仅从国内法探讨已不足以应对此问题。第二，可规制海洋微塑料的公约大多缔结于20世纪后半期，当时尚未出现海洋微塑料污染问题，相关规则需要适时完善。第三，从法律上应对海洋微塑料污染，需考虑其来源于陆地和海洋且汇集于海洋并最终损害人类健康的特性，而且无论从国内法还是国际法层面看，任何法律主体都无法在此问题上置身事外，这决定了需由国内法和国际法协同规制此问题。

二、协同规制海洋微塑料污染的法律现状检视

（一）规制海洋微塑料污染的国际法

当前规制海洋微塑料的国际法包括海洋环境相关国际条约和文件，基于约束力可分为硬法和软法。适用前者需通过解释相关规则实现，后者具有针对性但其适用需要其他硬约束力规则的支持。

1. 规制海洋微塑料污染的硬法

一是主要相关的国际条约，包括规范特定污染物的防止海洋倾废和船源污染的条约，以及综合性的《联合国海洋法公约》。

根据《防止倾倒废物及其他物质污染海洋的公约》第2条，倾倒是一种“有意”的行为，而所有运载工具正常操作附带的废物或物质处置以及放置于海上的物质则不属于倾倒；公约附件列明的倾倒黑名单中包括“持久性塑料”；《〈防止倾倒废物及其他物质污染海洋的公约〉1996年议定书》确立的倾倒白名单不包括塑料，其适用范围从原来的领海扩张至缔约国内水。这意味着公约禁止塑料倾倒，除非发生不可抗力或者规定的其他例外情形；但对几乎所有原生来源以及一定次生来源的微塑料污染则不适用。《关于1973年国际防止船舶造成污染公约的1978年的议定书》（以下简称MARPOL 73/78）虽然在立法时主要是为了规制石油入海造成的污染，但如其前言所示，规制对象并不“限于油污”，而是针对“任何进入海洋后易于危害人类健康、伤害生物资源和海洋生物、损害休憩环境或妨害对海洋的其他合法利用的物质”。之后的附则5禁止将塑料排入海中，但免除了因船舶或其设备损

坏造成的塑料意外丢失或丢弃而造成的环境污染责任。因此，船源微塑料要受 MARPOL 73/78 的规制。需要注意的是，中国加入时，对附则 3/4/5 均声明保留。

《联合国海洋法公约》作为“海洋宪章”，第十二部分为海洋环境的保护与保全提供了基本框架。虽然公约没有明确所规制的污染类型，但根据海洋微塑料的特性和危害性，其符合《联合国海洋法公约》第 1 条的界定，是人类“直接或间接把物质或能量引入海洋”造成的污染。因此，公约可规制微塑料污染。第十二部分的 46 个条文，除了如第 194 条第 2 款等极为例外的情形，其他条款均可适用。

二是区域条约。全球 18 个区域海洋中，设立最早的是始于北海并逐渐扩大建立的东北大西洋区域，该区域直接影响了 UNEP 的区域海洋项目，相关规则一定程度上可代表区域条约发展的方向。区域内管理最初以《防止船舶和飞机倾倒废弃物造成海洋污染公约》和《防止陆地污染源污染海洋的巴黎公约》为框架，二者后被《保护东北大西洋海洋环境公约》（以下简称《OSPAR 公约》）吸收和取代。《OSPAR 公约》虽未明确规制微塑料，但其适用性非常明确，规范水平甚至可以被认为是已有国际硬法规则中最高的。首先，公约对污染的定义与《联合国海洋法公约》一致，包括物质和能量；其次，公约第 2 条规定了各缔约国单独或联合行动的义务，尤其是该条第 5 款明确规定公约乃是各方保护海洋的最低义务水平，再结合第 7 条新型污染物防治义务、第 21 条跨界污染时的协商和合作义务、附件 1 的风险预防义务、区域委员会制定削减和淘汰计划的责任、附件 2 第 3 条确立的倾倒白名单，可以看出公约与各成员方的国内法几乎没有效力区别。

2. 规制海洋微塑料污染的软法

一是联合国及其相关机构的文件，这些文件经历了从整体关注到具体规制、明确规制领域和措施的过程。2011 年，UNEP 将海洋塑料垃圾列为《联合国环境规划署年鉴》三大议题之一；2014 年 6 月，首届联合国环境大会通过了“海洋塑料废弃物和微塑料决议”，提出开展有关海洋塑料废弃物和微塑料的研究；2015 年，UNEP 向全球发布《化妆品中的塑料：个人护理是否正在污染环境》报告，呼吁各国逐步禁止在个人护理品和化妆品中添加塑料微珠；同年的《2030 可持续发展议程》提出 17 个可持续发展目标（SDGs），其中 SDG14 提出“到 2025 年，预防和大幅度减少各类海洋污染”；2020 年，

UNEP 支持发布《塑料污染热点和促成行动国家指南》，协助相关国家和城市明确海洋塑料现状，以促成行动并监测和评估相关干预措施。

二是主要区域性国际组织的文件，显示出主要国家的控制意愿。2017年，二十国集团(G20)汉堡峰会通过了“二十国集团海洋垃圾行动计划”，将海洋微塑料问题提升到全球治理层面；2018 年，七国集团(G7)峰会期间签署了《海洋塑料宪章》(美国和日本没有签署)，承诺重视塑料的生产要素价值，实现产品循环利用；2019 年，G20 峰会通过的《大阪宣言》包含了“蓝色海洋愿景”计划，目标是 2050 年之前使废塑料入海量减为零。

（二）中美规制海洋微塑料污染的国内法律和政策

中国和美国是正在实现新一代工业化的海洋大国，并且是化石能源消耗排名第二和第一的国家，因此都很关注海洋微塑料污染。中国选择以既有法律为基础的政策路径；美国选择联邦和州并行立法路径，是在国内立法上进展最快的国家之一。中、美的做法显示出政策和法律的不同优势，前者以针对性技术标准规范主要行业，焦点明确；后者普遍规范相关行为，约束力更强。

1. 中国以法律为基础的政策路径

中国将塑料污染作为整体环境问题在相关法律内规制，以《中华人民共和国环境保护法》(以下简称《环境保护法》)为主，辅之以空气、土壤、固体废弃物等方面的法律。典型的条款是《环境保护法》第 6 条规定的生产经营者责任及公民环境保护义务，以及规定于《中华人民共和国固体废物污染环境防治法》第 19 条和《中华人民共和国清洁生产促进法》第 20 条的弱义务条款。作为并不具有直接针对性的一般规范，其实际执行力尚不足以应对塑料污染问题。

以上述法律为基础，中国环境政策日益成熟并在一定程度上弥补了法律的短板。在税种绿化、绿色金融、生态补偿等理念的指导下，防范塑料污染的政策相继出台。其特征为从相关行业技术层面设立处理塑料垃圾的标准与规范，规范的环节包括生产、经营到消费全过程。2000 年以来，“禁塑令”“限塑令”等政策从生产经营环节控制塑料进入环境，《废塑料回收与再生利用污染控制技术规范》从消费终端减少微塑料的产生。此后，相关政策开始针对更为细化的领域。农业领域的地膜最低标准保障产品质量和可回收性；快递行业国家标准要求包装采用生物降解塑料；废塑料处理行业规范提高了已建、新建和扩建的相关企业在废塑料处理能力方面的要求；2018 年国家发改委调整“限塑令”，对生产、生活、消费等情形中使用的塑料制品，分领域、分品类提出政策措施，并以环保税方式查处多家非法塑料加工行业。

2. 美国联邦与州并行的法律路径

美国联邦规范海洋微塑料污染的法律包括一般法和特别法。一般法主要是三部法律：污染发生后的《清洁水法》(Clean Water Act/CWA)和《清洁空气法》(Clean Air Act/CAA)，以及源头治理的《污染预防法》(Pollution Prevention Act/PPA)。前两部法案出台时虽然还未出现微塑料污染，但其对微塑料污染仍具有适用性。《污染预防法》侧重从企业、政府和公众三方预防污染源的排放。两部特别法包括：2006 年的《海洋碎片研究、预防和减少法》(*Marine Debris Research, Prevention, and Reduction Act*, MDRPRA)和 2015 年的《无微珠水域法案》(*Microbead-Free Waters Act*, MFWA)。前者目的在于确定、评估、预防、减少和消除海洋废弃物，解决海洋废弃物对海洋经济、环境和航行安全的不利影响，规定了“防止和清除海洋垃圾计划”以清理包括微塑料在内的海洋垃圾。后者颁布了联邦微珠禁令，禁止销售或分销含有塑料微珠的冲洗化妆品，同时还修改了《联邦食品、药品和化妆品法案》，禁止制造、引进或交付含有特意添加塑料微珠的化妆品和洗护用品的州际贸易。

除了联邦法律，以 2014 年伊利诺伊州立法禁止个人护理品添加微珠为肇始，先后有另外八个州通过了类似立法。伊利诺伊州在法律中明确微珠“对州环境带来严重威胁”，“富集环境中已有的有害污染物，危害鱼类和其他构成水生食物链底基的水生物种”，因此应禁止添加，此后其他州也都基于此逻辑相继立法。

（三）既有规则的协同基础和不足

1. 当前规制海洋微塑料污染的法律体系特征

当前规制海洋微塑料的法律具备初步体系化特征。首先，公约约束力和适用范围与问题广泛性相称，但针对性不足，充满令人痛苦的模糊和令人兴奋的各种可能。其次，国际软法有广泛适应性和针对性，但约束力不足，从提出治理到具体领域再到国家行动，对微塑料污染的应对具有一种明显的阶段性演进特征。再次，中、美作为海洋大国选择以新规则应对此问题，

从注重消费环节转向重视生产、经营和消费全过程，但具体途径和立法水平有差异。综言之，已有各组成部分互有短长，这一点决定了目前应对此问题的最好、最现实路径是各部分间的协同适用。

2. 硬法内的协同基础

一是针对特定污染源的国际公约。《防止倾倒废物及其他物质污染海洋的公约》及其议定书在处理与缔约国国内法关系时，采取了国际法与国内法一元论的立场。条约注意到海洋倾倒既发生在一国领域内，也发生在国家领域外，因此条约必须处理与相关国家国内法的协同关系。首先，公约改变了之前国家基于主权随意向海洋倾废的做法；其次，倾倒黑/白名单制度更对缔约国的国内法形成了拘束力；再次，公约适用范围包括领海这一传统上被视为一国领土组成部分的区域、议定书直接在内水适用都说明了国际法对国内法的限制及其效力优先性。MARPOL 73/78 采用了国际法与国内法二元并立的立场。根据第 3 条，公约尊重各缔约国对自然资源的主权和权利，也不适用于军事船舶以及政府公务船舶，但各国不得危及公约目的的实现，并应为此采取适当措施。

二是综合性的海洋环境保护公约。《联合国海洋法公约》的缔约历史显示公约有明显的协调特征，并采取了柔和的国际法与国内法一元论立场。首先，公约改变了此前海洋环境方面以缔结特定公约应对特定问题的模式，贯穿了既有相关公约，实现了初步体系化和整体化，并以第 237 条确保了相互间协调；其次，公约承认保护和保全海洋环境是各国的义务，且主要是依靠国家“个别或联合地采取……必要措施”规制海洋环境污染；再次，公约以“全球生态系统和全球航行系统完整性理念”为起点，确认海洋环境保护中国际规则和标准优于各国国内法，并在第 211 条确认这种优先性。

三是以《OSPAR 公约》为代表的区域公约。由于欧盟本身即是缔约方，且大量国家缔约方是欧盟国家，借助欧盟法律体系下的协同经验，该公约明确采用了公约和国内法一元关系的立场。具体条文上，公约第 2 条是典型的协同公约和成员国国内法的规则，第 1 款(a)项规定了成员方的守约义务，(b)项规定了各方单独或联合行动并协调政策和战略的义务；第 2 款规定了各方必须采用的原则；第 3 款规定了履约时的国内计划和措施，以及适当条件下的时限要求，最新技术要求，履约时的标准。综合公约其他条文看，公约认为与国内法的协同是应有之义。

3. 软法内的协同基础

防治海洋微塑料污染的国际软法明确了风险预防原则，承认有必要谨慎对待环境保护以及新出现的譬如海洋微塑料污染问题。由此在关注社会实际经验和真实生活状态的基础上，为海洋环境保护领域国际条约和惯例的发展提供哲学和理论依据。这些规则一定程度上突破了国际社会的平权型政治结构，超越了国际法与国内法一元或二元关系的论争，将人类整体作为全球环境契约的一方当事人；也对每个主权国家提出相应要求，如《21 世纪议程》第八章提出将环境与发展问题纳入各国决策进程，鼓励各国在与国际组织以及国际科学界合作的基础上通过法律和经济激励实现可持续发展。

4. 中、美国内法对协同的支持

成功环境规则的特征包括：普遍性、精确性、适应性以及义务性。这意味着国际环境法在国内法协助下更容易取得成效。

虽然美国行政部门对签署多边条约十分谨慎，而且国内法也会对执行国际条约做出限制，但美国的环境立法和司法在这一点上还是有可取之处。首先，宪法的最高效力条款一定程度上协调了国际法和国内法的关系；其次，美国环境立法会保持更新，其模式是在法律中不断汲取自然科学研究成果并将技术标准规则化，与重视自然科学的国际条约具有内在的协调性。联邦法院促成国际规则在国内落实的典型案例，是联邦最高法院审判的马萨诸塞等州诉国家环境保护局（以下简称 EPA）一案。此案实体争点在于全球变暖是应该由联邦法院考虑，还是应该由国会和行政部门在立法和国际层面回应。判决认为，即便全球变暖关系重大，EPA 规制新机动车排放本身也不会扭转全球变暖，第一步也只是尝试性的，EPA 依法仍然应该规制威胁环境或人类健康的温室气体排放。此判例后来被多次援引，其意义有二：其一是法律更大程度上是对社会问题的关注、包括对国际问题关注的回应；其二基于法教义学和法社会学的平衡，法院倾向于以一元论理解国际公约和国内法的关系。在诸如环保组织等诉美国政府、蓝水渔民协会诉国家海洋渔业局、阿拉斯加诉克里等案中，都可看到法院协调解释相关国际公约和国内法条款的做法。

中国在国际环境条约的国内法转化与落实过程中，实际上采取了“条约优先国内法”的做法。比如《中华人民共和国海洋环境保护法》（以下简称《海洋环境保护法》）第 96 条和《中华人民共和国固体废弃物污染环境防治

法》(以下简称《固体废弃物污染环境防治法》)第90条均体现了对条约相关条款的吸纳;在中国与船舶污染以及相关作业造成污染、船舶事故等相关的条款也是《联合国海洋法公约》《国际清洁生产宣言》等对应内容的体现;《中华人民共和国水污染防治法》(以下简称《水污染防治法》)中对水污染的定义与《联合国海洋法公约》和MARPOL 73/78中有害物质的定义也是一致的。以上均体现了中国立法对国际法和国内法协同的支持,也为中国依据国际条约治理海洋微塑料提供了参考。中国司法实践中,诸如《国际油污损害民事责任公约》《国际燃油污染损害民事责任公约》等都会成为法院审理相关案件的依据。除了海洋环境领域,法院也会在其他领域适用《联合国海洋法公约》以及《国际海上避碰规则》的相关条款。在诸如闽霞渔01003号渔船调解协议执行案、大连远洋水产有限公司诉辽宁省大连海洋渔业集团公司关于船员雇用合同损失赔偿纠纷案、上海新兴航运股份有限公司诉上海海事局行政处罚行政纠纷案中,均可看到条约的直接适用。

5. 协同基础的限度

已有规则间的协同是当下可选择的现实路径,基于以上分析可知此协同具备一定的现实基础。但是,该路径在理论上受限于国际法与国内法关系论,在现实中受各国国内法优先适用以及发展本国工业需求的多重限制。

具体而言,前文提及的国际硬法和软法,大多确认保护海洋环境的义务受制于主权。这与历史上海洋污染多发生在港口、内水等主权范围内的情形是一致的,但这一方面造成各国对是否批准规制倾倒和源头污染公约的态度并不一致,另一方面造成各国在不同海洋区域的管辖权不一致,二者共同作用导致统一多边公约在规制海洋塑料污染这一新问题上的效果大打折扣。加上沿海国对有管辖权海洋区域的环境要求往往高于公海,而公海实际上又是塑料的"高堆积区"并受限于船旗国专属管辖,但大部分船旗国只希望对本国船舶行使行政、技术方面的管辖权,而不愿意且没有能力管理所航行的海域环境,最终导致海洋微塑料污染实际上处于国际规则适用的灰色地带。倡议性的软法虽然引导各国重视海洋微塑料污染,但其软约束性使其在各国国内发挥的作用毕竟有限。再加上发展中国家实现本国工业化过程难免大量利用化石能源,且在环境保护这种资本和技术都比较密集的领域中无法形成比较优势,因此将其转化为国内法的意愿也较低。

鉴于此,区域性的《OSPAR公约》达到的高规范水平具有一定的启示意义，其证明了区域途径的可取性，但也需要注意适用条件，包括最重要的各国完成传统工业化阶段并（开始）转向基于能源清洁型和环境友好型的新发展阶段。

若将海洋微塑料视为我们这一代人遇到的海洋“疾病”，现有规则体系作为可用药品均属广谱抗菌，可于一定程度上回应此问题，但其并非靶向治疗。因此不能仅满足于对已有法律规范的协调，还应探讨如何推进规则间的协同。

三、推进协同规制海洋微塑料污染的国际法与国内法

要推进这种协同，需在方向上重新界定海洋环境保护领域国际法与国内法的关系，在方法上探讨规则发展路径。

（一）海洋环境保护领域国际法和国内法关系的重新界定

1. 海洋环境保护法的发展要求

在传统国际法理论中，国际法和国内法的关系众说纷纭。作为理论，其应发挥有助于人们认识和理解现实背后逻辑的作用，而且其适用性也取决于相关条件的相似性，因此对此问题的回答应视现实情况而定。

海洋环境法律领域的现实如下。首先，海洋环境问题既存在于一国境内又超越国家边境，既属于各国国内事务和共有事务，也属于公共事务。其次，国际法和国内法的保有海洋环境以实现可持续发展的目的是一致的。再次，在非一元论关系下，同一事项的规则在国际法和国内法上会出现不一致甚至冲突，譬如《联合国海洋法公约》第230条规定仅能对外国船舶在领海之外的违反环境保护法律规章和措施的行为追究民事责任，但在美国的法律中，则会被追究刑事责任，且已有相关案例，这种不一致应如何解决尚无定论且影响甚广。基于此，在解决海洋环境问题上，如果坚持国际法和国内法二元论，很可能出现国际规则难以在国内执行或者针对同一问题难以达成国际规则，并最终致使保有海洋环境以实现可持续发展的目的落空，损害国际社会共同体的利益。

并且，传统国际法理论中的二元论存在其隐含前提：国际社会基本特征是联系较弱的平权型、国家是国际法唯一主体、国家间平时往来主要是外交关系等。这几点在当前的国际社会已经发生重大变化，因此二元关系对当

前现实的解释力越来越弱。如 WTO 法律体系出现的宪政现象、国际体育法中国际规则在国内的直接适用现象,都揭示了在特定领域内国际法和国内法之间的一体性。固然,二者的一元关系也有前提,包括:领域内强势国际组织的作用、非国家行为体的地位以及国家间的密切互动等,这些在海洋环境保护领域也基本具备。而且如上文述及,海洋环境保护的相关国际条约也有采用一元关系的倾向。

综言之,属于国际法理论问题之一的国际法和国内法关系,在应该发挥有助于我们认识、理解、改造世界的功能方面,在切实考虑本领域具体问题的需求基础上,应以确立其一元关系为方向更为适宜。

2. 国内司法不一致的警示

国际法与国内法关系学说的多元化以及国际和国内规则不一致,也影响到了司法。美国法院在相关案件中,有时会强调国际法和国内法的一元体系。譬如在 United States v.Ionia Mgmt.S.A.,555F.3d 303 一案中,法院认为美国的《防止船源污染法》(*Act to Prevent Pollution from Ships*,APPS)规定的船舶确保准确油类记录簿的义务的条款与 MARPOL 73/78 一致,因此所有美国(或受美国控制)的船舶均负有此义务,外国船舶进入美国时也承担此义务。有时会出现地区法院采用二元关系观点但被上诉法院推翻的情形,譬如美国新泽西地区法院判决的遇难船舶是否构成航行威胁而应予移除的案件(Grupo Portexa, S. A. v. All Am. Marine Slip, Div. of Marine Office of Am.Corp.,954 F.2d 130,1992)。地区法院面临的关键问题之一是国内法没有规定,可否直接适用相关国际法规则。地区法院采用了一种实证法以及国内法与国际法二元的路径,认为不能直接适用国际法而应适用墨西哥国内法,地区法院判决结果有利于作为被告的美国公司,后被第三巡回上诉法院推翻。类似的分歧在其他的案件中也可看到,譬如上文提及的马萨诸塞州诉 EPA 一案,也存在国际法和国内法一元还是二元的争点。

综上,海洋环境保护中国际法与国内法关系的理论发展以及以美国为代表的国际法在国内法院适用实践发展表明,在海洋环境保护领域,国际法和国内法的关系更适合被确认为是一元。明确这种一元关系,整体上有助于确立国际法中强义务规范的优先地位,并促成国家实践基础上弱义务规范的发展。而且,明确这一一元关系,也有助于解决国际法和国内法的冲突并促成构建共同体。

（二）推进的具体路径

1. 理想路径：推动缔结规范海洋微塑料的国际公约

现有的国际法可通过对概括性条款的解释或者对“污染物”概念的外延进行扩大解释涵盖海洋微塑料污染，但专门解决海洋微塑料污染的公约仍有待被提出，理由有以下几点。首先，这是现实需求，即海洋微塑料污染已切实威胁到每个人和每个国家，已有法律和技术方案尚无法充分回应。易言之，海洋微塑料污染的严重性和普遍性决定了缔结相关国际公约的必要性。其次，这是国际规则发展逻辑的结果。如前所述，政府间国际组织包括联合国、G20、G7 等均已关注海洋微塑料问题，并发表了相当数量的宣言和文件。从政府间国际组织宣言在促成国际环境法发展方面的历史经验看，这些规则会逐渐得到强化并转向硬法，这也符合国际法发展的趋势和规律。加之美国和中国这样的海洋大国都已选择在国内法律和政策上制定新规则的做法，这难免会逐渐影响其他海洋国家的立法，由此促成国家间相关规则的趋同，并最终促成国际条约的形成。

因此就海洋塑料问题而言，须有一个国际法律框架对其规制。尤其是微塑料作为塑料多次分解之后的产物，其中涉及生产者、经营者和消费者权利义务，沿海国彼此间从清理到预防、减少塑料排放的权利义务，所有国家间突破海洋环境治理主权边界和区域限制在公海上合作预防和治理的权利义务分配，因此需要各国在平等协商基础上制定专门针对海洋塑料污染的国际公约。

2. 现实路径：基于“21 世纪海上丝绸之路”倡议发起缔结区域公约

海洋塑料污染的治理面临一个矛盾，即一方面其属于全球性问题，解决方法应该是国际性的；而另一方面又需要各国通过国内法解决。这不可避免地会造成各地区各国家“分块治理”的局面，因此需要区域沟通与共享平台衔接，且随着国际格局的变革，区域秩序的重要性已越发凸显，中国也应更重视区域秩序的构建。

因此，现实路径是基于中国所主导的“21 世纪海上丝绸之路”倡议等区域倡议或组织，为保护沿线国家共同海洋环境利益缔结区域公约，以公约为制度基础形成区域合作平台，由区域内国家就微塑料治理问题定期沟通，交流关于新型塑料污染问题尤其是微塑料的来源信息、治理经验、处理技术

等，实现区域范围内的共享，以区域合作达成国际合作。

区域路径的有效性已得到国内外学者公认，东北大西洋的实践也证明了此路径的可取性。根据公共产品聚合技术理论，海洋环境作为一种国际公共产品，属于总和与加权总和技术的公共产品。这意味着海洋环境保护既是所有人和所有国家的问题，又是具有典型的“自扫门前雪”特征的问题。即以区域予以治理，则该区域的此类问题就会得到改善。因此适合作为落实海上丝绸之路倡议的具体领域，并支撑中国在此领域获得更大的话语权，强化国际规则转换能力和实现海权诉求。微塑料治理与科技能力也密切相关，中国可提升国内的地下水处理系统，处理地下水中大部分微塑料，并根据“共同但有区别的责任”原则，与沿线国家就资金和技术援助达成安排，促使沿线国家都能够应对本国的微塑料难题并减少其对海洋环境带来的不可逆的损害，形成良好的区域治理网络。加之中国的经济发展已经开始转向新的工业化阶段，在实现区域化基础上推进海洋微塑料污染的治理也具备日渐增强的现实基础。

3. 单边路径：中国国内法层面的完善

中国作为海洋大国以及工业化大国，尤其应重视利用国内法的单边路径规制海洋微塑料污染。塑料污染以及微塑料污染问题的产生，从源头上体现为生产者对塑料产品的生产以及包装介质的选择，在终端上体现为消费者的使用和弃置。二者对塑料污染的贡献度都很明显，且生产者作为源头应该承担更多责任。中、美对塑料的规制也出现了这一转向，这更提示我们在规则构建上同时关注生产者、经营者和消费者。

第一，明确塑料生产者的环境责任。生产者环境责任的扩张，从理论层面看是要求生产者不仅承担传统的产品安全等责任，还需要对从原材料选用、生产设计以及回收利用等的整个生命周期承担相应责任。瑞典环境学家 Thomas Lindhqvist 在 1990 年首先提出生产者责任扩张（Extended Producer Responsibility），旨在实现源头控制。从现实层面看，扩大生产者责任长期有利于整体生态环境的改善，但短期内加重了生产者负担，可能会受到抵制。此时需要政府以法律规则确定生产者责任如何负担，并以配套规则，包括财政贴息和风险补偿等措施，适当减少相关生产者的税收。可建立绿色发展基金以覆盖企业的环保投入，从而更好地落实生产者责任扩张。从域外经验看，德国 1991 年的《包装管理条例》即体现了这一理念，条例要求生产者和销售者对其产品包装的回收、再利用或再循环全面负责。德国的做法也影响到其他国家，当前许多欧洲国家已通过扩张生产者责任增强塑料的循环利用。UNEP、G20 和 G7 的相关文件也都体现了这一点，美国更是直接通过联邦立法禁止在洗护产品、医药产品等产品中添加微珠。因此，基于理论、现实以及规范层面来看，中国的环境法律体系需要以《环境保护法》第 6 条为核心衍生出更细化的内容，以明确生产者环境责任条款。

第二，明确经营者责任条款。经营者作为连接生产者和消费者的中间环节，在环境保护上也负有责任，即拒绝销售含有微珠的个人护理用品以及免费提供塑料制品等。这一点目前在政策以及实际生活中已经获得经验支持，因此可在适当时间考虑将此条款纳入立法。

第三，通过提高公众意识前置地实现消费者义务履行。消费者的塑料废弃行为是海洋微塑料产生的重要原因，这意味着法律应关注此原因环节的行为。法律的引导除了禁止负面行为外，也应同时重视如何提高公众环保意识，促成更多人履行环境保护义务。在了解污染后果的前提下，随着民众收入增加，其保护环境和支付环境保护成本的意愿会上升。这提醒行政和立法者重视公共教育的内容，并通过规则引导，提高公众对微塑料种类、来源的认识，由此促成消费者自觉抵制一些含有微塑料的商品，前置地实现消费者履行保护海洋环境、维护生态平衡的义务。

四、结语

海洋微塑料污染在过去 20 余年已经成为严重的环境问题，但到目前为止，规范这一问题的法律并不足以应对此问题。实现国际法和国内法协同规制海洋微塑料污染是解决问题的必经之路。这种协同既需要体系性利用现有规则，更需要在明确海洋环境保护国际法和国内法一元体系前提下，推动制定专门性国际公约、推进缔结区域公约并形成区域合作机制、完善国内法。其中，尤为重要的就是缔结区域公约以及补阙和完善国内法。完善海洋微塑料治理法律体系是中国对建设海洋命运共同体所负有的责任，可为各国提供应对此问题的系统的法律框架，从而逐渐降低、减少并预防塑料污染，实现保护环境和可持续发展的目标。

文章来源：原刊于《中国海商法研究》2021 年第 2 期。

寻找全球问题的中国方案：海洋塑料垃圾及微塑料污染治理体系的问题与对策

■ 杨越，陈玲，薛澜

论点撷萃

海洋污染是海洋生态文明建设面临的重大问题之一。“十三五”期间，我国海洋环境质量整体企稳向好，局部海域生态系统得到修复恢复，但总体仍处于污染排放和环境风险的高峰期。特别是以海洋垃圾为代表的传统污染和以海洋微塑料为代表的新型污染问题日益突出，亟须引起高度重视，采取强有力措施加以解决。

为更好地应对海洋塑料垃圾及微塑料污染，降低海洋生态系统破坏造成的经济和生态损失，引导泛塑料产业的可持续发展，逐步形成海洋塑料垃圾及微塑料污染的长效治理机制，有必要充分把握海洋塑料垃圾及微塑料污染治理体系设计的内在要求，靶向现有海洋塑料垃圾与微塑料污染治理体系中的不足，积极制定并开展控而有效的治理策略和行动方案，以践行海洋生态文明思想和海洋命运共同体理念，体现大国责任与担当。

海洋塑料垃圾及微塑料污染具有特殊性，带来有别于陆源污染的治理困境，亦决定了治理体系设计的内在需求。有必要在治理体系的设计上创新思路，才能有效开展污染治理。海洋塑料垃圾及微塑料污染治理体系的

作者：杨越，清华大学公共管理学院博士后、清华大学产业发展与环境治理研究中心研究员；
陈玲，清华大学公共管理学院副教授；
薛澜，清华大学公共管理学院教授

建立需要充分考虑其特殊性决定的内在需求，弥补现有治理机制、主体、对象、措施等方面的不足，最终形成控而有效的污染治理体系。为此，应设立跨区域跨部门的协调机制，探索“陆海一体化的综合防治体系”；从源到汇实现废物的资源化再生，探索“全生命周期的废物管理过程”；构建政府为主导、企业为主体、社会组织和公众共同参与的环境治理体系，探索“多元参与的海洋生态环境治理模式”；推进海洋生态文明建设，推动海洋命运共同体理念，探索“全球协力的海洋污染共防共治体系”。

塑料因性质稳定、质轻可塑、成本低廉等优势被广泛应用，全球亿吨级年产量的背后是不足25分钟的平均使用时间、超百年的降解速度、仅9%的回收利用率以及自然环境中近60亿吨的塑料垃圾。这些塑料垃圾因处置失控进入海洋，部分经过物理、化学和生物过程裂解成塑料碎片甚至微塑料，引发视觉污染、生物缠绕、渔业减产、航行安全、生物体积聚等问题，严重影响着海洋生态系统健康以及海洋经济的可持续发展。国际学术界围绕海洋塑料垃圾与微塑料污染的源汇分析、通量估算、迁移机制、对生态系统及人类健康的风险评估等方面，进行了大量研究，也推动开展了一系列有关消减海洋垃圾与海洋微塑料污染的策略与行动。目前多个国际组织和国家开始深入研究、呼吁采取行动共同应对海洋塑料垃圾及微塑料污染问题，包括联合国《2030年可持续发展议程》、“G20海洋垃圾行动计划”、联合国环境大会内罗毕倡议发起的“清洁海洋行动”等，将海洋塑料污染和微塑料问题上升到了全球治理的层面。初步形成覆盖全球、区域、国家三层机制，聚焦陆源输入、滨海旅游业、船舶运输业和海上养殖捕捞业四大场景，包含国际组织、政府、企业、非政府组织及公众五类主体的治理体系，但仍呈现出机制约束力弱、场景协调性差、主体合力不足、措施无序化碎片化等总体特征。

一、我国建立海洋塑料垃圾及微塑料污染治理体系的现实意义

我国塑料垃圾失控入海的通量问题始终备受关注。作为较早认识到海洋垃圾尤其是塑料垃圾及微塑料污染危害，并积极引导全球治理的国家之一，中国已经组织开展了大量科学研究、污染监测与防治。自2007年开始组织全国性海洋垃圾监测工作，到2016年逐步增加了微塑料监测试点。来自中国海洋生态环境状况公报的监测结果显示，我国海洋垃圾从种类结构上

看仍以塑料类垃圾为主，塑料类垃圾分别占海面漂浮垃圾、海滩垃圾、海底垃圾的88.7%、77.5%和88.2%；从分布结构上看仍集中分布在旅游休闲娱乐区、农渔业区、港口航运区等人类生产生活较为丰富的海域及其邻近海域；监测区域表层水体微塑料平均密度为0.42个/平方米，最高为1.09个/平方米，以碎片、颗粒、纤维和线为主，成分为聚丙烯(PP)、聚乙烯(PE)和聚对苯二甲酸乙二醇酯(PET)。我国海洋垃圾与海洋微塑料污染总体处于世界中低水平，与地中海中西部和日本濑户内海等海域处于同一数量级，但防治形势仍十分严峻，给我国海洋环境治理体系和相关产业发展提出了较高难度的挑战。

首先，微塑料的检出将严重制约渔产品质量和价格上的比较优势，影响水产养殖业的国际竞争力，严重制约我国蓝色经济的可持续发展。以受污染影响最为严重的渔业为例，我国水产养殖约占全球产量的三分之二，作为农业中发展最快的产业之一，在保障市场供应、增加农民收入、提高农产品出口竞争力、优化国民膳食结构及保障粮食安全方面做出了重要贡献。但每年因海洋污染造成的渔业经济损失额超过5亿美元，近岸21种鱼类中，微塑料含量为0.2～26.9个/克，贝类软组织中检出率为74.2%，平均每个贝类2.5个，近岸鱼体中微塑料的平均含量略高于北海、波罗的海和英吉利海峡的鱼类。

其次，海洋塑料垃圾及微塑料污染治理的需求势必将倒逼整个泛塑料产业的结构升级。随着国内环保整治及供给侧改革不断升级，塑料循环利用行业也呈现出从“洋垃圾进口”转向“国内垃圾分类回收”、从“随地建厂”转向“园区集中”、从“低小散”转向“集团化、规模化”、从“材料加工”向“产品生产”延伸、从“劳动密集型”转向“智能制造”等转变趋势。塑料加工行业发展受市场倒逼、产业政策导向十分明显，加速了对整个行业进行适应性调整和产业升级的需求。

最后，公众环境健康意识的提升正逐步转变消费者的购买偏好。尽管目前公众的绿色消费观念尚未得到更广泛的普及，仍然倾向于便捷廉价的塑料制品，废弃行为也仍具有短期性和随意性，但人们越来越意识到环境污染可能带来的危害，包括废物排放和化学品滥用等问题。随着经济发展水平以及可支配收入的增加，公众对海洋生态环境和海洋经济产品的质量要求也在不断提高。无论是居住、旅游还是产品购买，消费偏好在不断地转变，人们愿意为更清洁的海滩、更清澈的海水、更健康的海产品付费。消费端的偏好改变也将促使更大范围的产业绿色升级和高质量发展。

海洋污染是海洋生态文明建设面临的重大问题之一。习近平总书记很早就指出："发展海洋经济，绝不能以牺牲海洋生态环境为代价，不能走先污染后治理的路子，一定要坚持开发与保护并举的方针，全面促进海洋经济可持续发展。"贯彻习近平生态文明思想，必须贯彻陆海统筹的理念，以海洋污染防治为抓手，推动海洋生态环境保护修复。"十三五"期间，我国海洋环境质量整体企稳向好，局部海域生态系统得到修复恢复，但总体仍处于污染排放和环境风险的高峰期。特别是以海洋垃圾为代表的传统污染和以海洋微塑料为代表的新型污染问题日益突出，亟须引起高度重视，采取强有力措施加以解决。

一方面，中国政府十分重视海洋垃圾治理方面的国际合作，积极推动并签署 TEMM 框架下中日韩海洋垃圾合作，EAST 东亚领导人峰会打击海洋塑料垃圾宣言，ASEAN+3 东南亚国家联盟海洋垃圾合作倡议，中加关于应对海洋垃圾和塑料的联合声明等，以期通过学术研究、能力建设、信息共享、公众参与等方面的交流合作，有效推动区域海洋环境保护。与此同时，中国在促进全球和区域公约和协定达成和修订过程中发挥着积极作用。2019 年 4 月，中国高度参与《巴塞尔公约》附件修订过程，积极推动缔约方就塑料废弃物全球范围管理机制达成协议，并签署了《进一步采取行动应对塑料废物的决议》，使该协议第一次将塑料垃圾纳入一个具有法律约束力的框架。另一方面，国内"禁塑令"、"水十条"、"土十条"、"河长制"、"生活垃圾分类制度"、"循环发展引领行动"以及"固废管理制度"等政策在削减陆源固体废弃物污染、控制塑料垃圾入海方面发挥了重要作用。尽管相关海洋环境保护的法律法规、条例、水污染防治行动计划等都要求加强塑料陆源入海污染防控，严控塑料垃圾倾倒入海，但国家层面针对海洋垃圾尤其是塑料垃圾及微塑料污染的政策安排和制度体系尚未形成。

为更好地应对海洋塑料垃圾及微塑料污染，降低海洋生态系统破坏造成的经济和生态损失，引导泛塑料产业的可持续发展，逐步形成海洋塑料垃圾及微塑料污染的长效治理机制，笔者认为有必要充分把握海洋塑料垃圾及微塑料污染治理体系设计的内在要求，靶向现有海洋塑料垃圾与微塑料污染治理体系中的不足，积极制定并开展控而有效的治理策略和行动方

案，以践行海洋生态文明思想和海洋命运共同体理念，体现大国责任与担当。

二、海洋塑料垃圾及微塑料污染治理体系设计的内在要求

海洋塑料垃圾及微塑料污染具有特殊性，带来有别于陆源污染的治理困境，亦决定了治理体系设计的内在需求。有必要在治理体系的设计上创新思路，才能有效开展污染治理。

（一）污染形成机理复杂，管控情景多元，需寻求治理措施的创新协同

塑料污染的形成主要源于塑料废弃物的丢弃行为随意和处置流程失控，伴随着“原材料生产—制品加工—消费和使用—回收处置—循环利用”的产业过程，塑料完成了“塑料制品—塑料废弃物—回收塑料—塑料垃圾—塑料污染”的角色转变。而微塑料污染（不包含塑料纤维）的形成机理更为复杂。不仅包括来自大块塑料经过物理、化学和生物过程裂解的塑料颗粒，还包括来自合成纺织品洗涤（35％）、个人护理品使用（2％）、塑料粒子生产（0.3％）、轮胎磨损（28％）、城市灰尘（24％）、道路标记（3.7％）等场景产生的塑料微粒。从上述塑料垃圾及微塑料污染的形成机理可看出遏制污染产生的源头以及把控入海渠道所需要治理的情景十分复杂，因此必须寻求治理措施上的创新和场景间的协同。

（二）入海迁移广泛，责任分担不清，需寻求治理主体的多元合作

塑料垃圾及微塑料污染的入海渠道亦十分丰富，既可以通过地表径流和近岸海滩等陆源渠道入海，亦可以通过航运船舶、海上作业平台、商业捕捞及水产养殖等海源渠道入海。塑料垃圾及微塑料一旦入海，可形成漂浮、悬浮以及沉降的立体化污染，浸泡、裂解、附着、沉降等物理生物过程又使这种立体化分布具有动态随机性，增加了清理难度和技术成本。且海洋的连通性加之低温、季风、潮汐及洋流等因素造成塑料垃圾及微塑料迁移路径复杂，无疑增加了污染治理主体间的责任分担问题。因此，相较于其他陆源污染，入海渠道丰富、迁移路径广泛，加之污染外部性与海洋连通性叠加，塑料垃圾及微塑料污染的治理更需要寻求治理主体间的协作。

（三）损害代际性显著，治污动力不足，需寻求治理机制的长效激励

海洋中的塑料垃圾会造成生物缠绕、渔业减产等危害，微塑料更因其极

易被海洋生物摄取并随食物链富集传递，对生物体的存活率、生长发育、行为活动、生殖状况、基因表达等方面造成影响。目前不仅仅是海鸟、深海鱼等海洋生物体内监测到微塑料，全球多个国家的自来水、瓶装水、食用盐同样被塑料纤维污染。大量论证微塑料源汇、丰度、毒理及生态效应的科学研究正唤醒人类对微塑料危害的认识，激起治理海洋塑料垃圾及微塑料污染的需求。但由于微塑料在生物体内的富集需要一个过程，随食物链传递到人类体内的过程和机理漫长而复杂，代际性的影响特征较为明显，这导致人类为此而付出行动的内生动力严重不足，制约了污染治理参与主体的主观能动性以及治理行动的长期有效性。因此，海洋塑料垃圾及微塑料污染治理机制的设计必须考虑激励更多的主体参与进来，并且形成更为长效的治理机制。

三、海洋塑料垃圾及微塑料污染治理体系的现状与问题

本文从机制、主体、对象、措施四个方面梳理已有的治理策略和行动方案，总结和剖析现有治理体系的特征与不足，为我国海洋塑料垃圾及微塑料污染治理体系的建立健全提供经验借鉴。

（一）治理机制方面

如图1所示，就如何应对和消减海洋塑料垃圾问题，基本形成全球引领、区域协调、国家落实的多维治理格局。

全球层面参与海洋垃圾污染治理的有关机制，多以附件或相关条款形式，分散在具有约束力的全球公约、议定书，没有约束力的全球战略、软法律文书、宣言、行动计划，以及联合国环境大会相关决议之中，主要涉及海洋倾倒、陆源污染、船舶污染以及海洋污染事故等四类内容，为海洋垃圾污染问题提供了较为广泛的法律框架和行为准则。目前，全球层面尚未形成针对海洋垃圾污染，尤其是对塑料垃圾及微塑料问题单独进行规制，并就履行义务对缔约国具有强制约束力的治理机制，且短时间内形成这样一个治理机制较为困难。未来全球层面的治理关注点应落在如何统筹和平衡各国参与上，需要设立相应机制，对现有海洋污染防治公约的参与和实施情况进行督促与监督。

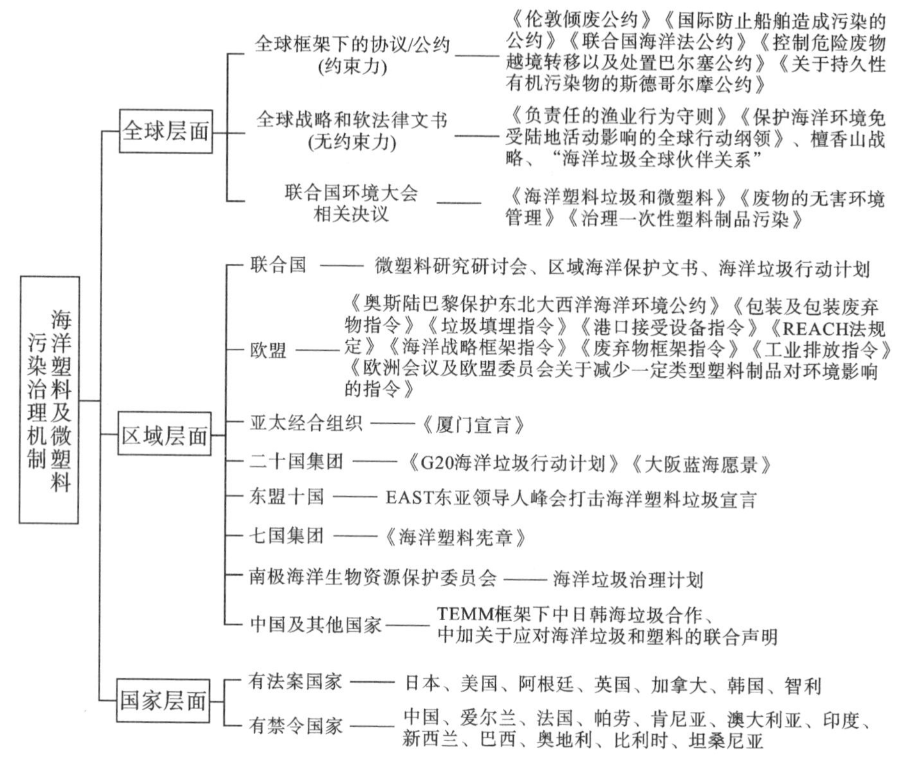

图 1　现有海洋塑料垃圾及微塑料污染的治理机制一览

区域层面有效推动海洋垃圾污染治理的机制主要通过多边/双边合作的区域海洋公约及行动计划实现，目前有 143 个国家或地区参与到联合国环境署发起的 18 个不同的区域海合作机制之中，通过编制区域性管理行动计划和组织参与国际净滩活动等形式开展，中国加入了东亚海和西北太平洋两个行动计划。二十国集团(G20)签署行动计划和愿景，提出提高资源利用效率、可持续废物管理、全生命周期管控等一系列政策建议；七国集团(G7)签署"海洋塑料宪章"对塑料循环使用、微塑料添加、塑料包装使用等提出具体的减量目标和时间表；此外，联合国教科文组织政府间海洋学委员会西太平洋分委会(IOC/WESTPAC)、北太平洋海洋科学组织(PICES)、亚太经合组织(APEC)也对海洋垃圾议题多有讨论。未来，区域层面的治理重点应放在协调各管理部门以及各个主体(包括国家、企业、私人、NGO 等)之间的关系，重在使公约和行动计划达到比较满意的实施效果。

国家层面的治理一般以法案或禁令的形式建立在对全球和区域规制的

具体实施上。美国、日本、阿根廷、英国、加拿大、韩国、智利等国家针对海洋废弃物、海洋漂浮物、海洋微塑料等问题进行专项立法;欧盟、中国、英国、法国、澳大利亚、智利、韩国、印度、卢旺达、肯尼亚、坦桑尼亚等国家和地区颁布“禁塑令”或“限塑令”控制塑料废物的产生。值得注意的是,国家层面除积极参与、促成国际公约的达成和合作外,还需要国内专项法律法规和行动计划的设立与保障,制定并落实具体防治措施,加强协调各部门、各地区职能分工,就海洋塑料垃圾及微塑料污染形成长效防治机制。

(二)治理主体

如图 2 所示,有关海洋塑料垃圾及微塑料污染的治理主体基本形成国际组织引领、政府主导、非政府组织等社会团体积极参与的格局。

以国际海事组织、联合国环境规划署、联合国粮农组织为代表的国际组织通过提供议事平台、影响议程设置、进行跨国动员、推进协调跨国合作等方式持续推动国际海洋环境保护的深入发展,引领和促进国家间合作,保护国际社会的“共同价值和关注”,在国际环境治理中具有其他组织无可比拟的优势。国际组织在海洋塑料垃圾及微塑料污染治理问题上始终处于引领地位,未来需进一步思考的是,如何促进并协调各国政府发挥治理的主体功能,将政府、联合国部门、国际组织、科学团体、市民社会和私人机构联合起来,促进他们之间协调合作。

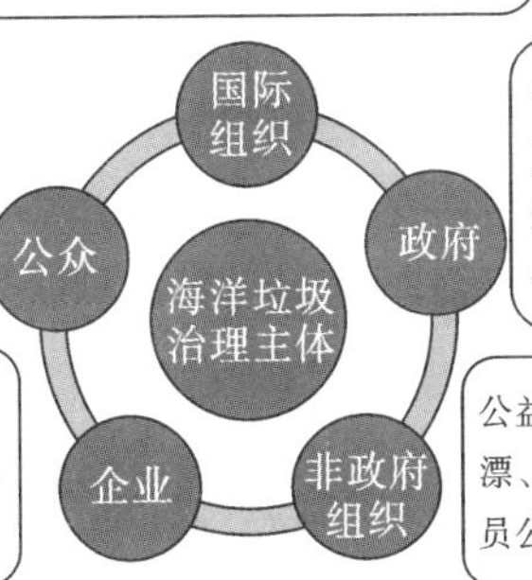

图 2　现有海洋塑料垃圾及微塑料污染的治理主体及功能

中央政府通过制定法律法规、设计政策框架、支持重大科研项目、鼓励引导社会资本等途径，成为海洋塑料垃圾及微塑料治理重要的责任主体之一。地方政府在海洋生态环境保护和治理方面的地位与潜力尤为值得关注，制定地方性标准、跨区域研究与合作、设立产业园区、培育公众参与等，其参与治理的能动性直接决定政策的具体落实。下一阶段，中央政府则应思考如何最大限度地发挥治理责任，协调各职能部门形成联防联治机制，充分激励地方政府参与治理的积极性，鼓励引导社会资本注入。

非政府组织等各类社会团体逐渐成长为海洋塑料垃圾及微塑料污染治理的重要力量，通过具有显示度的海洋垃圾公益宣传，举办研讨会，组织开展海滩、海漂、海底垃圾清洁活动等形式参与治理，通过其社会网络动员公众，向政府及有关国际组织施以影响。聚焦目前海洋垃圾污染的公益宣传和如火如荼的净滩活动，仍然多表现出运动式、专题性、临时性的特征，反映了非政府组织能力建设方面的良莠不齐。部分被激发环保热情的公众由于缺乏规范的社会组织引导，行动参与缺乏有效性和长效性。为此，中央政府和地方政府也应思考如何建立更加规范有序的社会组织培育体系，非政府组织应该思考如何加强自身能力建设，丰富群体知识结构，提升专业技能训练，拓展沟通宣传渠道，充分发挥其活跃、敏捷、实干的组织优势，利用其优良的社群基础和社会网络组织引导更多的公众重视并参与到治理行动中去。

此外，企业作为重要的环境治理主体，责任和能力尚未被充分调动和激发；公众参与海洋塑料垃圾及微塑料污染治理的意识较弱、行动分散、随机性较强，消费观念的普及、丢弃习惯的改变以及垃圾分类处置的行为养成都需要一定的引导和激励。总之，海洋塑料垃圾及微塑料治理是一项系统工程，需要充分调动各治理主体的能动性，形成国际组织、政府、企业、社会团体和公众参与的合力，从而提升整体决策能力以及资源配置效率。

（三）治理对象

如图 3 所示，海洋塑料垃圾及微塑料污染的治理对象基本覆盖地表径流、滨海旅游业、船舶运输业和养殖捕捞业的全场景。具有国际约束力的治理机制至少三项有效规范了船舶运输业的污染行为，几乎所有全球战略和软法、区域性协议以及各国政府的治理策略均对陆源垃圾入海行为进行了限制，滨海岸滩的治理行动也受到非政府组织的青睐。因此，笔者将关注点放在现有文献较少探讨的海上养殖及捕捞情景的治理策略及行动。

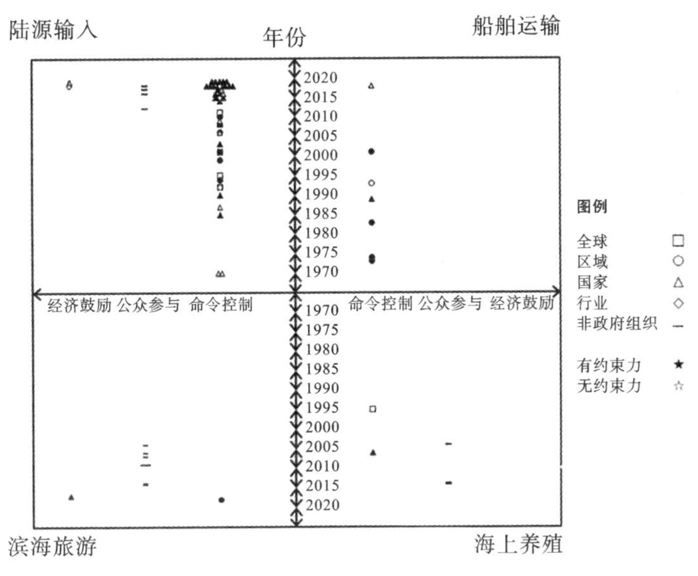

图 3　不同治理对象下海洋塑料垃圾及微塑料污染策略与行动分布

目前治理策略仍集中在以宣传教育、鼓励引导等方式改善传统渔业作业生活垃圾和废弃渔网渔具的丢弃行为，部分国家和地区尝试垃圾打捞积分制和废旧渔具的有偿回收制度，但笔者通过 2019 年在中国闽南地区对养殖捕捞渔民、渔具生产回收企业的访谈了解到，经过海水长期浸泡的渔具综合性能过低，循环再利用的成本过高，原本就微小的回收利润空间进一步被挤压，严重限制了企业参与回收和渔民主动打捞的积极性，单纯依靠监管、补贴和精神鼓励的治理策略很难形成长效机制。下一步应就我国废弃渔具入海问题（又称“幽灵渔具”问题）的形成、危害及治理等问题展开深入探讨，形成针对渔业养殖和捕捞情景，有约束力的法律框架以及有效的治理策略和行动，系统考量激励机制的设计，引导渔民培养并逐渐形成规范的养殖捕捞作业习惯，并探索建立完善的渔具生产/回收产业链条等。

（四）治理措施

如图 4 所示，海洋塑料垃圾及微塑料污染的治理措施基本遵循源头减量和过程管理，辅以入海防控和海上打捞的思路，通过生产消费减量化、处置

过程管理和循环再利用实现对塑料的全生命周期管控。现有治理措施对应到塑料生命周期的各个环节，多集中在塑料制品加工、消费和处置阶段，缺少向塑料原材料生产环节以及塑料废弃物的循环再利用环节的延伸，更未将入海塑料纳入现有回收再循环产业链。受原材料生产技术和成本权衡、重复使用和分类丢弃习惯、偏远地区垃圾转运和处置能力、塑料制品管理和回收经济模式等因素制约，贯穿塑料全生命周期的产业闭环和利益链条尚未形成，导致现有治理措施无序化、碎片化特征严重，无法实现真正的“全生命周期管控”。此外，由于打捞塑料性能和价格的双降，回收循环利用渠道受阻，有偿性垃圾打捞、渔具回收积分制等尝试因利润空间较小，缺少企业层面的主动参与导致治理效果不佳。

图 4　不同生命周期对应塑料垃圾及微塑料治理措施一览

因此，应该思考如何建立有效的利益引导机制，实现塑料的全生命周期管控，加强入海源头防控。其中，原材料替代、产品重复使用、垃圾分类、农村垃圾处置以及废塑料再生化和资源化利用等环节的治理措施将大有可为。从原材料使用及产品设计等方面入手，增加塑料制品循环使用次数，减少一次性塑料制品使用，减少塑料微珠的添加；以推行垃圾分类为抓手，尤其关注农村地区垃圾转运和处理能力，提升我国塑料垃圾回收利用率；同时探索有偿性垃圾打捞和渔具回收体系，形成海洋塑料垃圾防治闭环。

四、我国构建海洋塑料垃圾及微塑料污染治理体系的对策建议

海洋塑料垃圾及微塑料污染治理体系的建立需要充分考虑其特殊性决定的内在需求，弥补现有治理机制、主体、对象、措施等方面的不足，最终形

成控而有效的污染治理体系。为此，本文尝试提出如下对策建议。

第一，设立跨区域跨部门的协调机制，探索“陆海一体化的综合防治体系”。设立跨部门的协调委员会或专家委员会，重点放在行动的落实和各部门协调上，在先前基于部门的管理基础上，提供一个跨部门的机制来促进整个计划和单个部门政策的协调，从而提升决策效率以及资源配置效率。打破单纯以行政区域检测结果作为考核指标的弊端，逐步形成以流域、海域或城市生态群为中心的海洋垃圾与海洋微塑料综合防治体系。

第二，从源到汇实现废物的资源化再生，探索“全生命周期的废物管理过程”。将城乡废物管理过程延伸至岸滩及近海，组织海上清洁队，并将其纳入城市环卫系统；原有“废物的管段预防”向塑料原材料生产环节以及塑料废弃物的循环再利用环节延伸，从原材料生产阶段的生物替代、制造阶段的绿色设计、可持续的消费方式、采用集中回收的方式进行废物管理、恢复循环再利用等方面着手，提升塑料产品的可重复利用率，减少塑料废弃物的产生，同时改善废弃物处置管理过程，增加废物循环再利用，解决塑料垃圾入海前的积聚问题。

第三，构建政府为主导、企业为主体、社会组织和公众共同参与的环境治理体系，探索“多元参与的海洋生态环境治理模式”。建立市场化、多元化生态补偿机制，要发挥政府引导作用，强调企业社会责任，加强公众绿色消费理念，鼓励社会组织参与。在落实“企业生产责任延伸制”的同时，打通可再生及循环利用塑料产业链，拓宽海洋垃圾与海洋微塑料污染治理的资金来源，提高塑料垃圾的回收和资源化利用率，探索企业参与海洋环境治理获得税收减免、绿色行为认证、纳入企业绿色信用评级、减排量核证及可抵消制度的可行性。

第四，推进海洋生态文明建设，践行海洋命运共同体理念，探索“全球协力的海洋污染共防共治体系”。在推进“一带一路”建设中，将协同推进海洋垃圾与海洋微塑料污染防治作为重要议题，设计和推动若干重要合作项目落地。将海洋污染防治作为推动全球海洋治理和联合国可持续发展目标实现的重要内容，积极参与和引领相关合约的践行，主动设计新的国际合作研究和实践项目，以良好的实际行动体现中国在全球生态环境保护中的表率作用。

文章来源：原刊于《中国人口·资源与环境》2020 年第 10 期。